내신 성적을 쑥쑥~ 올리는!!

내공의 힘

중등과학 2·2

STRUCTURE 구성과 특징

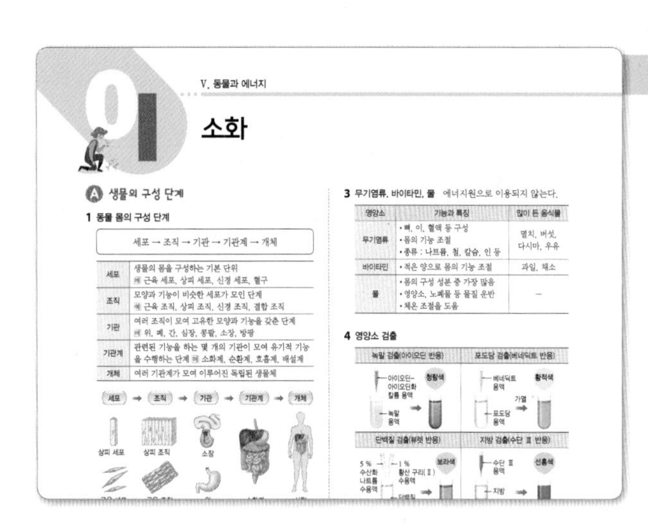

내공 1 단계 | 차근차근 내용 짚기

핵심 개념만 뽑아 단기간에 공략! 꼭 알아두어야 할 교과 내용을 도표와 시각 자료로 이해하기 쉽게 정리했어요.

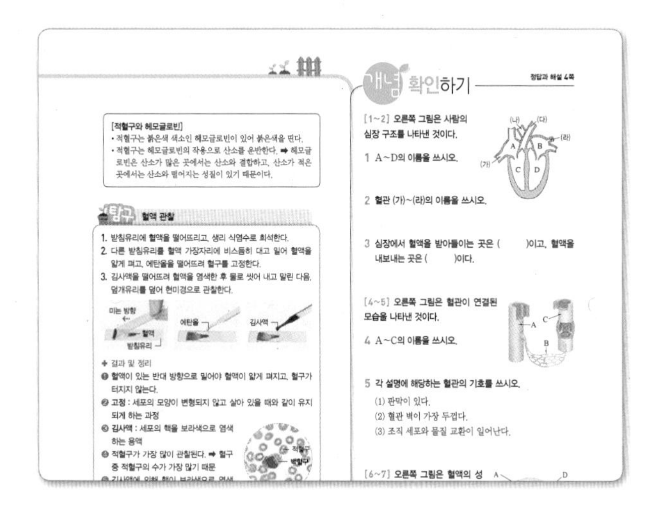

내공 2 단계 | 개념 확인하기

핵심을 잘 짚고, 잘 이해했는지 확인하는 단계! 쪽지시험 보는 마음으로 도전~ 만약 모르는 게 있으면 1단계로 다시 가서 내공을 더 쌓으세요.

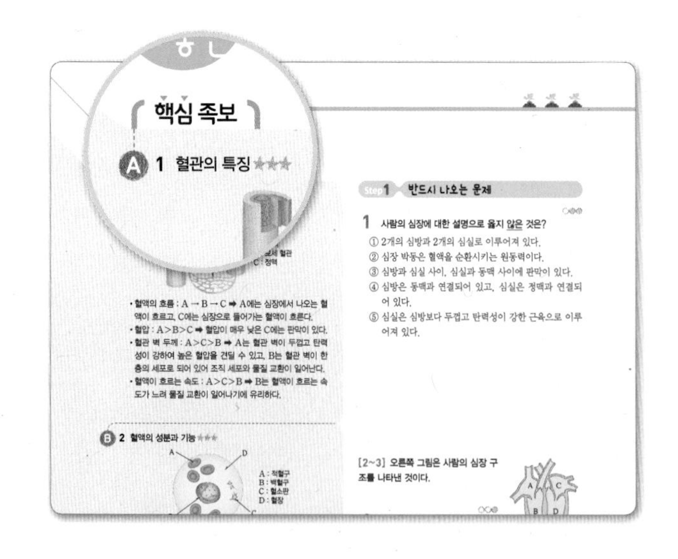

내공 3 단계 | 핵심 족보

학교 기출 문제를 분석하여 정리한 핵심 족보! 문제를 공략하기 전에 기출 빈도가 높은 내용을 다시 한번 점검해 보세요.

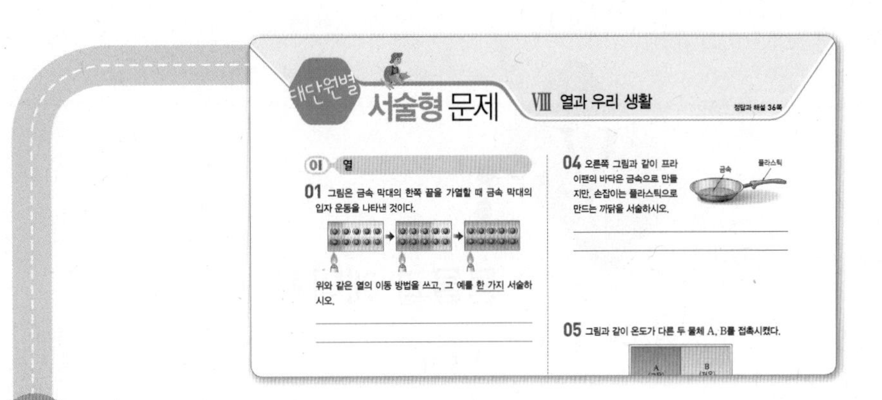

대단원별 서술형 문제 Ⅷ 열과 우리 생활

정답과 해설 36쪽

01 열

01 그림은 금속 막대의 한쪽 끝을 가열할 때 금속 막대의 입자 운동을 나타낸 것이다.

위와 같은 열의 이동 방법을 쓰고, 그 예를 한 가지 서술하시오.

04 오른쪽 그림과 같이 프라이팬의 바닥은 금속으로 만들지만, 손잡이는 플라스틱으로 만드는 까닭을 서술하시오.

금속

플라스틱

05 그림과 같이 온도가 다른 두 물체 A, B를 접촉시켰다.

내공 점검 | 내공 5 단계

마지막 최종 점검 단계! 지금까지 쌓은 내공을 모아모아 내 실력을 체크해 보세요. 실전처럼 연습하고 부족한 부분을 보충하면 실제 시험도 문제없어요.

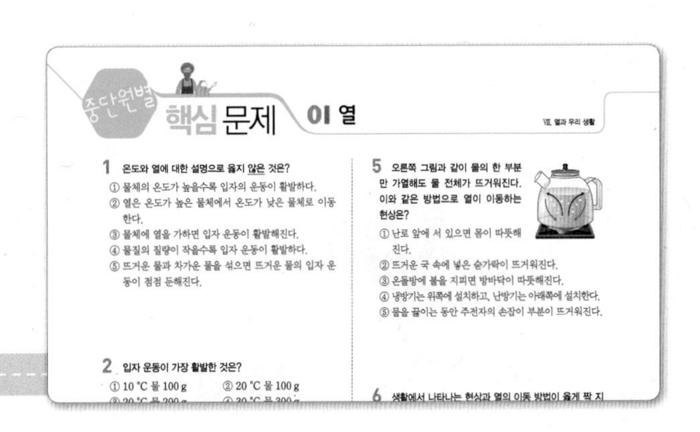

중단원별 핵심 문제 01 열

Ⅷ. 열과 우리 생활

1 온도와 열에 대한 설명으로 옳지 않은 것은?

① 물체의 온도가 높을수록 입자의 운동이 활발하다.
② 열은 온도가 높은 물체에서 온도가 낮은 물체로 이동한다.
③ 물체에 열을 가하면 입자 운동이 활발해진다.
④ 물질의 질량이 작을수록 입자 운동이 활발하다.
⑤ 뜨거운 물과 차가운 물을 섞으면 뜨거운 물의 입자 운동이 점점 둔해진다.

2 입자 운동이 가장 활발한 것은?

① 10 °C 물 100 g ② 20 °C 물 100 g

5 오른쪽 그림과 같이 물의 한 부분만 가열해도 물 전체가 뜨거워진다. 이와 같은 방법으로 열이 이동하는 현상은?

① 난로 앞에 서 있으면 몸이 따뜻해진다.
② 뜨거운 국 속에 넣은 숟가락이 뜨거워진다.
③ 온돌방에 불을 지피면 방바닥이 따뜻해진다.
④ 냉방기는 위쪽에 설치하고, 난방기는 아래쪽에 설치한다.
⑤ 물을 끓이는 동안 주전자의 손잡이 부분이 뜨거워진다.

6 생활에서 나타나는 현상과 열의 이동 방법이 옳게 짝 지

내공 쌓는 족집게 문제

핵심 족보

A 1 혈관의 특징 ★★★

A : 동맥
B : 모세 혈관
C : 정맥

- 혈액의 흐름 : A → B → C ➡ A에는 심장에서 나오는 혈액이 흐르고, C에는 심장으로 들어가는 혈액이 흐른다.
- 혈압 : A>B>C ➡ 혈압이 매우 낮은 C에는 판막이 있다.
- 혈관 벽 두께 : A>C>B ➡ A는 혈관 벽이 두껍고 탄력성이 강하여 높은 혈압을 견딜 수 있고, B는 혈관 벽이 한 층의 세포로 되어 있어 조직 세포와 물질 교환이 일어난다.
- 혈액이 흐르는 속도 : A>C>B ➡ B는 혈액이 흐르는 속도가 느려 물질 교환이 일어나기에 유리하다.

Step 1 반드시 나오는 문제

1 사람의 심장에 대한 설명으로 옳지 않은 것은?

① 2개의 심방과 2개의 심실로 이루어져 있다.
② 심장 박동은 혈액을 순환시키는 원동력이다.
③ 심방과 심실 사이, 심실과 동맥 사이에 판막이 있다.
④ 심방은 동맥과 연결되어 있고, 심실은 정맥과 연결되어 있다.
⑤ 심실은 심방보다 두껍고 탄력성이 강한 근육으로 이루어져 있다.

내공 쌓는 족집게 문제

Step 2 자주 나오는 문제

12 오른쪽 그림은 사람의 심장 구조를 나타낸 것이다. 심장에서의 혈액 흐름에 대한 설명으로 옳지 않은 것은?

① A → B로 혈액이 흐른다.
② C → D로 혈액이 흐른다.
③ 폐를 지나온 혈액이 A로 들어온다.
④ B에서 혈액이 폐동맥을 통해 폐로 나간다.
⑤ D에서 혈액이 대동맥을 통해 온몸으로 나간다.

Step 3 만점! 도전 문제

17 그림은 어떤 혈관에서 혈액이 정상으로 흐를 때와 거꾸로 흐를 때의 모습을 나타낸 것이다.

혈액이 정상으로 흐를 때

혈액이 거꾸로 흐를 때

이에 대한 설명으로 옳지 않은 것은?

① A는 판막이다.
② 이 혈관은 정맥이다.
③ 혈관 중 혈압이 가장 낮다.
④ 심장으로 들어가는 혈액이 흐른다.
⑤ 혈관 중 혈관 벽이 가장 두껍고 탄력성이 강하다.

내공 쌓는 족집게 문제 | 내공 4 단계

내신에 강해지는 길은 기출 문제를 많이 풀어 보는 것! 학교 기출 문제를 분석하여 적중률 높은 문제를 구성했어요. 100점으로 가는 마지막 관문인 서술형 문제까지 잡으면 내신 준비 OK!

CONTENTS 차례

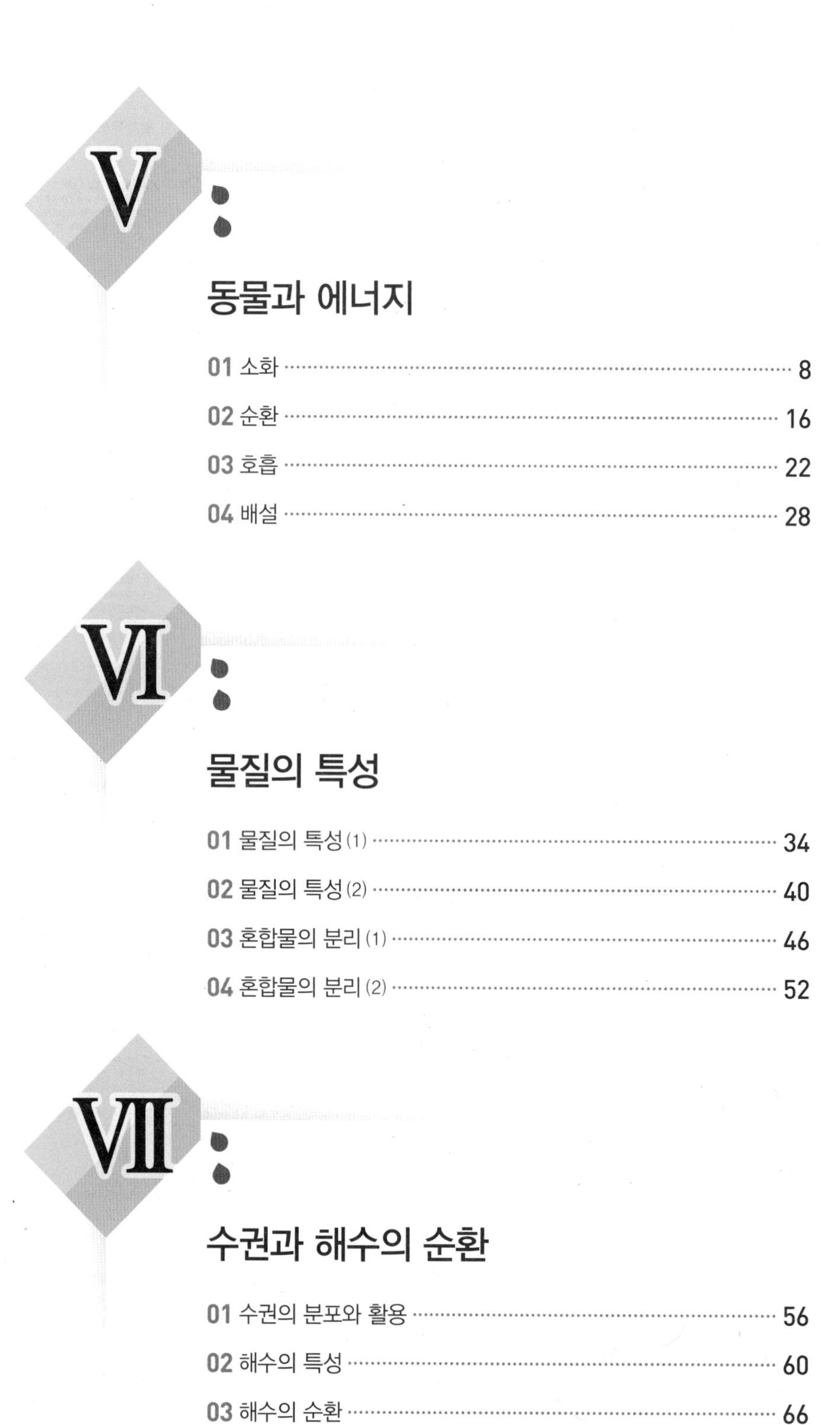

V 동물과 에너지

VI 물질의 특성

VII 수권과 해수의 순환

열과 우리 생활

재해 · 재난과 안전

내공 점검

CONTENTS

내공과 내 교과서

단원 비교

		내공	비상교육	미래엔
V 동물과 에너지	01 소화	8~15	152~161	158~167
	02 순환	16~21	166~171	168~172
	03 호흡	22~27	176~179	174~177
	04 배설	28~33	180~182, 188~191	178~185
VI 물질의 특성	01 물질의 특성 (1)	34~39	200~201, 210~213	196~203
	02 물질의 특성 (2)	40~45	202~209	204~212
	03 혼합물의 분리 (1)	46~51	218~222	214~219
	04 혼합물의 분리 (2)	52~55	224~229	220~227
VII 수권과 해수의 순환	01 수권의 분포와 활용	56~59	238~243	238~242
	02 해수의 특성	60~65	248~253	244~249
	03 해수의 순환	66~69	254~257	250~254
VIII 열과 우리 생활	01 열	70~75	264~277	264~275
	02 비열과 열팽창	76~81	278~287	276~282
IX 재해 · 재난과 안전	01 재해 · 재난과 안전	82~86	294~301	294~305

천재교육	동아	YBM
155~167	151~159	158~168
168~173	160~165	170~175
177~181	169~173	178~181
182~188	174~179	182~189
197~203	191~193, 200~201	202~204, 210~211
204~211	194~199	206~209
215~219	205~209	214~219
220~225	210~213	220~225
235~239	225~227	238~243
243~248	228~231	246~249
249~253	235~239	250~253
262~273	250~261	266~278
274~283	262~271	280~288
290~299	280~291	298~307

Textbook

01 소화

Ⓐ 생물의 구성 단계

1 동물 몸의 구성 단계

세포 → 조직 → 기관 → 기관계 → 개체

세포	생물의 몸을 구성하는 기본 단위 예 근육 세포, 상피 세포, 신경 세포, 혈구
조직	모양과 기능이 비슷한 세포가 모인 단계 예 근육 조직, 상피 조직, 신경 조직, 결합 조직
기관	여러 조직이 모여 고유한 모양과 기능을 갖춘 단계 예 위, 폐, 간, 심장, 콩팥, 소장, 방광
기관계	관련된 기능을 하는 몇 개의 기관이 모여 유기적 기능을 수행하는 단계 예 소화계, 순환계, 호흡계, 배설계
개체	여러 기관계가 모여 이루어진 독립된 생물체

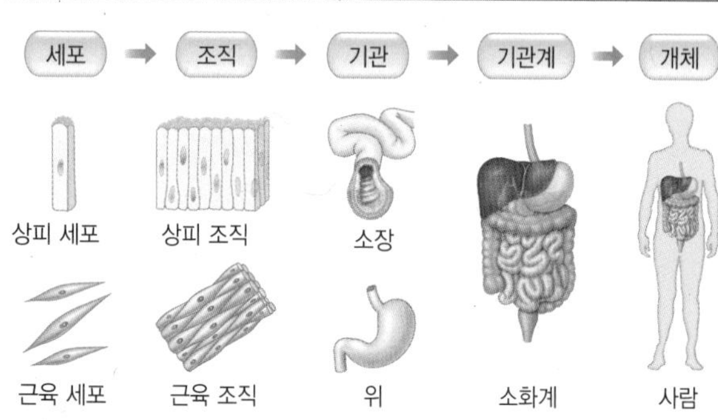

2 기관계의 기능과 구성 기관

기관계	기능	구성 기관
소화계	양분을 소화하여 흡수함	위, 간, 소장
순환계	물질을 온몸으로 운반함	심장, 혈관
호흡계	기체를 교환함	폐, 기관
배설계	노폐물을 걸러 몸 밖으로 내보냄	콩팥, 방광

Ⓑ 영양소

1 영양소 몸을 구성하기도 하고 생명 활동에 필요한 에너지를 내거나 몸의 기능을 조절하는 물질

2 탄수화물, 단백질, 지방 에너지원으로 이용된다.

영양소	기능과 특징	많이 든 음식물
탄수화물	• 주로 에너지원(약 4 kcal/g)으로 이용 • 남은 것은 지방으로 바뀌어 저장	밥, 국수, 빵, 고구마, 감자
단백질	• 주로 몸을 구성하며, 에너지원(약 4 kcal/g)으로도 이용 • 몸의 기능(생명 활동) 조절	살코기, 생선, 달걀, 두부, 콩
지방	• 몸을 구성하거나 에너지원(약 9 kcal/g)으로 이용	땅콩, 버터, 참기름, 깨

3 무기염류, 바이타민, 물 에너지원으로 이용되지 않는다.

영양소	기능과 특징	많이 든 음식물
무기염류	• 뼈, 이, 혈액 등 구성 • 몸의 기능 조절 • 종류 : 나트륨, 철, 칼슘, 인 등	멸치, 버섯, 다시마, 우유
바이타민	• 적은 양으로 몸의 기능 조절	과일, 채소
물	• 몸의 구성 성분 중 가장 많음 • 영양소, 노폐물 등 물질 운반 • 체온 조절을 도움	—

4 영양소 검출

녹말 검출(아이오딘 반응)	포도당 검출(베네딕트 반응)
아이오딘-아이오딘화 칼륨 용액, 녹말 용액 → 청람색	베네딕트 용액, 포도당 용액 → 가열 → 황적색
단백질 검출(뷰렛 반응)	**지방 검출(수단 Ⅲ 반응)**
5 % 수산화 나트륨 수용액, 1 % 황산 구리(Ⅱ) 수용액, 단백질 용액 → 보라색	수단 Ⅲ 용액, 지방, 증류수 → 선홍색

탐구 영양소 검출

그림과 같이 해당 음식물(쌀 음료수, 식용유, 우유)을 넣은 시험관 A~D에 영양소 검출 용액을 넣은 다음 색깔 변화를 관찰한다. 시험관 B는 가열 과정을 거친다.

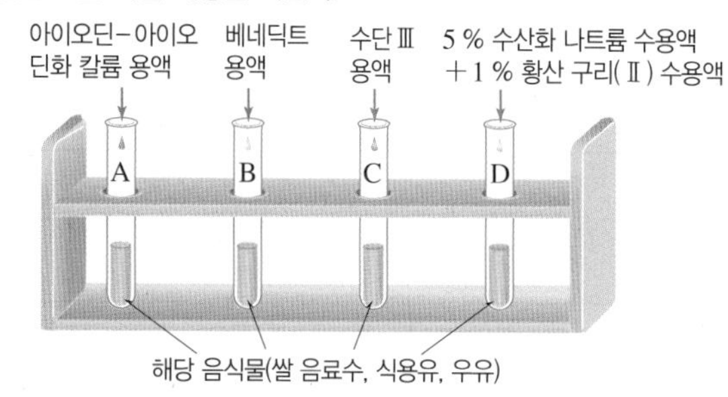

✚ 결과 및 정리

시험관	쌀 음료수	식용유	우유
A	청람색	—	—
B	황적색	—	황적색
C	—	선홍색	선홍색
D	—	—	보라색
검출된 영양소	녹말, 당분	지방	당분, 지방, 단백질

C 소화

1 소화 음식물 속의 크기가 큰 영양소를 크기가 작은 영양소로 분해하는 과정

(1) **소화의 필요성** : 영양소를 세포로 흡수하여 이용하려면 영양소의 크기가 세포막을 통과할 수 있을 만큼 작아야 한다.

(2) **소화 효소** : 크기가 큰 영양소를 크기가 작은 영양소로 분해하는 물질

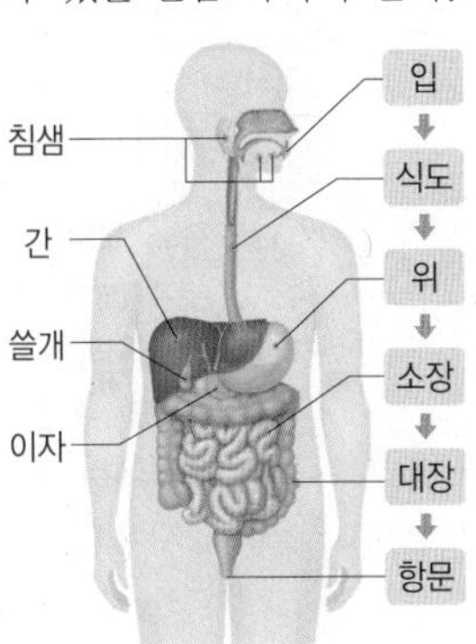

2 소화계 음식물이 직접 지나가는 소화관과 간, 쓸개, 이자 등으로 이루어져 있다.

- 소화관 : 입, 식도, 위, 소장, 대장, 항문으로 연결되어 있다. ➡ 음식물의 이동 경로

3 소화 과정

(1) 입 : 침 속의 소화 효소인 아밀레이스가 녹말을 엿당으로 분해한다. ➡ 밥을 오래 씹으면 단맛이 나는 까닭

탐구 침의 작용

1. 시험관 A에는 묽은 녹말 용액과 증류수를, 시험관 B에는 묽은 녹말 용액과 침 용액을 넣고 35 °C~40 °C의 물에 담가 둔다.
2. 시험관 A, B의 용액을 페트리 접시에 떨어뜨리고, 아이오딘-아이오딘화 칼륨 용액을 떨어뜨린다.
3. 시험관 A, B의 용액에 베네딕트 용액을 넣고 가열한다.

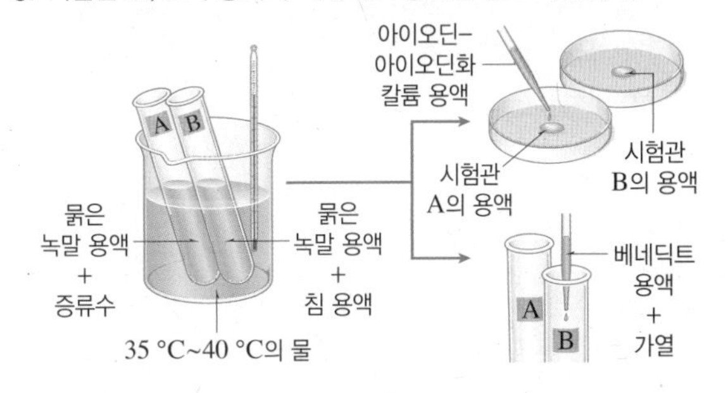

✚ 결과 및 정리

구분	아이오딘 반응	베네딕트 반응
시험관 A	청람색(녹말 있음)	변화 없음(당분 없음)
시험관 B	변화 없음(녹말 없음)	황적색(당분 있음)

❶ 시험관을 35 °C~40 °C의 물에 담가 두는 까닭 : 소화 효소는 체온 범위에서 가장 활발하게 작용하기 때문이다.

❷ 녹말 용액에 침 용액(아밀레이스)을 넣으면 녹말이 당분(엿당)으로 분해된다.

(2) 위 : 위액 속의 소화 효소인 펩신이 염산의 도움을 받아 단백질을 분해한다.

- 위액에는 펩신과 함께 염산이 들어 있다. 강한 산성을 띠는 염산은 펩신의 작용을 돕고 음식물에 섞여 있는 세균을 제거하는(살균) 작용을 한다.

(3) 소장 : 녹말, 단백질, 지방이 최종 소화 산물로 분해된다.

쓸개즙		• 소화 효소는 없지만 지방 덩어리를 작은 알갱이로 만들어 지방이 잘 소화되도록 돕는다. • 간에서 만들어져 쓸개에 저장되었다가 소장으로 분비된다.
이자액	아밀레이스	녹말을 엿당으로 분해한다.
	트립신	단백질을 분해한다.
	라이페이스	지방을 최종 소화 산물인 지방산과 모노글리세리드로 분해한다.
소장의 소화 효소	탄수화물 소화 효소	엿당을 최종 소화 산물인 포도당으로 분해한다.
	단백질 소화 효소	펩신과 트립신에 의해 분해된 단백질의 중간 산물을 최종 소화 산물인 아미노산으로 분해한다.

소화 기관	소화액	녹말	단백질	지방
입	침	아밀레이스		
위	위액		펩신	
소장	쓸개즙			쓸개즙
	이자액	아밀레이스, 엿당	트립신	라이페이스
	소장의 소화 효소	탄수화물 소화 효소	단백질 소화 효소	
최종 소화 산물		포도당	아미노산	지방산, 모노글리세리드

4 영양소의 흡수

(1) **소장 안쪽 벽의 구조** : 소장 안쪽 벽은 주름과 융털 때문에 영양소와 닿는 표면적이 매우 넓어 영양소를 효율적으로 흡수할 수 있다.

(2) **영양소의 흡수와 이동** : 영양소는 소장의 융털로 흡수되어 심장으로 이동한 후 온몸의 조직 세포로 운반된다.

구분	수용성 영양소	지용성 영양소
종류	포도당, 아미노산, 무기염류	지방산, 모노글리세리드
흡수	융털의 모세 혈관	융털의 암죽관
이동	간을 거쳐 심장으로 이동	간을 거치지 않고 심장으로 이동

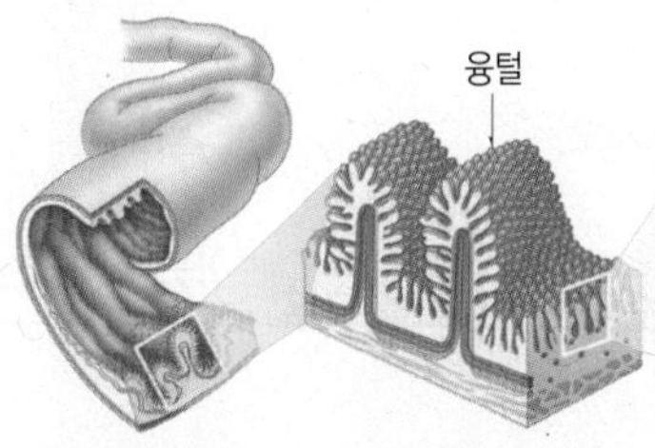

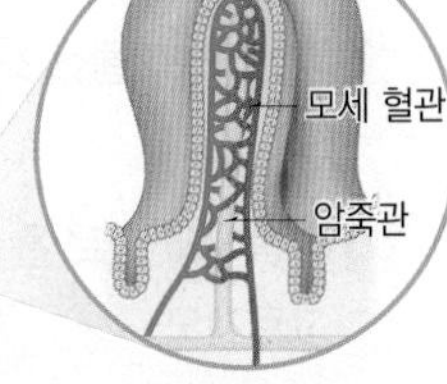

소장 안쪽의 구조　소장 안쪽 벽의 단면　융털의 속 구조

(3) **대장의 작용** : 소화액이 분비되지 않아 소화 작용은 거의 일어나지 않고, 주로 물이 흡수된다.

확인하기

정답과 해설 2쪽

1 동물 몸의 구성 단계는 (　　　) → 조직 → (　　　) → (　　　) → 개체이다.

2 우리 몸의 기관계 중 양분의 소화와 흡수를 담당하는 것은 (　　　)이다.

3 다음에서 에너지원으로 쓰이는 영양소를 모두 고르시오.

> 물, 지방, 단백질, 무기염류, 탄수화물, 바이타민

4 뷰렛 반응은 5 % (　　　) 수용액과 1 % (　　　) 수용액을 이용하여 단백질을 검출하는 반응이다.

5 녹말에 아이오딘-아이오딘화 칼륨 용액을 떨어뜨리면 (　　　)이 나타난다.

6 다음에서 음식물이 지나가는 소화관을 모두 고르시오.

> 간, 입, 위, 대장, 이자, 식도, 소장, 쓸개

7 침 속에 들어 있는 소화 효소인 (　　　)는 녹말을 단맛이 나는 (　　　)으로 분해한다.

8 소화 과정에 대한 설명으로 옳은 것은 ○, 옳지 않은 것은 ×로 표시하시오.

(1) 쓸개즙은 쓸개에서 만들어진다. ······ (　　　)
(2) 펩신은 염산의 도움을 받아 작용한다. ······ (　　　)
(3) 위에서는 트립신이 단백질을 분해한다. ······ (　　　)
(4) 소장의 탄수화물 소화 효소는 엿당을 포도당으로 분해한다. ······ (　　　)
(5) 이자액에는 탄수화물, 단백질, 지방의 소화 효소가 모두 들어 있다. ······ (　　　)

[9~10] 오른쪽 그림은 소장 융털의 구조를 나타낸 것이다.

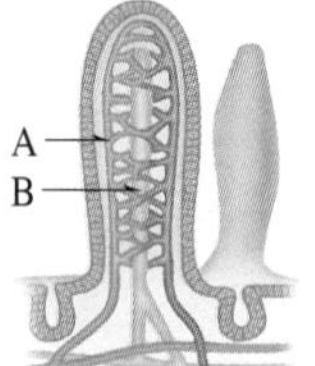

9 A, B의 이름을 쓰시오.

10 다음에서 A로 흡수되는 영양소를 모두 고르시오.

> 포도당, 지방산, 아미노산, 모노글리세리드, 무기염류

핵심 족보

B 1 영양소 검출★★★

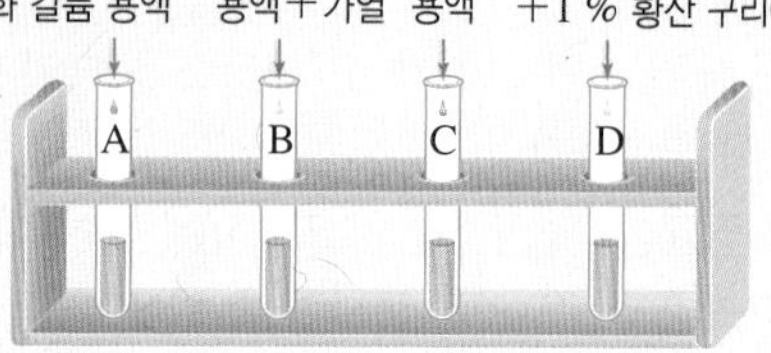

시험관	A	B	C	D
색깔 변화	청람색	변화 없음	선홍색	변화 없음

- A는 녹말 검출 반응, B는 포도당 검출 반응, C는 지방 검출 반응, D는 단백질 검출 반응이다.
- 베네딕트 용액을 이용하여 포도당 외에 엿당, 과당 등의 당분을 검출할 수 있다.
- 이 음식물에는 녹말과 지방이 들어 있고, 당분과 단백질은 들어 있지 않다.

C 2 소화계의 구조와 소화 과정★★★

A : 입, B : 간, C : 쓸개, D : 위, E : 이자, F : 소장, G : 대장

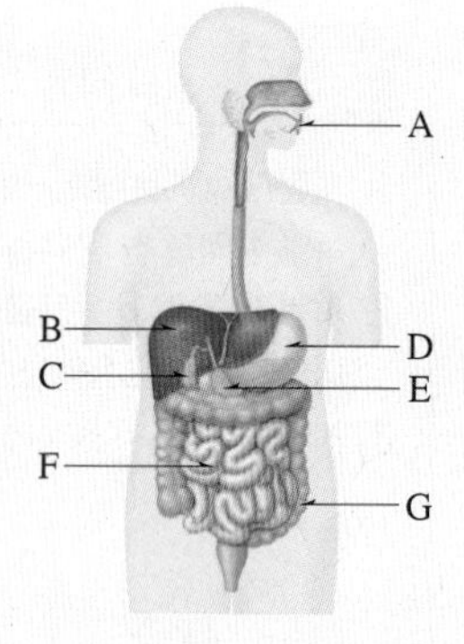

- 쓸개즙은 B에서 생성, C에 저장되었다가 F로 분비된다.
- 녹말은 A, 단백질은 D, 지방은 F에서 처음 분해된다.
- E에서는 3대 영양소(탄수화물, 단백질, 지방)의 소화 효소가 모두 들어 있는 이자액이 분비된다.

3 침의 작용★★★

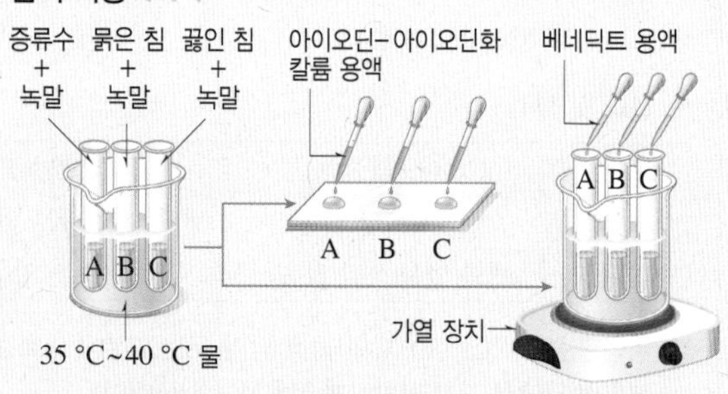

구분	A	B	C
아이오딘 반응	청람색	변화 없음	청람색
베네딕트 반응	변화 없음	황적색	변화 없음

- 시험관 A : 증류수를 넣어 녹말이 분해되지 않았다.
- 시험관 B : 침 속의 아밀레이스가 녹말을 엿당으로 분해하였다.
- 시험관 C : 침을 끓여(높은 온도) 침 속의 아밀레이스가 녹말을 분해하는 기능을 잃었다.

내공 쌓는 족집게 문제

난이도 ●●● 시험에 꼭 나오는 출제 가능성이 높은 예상 문제로 구성하고, 난이도를 표시하였습니다.

Step 1 반드시 나오는 문제

[1~2] 그림은 동물 몸의 구성 단계를 순서 없이 나타낸 것이다.

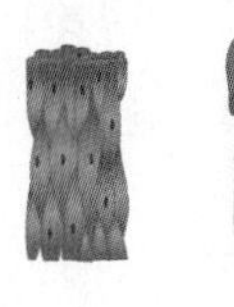
(가)

(나)

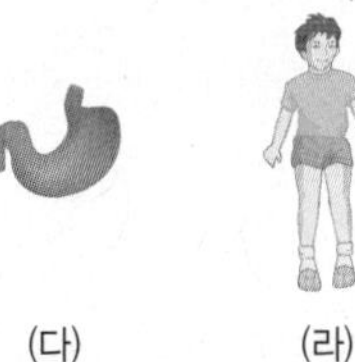
(다)

(라)

(마)

1 구성 단계를 순서대로 나열한 것은?

① (가) → (다) → (마) → (나) → (라)
② (가) → (마) → (다) → (나) → (라)
③ (다) → (마) → (가) → (나) → (라)
④ (마) → (가) → (나) → (다) → (라)
⑤ (마) → (가) → (다) → (나) → (라)

2 이에 대한 설명으로 옳지 않은 것은?

① (가)는 기관이다.
② 여러 종류의 (가)가 모여 (다)를 이룬다.
③ (나)는 식물의 구성 단계에는 없는 단계이다.
④ 콩팥과 심장은 (다)와 같은 단계에 해당한다.
⑤ (마)는 동물의 몸을 구성하는 기본 단위이다.

3 다음에서 설명하는 영양소로 옳은 것은?

- 주로 에너지원으로 이용된다.
- 1 g당 약 4 kcal의 에너지를 낸다.
- 포도당, 녹말, 엿당 등이 포함된다.

① 물 ② 지방 ③ 단백질
④ 탄수화물 ⑤ 무기염류

4 다음 음식물에 공통적으로 많이 들어 있는 영양소에 대한 설명으로 옳지 않은 것은?

살코기, 생선, 달걀, 두부, 콩

① 몸의 기능을 조절한다.
② 에너지원으로 사용된다.
③ 뷰렛 반응으로 검출한다.
④ 몸의 구성 성분 중 가장 많다.
⑤ 성장기인 청소년에게 특히 많이 필요하다.

5 영양소에 대한 설명으로 옳은 것은?

① 지방은 몸을 구성하지 않는다.
② 탄수화물은 주로 몸을 구성한다.
③ 단백질은 1 g당 약 9 kcal의 에너지를 낸다.
④ 물은 여러 가지 물질을 운반하며, 체온 조절을 돕는다.
⑤ 무기염류는 몸을 구성하지는 않지만, 몸의 기능을 조절한다.

6 표는 어떤 음식물에 영양소 검출 반응을 실시한 결과를 나타낸 것이다.

시험관	검출 용액	색깔 변화
A	베네딕트 용액(가열)	변화 없음
B	아이오딘-아이오딘화 칼륨 용액	청람색
C	수단 Ⅲ 용액	변화 없음
D	5 % 수산화 나트륨 수용액 +1 % 황산 구리(Ⅱ) 수용액	보라색

이 음식물에 들어 있는 영양소를 모두 나열한 것은?

① 녹말, 지방 ② 지방, 단백질
③ 녹말, 단백질 ④ 녹말, 포도당
⑤ 녹말, 지방, 단백질

7 어떤 음식물에 들어 있는 영양소의 종류를 알아보기 위해 4개의 시험관 A~D에 음식물을 같은 양씩 나누어 넣고 그림과 같이 검출 용액을 첨가한 다음, 시험관 B만 가열하였다.

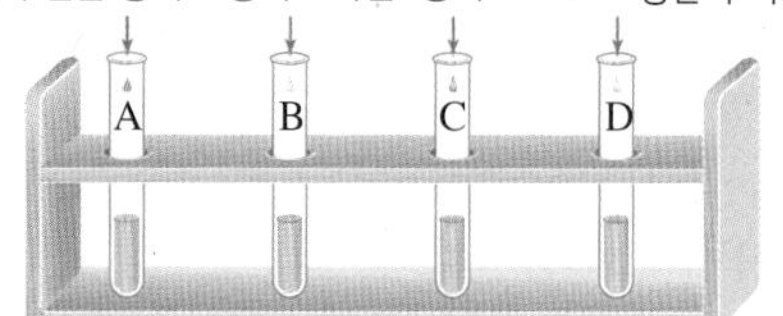

이 음식물에 단백질과 포도당이 들어 있을 경우 색깔이 변하는 시험관과 반응 색깔을 옳게 연결한 것은?

① A – 청람색, C – 선홍색
② A – 청람색, D – 보라색
③ B – 황적색, C – 선홍색
④ B – 황적색, D – 보라색
⑤ B – 선홍색, D – 보라색

8 소화의 뜻으로 옳은 것은?

① 영양소를 온몸으로 운반하는 과정이다.
② 노폐물을 걸러 몸 밖으로 내보내는 과정이다.
③ 영양소를 분해하여 에너지를 얻는 과정이다.
④ 흡수되지 않은 음식물을 몸 밖으로 내보내는 과정이다.
⑤ 음식물 속의 크기가 큰 영양소를 크기가 작은 영양소로 분해하는 과정이다.

9 음식물의 이동 경로를 순서대로 옳게 나열한 것은?

① 입 → 식도 → 위 → 대장 → 소장 → 항문
② 입 → 식도 → 위 → 소장 → 대장 → 항문
③ 입 → 위 → 식도 → 소장 → 대장 → 항문
④ 입 → 위 → 소장 → 식도 → 대장 → 항문
⑤ 입 → 위 → 소장 → 대장 → 식도 → 항문

10 묽은 녹말 용액이 들어 있는 시험관 A, B에 각각 증류수와 침 용액을 넣고 그림과 같이 장치한 다음, 아이오딘 반응과 베네딕트 반응을 하였다.

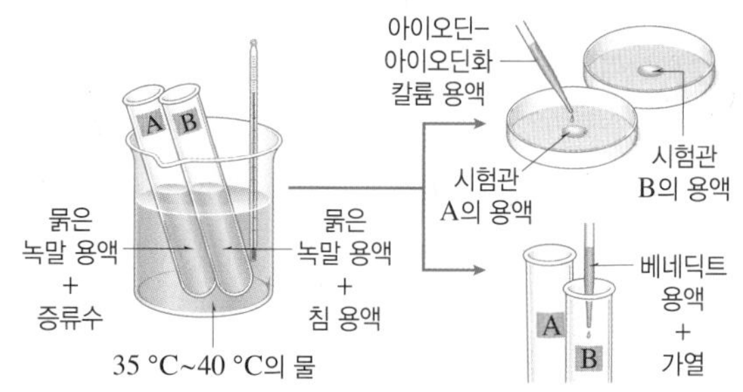

이에 대한 설명으로 옳은 것을 모두 고르면?(2개)

① 시험관 A의 용액은 아이오딘 반응 결과 황적색을 띤다.
② 시험관 B에서는 녹말이 분해되지 않는다.
③ 시험관 B의 용액은 베네딕트 반응 결과 청람색을 띤다.
④ 소화 효소는 체온 범위에서 활발하게 작용한다.
⑤ 침 용액에는 녹말을 당분으로 분해하는 물질이 있다.

[11~12] 오른쪽 그림은 사람의 소화계 중 일부를 나타낸 것이다.

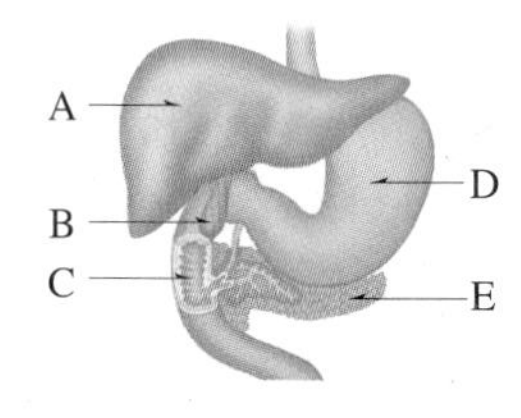

11 3대 영양소의 소화 효소가 모두 들어 있는 소화액을 분비하는 기관의 기호와 이름을 옳게 짝 지은 것은?

① A, 간 ② B, 쓸개 ③ C, 십이지장
④ D, 위 ⑤ E, 이자

12 단백질이 처음으로 분해되는 곳의 기호와 이름을 쓰시오.

13 다음에서 설명하는 물질은 무엇인지 쓰시오.

- 강한 산성 물질이다.
- 펩신의 작용을 돕는다.
- 음식물에 섞여 있는 세균을 제거한다.

14 그림은 단백질, 지방, 녹말이 소화되는 과정을 나타낸 것이다.

영양소	입	위	소장
(가)	A →	아밀레이스 →	소장의 소화 효소 → 포도당
(나)	B →	C →	소장의 소화 효소 → 아미노산
(다)	→	→	D → 지방산, 모노글리세리드

이에 대한 설명으로 옳지 않은 것은?

① (가)는 녹말, (나)는 단백질, (다)는 지방이다.
② A는 침과 이자액에 들어 있다.
③ B는 염산의 도움을 받아 작용한다.
④ C와 D는 소장에서 작용한다.
⑤ D는 쓸개즙에 들어 있다.

15 오른쪽 그림은 소장 융털의 구조를 나타낸 것이다. A, B로 흡수되는 영양소를 옳게 짝 지은 것은?

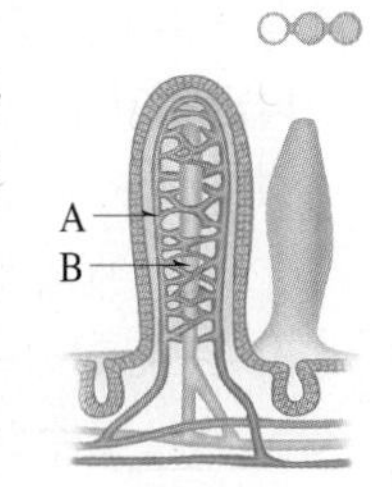

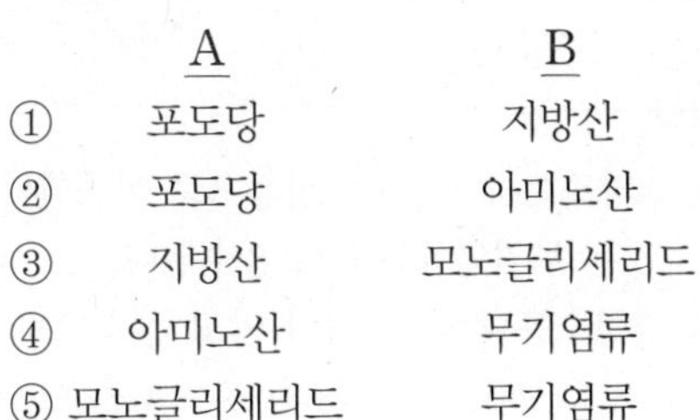

	A	B
①	포도당	지방산
②	포도당	아미노산
③	지방산	모노글리세리드
④	아미노산	무기염류
⑤	모노글리세리드	무기염류

Step 2 자주 나오는 문제

16 각 기관계를 구성하는 기관의 종류를 옳게 짝 지은 것은?

① 소화계 – 위, 심장
② 순환계 – 폐, 혈관
③ 호흡계 – 폐, 대장
④ 호흡계 – 간, 콩팥
⑤ 배설계 – 콩팥, 방광

17 기관계에 대한 설명으로 옳지 않은 것을 모두 고르면? (2개)

① 호흡계는 기체 교환을 담당한다.
② 소화계는 양분을 소화하여 흡수한다.
③ 배설계는 물질을 온몸으로 운반한다.
④ 순환계는 노폐물을 걸러 몸 밖으로 내보낸다.
⑤ 관련된 기능을 하는 몇 개의 기관이 모여 유기적 기능을 수행하는 단계이다.

18 바이타민에 대한 설명으로 옳지 않은 것은?

① 에너지원으로 쓰이지 않는다.
② 칼슘, 칼륨, 나트륨 등이 있다.
③ 과일이나 채소에 많이 들어 있다.
④ 적은 양으로 몸의 기능을 조절한다.
⑤ 바이타민 C가 부족할 경우 괴혈병이 나타난다.

19 표는 어떤 식품 포장지에 표시되어 있는 식품 1인분의 영양 성분표를 나타낸 것이다.

영양소	함량	영양소	함량
단백질	13 g	탄수화물	24 g
지방	5 g	칼륨	8 mg
나트륨	20 mg	바이타민 A	3 mg

이 식품 1인분을 먹었을 때 얻을 수 있는 총 에너지양은?

① 168 kcal
② 193 kcal
③ 233 kcal
④ 258 kcal
⑤ 288 kcal

20 다음은 쌀 음료수, 식용유, 우유에 들어 있는 영양소의 종류를 알아보는 실험이다.

[과정]
(가) 시험관 A~D에 쌀 음료수를 10 mL씩 넣는다.
(나) 표와 같이 영양소 검출 용액을 넣은 다음 색깔 변화를 관찰한다.

시험관 A	아이오딘-아이오딘화 칼륨 용액
시험관 B	베네딕트 용액+가열
시험관 C	5 % 수산화 나트륨 수용액 +1 % 황산 구리(Ⅱ) 수용액
시험관 D	수단 Ⅲ 용액

(다) 식용유와 우유도 과정 (가), (나)와 같이 실험한다.
[결과]

구분	쌀 음료수	식용유	우유
A	청람색	−	−
B	황적색	−	황적색
C	−	−	보라색
D	−	선홍색	선홍색

이에 대한 설명으로 옳은 것은?

① 식용유와 우유에는 당분이 들어 있다.
② 쌀 음료수와 우유에는 당분이 들어 있다.
③ 쌀 음료수와 우유에는 단백질이 들어 있다.
④ 쌀 음료수와 식용유에는 지방이 들어 있다.
⑤ 식용유와 우유에는 탄수화물이 들어 있지 않다.

21 표는 각각 한 가지 영양소가 들어 있는 용액 A~C를 혼합한 용액에 영양소 검출 반응을 실시한 결과를 나타낸 것이다.

구분	아이오딘 반응	베네딕트 반응	뷰렛 반응	수단 Ⅲ 반응
A+B	청람색	변화 없음	보라색	변화 없음
B+C	변화 없음	황적색	보라색	변화 없음

이에 대한 설명으로 옳지 않은 것은?

① A에는 녹말이 들어 있다.
② B에는 단백질이 들어 있다.
③ C에는 당분이 들어 있다.
④ A에 들어 있는 영양소는 밥, 빵, 국수, 감자 등에 많이 들어 있다.
⑤ A와 C의 혼합 용액에 영양소 검출 반응을 하면 뷰렛 반응에서 색깔 변화가 나타날 것이다.

22 오른쪽 그림은 사람의 소화계를 나타낸 것이다. 이에 대한 설명으로 옳지 않은 것은?

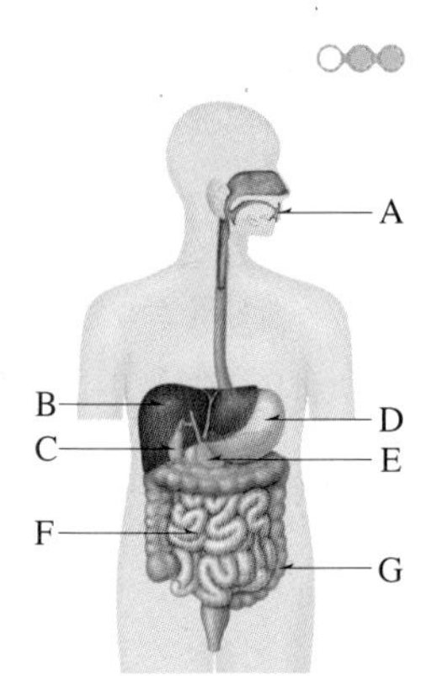

① A와 F에서 녹말이 분해된다.
② B는 지방의 소화를 돕는 소화액을 만든다.
③ B, C, E에는 음식물이 지나가지 않는다.
④ D와 E에서 단백질이 분해된다.
⑤ G에서는 소화액이 분비되지 않고, 주로 물이 흡수된다.

23 쓸개즙에 대한 설명으로 옳지 않은 것은?

① 간에서 만들어진다.
② 소화 효소가 들어 있다.
③ 소장으로 분비되어 작용한다.
④ 생성 기관과 저장 기관이 다르다.
⑤ 지방 덩어리를 작은 알갱이로 만든다.

24 오른쪽 그림은 소장 융털의 구조를 나타낸 것이다. 이에 대한 설명으로 옳지 않은 것은?

A
B

① A는 모세 혈관, B는 암죽관이다.
② 물에 잘 녹는 포도당과 아미노산은 A로 흡수된다.
③ A로 흡수된 영양소는 간을 거쳐 심장으로 이동한다.
④ 물에 잘 녹지 않는 무기염류는 B로 흡수된다.
⑤ B로 흡수된 영양소는 간을 거치지 않고 심장으로 이동한다.

Step3 만점! 도전 문제

25 그림과 같이 각각 녹말 용액과 포도당 용액이 들어 있는 2개의 셀로판 튜브를 물이 든 비커 (가)와 (나)에 담가 두었다가 일정 시간 후 물을 덜어 내어 (가)의 물에는 아이오딘 반응을, (나)의 물에는 베네딕트 반응을 하였더니 그 결과가 표와 같았다.

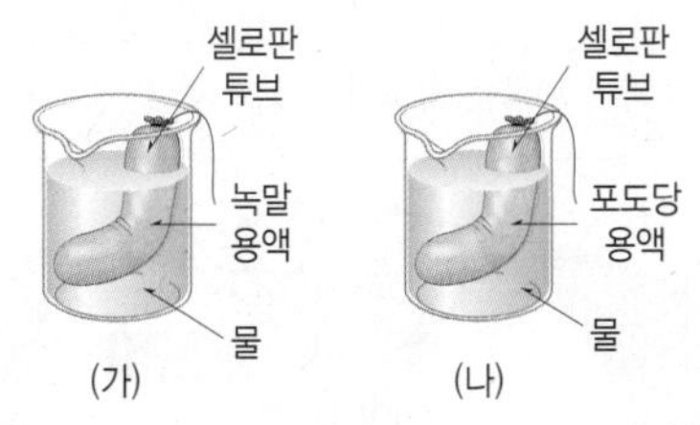

구분	비커 (가)의 물	비커 (나)의 물
검출 반응	아이오딘 반응	베네딕트 반응
색깔 변화	변화 없음	황적색

이에 대한 설명으로 옳은 것을 보기에서 모두 고른 것은?

보기
ㄱ. (가)의 물에는 녹말이 없고, (나)의 물에는 포도당이 있다.
ㄴ. 녹말과 포도당은 모두 셀로판 튜브의 막을 통과하였다.
ㄷ. 크기가 큰 녹말이 크기가 작은 포도당으로 분해되어야 하는 까닭을 알 수 있다.

① ㄱ ② ㄱ, ㄴ ③ ㄱ, ㄷ
④ ㄴ, ㄷ ⑤ ㄱ, ㄴ, ㄷ

26 그림은 녹말이 소화되는 과정을 나타낸 것이다.

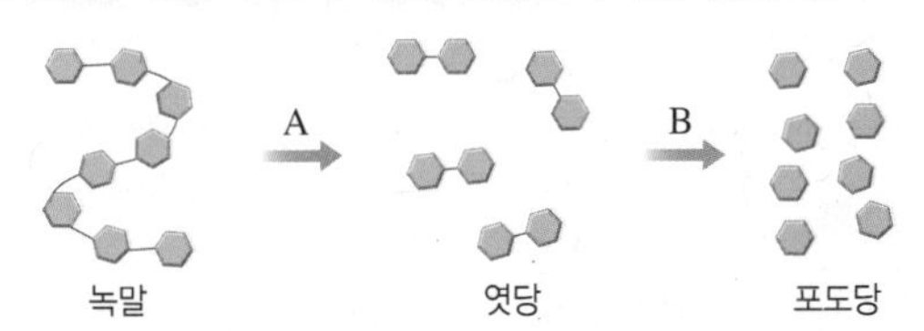

이에 대한 설명으로 옳은 것을 보기에서 모두 고른 것은?

보기
ㄱ. A 과정은 아밀레이스에 의해 일어난다.
ㄴ. B 과정은 소장에서 일어난다.
ㄷ. B 과정은 이자액에 들어 있는 소화 효소에 의해 일어난다.

① ㄱ ② ㄴ ③ ㄷ
④ ㄱ, ㄴ ⑤ ㄴ, ㄷ

서술형 문제

27 우리 몸에 필요한 영양소를 다음과 같이 (가)와 (나) 두 무리로 분류하였다.

(가) 탄수화물, 단백질, 지방
(나) 물, 무기염류, 바이타민

분류 기준을 무리의 기호를 포함하여 서술하시오.

28 밥은 처음에는 단맛이 없지만 씹다 보면 단맛이 난다. 그 까닭을 특정 소화 효소와 소화 산물을 포함하여 서술하시오.

29 위액 속에 들어 있는 염산의 기능을 두 가지 서술하시오.

30 소장 안쪽 벽에는 그림과 같이 주름이 많고, 주름 표면에는 융털이 많이 있다.

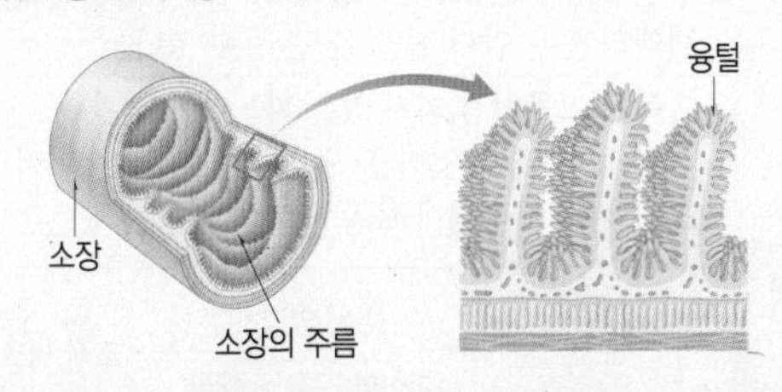

이러한 구조의 장점을 영양소 흡수 측면에서 서술하시오.

02 순환

Ⓐ 심장과 혈관

1 순환계 물질을 운반하는 기능을 담당하며, 심장, 혈관, 혈액으로 이루어져 있다.

2 심장 근육으로 이루어져 있는 주먹만 한 크기의 기관

(1) 구조 : 2개의 심방과 2개의 심실로 이루어져 있다.

심방	• 혈액을 심장으로 받아들이는 곳 • 정맥과 연결되어 있다.
심실	• 혈액을 심장에서 내보내는 곳 ➡ 심방보다 두껍고 탄력성이 강한 근육으로 이루어져 있어 강하게 수축하여 혈액을 내보내기에 알맞다. • 동맥과 연결되어 있다.
판막	• 심방과 심실 사이, 심실과 동맥 사이에 있다. • 혈액이 거꾸로 흐르는 것을 막는다. ➡ 심장에서 혈액은 한 방향(심방 → 심실 → 동맥)으로만 흐른다.

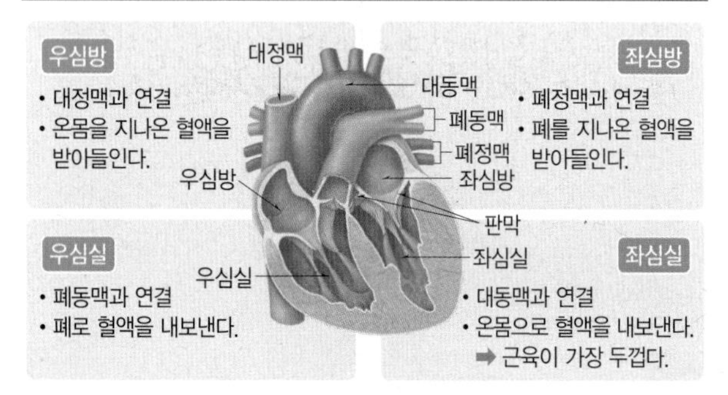

(2) 기능 : 심장 박동을 하면서 혈액을 받아들이고 내보낸다.
➡ 혈액 순환의 원동력

• 심장 박동 : 심장의 규칙적인 수축과 이완 운동

심방과 심실 이완		심방 수축		심실 수축
혈액이 심방과 심실로 들어옴	➡	혈액이 모두 심실로 이동함	➡	혈액이 심실에서 동맥으로 나감

3 혈관 심장에서 나온 혈액은 동맥 → 모세 혈관 → 정맥 방향으로 흐른다.

동맥	• 심장에서 나오는 혈액이 흐르는 혈관 • 혈관 벽이 두껍고 탄력성이 강하다. ➡ 심실에서 나온 혈액의 높은 압력(혈압)을 견딜 수 있다.
모세 혈관	• 온몸에 그물처럼 퍼져 있는 가느다란 혈관 • 혈관 벽이 매우 얇아 모세 혈관을 지나는 혈액과 주변 조직 세포 사이에서 물질 교환이 일어난다. 모세 혈관 —(산소, 영양소)→ 조직 세포 조직 세포 —(이산화 탄소, 노폐물)→ 모세 혈관
정맥	• 심장으로 들어가는 혈액이 흐르는 혈관 • 혈관 벽이 동맥보다 얇고 탄력성이 약하다. • 판막이 있다. ➡ 압력(혈압)이 매우 낮아 혈액이 거꾸로 흐를 수 있기 때문

[혈관의 특징 비교]
• 혈압 : 동맥 > 모세 혈관 > 정맥
• 혈관 벽 두께 : 동맥 > 정맥 > 모세 혈관
• 혈액이 흐르는 속도 : 동맥 > 정맥 > 모세 혈관
➡ 모세 혈관은 혈관 벽이 한 층의 세포로 되어 있어 매우 얇고, 혈액이 흐르는 속도가 가장 느려 물질 교환에 유리하다.

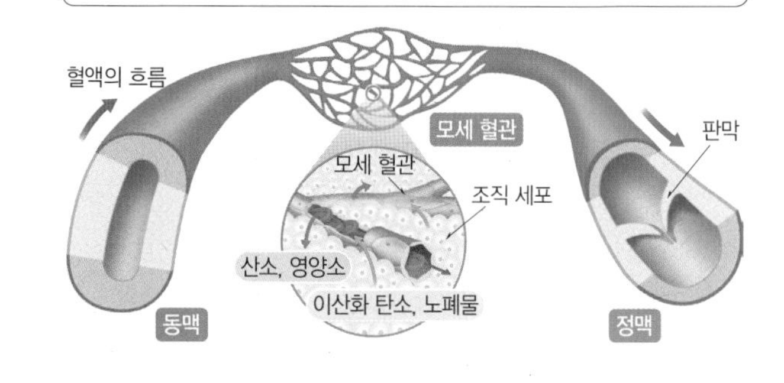

Ⓑ 혈액

1 혈액 액체 성분인 혈장과 세포 성분인 혈구로 구성된다.

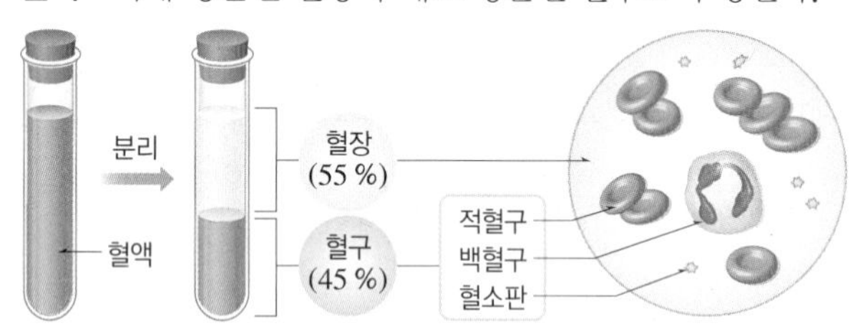

(1) 혈장 : 물이 주성분이며, 영양소, 이산화 탄소, 노폐물 등이 들어 있어 이러한 물질을 운반한다.

(2) 혈구 : 혈장에 실려 온몸으로 이동한다.

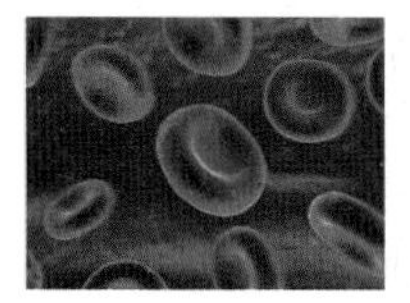
▲ 적혈구

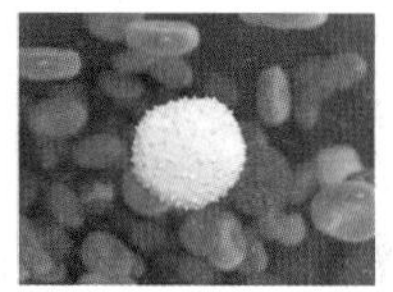
▲ 백혈구

▲ 혈소판

적혈구	• 가운데가 오목한 원반 모양으로, 핵이 없다. • 산소 운반 작용 : 온몸의 조직 세포에 산소를 전달한다. ➡ 부족하면 빈혈이 생길 수 있다. • 혈구 중 수가 가장 많다.
백혈구	• 모양이 일정하지 않으며, 핵이 있다. • 식균 작용 : 몸속에 침입한 세균 등을 잡아먹는다. ➡ 몸속에 세균이 침입하면 수가 크게 늘어나고 기능이 활발해진다. • 혈구 중 크기가 가장 크고, 수가 가장 적다.
혈소판	• 모양이 일정하지 않으며, 핵이 없다. • 혈액 응고 작용 : 상처 부위의 혈액을 응고시켜 딱지를 만들고 출혈을 막는다. ➡ 부족하면 혈액 응고가 늦어진다. • 혈구 중 크기가 가장 작다.

> **[적혈구와 헤모글로빈]**
> • 적혈구는 붉은색 색소인 헤모글로빈이 있어 붉은색을 띤다.
> • 적혈구는 헤모글로빈의 작용으로 산소를 운반한다. ➡ 헤모글로빈은 산소가 많은 곳에서는 산소와 결합하고, 산소가 적은 곳에서는 산소와 떨어지는 성질이 있기 때문이다.

탐구 혈액 관찰

1. 받침유리에 혈액을 떨어뜨리고, 생리 식염수로 희석한다.
2. 다른 받침유리를 혈액 가장자리에 비스듬히 대고 밀어 혈액을 얇게 펴고, 에탄올을 떨어뜨려 혈구를 고정한다.
3. 김사액을 떨어뜨려 혈액을 염색한 후 물로 씻어 내고 말린 다음, 덮개유리를 덮어 현미경으로 관찰한다.

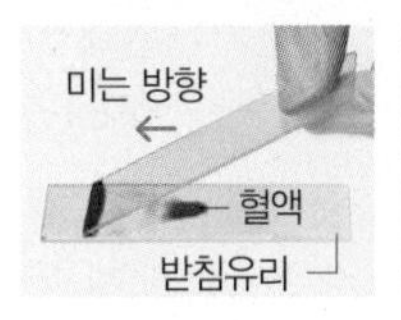

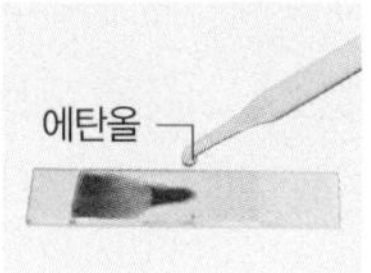

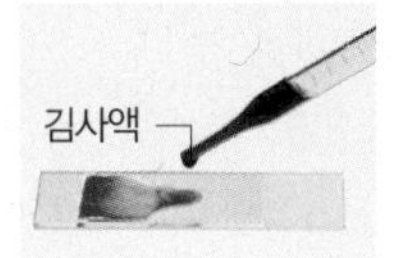

✚ 결과 및 정리

❶ 혈액이 있는 반대 방향으로 밀어야 혈액이 얇게 펴지고, 혈구가 터지지 않는다.
❷ **고정** : 세포의 모양이 변형되지 않고 살아 있을 때와 같이 유지되게 하는 과정
❸ **김사액** : 세포의 핵을 보라색으로 염색하는 용액
❹ 적혈구가 가장 많이 관찰된다. ➡ 혈구 중 적혈구의 수가 가장 많기 때문
❺ 김사액에 의해 핵이 보라색으로 염색된 백혈구가 관찰된다.

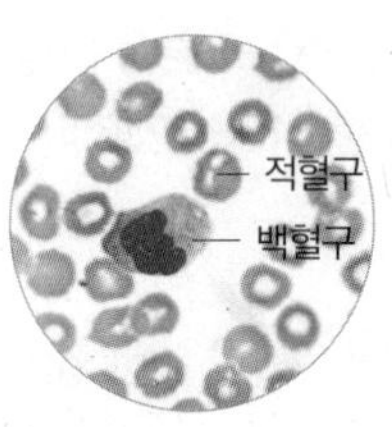

2 혈액 순환

(1) **온몸 순환** : 좌심실에서 나간 혈액이 온몸의 모세 혈관을 지나는 동안 조직 세포에 산소와 영양소를 공급하고, 조직 세포에서 이산화 탄소와 노폐물을 받아 우심방으로 돌아오는 순환 ➡ 동맥혈(산소를 많이 포함한 혈액) → 정맥혈(산소를 적게 포함한 혈액)로 바뀐다.

(2) **폐순환** : 우심실에서 나간 혈액이 폐의 모세 혈관을 지나는 동안 이산화 탄소를 내보내고, 산소를 받아 좌심방으로 돌아오는 순환 ➡ 정맥혈 → 동맥혈로 바뀐다.

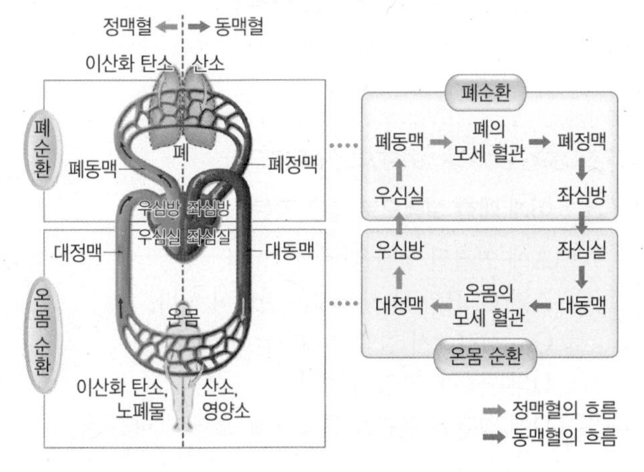

개념 확인하기

정답과 해설 4쪽

[1~2] 오른쪽 그림은 사람의 심장 구조를 나타낸 것이다.

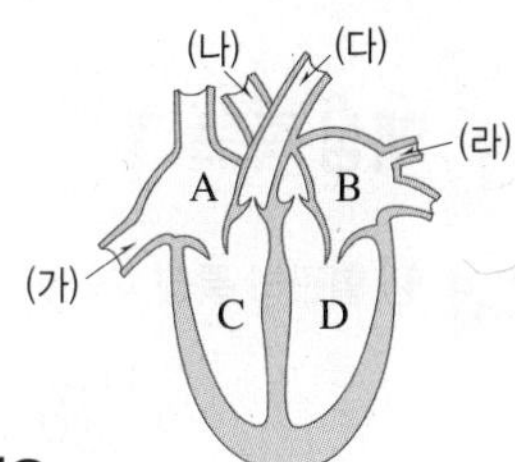

1 A~D의 이름을 쓰시오.

2 혈관 (가)~(라)의 이름을 쓰시오.

3 심장에서 혈액을 받아들이는 곳은 (　　　)이고, 혈액을 내보내는 곳은 (　　　)이다.

[4~5] 오른쪽 그림은 혈관이 연결된 모습을 나타낸 것이다.

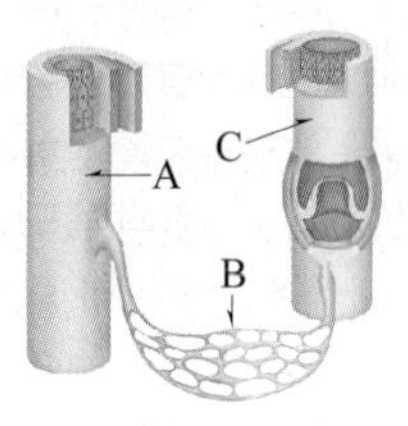

4 A~C의 이름을 쓰시오.

5 각 설명에 해당하는 혈관의 기호를 쓰시오.

(1) 판막이 있다.
(2) 혈관 벽이 가장 두껍다.
(3) 조직 세포와 물질 교환이 일어난다.

[6~7] 오른쪽 그림은 혈액의 성분을 나타낸 것이다.

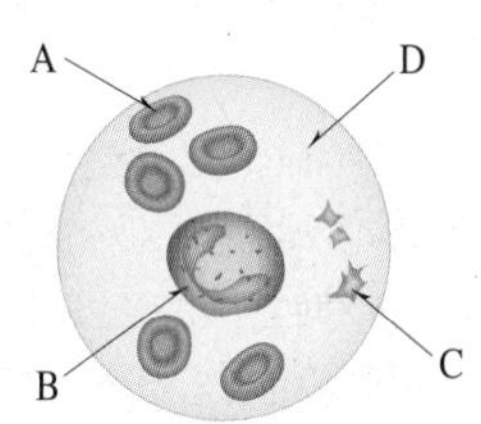

6 A~D의 이름을 쓰시오.

7 이에 대한 설명으로 옳은 것은 ○, 옳지 않은 것은 ×로 표시하시오.

(1) A는 헤모글로빈이 있어 붉은색을 띤다. ······ (　　)
(2) B는 핵이 없다. ······ (　　)
(3) C는 몸속에 침입한 세균을 잡아먹는다. ······ (　　)
(4) D는 영양소와 노폐물 등을 운반한다. ······ (　　)

8 온몸 순환 경로는 좌심실 → (　　　) → 온몸의 모세 혈관 → (　　　) → 우심방이다.

9 폐순환은 혈액이 심장의 (　　　)에서 나가 폐의 모세 혈관을 거쳐 심장의 (　　　)으로 돌아오는 순환이다.

10 동맥혈은 산소를 (많이, 적게) 포함한 혈액이다.

족집게 문제

핵심 족보

A 1 혈관의 특징 ★★★

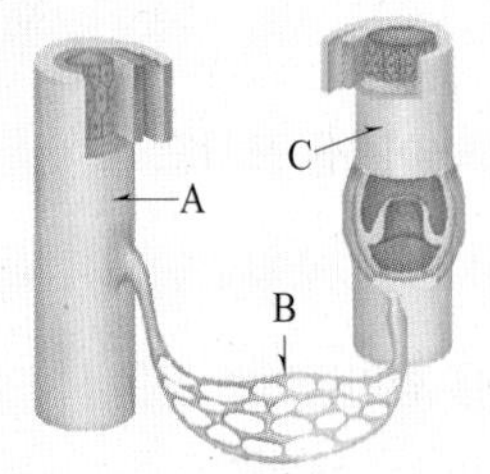

- 혈액의 흐름 : A → B → C ➡ A에는 심장에서 나오는 혈액이 흐르고, C에는 심장으로 들어가는 혈액이 흐른다.
- 혈압 : A>B>C ➡ 혈압이 매우 낮은 C에는 판막이 있다.
- 혈관 벽 두께 : A>C>B ➡ A는 혈관 벽이 두껍고 탄력성이 강하여 높은 혈압을 견딜 수 있고, B는 혈관 벽이 한 층의 세포로 되어 있어 조직 세포와 물질 교환이 일어난다.
- 혈액이 흐르는 속도 : A>C>B ➡ B는 혈액이 흐르는 속도가 느려 물질 교환이 일어나기에 유리하다.

B 2 혈액의 성분과 기능 ★★★

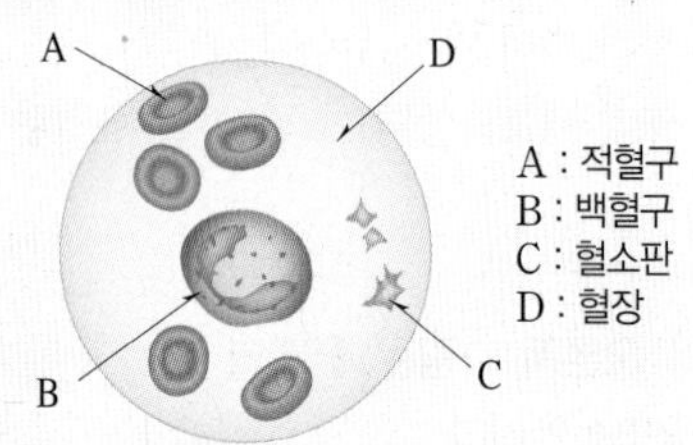

- 혈구 수 : A>C>B
- 핵 : A와 C에는 핵이 없고, B에만 핵이 있다.

A	산소 운반 작용 ➡ 부족하면 빈혈이 생길 수 있다.
B	식균 작용 ➡ 몸속에 세균이 침입하여 염증이 생기면 수가 크게 늘어나고 기능이 활발해진다.
C	혈액 응고 작용 ➡ 부족하면 혈액 응고가 늦어진다.
D	영양소, 이산화 탄소, 노폐물 등의 물질을 운반한다.

3 혈액 순환 경로 ★★★

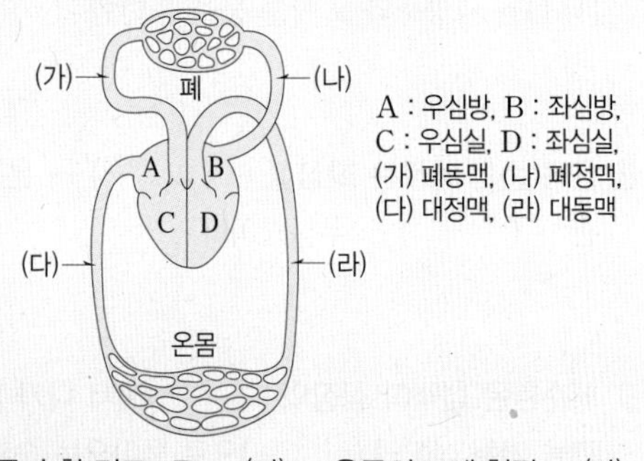

- 온몸 순환 경로 : D → (라) → 온몸의 모세 혈관 → (다) → A
- 폐순환 경로 : C → (가) → 폐의 모세 혈관 → (나) → B
- 동맥혈이 흐르는 곳 : B, D, (나), (라)
- 정맥혈이 흐르는 곳 : A, C, (가), (다)

Step 1 반드시 나오는 문제

1 사람의 심장에 대한 설명으로 옳지 않은 것은?

① 2개의 심방과 2개의 심실로 이루어져 있다.
② 심장 박동은 혈액을 순환시키는 원동력이다.
③ 심방과 심실 사이, 심실과 동맥 사이에 판막이 있다.
④ 심방은 동맥과 연결되어 있고, 심실은 정맥과 연결되어 있다.
⑤ 심실은 심방보다 두껍고 탄력성이 강한 근육으로 이루어져 있다.

[2~3] 오른쪽 그림은 사람의 심장 구조를 나타낸 것이다.

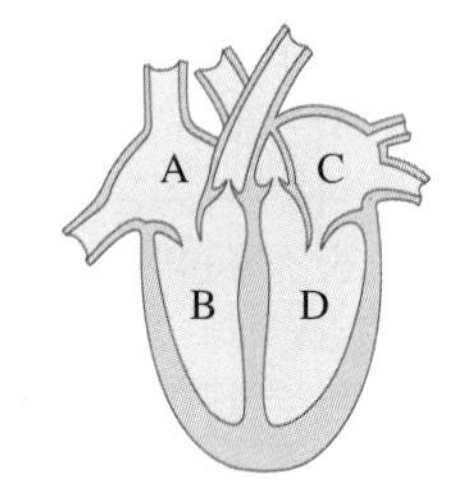

2 A~D의 이름을 옳게 짝 지은 것은?

	A	B	C	D
①	우심방	우심실	좌심실	좌심방
②	우심방	우심실	좌심방	좌심실
③	우심실	우심방	좌심방	좌심실
④	좌심방	좌심실	우심방	우심실
⑤	좌심실	좌심방	우심실	우심방

3 이에 대한 설명으로 옳은 것은?

① A에 연결된 혈관은 폐정맥이다.
② A와 C, B와 D 사이에는 판막이 있다.
③ C는 심장에서 혈액이 나가는 곳이다.
④ D의 근육이 가장 두껍다.
⑤ D에 연결된 혈관을 통해 폐로 혈액이 나간다.

난이도 ●●● 시험에 꼭 나오는 출제 가능성이 높은 예상 문제로 구성하고, 난이도를 표시하였습니다.

○●●

4 그림은 혈관이 연결된 모습을 나타낸 것이다.

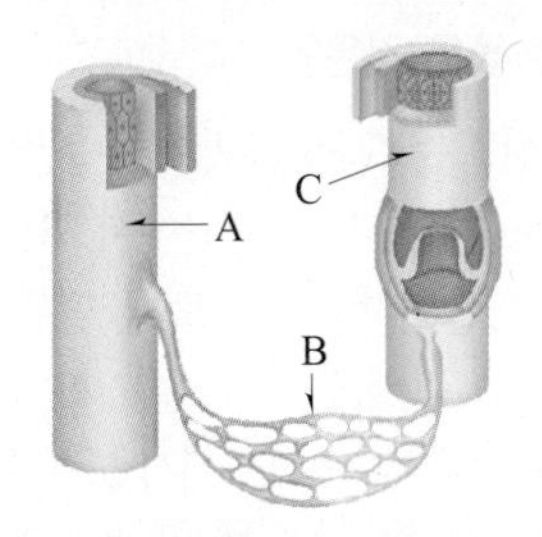

이에 대한 설명으로 옳지 않은 것은?

① A에는 판막이 없고, C에는 판막이 있다.
② A는 C보다 혈관 벽이 두껍고 탄력성이 강하다.
③ A는 심실에 연결되어 있고, C는 심방에 연결되어 있다.
④ B는 A와 C를 연결한다.
⑤ 혈액은 C에서 A 쪽으로 흐른다.

○●●

5 혈관에 대한 설명으로 옳지 않은 것은?

① 정맥에는 심장으로 들어가는 혈액이 흐른다.
② 혈압은 동맥 > 정맥 > 모세 혈관 순으로 높다.
③ 혈관 벽의 두께는 동맥 > 정맥 > 모세 혈관 순으로 두껍다.
④ 혈액이 흐르는 속도는 동맥 > 정맥 > 모세 혈관 순으로 빠르다.
⑤ 모세 혈관을 지나는 혈액과 조직 세포 사이에서 물질 교환이 일어난다.

○●●

6 오른쪽 그림은 사람의 혈액을 분리한 결과를 나타낸 것이다. 이에 대한 설명으로 옳지 않은 것은?

A
B

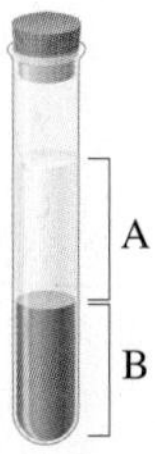

① A는 혈장, B는 혈구이다.
② A의 주성분은 물이다.
③ A는 영양소와 노폐물 등을 운반한다.
④ B에는 백혈구가 가장 많다.
⑤ B는 전체 혈액의 약 45 %를 차지한다.

○●●

7 오른쪽 그림은 혈액의 구성 성분을 나타낸 것이다. 이에 대한 설명으로 옳은 것은?

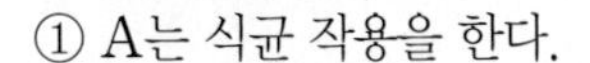

A D B C

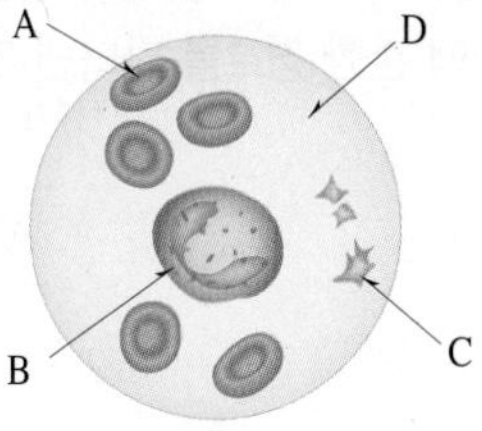

① A는 식균 작용을 한다.
② B는 모양이 일정하지 않고, 핵이 있다.
③ B는 헤모글로빈이 있어 붉은색을 띤다.
④ C는 조직 세포로 산소를 운반한다.
⑤ D는 혈소판이다.

[8~9] 다음은 혈액의 성분을 관찰하는 과정이다.

(가) 받침유리에 혈액을 떨어뜨리고, 생리 식염수로 희석한다.
(나) 다른 받침유리를 혈액 가장자리에 비스듬히 대고 밀어 혈액을 얇게 편다.
(다) 혈액에 에탄올을 떨어뜨린다.
(라) 혈액에 김사액을 떨어뜨린 후 물로 씻어 내고 말린다.
(마) 덮개유리를 덮어 현미경으로 관찰한다.

○●●

8 이에 대한 설명으로 옳은 것을 보기에서 모두 고른 것은?

보기
ㄱ. (나)에서 받침유리는 혈액이 있는 반대 방향으로 민다.
ㄴ. (다)에서 에탄올은 혈구를 고정하기 위해 사용한다.
ㄷ. (라)에서 김사액은 적혈구와 백혈구의 핵을 보라색으로 염색한다.

① ㄱ ② ㄱ, ㄴ ③ ㄱ, ㄷ
④ ㄴ, ㄷ ⑤ ㄱ, ㄴ, ㄷ

9 (마)에서 가장 많이 관찰되는 혈구에 대한 설명으로 옳은 것은?

① 핵이 있다.
② 백혈구이다.
③ 혈구 중 크기가 가장 크다.
④ 가운데가 오목한 원반 모양이다.
⑤ 몸속에 침입한 세균을 잡아먹는다.

[10~11] 오른쪽 그림은 사람의 혈액 순환 경로를 나타낸 것이다.

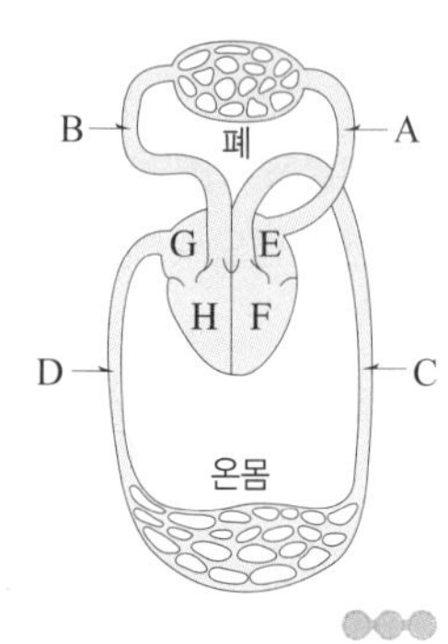

10 이에 대한 설명으로 옳은 것은?

① A와 D에는 심장으로 들어가는 혈액이 흐른다.
② C는 대동맥으로, 좌심방과 연결된 혈관이다.
③ D에는 C보다 산소를 많이 포함한 혈액이 흐른다.
④ E로 온몸을 지나온 정맥혈이 들어온다.
⑤ 폐순환 경로는 E → A → 폐의 모세 혈관 → B → H 이다.

11 혈관 A~D, 심장 구조 E~H 중 동맥혈이 흐르는 곳의 기호를 모두 쓰시오.

Step 2 자주 나오는 문제

12 오른쪽 그림은 사람의 심장 구조를 나타낸 것이다. 심장에서의 혈액 흐름에 대한 설명으로 옳지 <u>않은</u> 것은?

A C
B D

① A → B로 혈액이 흐른다.
② C → D로 혈액이 흐른다.
③ 폐를 지나온 혈액이 A로 들어온다.
④ B에서 혈액이 폐동맥을 통해 폐로 나간다.
⑤ D에서 혈액이 대동맥을 통해 온몸으로 나간다.

13 모세 혈관과 조직 세포 사이에서 일어나는 물질 교환에 대한 설명으로 옳은 것은?

① 영양소와 산소는 모세 혈관에서 조직 세포로 이동한다.
② 영양소와 노폐물은 모세 혈관에서 조직 세포로 이동한다.
③ 영양소와 이산화 탄소는 모세 혈관에서 조직 세포로 이동한다.
④ 산소와 노폐물은 조직 세포에서 모세 혈관으로 이동한다.
⑤ 산소와 이산화 탄소는 조직 세포에서 모세 혈관으로 이동한다.

14 그림은 헤모글로빈의 작용을 나타낸 것이다.

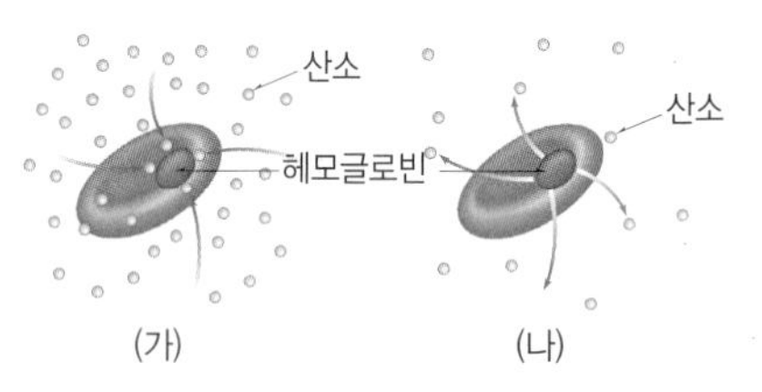

이에 대한 설명으로 옳지 <u>않은</u> 것은?

① (가)는 산소가 많은 곳에서 일어나는 작용이다.
② (나)는 산소가 적은 곳에서 일어나는 작용이다.
③ 폐에서는 (나)와 같은 작용이 일어난다.
④ 붉은색 색소인 헤모글로빈은 적혈구에 들어 있다.
⑤ 헤모글로빈은 산소가 많은 곳에서 산소와 결합하고, 산소가 적은 곳에서 산소와 떨어진다.

15 표는 정상인과 학생 A, B의 혈구 수를 비교하여 나타낸 것이다.

(단위 : 개/mm^3)

구분	적혈구	백혈구	혈소판
정상인	500만 개 ~600만 개	5000개 ~10000개	25만 개 ~40만 개
학생 A	230만 개	8000개	27만 개
학생 B	550만 개	27000개	30만 개

이에 대한 설명으로 옳은 것을 보기에서 모두 고른 것은?

보기
ㄱ. 학생 A는 빈혈이 있을 것이다.
ㄴ. 학생 B는 몸에 세균이 침입한 상태일 것이다.
ㄷ. 학생 A와 B는 모두 상처가 생겼을 때 출혈이 잘 멈추지 않을 것이다.

① ㄱ ② ㄱ, ㄴ ③ ㄱ, ㄷ
④ ㄴ, ㄷ ⑤ ㄱ, ㄴ, ㄷ

16 온몸 순환 경로를 순서대로 옳게 나열한 것은?

① 좌심실 → 대정맥 → 온몸의 모세 혈관 → 대동맥 → 우심방
② 좌심실 → 대동맥 → 온몸의 모세 혈관 → 대정맥 → 우심방
③ 우심실 → 대동맥 → 온몸의 모세 혈관 → 대정맥 → 좌심방
④ 우심실 → 폐동맥 → 온몸의 모세 혈관 → 폐정맥 → 좌심방
⑤ 우심실 → 폐정맥 → 온몸의 모세 혈관 → 폐동맥 → 좌심방

Step3 만점! 도전 문제

17 그림은 어떤 혈관에서 혈액이 정상으로 흐를 때와 거꾸로 흐를 때의 모습을 나타낸 것이다.

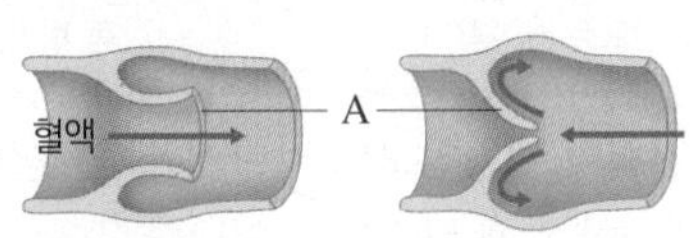

혈액이 정상으로 흐를 때　　혈액이 거꾸로 흐를 때

이에 대한 설명으로 옳지 않은 것은?

① A는 판막이다.
② 이 혈관은 정맥이다.
③ 혈관 중 혈압이 가장 낮다.
④ 심장으로 들어가는 혈액이 흐른다.
⑤ 혈관 중 혈관 벽이 가장 두껍고 탄력성이 강하다.

18 다음은 폐순환 경로를 나타낸 것이다.

우심실 → A → 폐의 모세 혈관 → B → 좌심방

이에 대한 설명으로 옳은 것을 보기에서 모두 고른 것은?

보기
ㄱ. A는 폐동맥, B는 폐정맥이다.
ㄴ. A에는 폐에서 산소를 공급받은 동맥혈이 흐른다.
ㄷ. B에 흐르는 혈액보다 A에 흐르는 혈액에 이산화 탄소가 더 많다.

① ㄱ　② ㄴ　③ ㄷ
④ ㄱ, ㄷ　⑤ ㄴ, ㄷ

서술형 문제

19 오른쪽 그림은 사람의 심장 구조를 나타낸 것이다.

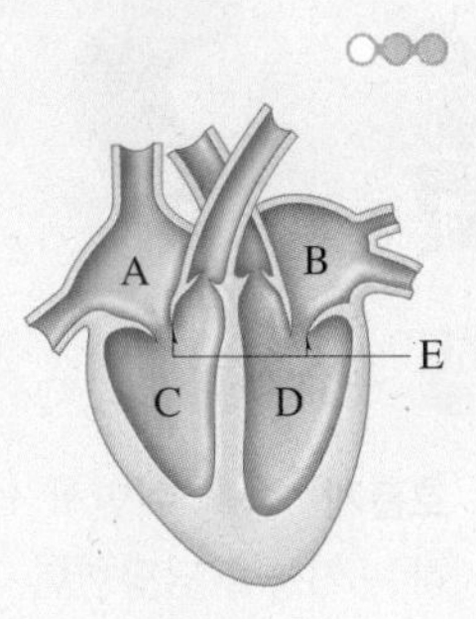

(1) A~D에 흐르는 혈액을 산소가 많은 혈액과 산소가 적은 혈액으로 구분하여 서술하시오.

(2) E의 이름을 쓰고, 그 기능을 서술하시오.

20 모세 혈관에서는 혈관 속을 지나는 혈액과 조직 세포 사이에서 물질 교환이 일어난다. 모세 혈관이 물질 교환이 일어나기에 유리한 까닭을 다음 단어를 모두 포함하여 서술하시오.

혈관 벽, 혈액이 흐르는 속도

21 오른쪽 그림은 혈액의 성분을 나타낸 것이다.

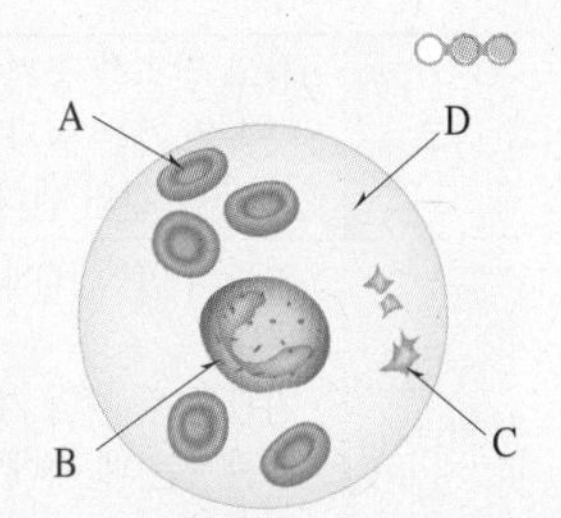

(1) 붉은색 색소인 헤모글로빈이 들어 있는 혈구의 기호와 이름을 쓰시오.

(2) 핵이 있는 혈구의 기호와 이름을 쓰고, 그 기능을 서술하시오.

03 호흡

Ⓐ 호흡계

1 호흡계 숨을 쉬면서 산소를 흡수하고 이산화 탄소를 배출하는 기능을 담당한다.

2 들숨과 날숨의 성분 들숨은 들이쉬는 숨, 날숨은 내쉬는 숨이다.

(1) 산소 : 날숨보다 들숨에 더 많이 들어 있다.

(2) 이산화 탄소 : 들숨보다 날숨에 더 많이 들어 있다.

➡ 공기가 몸 안으로 들어왔다 나가는 동안 몸에서 산소를 받아들이고, 이산화 탄소를 내보내기 때문

탐구 들숨과 날숨의 성분 확인

(가) 초록색 BTB 용액에 공기 펌프로 공기(들숨)를 넣는다.

(나) 초록색 BTB 용액에 날숨을 불어넣는다.

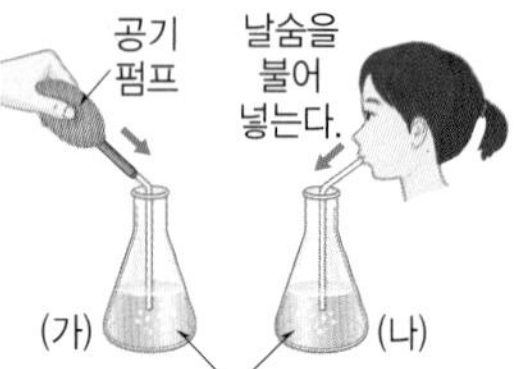

✚ 결과 및 정리

(나)에서 BTB 용액의 색깔이 노란색으로 더 빨리 변한다.

➡ 들숨보다 날숨에 이산화 탄소가 더 많이 들어 있기 때문

3 호흡계의 구조 숨을 들이쉬면 공기가 코 → 기관 → 기관지 → 폐 속의 폐포로 들어간다.

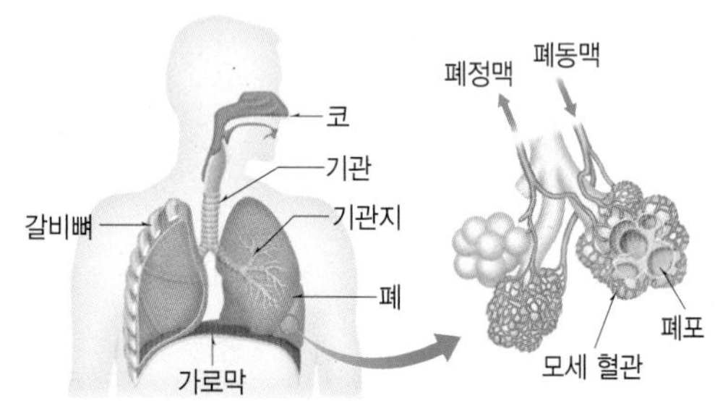

<table>
<tr><td>코</td><td colspan="2">• 차고 건조한 공기를 따뜻하고 촉촉하게 만든다.
• 콧속은 가는 털과 끈끈한 액체로 덮여 있어 먼지나 세균 등을 걸러 낸다.</td></tr>
<tr><td>기관, 기관지</td><td colspan="2">• 기관의 안쪽 벽에는 섬모가 있어 먼지나 세균 등을 거른다.
• 기관은 두 개의 기관지로 갈라져 좌우 폐와 연결된다.
• 기관지는 폐 속에서 더 많은 가지로 갈라져 폐포와 연결된다.</td></tr>
<tr><td rowspan="2">폐</td><td colspan="2">• 갈비뼈와 가로막으로 둘러싸인 흉강에 들어 있다.
• 수많은 폐포로 이루어져 있어 공기와 닿는 표면적이 매우 넓다. ➡ 기체 교환이 효율적으로 일어날 수 있다.</td></tr>
<tr><td>폐포</td><td>• 폐를 구성하는 작은 공기주머니이다.
• 표면이 모세 혈관으로 둘러싸여 있다. ➡ 폐포와 모세 혈관 사이에서 산소와 이산화 탄소가 교환된다.</td></tr>
</table>

Ⓑ 호흡 운동

1 호흡 운동의 원리 폐는 근육이 없어 스스로 커지거나 작아지지 못하므로 흉강을 둘러싸고 있는 갈비뼈와 가로막의 움직임에 의해 호흡 운동이 일어난다.

2 호흡 운동이 일어나는 과정

들숨(숨을 들이쉴 때)	날숨(숨을 내쉴 때)
갈비뼈가 올라가고, 가로막이 내려감	갈비뼈가 내려가고, 가로막이 올라감
▼	▼
흉강 부피 커짐, 흉강 압력 낮아짐	흉강 부피 작아짐, 흉강 압력 높아짐
▼	▼
폐 부피 커짐, 폐 내부 압력 낮아짐	폐 부피 작아짐, 폐 내부 압력 높아짐
▼	▼
공기가 몸 밖에서 폐 안으로 들어옴	공기가 폐 안에서 몸 밖으로 나감

➡ 폐 내부 압력이 대기압보다 낮아질 때 들숨이 일어나고, 대기압보다 높아질 때 날숨이 일어난다.

탐구 호흡 운동의 원리

호흡 운동 모형에서 고무 막을 잡아당기고, 밀어 올리면서 작은 고무풍선의 변화를 관찰한다.

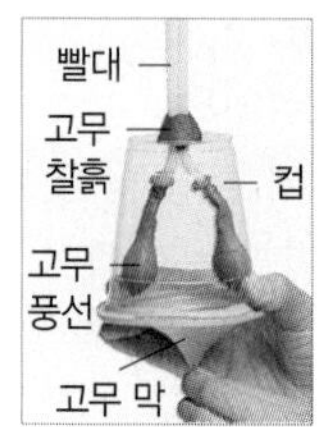

▲ 고무 막을 잡아 당길 때

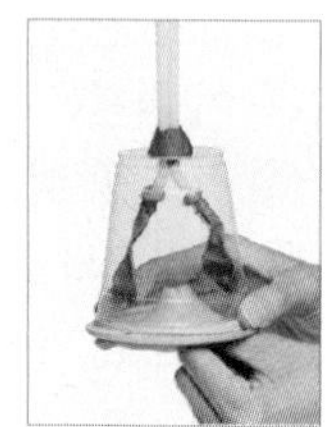

▲ 고무 막을 밀어 올릴 때

✚ 결과 및 정리

❶ 고무 막을 잡아당길 때와 밀어 올릴 때 나타나는 변화

고무 막	잡아당길 때(들숨)	밀어 올릴 때(날숨)
고무풍선	부푼다.	줄어든다.
컵 속의 부피	컵 속의 공간과 고무풍선 부피 증가	컵 속의 공간과 고무풍선 부피 감소
컵 속의 압력	컵 속의 공간과 고무풍선 속 압력 감소	컵 속의 공간과 고무풍선 속 압력 증가
공기 이동	밖 → 고무풍선	고무풍선 → 밖

❷ 호흡 운동 모형과 사람의 몸 비교

호흡 운동 모형	빨대	컵 속의 공간	작은 고무풍선	고무 막
사람의 몸	기관, 기관지	흉강	폐	가로막

3 들숨과 날숨이 일어날 때 몸의 상태 비교

구분	들숨	날숨
그림	갈비뼈 (올라감) 폐 가로막 (내려감)	갈비뼈 (내려감) 폐 가로막 (올라감)
갈비뼈	올라감	내려감
가로막	내려감	올라감
흉강 부피	커짐	작아짐
흉강 압력	낮아짐	높아짐
폐 부피	커짐	작아짐
폐 내부 압력	낮아짐	높아짐
공기 이동	몸 밖 → 폐 안	폐 안 → 몸 밖

Ⓒ 기체 교환

1 기체 교환의 원리 기체의 농도 차이에 따른 확산에 의해 기체 교환이 일어난다. ➡ 농도가 높은 쪽에서 낮은 쪽으로 기체가 이동한다.

2 폐와 조직 세포에서의 기체 교환

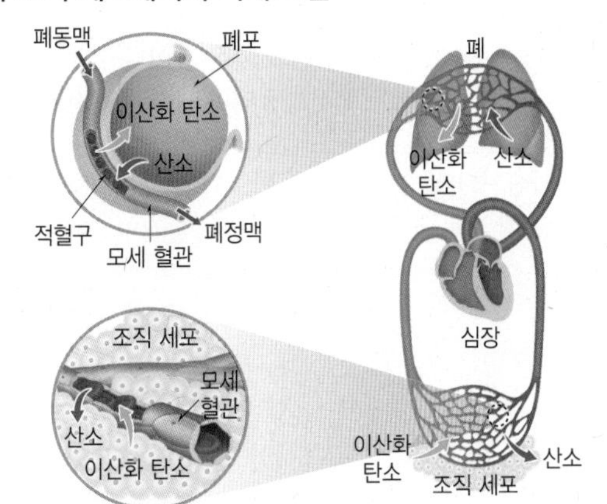

구분	내용
폐에서의 기체 교환	• 산소 농도 : 폐포 > 모세 혈관 • 이산화 탄소 농도 : 폐포 < 모세 혈관 폐포 ⇄ 모세 혈관 (산소 →, 이산화 탄소 ←) ➡ 혈액에 산소가 많아지고, 이산화 탄소가 적어진다(정맥혈 → 동맥혈).
조직 세포에서의 기체 교환	• 산소 농도 : 모세 혈관 > 조직 세포 • 이산화 탄소 농도 : 모세 혈관 < 조직 세포 모세 혈관 ⇄ 조직 세포 (산소 →, 이산화 탄소 ←) ➡ 혈액에 산소가 적어지고, 이산화 탄소가 많아진다(동맥혈 → 정맥혈).

개념 확인하기

정답과 해설 5쪽

1 산소는 들숨보다 날숨에 (많, 적)고, 이산화 탄소는 들숨보다 날숨에 (많, 적)다.

2 그림은 사람의 호흡계를 나타낸 것이다.

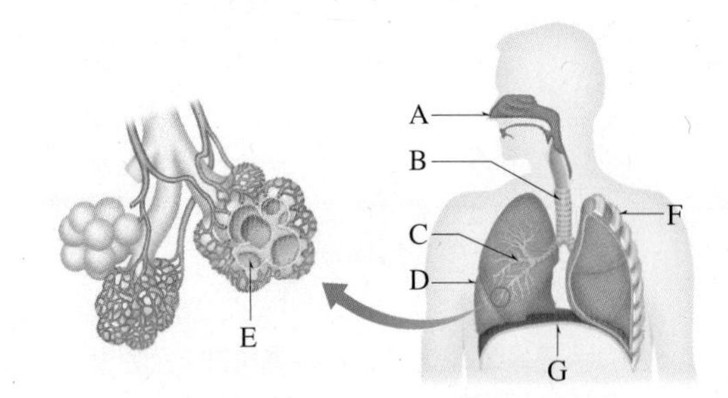

A~G의 이름을 쓰시오.

3 숨을 들이쉬었을 때 공기의 이동 경로는 코 → (　　　) → 기관지 → (　　　) 속의 폐포이다.

4 폐는 수많은 (　　　)로 이루어져 있어 공기와 닿는 표면적이 매우 (넓, 좁)기 때문에 기체 교환이 효율적으로 일어날 수 있다.

5 폐는 (　　　)이 없어 스스로 커지거나 작아지지 못하므로 흉강을 둘러싸고 있는 갈비뼈와 (　　　)의 움직임에 의해 호흡 운동이 일어난다.

6 흉강의 부피가 (커, 작아)지고 압력이 (높, 낮)아질 때 들숨이 일어난다.

7 호흡 운동 모형과 우리 몸의 구조를 옳게 연결하시오.

(1) 고무 막 • 　　　• ㉠ 폐
(2) 컵 속의 공간 • 　　　• ㉡ 흉강
(3) 작은 고무풍선 • 　　　• ㉢ 가로막

8 폐와 조직 세포에서 기체 교환이 일어나는 원리는 기체의 농도 차이에 따른 (　　　)이다.

9 이산화 탄소의 농도는 모세 혈관이 폐포보다 (높, 낮)고, 조직 세포가 모세 혈관보다 (높, 낮)다.

10 (산소, 이산화 탄소)는 폐포 → 모세 혈관, 모세 혈관 → 조직 세포 방향으로 이동한다.

족집게 문제

핵심 족보

A 1 호흡계의 구조와 기능 ★★★

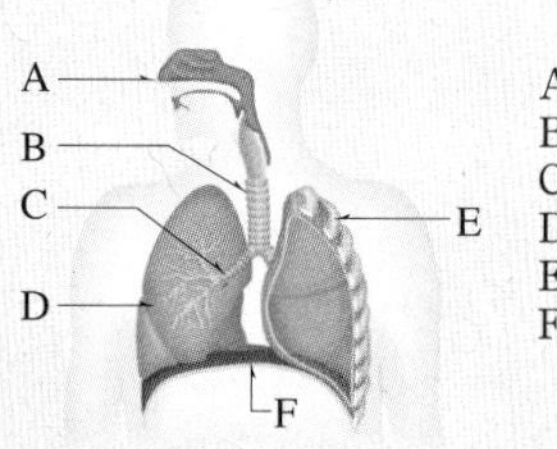

- D는 근육이 없어 스스로 수축하거나 이완할 수 없고, E와 F의 움직임에 따라 그 크기가 변한다.
- D는 수많은 폐포로 이루어져 있어 공기와 닿는 표면적이 매우 넓기 때문에 기체 교환이 효율적으로 일어날 수 있다.
  ➡ 폐포와 같이 표면적을 넓히는 구조에는 소장 안쪽 벽의 주름과 융털, 식물의 뿌리털, 어류의 아가미 등이 있다.

B 2 우리 몸과 호흡 운동 모형의 비교 ★★★

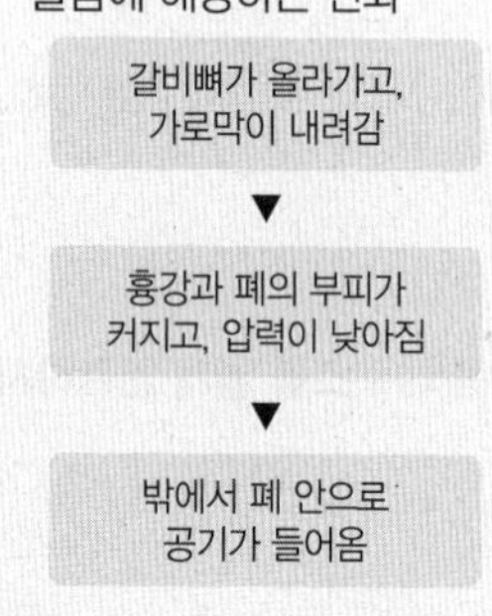

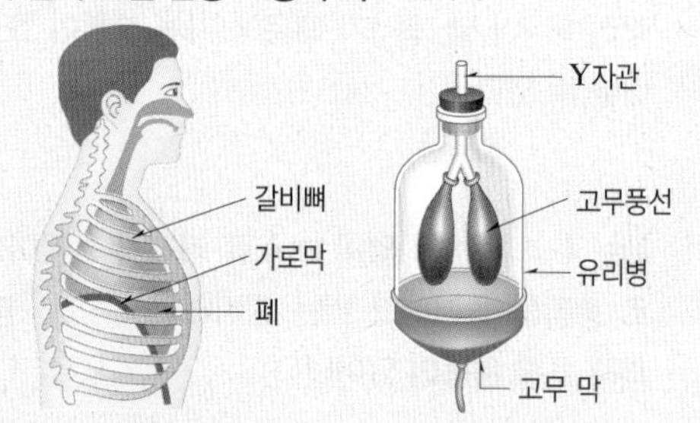

- 들숨에 해당하는 변화

우리 몸	호흡 운동 모형
갈비뼈가 올라가고, 가로막이 내려감	고무 막을 잡아당김
▼	▼
흉강과 폐의 부피가 커지고, 압력이 낮아짐	유리병 속의 부피가 커지고, 압력이 낮아짐
▼	▼
밖에서 폐 안으로 공기가 들어옴	밖에서 고무풍선 안으로 공기가 들어옴

C 3 폐와 조직 세포에서의 기체 교환 ★★★

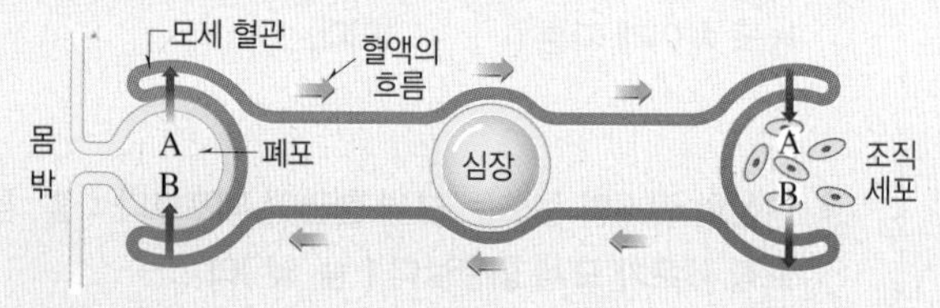

- 산소 농도 : 폐포 > 모세 혈관, 모세 혈관 > 조직 세포
  ➡ 이동(A) : 폐포 → 모세 혈관, 모세 혈관 → 조직 세포
- 이산화 탄소 농도 : 조직 세포 > 모세 혈관, 모세 혈관 > 폐포
  ➡ 이동(B) : 조직 세포 → 모세 혈관, 모세 혈관 → 폐포

Step 1 반드시 나오는 문제

1 들숨과 날숨의 성분에 대한 설명으로 옳은 것은?

① 날숨에는 산소가 없다.
② 산소는 날숨보다 들숨에 많다.
③ 들숨에는 이산화 탄소가 없다.
④ 이산화 탄소는 날숨보다 들숨에 많다.
⑤ 날숨에는 이산화 탄소가 산소보다 많다.

2 초록색 BTB 용액이 든 두 개의 비커를 준비하여 그림과 같이 (가)에는 공기 펌프로 공기를 넣고, (나)에는 입김을 불어넣었다.

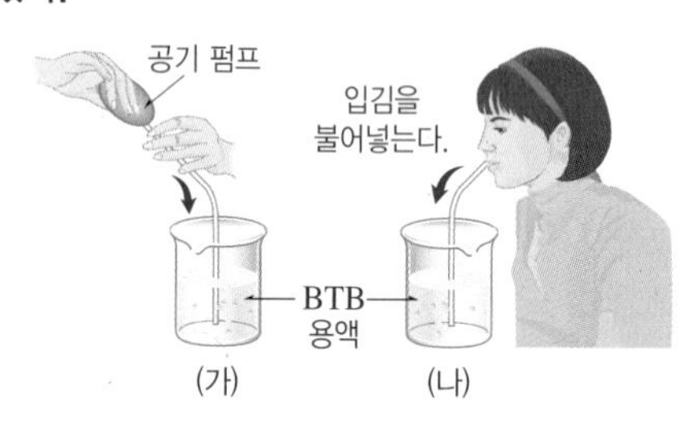

이에 대한 설명으로 옳은 것을 보기에서 모두 고른 것은?

보기
ㄱ. (가)는 들숨, (나)는 날숨을 넣은 것이다.
ㄴ. (가)보다 (나)에서 BTB 용액이 파란색으로 더 빨리 변한다.
ㄷ. 들숨보다 날숨에 이산화 탄소가 더 많이 들어 있는 것을 확인할 수 있다.

① ㄱ ② ㄱ, ㄴ ③ ㄱ, ㄷ
④ ㄴ, ㄷ ⑤ ㄱ, ㄴ, ㄷ

3 오른쪽 그림은 사람의 호흡계를 나타낸 것이다. 이에 대한 설명으로 옳은 것을 모두 고르면?(2개)

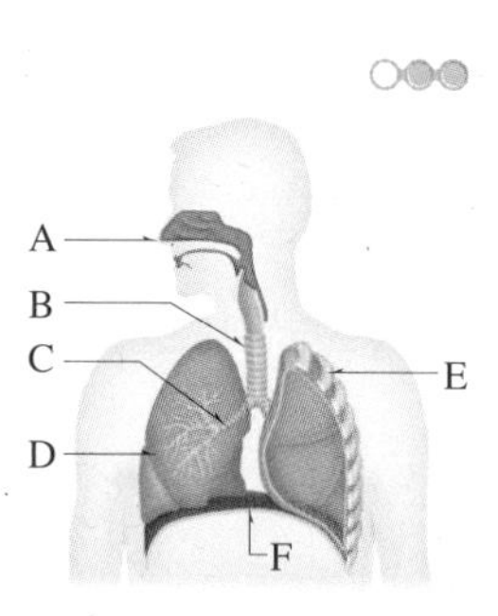

① A에서 공기가 건조해지고 차가워진다.
② B의 안쪽 벽에는 섬모가 있어 먼지나 세균 등을 거른다.
③ D는 근육이 있어 스스로 수축할 수 있다.
④ 날숨이 일어날 때 공기가 A → B → C → D 속의 폐포로 이동한다.
⑤ E와 F의 움직임에 의해 D의 크기가 변한다.

난이도 ●●● 시험에 꼭 나오는 출제 가능성이 높은 예상 문제로 구성하고, 난이도를 표시하였습니다.

[4~6] 그림은 호흡 운동의 원리를 알아보기 위한 호흡 운동 모형을 나타낸 것이다.

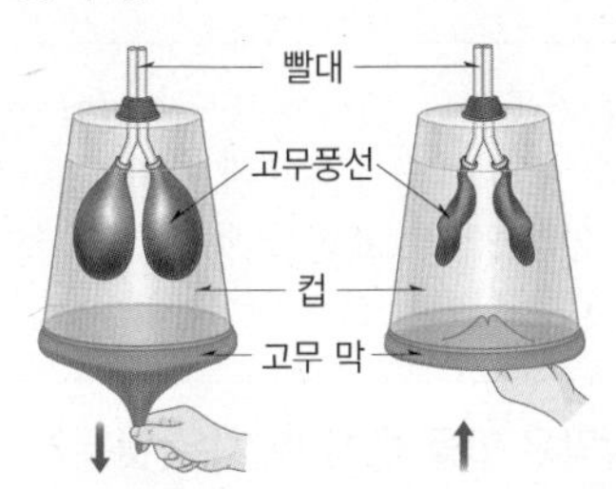

4 호흡 운동 모형의 각 부분에 해당하는 우리 몸의 구조를 옳게 짝 지은 것은?

① 빨대 – 폐
② 고무풍선 – 기관
③ 고무 막 – 흉강
④ 고무 막 – 가로막
⑤ 컵 속의 공간 – 폐

5 고무 막을 밀어 올렸을 때 일어나는 현상으로 옳지 <u>않은</u> 것은?

① 고무풍선이 부푼다.
② 컵 속의 압력이 높아진다.
③ 컵 속의 부피가 작아진다.
④ 고무풍선에서 밖으로 공기가 나간다.
⑤ 우리 몸에서 날숨이 일어날 때에 해당한다.

6 고무 막을 아래로 잡아당겼을 때에 해당하는 우리 몸의 변화로 옳은 것은?

① 갈비뼈가 내려간다.
② 가로막이 올라간다.
③ 흉강의 부피가 작아진다.
④ 흉강의 압력이 낮아진다.
⑤ 공기가 폐 안에서 밖으로 나간다.

7 들숨과 날숨을 비교한 내용으로 옳지 <u>않은</u> 것은?

		들숨	날숨
①	가로막	내려감	올라감
②	갈비뼈	올라감	내려감
③	폐의 부피	작아짐	커짐
④	폐 내부 압력	낮아짐	높아짐
⑤	공기 이동	외부 → 폐	폐 → 외부

8 오른쪽 그림은 사람의 가슴 구조를 나타낸 것이다. 이에 대한 설명으로 옳은 것은?

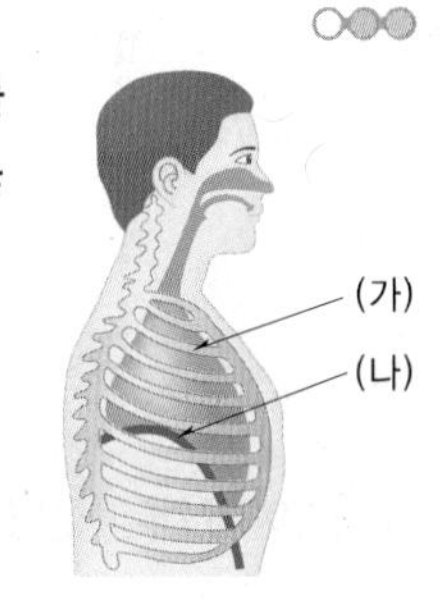

① (가)가 내려갈 때 폐의 부피가 커진다.
② (가)가 올라갈 때 흉강의 압력이 높아진다.
③ (나)가 내려갈 때 폐의 압력이 높아진다.
④ (나)가 올라갈 때 흉강의 부피가 커진다.
⑤ (나)가 올라갈 때 폐 안에서 몸 밖으로 공기가 나간다.

9 오른쪽 그림은 폐포와 모세 혈관 사이의 기체 교환을 나타낸 것이다. 이에 대한 설명으로 옳지 <u>않은</u> 것은?

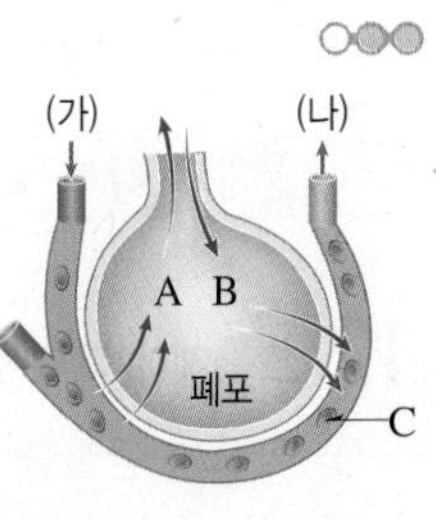

① A는 이산화 탄소이다.
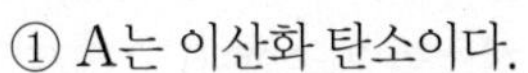
② A의 농도는 (가)가 (나)보다 높다.
③ B의 농도는 (가)가 (나)보다 높다.
④ C는 B를 운반하는 작용을 한다.
⑤ C는 헤모글로빈을 포함한 혈액 성분이다.

[10~11] 그림은 폐와 조직 세포에서의 기체 교환을 나타낸 것이다.

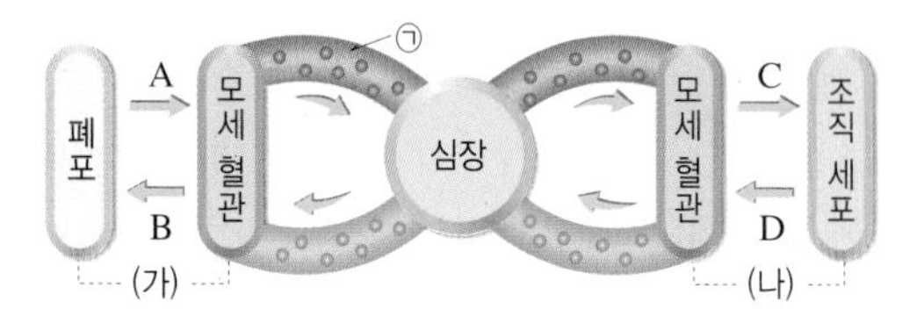

10 A~D 중 산소와 이산화 탄소에 해당하는 기체를 각각 옳게 짝 지은 것은?

	산소	이산화 탄소		산소	이산화 탄소
①	A, B	C, D	②	A, C	B, D
③	B, C	A, D	④	B, D	A, C
⑤	C, D	A, B			

11 이에 대한 설명으로 옳지 않은 것은?

① ㉠에 흐르는 혈액은 정맥혈이다.
② A의 농도는 폐포가 모세 혈관보다 높다.
③ D의 농도는 조직 세포가 모세 혈관보다 높다.
④ (가) 과정에서 혈액의 이산화 탄소 농도가 감소한다.
⑤ (나) 과정에서 혈액의 산소 농도가 감소한다.

Step 2 자주 나오는 문제

12 호흡계에 대한 설명으로 옳지 않은 것은?

① 이산화 탄소를 흡수하고, 산소를 배출한다.
② 코, 기관, 기관지, 폐 등으로 이루어져 있다.
③ 기관은 두 개의 기관지로 갈라져 좌우 폐와 연결된다.
④ 갈비뼈는 위아래로 움직여 호흡 운동이 일어나게 한다.
⑤ 폐는 갈비뼈와 가로막으로 둘러싸인 흉강에 들어 있다.

13 다음은 폐의 구조에 대한 설명이다.

> 폐는 수많은 ㉠(　　　)로 이루어져 있어 공기와 닿는 표면적이 매우 ㉡(　　　) 때문에 기체 교환이 효율적으로 일어날 수 있다. ㉠은 표면이 ㉢(　　　)으로 둘러싸여 있어 ㉠과 ㉢ 사이에서 산소와 이산화 탄소가 교환된다.

㉠~㉢에 알맞은 말을 옳게 짝 지은 것은?

	㉠	㉡	㉢
①	기관	넓기	동맥
②	기관	좁기	모세 혈관
③	폐포	넓기	모세 혈관
④	폐포	좁기	정맥
⑤	기관지	넓기	동맥

14 오른쪽 그림은 사람의 가슴 구조를 나타낸 것이다. 숨을 내쉴 때 A와 B의 운동 방향을 옳게 짝 지은 것은?

공기의 이동
폐
A
B

	A	B
①	올라간다.	올라간다.
②	올라간다.	내려간다.
③	내려간다.	올라간다.
④	내려간다.	내려간다.
⑤	내려간다.	변화 없다.

15 그림 (가)는 사람의 가슴 구조를, (나)는 호흡 운동 모형을 나타낸 것이다.

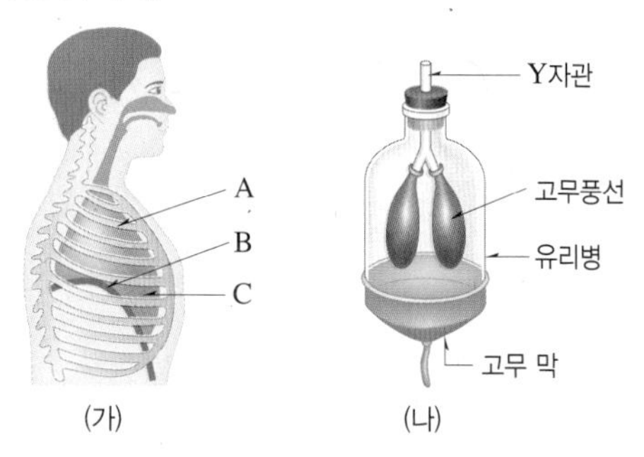

이에 대한 설명으로 옳은 것을 보기에서 모두 고른 것은?

보기
ㄱ. (가)의 B는 (나)의 고무 막에 해당한다.
ㄴ. (나)의 고무 막을 밀어 올릴 때는 (가)의 A가 위로 올라갈 때에 해당한다.
ㄷ. B가 아래로 내려갈 때 C의 부피가 커진다.

① ㄱ　② ㄱ, ㄴ　③ ㄱ, ㄷ
④ ㄴ, ㄷ　⑤ ㄱ, ㄴ, ㄷ

16 오른쪽 그림은 온몸의 모세 혈관과 조직 세포 사이에서 일어나는 기체 교환 과정을 나타낸 것이다. 이에 대한 설명으로 옳지 않은 것은?

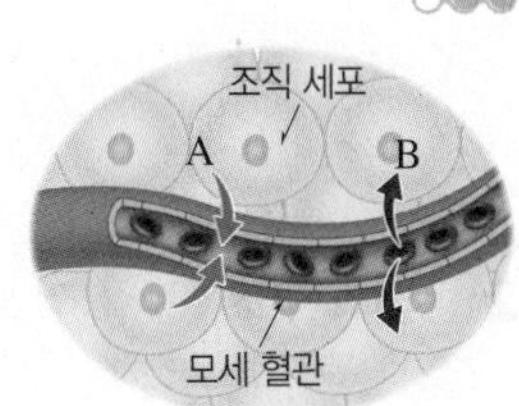

① A는 이산화 탄소, B는 산소이다.
② A는 조직 세포보다 모세 혈관에 더 많다.
③ A는 호흡계에서 몸 밖으로 배출하는 기체이다.
④ B가 적은 곳에서 헤모글로빈은 B와 떨어진다.
⑤ 농도 차이에 따른 확산에 의해 기체 교환이 일어난다.

Step3 만점! 도전 문제

17 표는 들숨과 날숨의 성분 중 일부를 나타낸 것이다.

기체	질소	A	B
들숨(%)	78.63	20.84	0.03
날숨(%)	74.50	15.70	3.60

이에 대한 설명으로 옳은 것은?

① A는 이산화 탄소, B는 산소이다.
② 기체 A는 모세 혈관에서 폐포로 확산된다.
③ 기체 B는 모세 혈관에서 조직 세포로 확산된다.
④ 기체 B는 BTB 용액이 노란색으로 변하게 한다.
⑤ 들숨과 날숨에서 가장 많은 기체는 산소이다.

18 표는 폐포와 폐포를 둘러싼 모세 혈관에서의 산소와 이산화 탄소의 농도를 나타낸 것이다.

구분	폐포	모세 혈관
산소	(가)	(나)
이산화 탄소	(다)	(라)

농도 (가)~(라)를 옳게 비교한 것은?

	(가)와 (나)	(다)와 (라)
①	(가)=(나)	(다)=(라)
②	(가)>(나)	(다)>(라)
③	(가)>(나)	(다)<(라)
④	(가)<(나)	(다)<(라)
⑤	(가)<(나)	(다)>(라)

서술형 문제

19 호흡 운동이 폐가 아닌 갈비뼈와 가로막의 움직임에 의해 일어나는 까닭을 서술하시오.

20 그림은 들숨과 날숨이 일어날 때 폐 내부 압력과 흉강 압력의 변화를 나타낸 것이다.

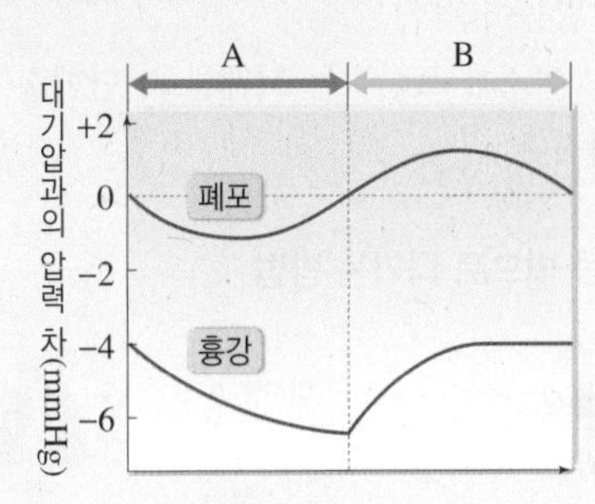

(1) A와 B 중 들숨이 일어나는 시기의 기호를 쓰시오.

(2) (1)과 같이 생각한 까닭을 다음 단어를 모두 포함하여 서술하시오.

> 폐 내부 압력, 대기압, 들숨

21 오른쪽 그림은 호흡 운동의 원리를 알아보기 위한 호흡 운동 모형을 나타낸 것이다. 다음 설명에서 고무 막을 아래로 잡아당길 때 나타나는 변화로 옳지 않은 것을 고르고, 옳게 고쳐 서술하시오.

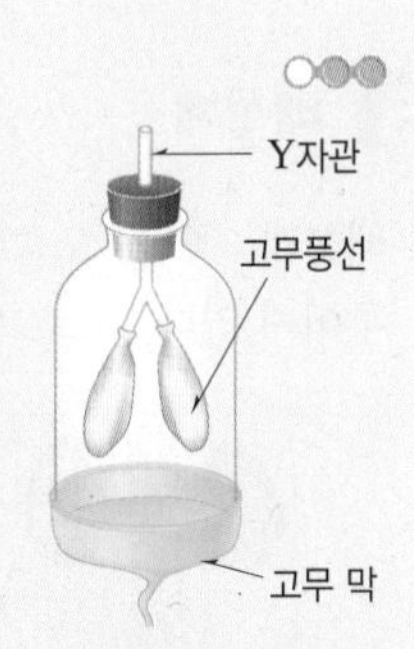

> 고무 막을 아래로 잡아당기면 유리병 속의 (가) 부피가 커지면서 (나) 압력이 높아진다. 이에 따라 (다) 외부의 공기가 고무풍선 안으로 들어온다.

04 배설

A 노폐물의 생성과 배설

1 배설 콩팥에서 오줌을 만들어 요소와 같은 노폐물을 몸 밖으로 내보내는 과정으로, 배설계가 배설 기능을 담당한다.

2 노폐물의 생성 세포에서 생명 활동에 필요한 에너지를 얻기 위해 영양소를 분해할 때 노폐물이 만들어진다.

(1) **이산화 탄소, 물** : 탄수화물, 지방, 단백질이 분해될 때 공통적으로 만들어진다.

(2) **암모니아** : 질소를 포함하는 노폐물로, 단백질이 분해될 때만 만들어진다.

3 노폐물이 몸 밖으로 나가는 방법

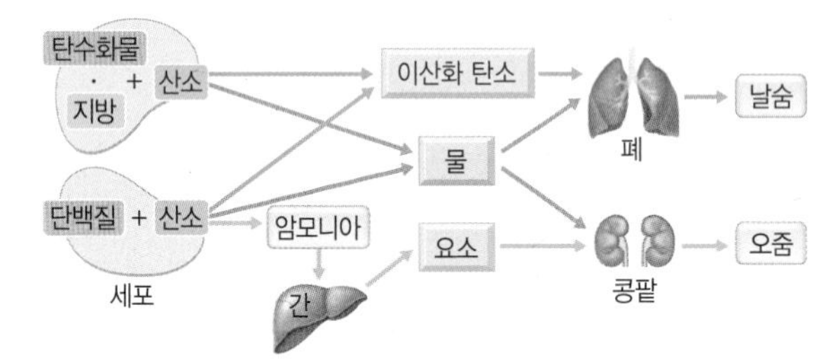

노폐물	분해되는 영양소	몸 밖으로 나가는 방법
이산화 탄소	탄수화물, 지방, 단백질	폐에서 날숨으로 나간다.
물	탄수화물, 지방, 단백질	폐에서 날숨으로 나가거나, 콩팥에서 오줌으로 나간다.
암모니아	단백질	독성이 강하므로 간에서 독성이 약한 요소로 바뀐 다음 콩팥에서 오줌으로 나간다.

B 배설계

1 배설계 콩팥, 오줌관, 방광, 요도 등의 배설 기관으로 이루어져 있다.

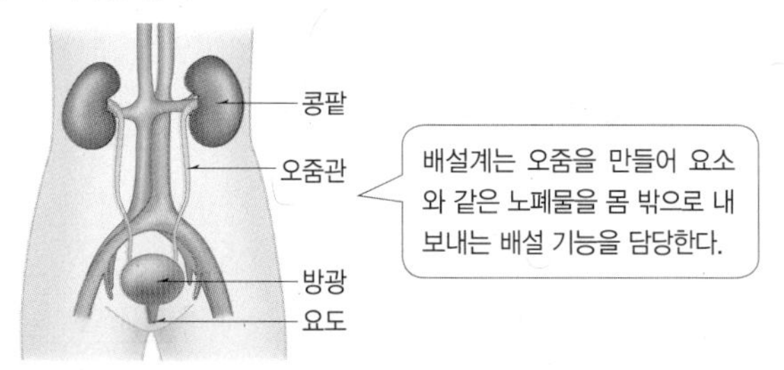

콩팥	혈액 속의 노폐물을 걸러 오줌을 만드는 기관
오줌관	콩팥과 방광을 연결하는 긴 관
방광	콩팥에서 만들어진 오줌을 모아 두는 곳
요도	방광에 모인 오줌이 몸 밖으로 나가는 통로

2 콩팥의 구조 콩팥 겉질, 콩팥 속질, 콩팥 깔때기의 세 부분으로 구분된다.

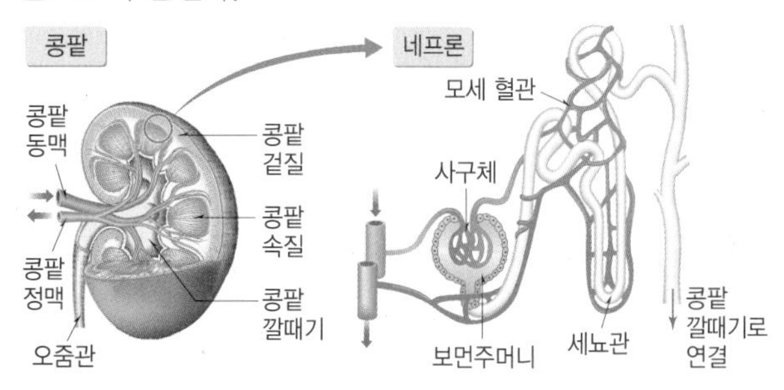

(1) **콩팥 겉질, 콩팥 속질** : 오줌을 만드는 단위인 네프론이 있다. ➡ 네프론은 사구체, 보먼주머니, 세뇨관으로 구성된다.

네프론	사구체	모세 혈관이 실뭉치처럼 뭉쳐 있는 부분
	보먼주머니	사구체를 둘러싼 주머니 모양의 구조
	세뇨관	보먼주머니와 연결된 가늘고 긴 관

(2) **콩팥 깔때기** : 콩팥의 가장 안쪽 빈 공간으로, 네프론에서 만들어진 오줌이 콩팥 깔때기에 모인다.

(3) **콩팥 동맥과 콩팥 정맥** : 콩팥 정맥에는 콩팥에서 노폐물이 걸러진 혈액이 흐르므로, 콩팥 정맥의 혈액이 콩팥 동맥의 혈액보다 노폐물을 적게 포함하고 있다.

C 오줌의 생성

1 오줌의 생성 과정 오줌은 네프론에서 여과, 재흡수, 분비 과정을 거쳐 만들어진다.

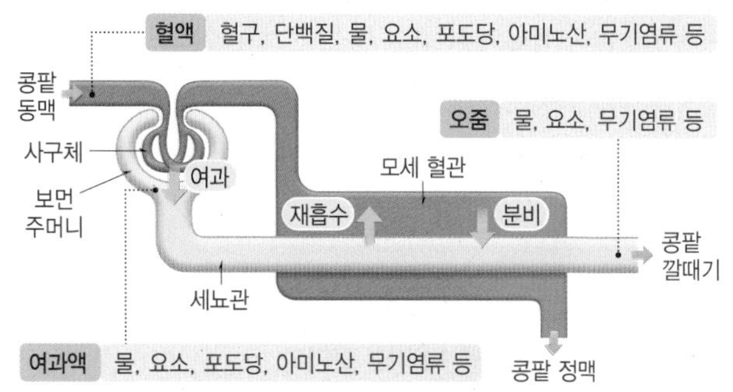

구분	이동 경로	이동 물질과 특징
여과	사구체 ↓ 보먼주머니	크기가 작은 물질이 여과된다. • 물, 요소, 포도당, 아미노산, 무기염류 등이 여과된다. • 혈구나 단백질과 같이 크기가 큰 물질은 여과되지 않는다.
재흡수	세뇨관 ↓ 모세 혈관	몸에 필요한 물질이 재흡수된다. • 포도당, 아미노산 : 전부 재흡수된다. • 물, 무기염류 : 대부분 재흡수된다.
분비	모세 혈관 ↓ 세뇨관	미처 여과되지 않고 혈액에 남아 있던 노폐물의 일부가 분비된다.

[혈액, 여과액, 오줌의 성분 비교]

(단위 : %)

구분	혈액	여과액	오줌
단백질	7	0	0
포도당	0.1	0.1	0
요소	0.03	0.03	2

- **단백질** : 여과액에 없다. ➡ 크기가 커서 여과되지 않기 때문
- **포도당** : 여과액에는 있지만, 오줌에는 없다.
  ➡ 여과된 후 전부 재흡수되기 때문
- **요소** : 여과액보다 오줌에서 농도가 크게 높아진다.
  ➡ 대부분의 물이 재흡수되기 때문

2 오줌의 생성과 배설 경로

콩팥 동맥 → 사구체 → 보먼주머니 → 세뇨관 → 콩팥 깔때기 → 오줌관 → 방광 → 요도 → 몸 밖

D 세포 호흡과 기관계

1 세포 호흡 세포에서 영양소가 산소와 반응하여 물과 이산화 탄소로 분해되면서 에너지를 얻는 과정

영양소＋산소 ⟶ 이산화 탄소＋물＋에너지

➡ 세포 호흡으로 얻은 에너지는 체온 유지, 두뇌 활동, 소리 내기, 근육 운동, 생장 등 여러 가지 생명 활동에 이용되거나 열로 방출된다.

2 세포 호흡과 기관계 세포 호흡으로 에너지를 얻어 생명 활동을 유지하기 위해서는 소화계, 순환계, 호흡계, 배설계가 유기적으로 작용해야 한다.

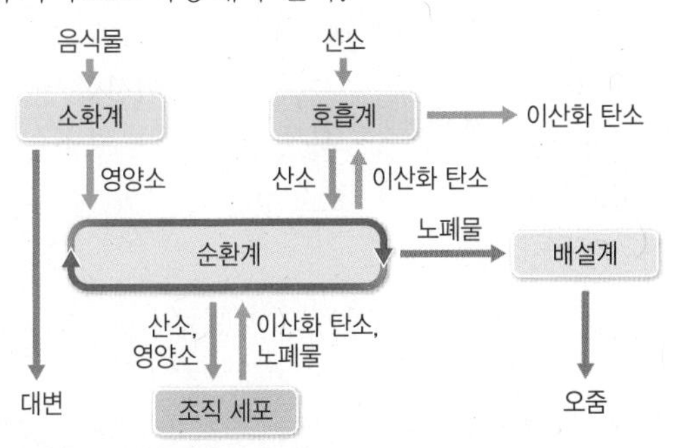

소화계	• 음식물 속의 영양소를 소화하여 흡수한다. • 흡수되지 않은 물질을 대변으로 내보낸다.
호흡계	산소를 흡수하고, 이산화 탄소를 배출한다.
순환계	조직 세포에 산소와 영양소를 운반해 주고, 조직 세포에서 생긴 이산화 탄소와 노폐물을 운반해 온다.
배설계	노폐물을 걸러 오줌을 만들어 몸 밖으로 내보낸다.
조직 세포	세포 호흡을 하여 에너지를 얻으며, 그 과정에서 노폐물이 생긴다.

개념 확인하기

정답과 해설 7쪽

1 탄수화물, 단백질, 지방이 분해될 때 공통으로 만들어지는 노폐물은 이산화 탄소와 (   )이다.

2 (물, 요소, 이산화 탄소)은(는) 날숨이나 오줌을 통해 몸 밖으로 나가고, (물, 요소, 이산화 탄소)은(는) 날숨을 통해 몸 밖으로 나간다.

3 단백질이 분해될 때만 만들어지는 (   )는 독성이 강하므로 간에서 독성이 약한 (   )로 바뀐 다음, 콩팥에서 오줌으로 나간다.

4 (   )은 콩팥과 방광을 연결하는 긴 관이다.

5 콩팥에 있는 오줌을 만드는 단위는 (   )으로, 사구체, 보먼주머니, (   )으로 이루어져 있다.

[6~7] 그림은 오줌이 생성되는 과정을 나타낸 것이다.

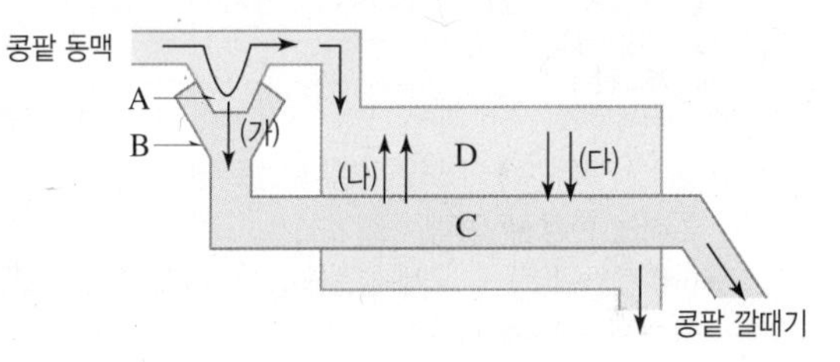

6 A~D의 이름을 쓰시오.

7 (가)~(다) 과정의 이름을 쓰시오.

8 오줌이 생성되어 배설되는 경로는 콩팥 동맥 → 사구체 → (   ) → 세뇨관 → (   ) → 오줌관 → 방광 → 요도 → 몸 밖이다.

9 세포 호흡은 세포에서 영양소가 (   )와 반응하여 물과 이산화 탄소로 분해되면서 (   )를 얻는 과정이다.

10 조직 세포에 산소와 영양소를 운반해 주고, 조직 세포에서 발생한 이산화 탄소와 노폐물을 운반해 오는 기관계는 (   )이다.

족집게 문제

핵심 족보

A 1 노폐물의 생성과 배설 ★★★

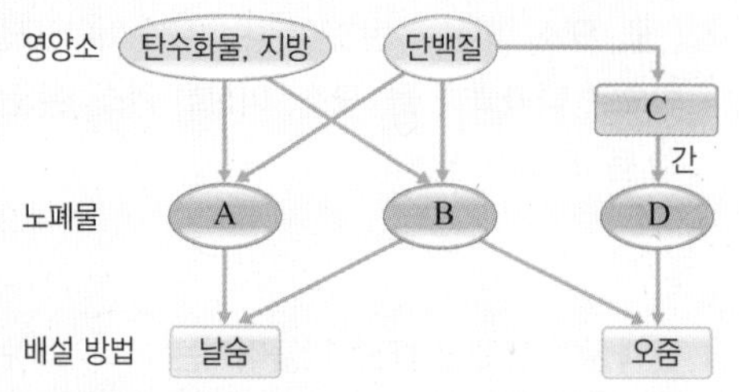

- A : 탄수화물, 지방, 단백질이 분해될 때 공통으로 만들어지며, 날숨을 통해 몸 밖으로 나간다. ➡ 이산화 탄소
- B : 탄수화물, 지방, 단백질이 분해될 때 공통으로 만들어지며, 날숨이나 오줌을 통해 몸 밖으로 나간다. ➡ 물
- C : 단백질이 분해될 때만 만들어진다. ➡ 암모니아
- D : 독성이 강한 암모니아(C)가 간에서 독성이 적은 형태로 바뀐 것으로, 오줌을 통해 몸 밖으로 나간다. ➡ 요소

C 2 오줌의 생성 ★★★

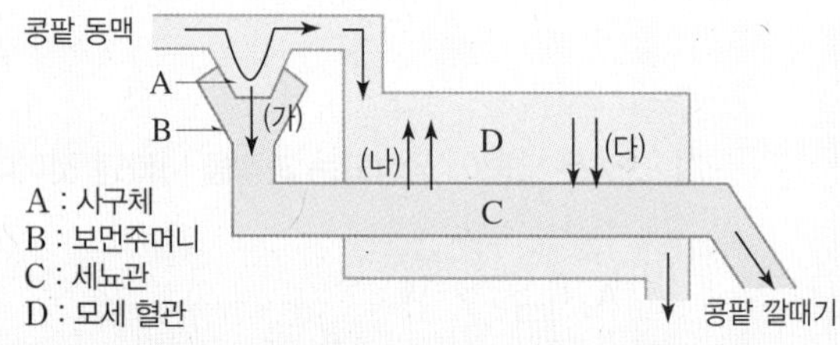

- (가) 사구체(A) → 보먼주머니(B)로 크기가 작은 물질이 이동하는 현상 ➡ 여과
- (나) 세뇨관(C) → 모세 혈관(D)으로 몸에 필요한 물질이 이동하는 현상 ➡ 재흡수
- (다) 모세 혈관(D) → 세뇨관(C)으로 노폐물이 이동하는 현상 ➡ 분비
- 보먼주머니(B)의 여과액에는 물, 요소, 포도당, 아미노산, 무기염류 등이 들어 있으며, 여과되지 않은 혈구와 단백질은 없다.
- 콩팥 깔때기의 오줌에는 물, 요소, 무기염류 등이 들어 있으며, 여과 후 전부 재흡수된 포도당과 아미노산은 없다.

D 3 세포 호흡과 기관계의 작용 ★★★

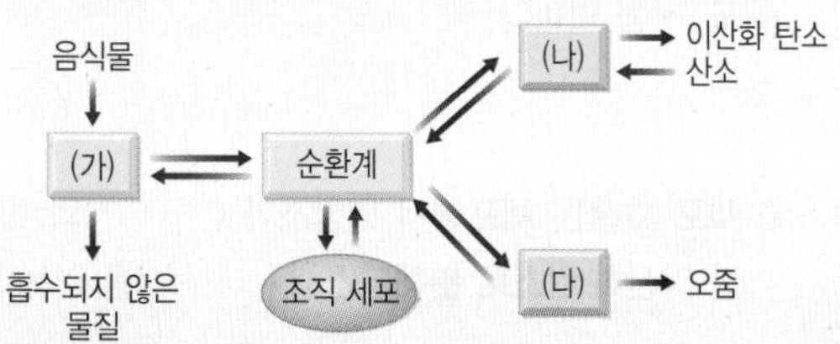

- (가) 음식물 속의 영양소를 소화·흡수하고, 흡수되지 않은 물질을 대변으로 내보낸다. ➡ 소화계
- (나) 산소를 흡수하고, 이산화 탄소를 배출한다. ➡ 호흡계
- (다) 노폐물을 걸러 내어 오줌을 만들어 몸 밖으로 내보낸다. ➡ 배설계

Step 1 반드시 나오는 문제

1 배설의 뜻을 가장 옳게 설명한 것은?

① 여분의 포도당을 간에 저장하는 과정
② 영양소를 분해하여 생명 활동에 필요한 에너지를 얻는 과정
③ 소화계에서 흡수되지 않은 물질을 몸 밖으로 내보내는 과정
④ 콩팥에서 오줌을 만들어 요소와 같은 노폐물을 몸 밖으로 내보내는 과정
⑤ 온몸의 모세 혈관과 조직 세포 사이에서 산소와 이산화 탄소가 교환되는 과정

2 그림은 영양소의 분해 결과 생성된 노폐물이 몸 밖으로 나가는 경로를 나타낸 것이다.

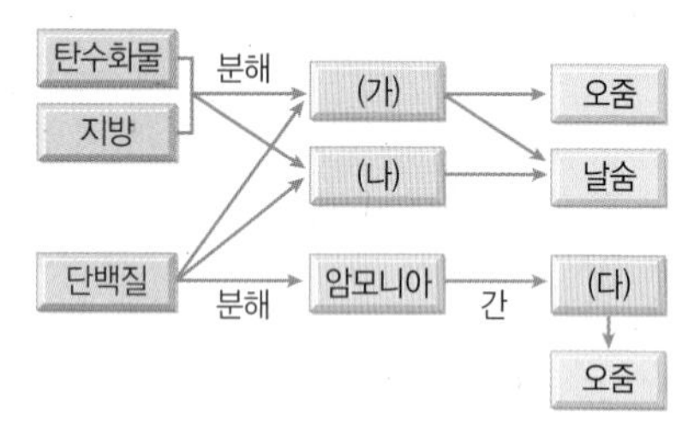

(가)~(다)에 해당하는 노폐물을 옳게 짝 지은 것은?

	(가)	(나)	(다)
①	물	요소	이산화 탄소
②	물	이산화 탄소	요소
③	요소	물	이산화 탄소
④	이산화 탄소	물	요소
⑤	이산화 탄소	요소	물

3 다음은 암모니아가 만들어져 몸 밖으로 나가는 과정을 설명한 것이다. (　　) 안에 알맞은 말을 쓰시오.

> ㉠(　　　)이 분해될 때만 만들어지는 암모니아는 독성이 강하므로, ㉡(　　　)에서 독성이 약한 ㉢(　　　)로 바뀐 다음, ㉣(　　　)에서 걸러져 오줌을 통해 몸 밖으로 나간다.

난이도 ●●● 시험에 꼭 나오는 출제 가능성이 높은 예상 문제로 구성하고, 난이도를 표시하였습니다.

4 오른쪽 그림은 사람의 배설계를 나타낸 것이다. 이에 대한 설명으로 옳지 않은 것은?

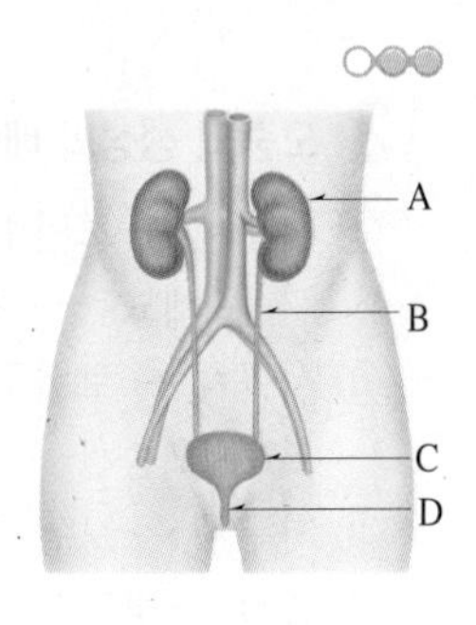

① A에서 오줌이 만들어진다.
② B는 세뇨관이다.
③ C는 방광이다.
④ A에서 만들어진 오줌은 B를 통해 C로 이동한다.
⑤ D를 통해 오줌이 몸 밖으로 나간다.

5 오른쪽 그림은 콩팥의 구조를 나타낸 것이다. 이에 대한 설명으로 옳지 않은 것은?

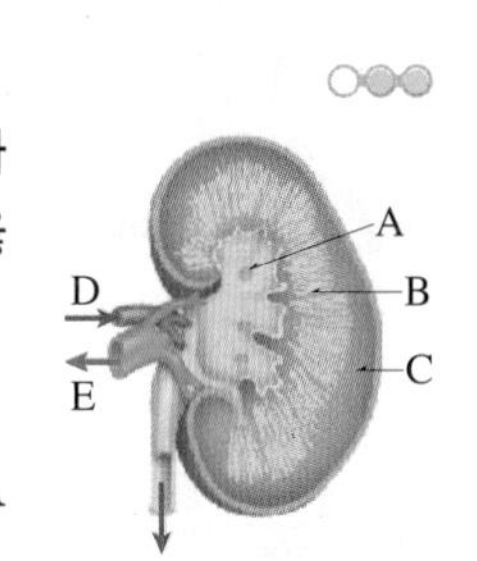

① A는 콩팥 깔때기이다.
② 네프론에서 만들어진 오줌이 A에 모인다.
③ B와 C에 네프론이 있다.
④ D는 콩팥 동맥, E는 콩팥 정맥이다.
⑤ D의 혈액보다 E의 혈액에 노폐물이 더 많다.

[6~7] 그림은 콩팥의 일부분을 나타낸 것이다.

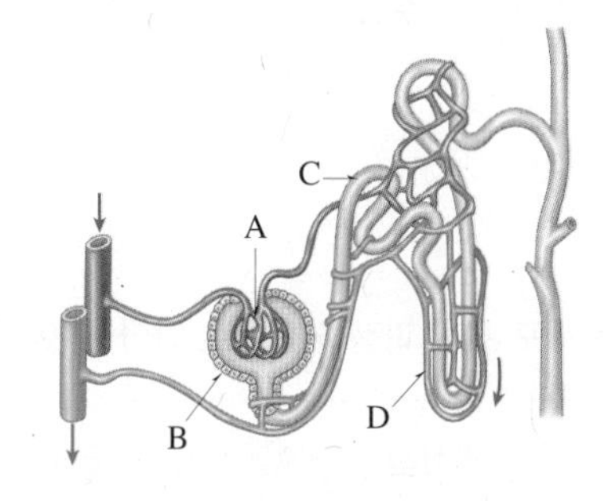

6 A~D의 이름을 옳게 짝 지은 것은?

	A	B	C	D
①	사구체	세뇨관	보먼주머니	모세 혈관
②	사구체	보먼주머니	세뇨관	모세 혈관
③	사구체	보먼주머니	모세 혈관	세뇨관
④	보먼주머니	사구체	세뇨관	모세 혈관
⑤	보먼주머니	사구체	모세 혈관	세뇨관

7 이에 대한 설명으로 옳은 것을 보기에서 모두 고른 것은?

보기
ㄱ. A에서 B로 크기가 작은 물질이 여과된다.
ㄴ. B에는 포도당과 아미노산이 들어 있다.
ㄷ. C에서 D로 노폐물이 분비된다.

① ㄱ ② ㄱ, ㄴ ③ ㄱ, ㄷ
④ ㄴ, ㄷ ⑤ ㄱ, ㄴ, ㄷ

[8~9] 그림은 오줌이 생성되는 과정을 모식적으로 나타낸 것이다.

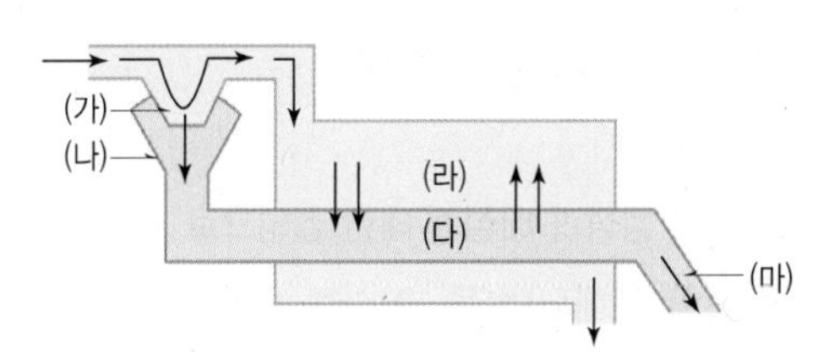

8 (가)~(마) 중 네프론을 이루고 있는 구조끼리 옳게 짝 지은 것은?

① (가), (나), (다) ② (가), (나), (라)
③ (나), (다), (라) ④ (나), (다), (마)
⑤ (다), (라), (마)

9 이에 대한 설명으로 옳지 않은 것은?

① (가)에서 (나)로 물질이 이동하는 것은 여과이다.
② 아미노산은 (다)에서 (라)로 100 % 재흡수된다.
③ 여과되지 못한 노폐물의 일부가 (라)에서 (다)로 이동한다.
④ (마)보다 (나)의 요소 농도가 높다.
⑤ 건강한 사람은 (마)에 단백질이 없다.

10 그림은 소화계, 순환계, 호흡계, 배설계의 유기적 작용을 나타낸 것이다.

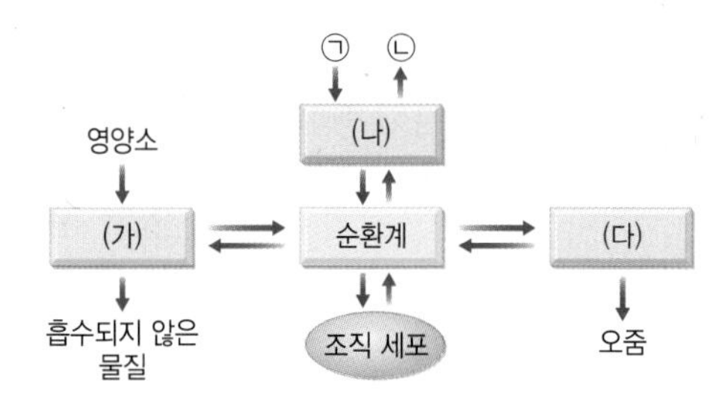

이에 대한 설명으로 옳지 않은 것은?

① (가)는 소화계, (나)는 호흡계, (다)는 배설계이다.
② ㉠은 산소, ㉡은 이산화 탄소이다.
③ (나)는 위, 소장, 대장 등으로 이루어져 있다.
④ 순환계를 통해 산소와 영양소가 조직 세포로 전달된다.
⑤ 조직 세포에서 세포 호흡이 일어나며, 그 과정에서 노폐물이 발생한다.

Step 2 자주 나오는 문제

11 노폐물의 생성과 배설에 대한 설명으로 옳지 않은 것은?

① 단백질이 분해되면 물, 이산화 탄소, 암모니아가 생성된다.
② 탄수화물, 단백질, 지방이 분해될 때 공통으로 생성되는 노폐물은 물과 이산화 탄소이다.
③ 이산화 탄소는 폐에서 날숨으로 나간다.
④ 암모니아는 콩팥에서 요소로 바뀐 다음, 오줌으로 나간다.
⑤ 물은 폐에서 날숨으로 나가거나, 콩팥에서 오줌으로 나간다.

12 그림은 오줌의 생성 과정을 나타낸 것이다.

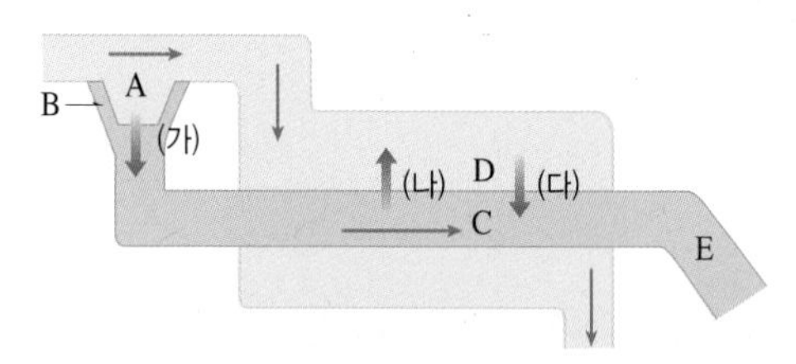

이에 대한 설명으로 옳지 않은 것은?

① (가)는 여과, (나)는 재흡수, (다)는 분비 과정이다.
② 포도당은 (나) 과정에서 이동한다.
③ A와 D에는 적혈구가 있고, B와 C에는 적혈구가 없다.
④ B에는 단백질이 없다.
⑤ E에는 무기염류가 없다.

13 오줌의 생성과 배설 경로를 옳게 나열한 것은?

① 사구체 → 보먼주머니 → 콩팥 깔때기 → 요도 → 오줌관 → 세뇨관 → 방광 → 몸 밖
② 사구체 → 보먼주머니 → 콩팥 깔때기 → 세뇨관 → 요도 → 오줌관 → 방광 → 몸 밖
③ 사구체 → 보먼주머니 → 세뇨관 → 콩팥 깔때기 → 오줌관 → 방광 → 요도 → 몸 밖
④ 보먼주머니 → 사구체 → 세뇨관 → 콩팥 깔때기 → 요도 → 오줌관 → 방광 → 몸 밖
⑤ 보먼주머니 → 사구체 → 세뇨관 → 콩팥 깔때기 → 오줌관 → 요도 → 방광 → 몸 밖

14 표는 혈액, 여과액, 오줌에 들어 있는 성분을 비교하여 나타낸 것이다. A~C는 각각 포도당, 단백질, 요소 중 하나이다.

(단위 : %)

물질	혈액	여과액	오줌
물	92	92	95
A	7	0	0
B	0.03	0.03	2
C	0.1	0.1	0

A~C에 대한 설명으로 옳은 것은?

① A는 요소, B는 단백질, C는 포도당이다.
② A는 여과되지 않는다.
③ B는 여과된 후 모두 재흡수된다.
④ B는 오줌으로 배설되지 않는다.
⑤ C는 재흡수되지 않는다.

15 다음은 세포 호흡 과정을 식으로 나타낸 것이다.

㉠( ) + 산소 ⟶ ㉡( ) + 물 + 에너지

이에 대한 설명으로 옳은 것을 보기에서 모두 고른 것은?

보기
ㄱ. ㉠은 영양소, ㉡는 이산화 탄소이다.
ㄴ. ㉡은 호흡계를 통해 배출된다.
ㄷ. 발생하는 에너지는 모두 열로 방출된다.

① ㄱ ② ㄱ, ㄴ ③ ㄱ, ㄷ
④ ㄴ, ㄷ ⑤ ㄱ, ㄴ, ㄷ

16 소화, 순환, 호흡, 배설의 관계에 대한 설명으로 옳지 않은 것은?

① 산소는 호흡계에서 흡수한다.
② 영양소는 소화계에서 흡수한다.
③ 배설계에서 노폐물을 걸러 몸 밖으로 내보낸다.
④ 순환이 일어나지 않아도 배설은 정상적으로 일어난다.
⑤ 순환계는 산소와 영양소, 이산화 탄소와 노폐물을 운반한다.

Step3 만점! 도전 문제

17 물을 많이 마시면 오줌의 양이 늘어나고, 땀을 많이 흘리면 오줌의 양이 줄어든다. 이를 통해 알 수 있는 콩팥의 기능으로 옳은 것은?

① 노폐물을 만든다.
② 체온을 일정하게 유지한다.
③ 오줌의 양을 일정하게 유지한다.
④ 체액의 농도를 일정하게 유지한다.
⑤ 흡수되지 않은 영양소를 몸 밖으로 내보낸다.

18 그림은 네프론에서 물질이 이동하는 세 가지 방식을 나타낸 것이다.

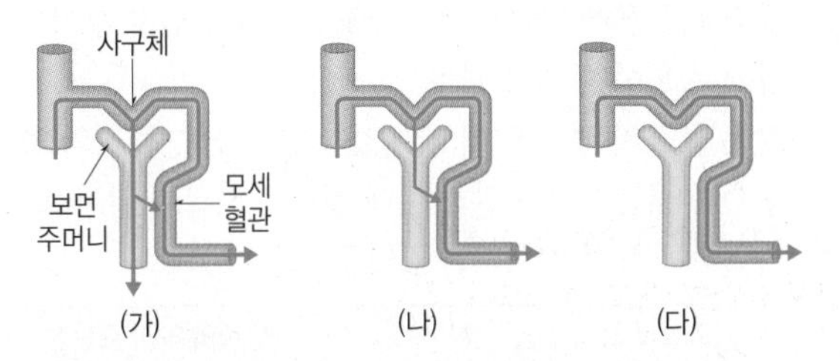

이에 대한 설명으로 옳은 것은?

① (가)는 여과된 후 전부 재흡수되는 물질의 이동 방식이다.
② (다)는 여과된 후 재흡수되지 않고 모두 오줌으로 나가는 물질의 이동 방식이다.
③ 포도당과 아미노산은 (가)와 같은 방식으로 이동한다.
④ 물과 무기염류는 (나)와 같은 방식으로 이동한다.
⑤ 단백질과 혈구는 (다)와 같은 방식으로 이동한다.

서술형 문제

19 단백질이 분해될 때만 만들어지는 노폐물의 이름을 쓰고, 이 노폐물이 몸 밖으로 나가는 과정을 다음 단어를 모두 포함하여 서술하시오.

독성, 요소, 콩팥, 간

20 표는 건강한 사람의 혈액, 여과액, 오줌에 들어 있는 성분을 비교하여 나타낸 것이다. A~C는 각각 포도당, 요소, 단백질 중 하나이다.

(단위 : %)

구분	혈액	여과액	오줌
A	7	0	0
B	0.1	0.1	0
C	0.03	0.03	2

(1) A~C의 이름을 쓰시오.

(2) A가 여과액에 없는 까닭을 서술하시오.

(3) 여과된 후 전부 재흡수되는 물질의 기호를 쓰고, 그렇게 생각한 까닭을 서술하시오.

21 세포 호흡의 뜻을 다음 단어를 모두 포함하여 서술하시오.

세포, 영양소, 산소, 물, 이산화 탄소, 에너지

물질의 특성 (1)

A 물질의 분류

1 순물질 한 가지 물질로 이루어진 물질

(1) 물질의 고유한 성질을 나타낸다.

(2) 순물질의 분류

구분	한 종류의 원소로 이루어진 물질	두 종류 이상의 원소로 이루어진 물질
예	금, 철, 구리, 다이아몬드, 알루미늄, 산소 등	물, 염화 나트륨, 에탄올, 설탕, 이산화 탄소 등
모형	금	물

2 혼합물 두 가지 이상의 순물질이 섞여 있는 물질

(1) 성분 물질(순물질) 본래의 성질을 그대로 지닌다.

(2) 혼합물의 분류

구분	균일 혼합물	불균일 혼합물
정의	성분 물질이 고르게 섞여 있는 혼합물	성분 물질이 고르지 않게 섞여 있는 혼합물
예	설탕물, 소금물, 바닷물, 식초, 공기, 합금 등	흙탕물, 과일 주스, 암석, 우유 등
모형	설탕물	흙탕물

B 물질의 특성

1 물질의 특성 다른 물질과 구별되는 그 물질만이 나타내는 고유한 성질

예 색깔, 냄새, 맛, 끓는점, 녹는점(어는점), 밀도, 용해도 등

(1) 물질의 특성을 비교하여 물질의 종류를 구별할 수 있다.

(2) 같은 물질인 경우 물질의 양에 관계없이 일정하다.

(3) 물질의 특성을 이용하면 혼합물로부터 순물질을 분리할 수 있다.

예 불순물이 섞인 천일염에서 깨끗한 소금을 얻는다.

(4) 순물질은 물질의 특성이 일정하지만, 혼합물은 물질의 특성이 일정하지 않으며 성분 물질의 혼합 비율에 따라 달라진다.

2 순물질과 혼합물의 구별 순물질은 끓는점과 녹는점(어는점)이 일정하지만, 혼합물은 일정하지 않다.

(1) 고체+액체 혼합물의 끓는점과 어는점

고체+액체 혼합물의 끓는점	고체+액체 혼합물의 어는점
소금물은 물보다 높은 온도에서 끓기 시작하고, 끓는 동안 온도가 계속 높아진다.	소금물은 물보다 낮은 온도에서 얼기 시작하고, 어는 동안 온도가 계속 낮아진다.
온도(℃) 105, 100, 95 / 소금물, 물 / 0 2 4 6 8 10 시간(분)	온도(℃) 8, 4, 0, −4, −8, −12 / 물, 소금물 / 0 2 4 6 8 10 시간(분)
예 • 달걀을 삶을 때 물에 소금을 넣는다. • 라면을 끓일 때 스프를 먼저 넣고 물을 끓인다.	예 • 겨울철 자동차 냉각수가 얼지 않도록 부동액을 넣는다. • 눈이 쌓인 도로에 염화 칼슘을 뿌려 도로가 어는 것을 방지한다.

(2) 고체+고체 혼합물의 녹는점 : 나프탈렌과 파라-다이클로로벤젠의 혼합물은 각 성분 물질보다 낮은 온도에서 녹기 시작하고, 녹는 동안 온도가 계속 높아진다.

예 • 땜납(납+주석의 합금)은 쉽게 녹으므로 금속을 붙일 때 사용한다.

• 퓨즈(납+주석의 합금)는 센 전류가 흐를 때 쉽게 녹아서 전류를 차단하는 데 사용한다.

C 끓는점

1 끓는점 액체 물질이 끓는 동안 일정하게 유지되는 온도

(1) 물질의 종류에 따라 다르다. ➡ 물질마다 입자 사이에 잡아당기는 힘이 다르기 때문

(2) 같은 물질인 경우 양에 관계없이 일정하며, 물질의 양이 많을수록 끓는점에 도달하는 데 걸리는 시간이 길어진다.(단, 가열하는 불꽃의 세기는 같다.)

물질의 종류와 끓는점	물질의 양과 끓는점
에탄올과 메탄올은 끓는점이 다르다.	에탄올의 양에 따라 끓는점에 도달하는 데 걸리는 시간이 달라질 뿐 끓는점은 일정하다.
온도(℃) 100, 80, 60, 40, 20 / 에탄올, 메탄올 / 0 1 2 3 4 5 6 시간(분)	온도(℃) 100, 80, 60, 40, 20 / 5 mL 에탄올, 10 mL 에탄올 / 0 1 2 3 4 5 6 시간(분)

2 끓는점과 압력의 관계

(1) 외부 압력이 높아지면 끓는점이 높아진다.

예 압력솥으로 밥을 지으면 밥이 빨리 된다. ➡ 압력솥 내부의 수증기가 빠져나가지 못해 양이 많아지면서 압력이 높아져 물의 끓는점이 높아지기 때문

(2) 외부 압력이 낮아지면 끓는점이 낮아진다.

예 높은 산에서 밥을 지으면 쌀이 설익는다. ➡ 높은 산에서는 기압이 낮아 물의 끓는점이 낮아지기 때문

[감압 용기로 물 끓이기]

감압 용기에 뜨거운 물을 넣고 감압 용기 속 공기를 빼내면 물이 100 °C보다 낮은 온도에서 끓는다.

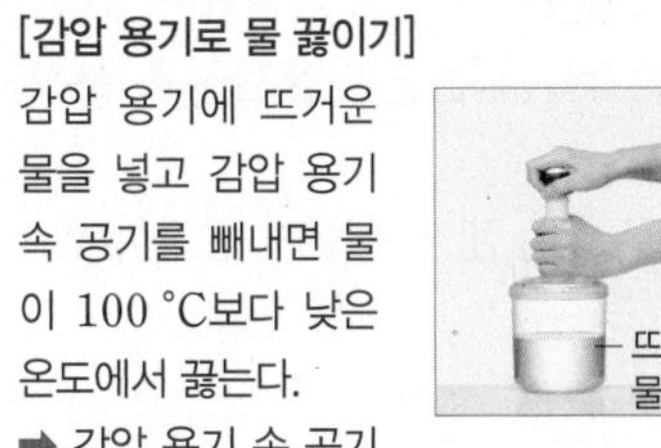

➡ 감압 용기 속 공기의 양이 줄어 압력이 낮아지므로 물의 끓는점이 낮아지기 때문

D 녹는점과 어는점

1 녹는점과 어는점 녹는점은 고체 물질이 녹는 동안 일정하게 유지되는 온도이고, 어는점은 액체 물질이 어는 동안 일정하게 유지되는 온도이다.

(1) 물질의 종류에 따라 다르다. ➡ 물질마다 입자 사이에 잡아당기는 힘이 다르기 때문

(2) 같은 물질인 경우 양에 관계없이 일정하며, 물질의 양이 많을수록 녹는점(어는점)에 도달하는 데 걸리는 시간이 길어진다.(단, 가열하는 불꽃의 세기는 같다.)

(3) 같은 종류의 물질은 녹는점과 어는점이 같다.

예 얼음의 녹는점=물의 어는점=0 °C

(4) 고체 물질의 가열·냉각 곡선

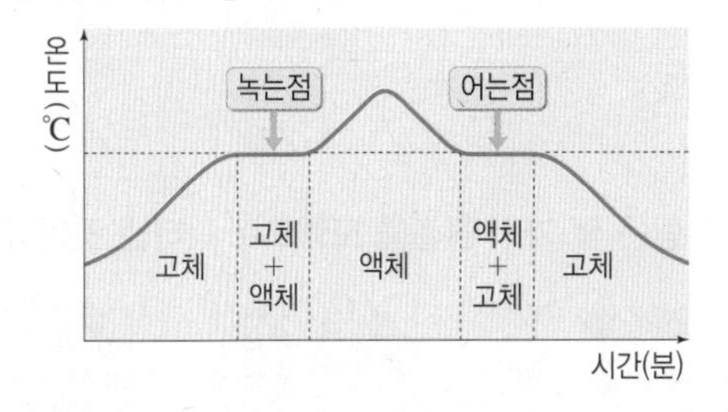

2 녹는점, 끓는점과 물질의 상태 어떤 온도에서 물질의 상태는 녹는점과 끓는점에 따라 결정된다.

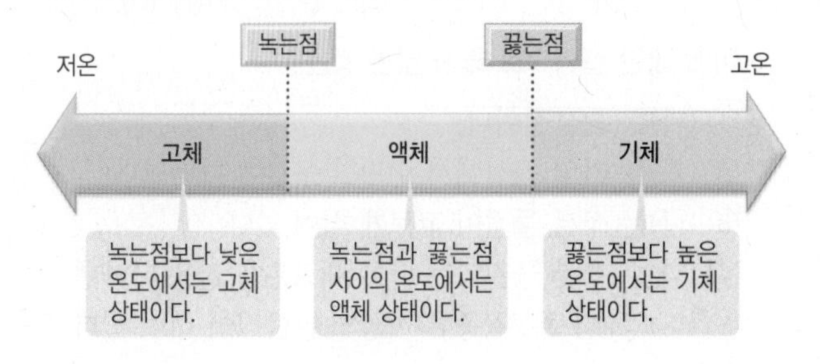

개념 확인하기

정답과 해설 9쪽

1 한 가지 물질로 이루어진 물질을 (　　　)이라 하고, 두 가지 이상의 물질이 섞여 있는 물질을 (　　　)이라고 한다.

2 다음 물질을 순물질과 혼합물로 구분하시오.

> 에탄올, 산소, 식초, 공기, 철, 암석

3 물질의 여러 가지 성질 중 다른 물질과 구별되는 그 물질만이 나타내는 고유한 성질을 (　　　　)이라고 한다.

4 물질의 특성이 될 수 없는 것을 모두 고르시오.

> 밀도, 온도, 질량, 끓는점, 용해도

5 오른쪽 그림은 물과 소금물의 가열 곡선을 나타낸 것이다. A와 B는 물과 소금물 중 어느 것인지 각각 쓰시오.

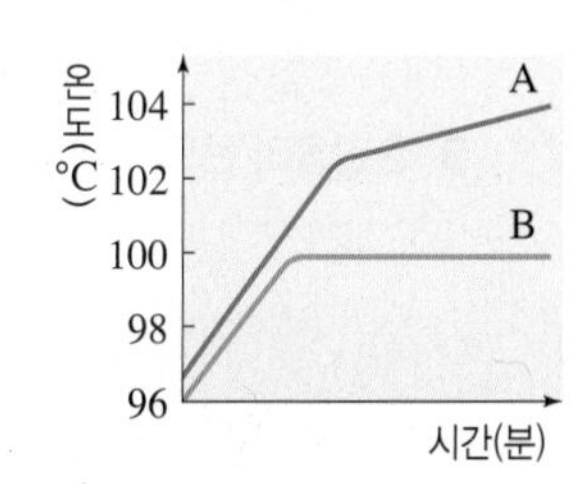

6 액체 물질이 끓는 동안 일정하게 유지되는 온도를 무엇이라고 하는지 쓰시오.

7 끓는점이 같은 물질을 보기에서 모두 고르시오.

> 보기
> ㄱ. 물 100 g　　ㄴ. 물 200 g
> ㄷ. 에탄올 100 g　　ㄹ. 메탄올 200 g

8 외부 압력이 높아지면 끓는점이 (　　　)아지고, 외부 압력이 낮아지면 끓는점이 (　　　)아진다.

9 녹는점과 어는점에 대한 설명으로 옳은 것은 ○, 옳지 않은 것은 ×로 표시하시오.

(1) 녹는점과 어는점은 물질의 특성이다. ·········· (　　)

(2) 물질의 양이 많아지면 녹는점이 높아진다. · (　　)

10 수은의 녹는점은 -39 °C이고, 끓는점은 357 °C이다. 수은은 실온(약 20 °C)에서 어떤 상태로 존재하는지 쓰시오.

내공 쌓는 족집게 문제

핵심 족보

A 1 순물질과 혼합물 ★★★

순물질	한 가지 물질로 이루어진 물질	
	한 종류의 원소로 이루어진 물질	두 종류 이상의 원소로 이루어진 물질
	예 금, 철, 구리, 산소 등	예 물, 염화 나트륨 등
혼합물	두 가지 이상의 순물질이 섞여 있는 물질	
	균일 혼합물	불균일 혼합물
	예 설탕물, 공기, 합금 등	예 흙탕물, 우유, 암석 등

B 2 물질의 특성인 것과 물질의 특성이 아닌 것 ★★★

물질의 특성인 것	물질의 특성이 아닌 것
색깔, 냄새, 맛, 끓는점, 녹는점(어는점), 밀도, 용해도 등	부피, 질량, 온도, 길이, 넓이, 농도 등

3 혼합물의 온도가 달라지는 현상을 이용한 예 ★★

고체+액체 혼합물	끓는점 높아짐	• 달걀을 삶을 때 물에 소금을 넣는다. • 라면을 끓일 때 스프를 먼저 넣고 물을 끓인다.
	어는점 낮아짐	• 겨울철 자동차 냉각수가 얼지 않도록 부동액을 넣는다. • 눈이 쌓인 도로에 염화 칼슘을 뿌려 도로가 어는 것을 방지한다.
고체+고체 혼합물	녹는점 낮아짐	• 땜납은 쉽게 녹으므로 금속을 연결할 때 사용한다. • 전류 차단기의 퓨즈는 과전류가 흐르면 쉽게 녹아 끊어진다.

C 4 여러 가지 액체 물질의 가열 곡선 해석 ★★★

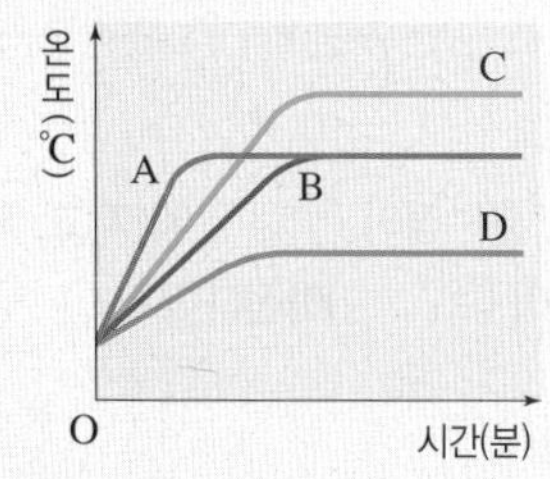

• 끓는점 : D<A=B<C
• A와 B는 같은 물질이고, B의 양이 A보다 많다.(단, 가열하는 불꽃의 세기는 같다.)
• A가 가장 빨리 끓기 시작한다.

D 5 고체 물질의 가열·냉각 곡선 해석 ★★★

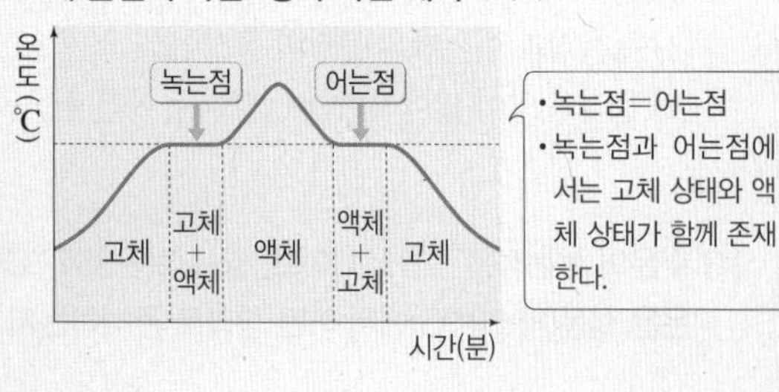

• 녹는점=어는점
• 녹는점과 어는점에서는 고체 상태와 액체 상태가 함께 존재한다.

Step 1 반드시 나오는 문제

1 순물질과 혼합물에 대한 설명으로 옳지 않은 것은?

① 순물질은 한 가지 물질로 이루어져 있다.
② 순물질은 물질의 고유한 성질을 나타낸다.
③ 혼합물은 두 가지 이상의 물질로 이루어져 있다.
④ 혼합물은 균일 혼합물과 불균일 혼합물로 분류할 수 있다.
⑤ 순물질과 혼합물은 끓는점, 녹는점이 일정하다.

2 그림은 물질을 분류하는 과정을 나타낸 것이다.

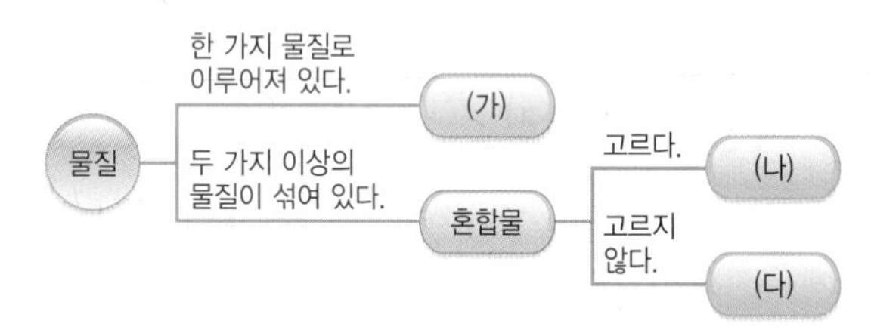

(가)~(다)에 해당하는 물질을 옳게 짝 지은 것은?

	(가)	(나)	(다)
①	구리	암석	염화 나트륨
②	과일 주스	산소	공기
③	설탕물	알루미늄	질소
④	에탄올	소금물	금
⑤	다이아몬드	바닷물	흙탕물

3 그림은 몇 가지 물질을 모형으로 나타낸 것이다.

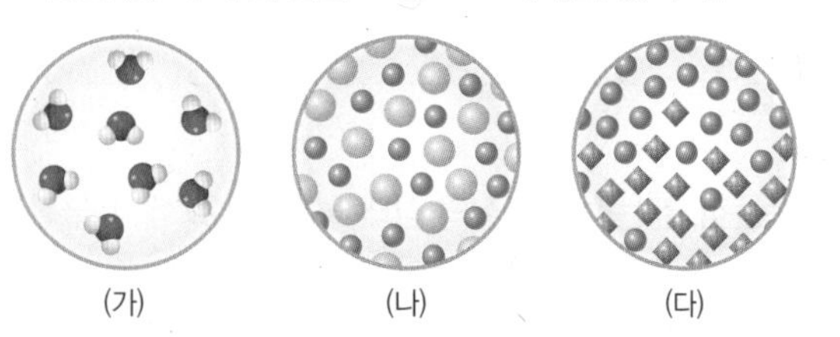

이에 대한 설명으로 옳지 않은 것은?

① (가)는 순물질이다.
② (가)는 가열 곡선에서 수평한 구간이 나타난다.
③ (나)는 성분 물질이 고르게 섞여 있다.
④ (다)는 성분 물질과는 다른 새로운 성질을 나타낸다.
⑤ (나)와 (다)는 두 종류 이상의 순물질이 섞여 있다.

난이도 ●●● 시험에 꼭 나오는 출제 가능성이 높은 예상 문제로 구성하고, 난이도를 표시하였습니다.

4 물질을 구별할 수 있는 특성을 보기에서 모두 고른 것은?

보기			
ㄱ. 맛	ㄴ. 밀도	ㄷ. 길이	ㄹ. 온도
ㅁ. 질량	ㅂ. 부피	ㅅ. 끓는점	ㅇ. 용해도

① ㄱ, ㄴ, ㄷ, ㄹ ② ㄱ, ㄴ, ㅅ, ㅇ
③ ㄴ, ㄷ, ㅂ, ㅅ ④ ㄷ, ㄹ, ㅁ, ㅂ
⑤ ㅁ, ㅂ, ㅅ, ㅇ

5 오른쪽 그림은 물과 소금물의 가열 곡선을 나타낸 것이다. 이에 대한 설명으로 옳지 않은 것은?

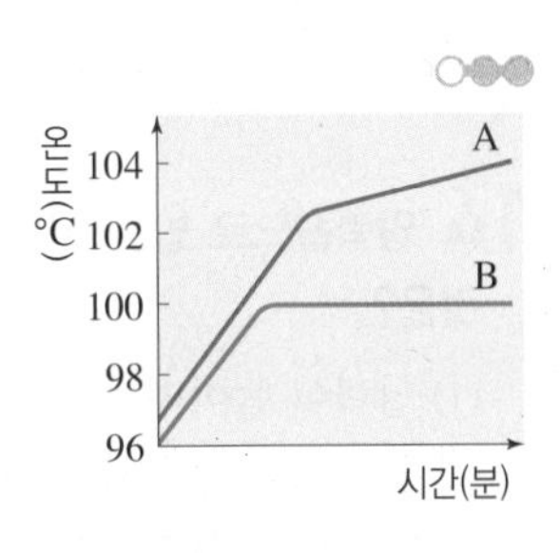

① A는 끓는 동안 온도가 계속 올라간다.
② B는 끓는 동안 온도가 일정하다.
③ A는 물, B는 소금물의 가열 곡선이다.
④ A는 혼합물이고, B는 순물질임을 알 수 있다.
⑤ 소금물의 농도를 더 진하게 하면 끓기 시작하는 온도가 더 높아진다.

6 오른쪽 그림은 물과 소금물의 냉각 곡선을 나타낸 것이다. 이 그림으로 설명할 수 있는 생활 속 현상을 모두 고르면?(2개)

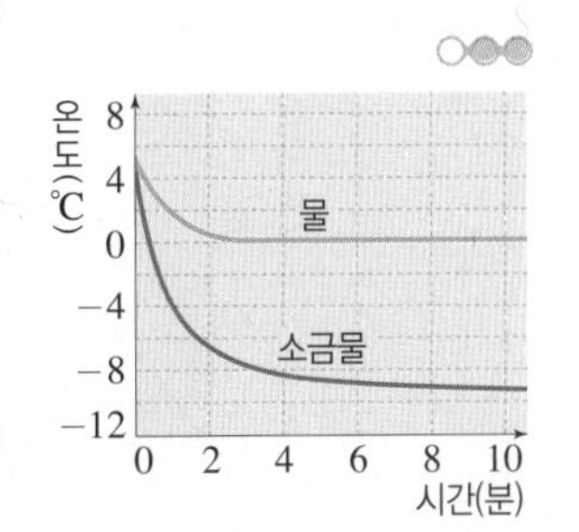

① 김치찌개의 끓는 온도가 물의 끓는 온도보다 높다.
② 한겨울에도 바닷물은 잘 얼지 않는다.
③ 눈이 쌓인 도로에 염화 칼슘을 뿌린다.
④ 라면을 끓일 때 스프를 먼저 넣고 물을 끓인다.
⑤ 납에 주석을 섞어 만든 땜납은 금속을 붙일 때 사용한다.

7 끓는점에 대한 설명으로 옳은 것은?

① 고체가 액체로 변하는 동안 일정하게 유지되는 온도이다.
② 물질의 양이 많을수록 끓는점이 낮아진다.
③ 끓는점은 외부 압력에 관계없이 일정하다.
④ 가열하는 불꽃의 세기에 따라 끓는점이 달라진다.
⑤ 물질을 이루는 입자 사이에 잡아당기는 힘이 강할수록 끓는점이 높다.

8 그림은 액체 물질 A~C를 가열하면서 온도 변화를 측정하여 나타낸 것이다.

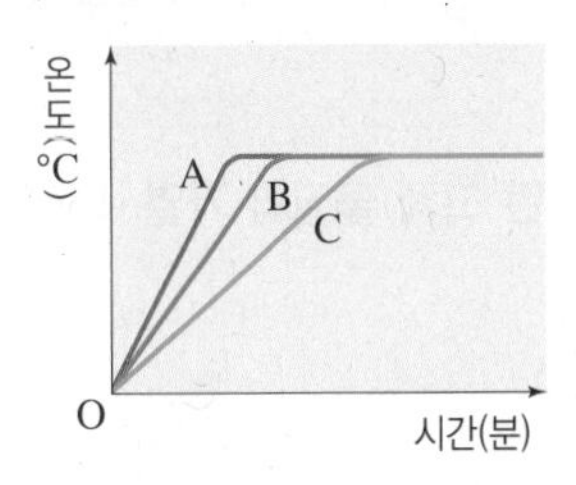

이에 대한 설명으로 옳은 것을 보기에서 모두 고른 것은? (단, 외부 압력과 불꽃의 세기는 모두 같다.)

보기
ㄱ. A~C는 끓는점이 같다.
ㄴ. A~C는 모두 같은 종류의 물질이다.
ㄷ. 끓는점에 도달하는 데 걸리는 시간은 C가 가장 짧다.

① ㄱ ② ㄴ ③ ㄷ
④ ㄱ, ㄴ ⑤ ㄴ, ㄷ

9 그림은 액체 물질 A~D의 가열 곡선을 나타낸 것이다.

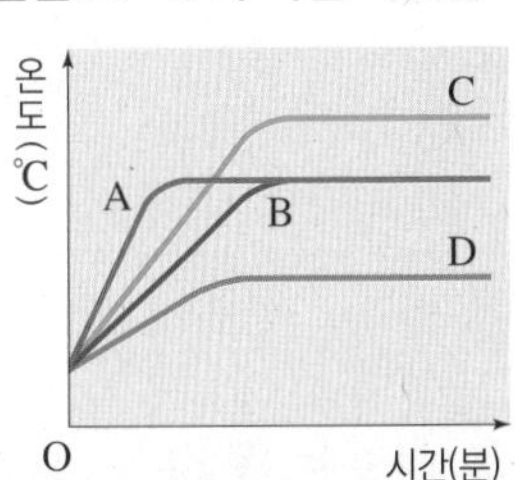

이에 대한 설명으로 옳지 않은 것은?(단, 외부 압력과 불꽃의 세기는 모두 같다.)

① A와 B는 같은 물질이다.
② A는 B보다 질량이 크다.
③ 끓는점은 C가 가장 높다.
④ 입자 사이에 잡아당기는 힘은 D가 가장 약하다.
⑤ D는 C보다 끓는점이 낮다.

10 녹는점과 어는점에 대한 설명으로 옳지 않은 것은?

① 순수한 물질은 녹는점과 어는점이 같다.
② 녹는점과 어는점은 물질의 양에 따라 변하지 않는다.
③ 물질의 상태가 액체에서 고체로 변할 때의 온도는 녹는점이다.
④ 순수한 액체 물질의 냉각 곡선에서 수평한 부분의 온도가 어는점이다.
⑤ 녹는점과 어는점은 물질을 구별할 수 있는 성질이다.

11 그림은 어떤 고체 물질의 가열·냉각 곡선을 나타낸 것이다.

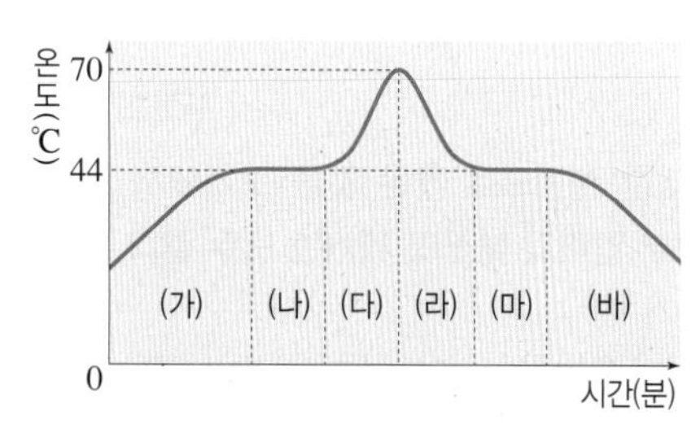

이에 대한 설명으로 옳지 않은 것은?

① 이 물질은 순물질이다.
② 이 물질의 녹는점과 어는점은 44 ℃로 같다.
③ (나) 구간에서 상태 변화가 일어난다.
④ 고체 상태의 물질이 존재하는 구간은 (가), (나), (마), (바)이다.
⑤ 물질의 양이 많아지면 (마) 구간의 온도가 낮아진다.

Step2 자주 나오는 문제

12 순물질로만 옳게 짝 지은 것은?

① 공기, 철, 금
② 소금, 에탄올, 흙탕물
③ 물, 설탕, 다이아몬드
④ 땜납, 탄산음료, 바닷물
⑤ 바닷물, 과일 주스, 이산화 탄소

13 물질의 특성에 대한 설명으로 옳지 않은 것은?

① 물질의 종류를 구별할 수 있다.
② 물질이 가지는 고유한 성질이다.
③ 색깔, 냄새, 맛은 물질의 특성이 아니다.
④ 같은 물질인 경우 물질의 특성은 물질의 양에 관계없이 일정하다.
⑤ 물질의 특성을 이용하여 혼합물로부터 순물질을 분리할 수 있다.

14 압력솥으로 밥을 지으면 밥이 빨리 되는 까닭으로 옳은 것은?

① 압력이 높아져서 물의 끓는점이 높아지기 때문
② 압력이 높아져서 물의 끓는점이 낮아지기 때문
③ 압력이 낮아져서 물의 끓는점이 높아지기 때문
④ 압력이 낮아져서 물의 끓는점이 낮아지기 때문
⑤ 압력이 낮아져서 물이 끓는 데 시간이 오래 걸리기 때문

15 그림은 고체 물질을 가열하면서 시간에 따른 온도 변화를 나타낸 것이다.

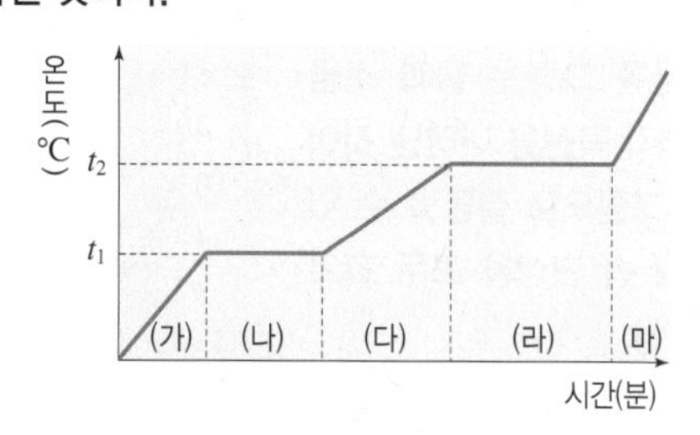

이에 대한 설명으로 옳은 것은?

① 녹는점은 t_2 ℃, 끓는점은 t_1 ℃이다.
② 물질의 양을 늘리면 t_2가 높아진다.
③ (가), (다), (마) 구간에서는 상태 변화가 일어난다.
④ (나), (라) 구간에서는 물질이 한 가지 상태로 존재한다.
⑤ 센 불로 가열해도 (나)와 (라) 구간의 온도는 일정하다.

16 표는 1기압에서 물질 A~E의 녹는점과 끓는점을 나타낸 것이다.

물질	A	B	C	D	E
녹는점(°C)	−218	328	−115	5.5	1535
끓는점(°C)	−183	1740	78	80.1	2750

20 °C에서 액체 상태로 존재하는 물질끼리 옳게 짝 지은 것은?

① A, B ② A, C ③ B, E
④ C, D ⑤ D, E

Step3 만점! 도전 문제

17 그림은 에탄올의 끓는점을 측정하기 위한 실험 장치와 그 결과를 나타낸 것이다.

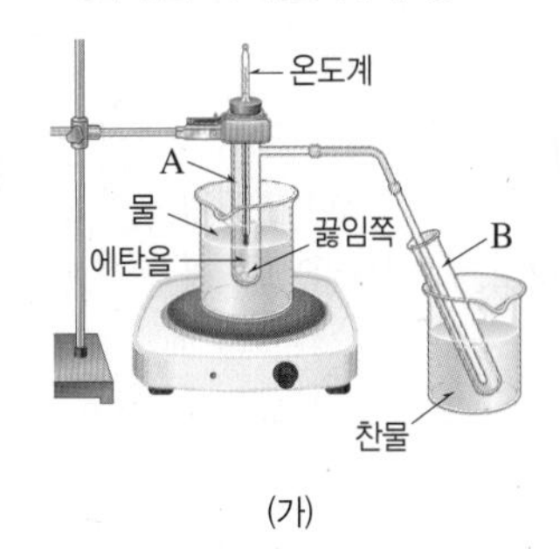

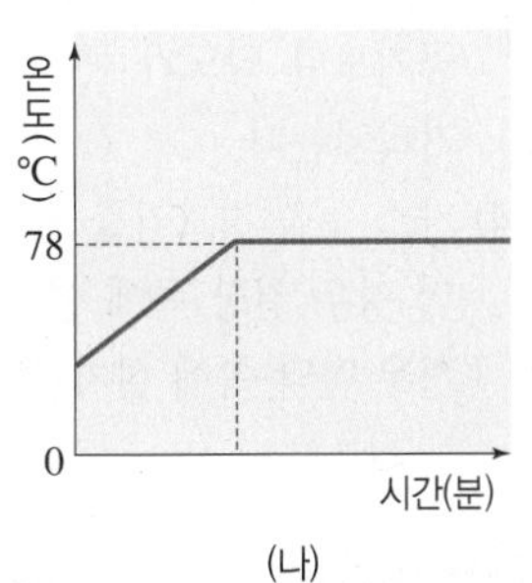

(가) (나)

이에 대한 설명으로 옳지 않은 것은?(단, 외부 압력과 가열하는 세기는 모두 같다.)

① (가)의 시험관 A에서 기화, B에서 액화가 일어난다.
② 에탄올은 78 °C에서 끓는다.
③ 에탄올의 양을 늘리면 끓는점이 달라진다.
④ (나)의 수평한 구간에서 에탄올은 액체 상태와 기체 상태가 함께 존재한다.
⑤ 에탄올의 양을 늘리면 (나)에서 수평한 구간에 도달하는 데 걸리는 시간이 길어진다.

18 감압 용기에 뜨거운 물을 넣고 펌프로 용기 안의 공기를 빼내면 물이 다시 끓는다. 이와 같은 원리로 설명할 수 있는 현상은?

① 꽃향기가 공기 중으로 퍼진다.
② 높은 산에서 밥을 하면 쌀이 설익는다.
③ 헬륨을 넣은 풍선이 하늘 높이 날아간다.
④ 얼음물이 담긴 컵 표면에 물방울이 맺힌다.
⑤ 전류 차단기의 퓨즈는 과전류가 흘러 열이 발생하면 쉽게 녹아 끊어진다.

서술형 문제

19 다음은 우리 주위에서 볼 수 있는 물질을 분류한 것이다.

(가) 산소, 헬륨, 금, 철, 물, 이산화 탄소
(나) 암석, 과일 주스, 공기, 합금, 설탕물

(가)와 (나) 중 순물질을 고르고, 그 까닭을 서술하시오.

20 오른쪽 그림은 액체 물질 A~D의 가열 곡선을 나타낸 것이다.(단, 외부 압력과 불꽃의 세기는 모두 같다.)

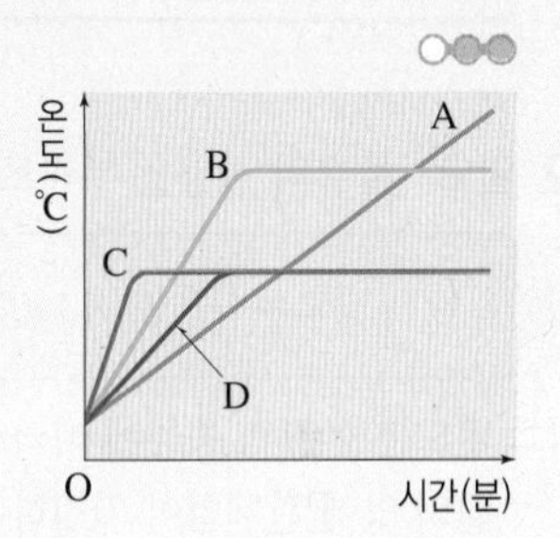

(1) A~D 중 같은 물질을 모두 고르시오.

(2) (1)과 같이 답한 까닭을 서술하시오.

21 높은 산에 올라가 밥을 지으면 쌀이 설익는다. 그 까닭을 압력과 끓는점의 관계로 서술하시오.

22 표는 고체 상태의 로르산과 팔미트산의 녹는점을 측정하여 나타낸 것이다.

구분	로르산		팔미트산	
질량(g)	10	20	10	20
녹는점(°C)	44	44	62	62

이 결과를 참고하여 녹는점으로 물질을 구별할 수 있는 까닭을 물질의 종류 및 양과 관련지어 서술하시오.

02 물질의 특성 (2)

A 밀도

1 부피와 질량

구분	부피	질량
정의	물질이 차지하고 있는 공간의 크기	장소나 상태에 따라 변하지 않는 물질의 고유한 양
단위	cm^3, mL, L 등	mg, g, kg 등
측정 기구	눈금실린더, 부피 플라스크, 피펫 등	전자저울, 윗접시저울 등

2 밀도 물질의 질량을 부피로 나눈 값, 즉 단위 부피당 질량

$$\text{밀도}=\frac{\text{질량}}{\text{부피}}(\text{단위 : g/mL, g/cm}^3\text{, kg/m}^3\text{ 등})$$

(1) 밀도는 물질의 종류에 따라 다르며, 같은 종류의 물질은 물질의 양에 관계없이 일정하다.

탐구 철과 알루미늄의 밀도 측정

1. 크기가 다른 철 조각 2개와 알루미늄 조각 2개의 질량을 각각 측정한다.
2. 각 금속 조각을 실에 묶어서 물 70.0 mL가 담긴 눈금실린더에 넣은 후 늘어난 물의 부피를 각각 측정하여 밀도를 구한다.

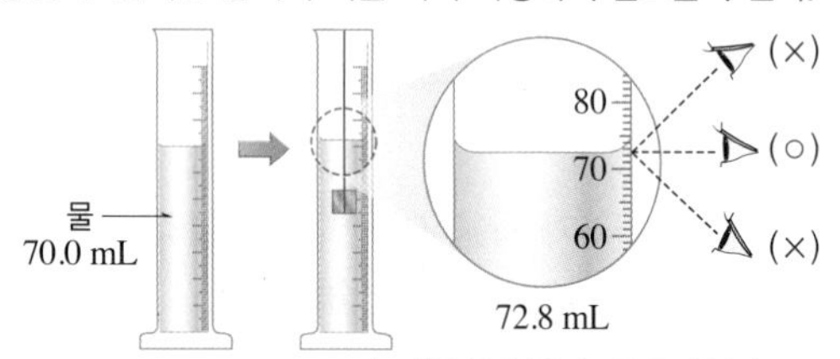

늘어난 물의 부피=금속의 부피
=72.8 mL−70.0 mL=2.8 mL

✚ 결과 및 정리

구분	철		알루미늄	
	작은 것	큰 것	작은 것	큰 것
질량(g)	22.1	32.4	7.3	11.6
부피(cm^3)	2.8	4.1	2.7	4.3
밀도(g/cm^3)	7.9	7.9	2.7	2.7

➡ 밀도는 물질마다 고유한 값을 가지므로 물질의 특성이다.

(2) 밀도가 작은 물질은 위로 뜨고, 밀도가 큰 물질은 아래로 가라앉는다.

예 밀도 비교 : 나무＜식용유＜플라스틱＜물＜글리세린＜돌

3 물질의 상태에 따른 밀도

(1) 대부분의 물질 : 기체≪액체＜고체 ➡ 같은 질량일 때 부피가 기체≫액체＞고체이기 때문

(2) 물의 경우 : 얼음＜물 ➡ 물이 응고할 때 부피가 증가하기 때문

(3) 기체의 밀도 : 기체의 밀도를 나타낼 때는 온도와 압력을 함께 표시한다. ➡ 기체의 부피는 온도와 압력의 영향을 크게 받기 때문

4 밀도와 관련된 생활 속 현상

(1) 잠수부의 허리에는 밀도가 큰 납덩어리를 달아 물속에 잘 가라앉게 한다.

(2) 구명조끼에는 물보다 밀도가 작은 공기가 들어 있으므로 구명조끼를 입으면 물에 빠져도 가라앉지 않는다.

(3) 공기보다 밀도가 작은 헬륨을 채운 풍선은 위로 떠오르고, 공기보다 밀도가 큰 이산화 탄소를 채운 풍선은 바닥으로 가라앉는다.

(4) 가스 누출 경보기를 설치할 때 공기보다 밀도가 작은 LNG의 경우 천장 쪽에 설치하고, 공기보다 밀도가 큰 LPG의 경우 바닥 쪽에 설치한다.

B 용해도

1 용해 한 물질이 다른 물질에 녹아 고르게 섞이는 현상

(1) 용질 : 다른 물질에 녹는 물질

(2) 용매 : 다른 물질을 녹이는 물질

(3) 용액 : 용질과 용매가 고르게 섞여 있는 물질

예 소금(용질) + 물(용매) —용해→ 소금물(용액)

2 용해도 어떤 온도에서 용매 100 g에 최대로 녹을 수 있는 용질의 g수

예 20 °C 물 50 g에 붕산 2.5 g이 최대로 녹을 수 있다면 20 °C에서 붕산의 물에 대한 용해도는 5.0이다.

(1) 일정한 온도에서 같은 용매에 대한 용해도는 물질의 종류에 따라 다르다.

(2) 용해도는 용매와 용질의 종류, 온도에 따라 달라진다.

3 용액의 종류

포화 용액	일정량의 용매에 용질이 최대로 녹아 있는 용액 ➡ 용질이 용매에 용해도만큼 녹아 있다.
불포화 용액	포화 용액보다 용질이 적게 녹아 있는 용액 ➡ 용질이 더 녹을 수 있다.

4 고체의 용해도 일반적으로 온도가 높을수록 증가하며, 압력의 영향은 거의 받지 않는다.

(1) 용해도 곡선 : 온도에 따른 물질의 용해도를 나타낸 그래프

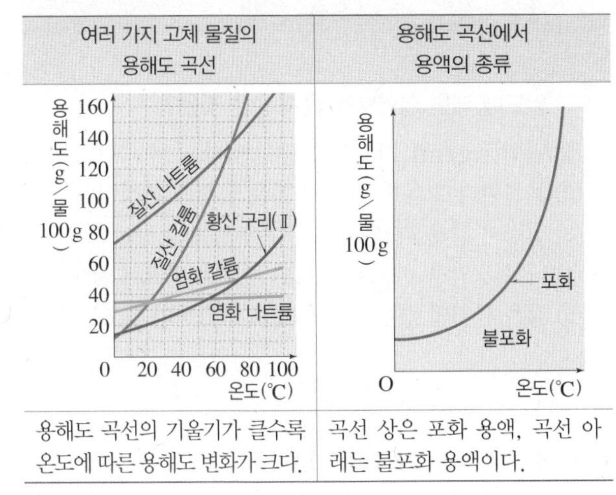

여러 가지 고체 물질의 용해도 곡선	용해도 곡선에서 용액의 종류
용해도 곡선의 기울기가 클수록 온도에 따른 용해도 변화가 크다.	곡선 상은 포화 용액, 곡선 아래는 불포화 용액이다.

(2) 용질의 석출 : 용액을 냉각하면 냉각한 온도에서의 용해도보다 많이 녹아 있던 용질이 석출된다.

> 석출되는 용질의 양=처음 녹아 있던 용질의 양
> −냉각한 온도에서 최대로 녹을 수 있는 용질의 양

탐구 온도에 따른 고체의 용해도

1. 4개의 시험관에 각각 물 10 g을 넣은 다음 질산 칼륨을 4 g, 8 g, 12 g, 16 g씩 넣는다.
2. 각 시험관을 물중탕하여 질산 칼륨이 모두 녹을 때까지 가열한다.
3. 질산 칼륨이 모두 녹으면 불을 끄고 식히면서 각 시험관에서 결정이 생기기 시작하는 온도를 측정한다.

✚ 결과 및 정리

물 10 g에 녹은 질산 칼륨(g)	4	8	12	16
결정이 생기기 시작하는 온도(℃)	24.7	46.5	63.9	72.6
질산 칼륨의 용해도(g/물 100 g)	40	80	120	160

➡ 질산 칼륨의 용해도는 온도가 높을수록 증가한다.

5 기체의 용해도 온도가 낮을수록, 압력이 높을수록 증가한다.

온도에 의한 영향	압력에 의한 영향
A, B, 사이다, 얼음물, 실온의 물	C, 고무마개, D, 사이다, 50 ℃ 물, 50 ℃ 물
• 온도 : A<B • 기포 발생량 : A<B • 기체의 용해도 : A>B	• 압력 : C<D • 기포 발생량 : C>D • 기체의 용해도 : C<D
예 여름철 물고기가 수면 위로 입을 내밀고 뻐끔거린다.	예 탄산음료의 뚜껑을 열면 하얀 거품이 생긴다.

개념 확인하기

1 물질이 차지하고 있는 공간의 크기를 (   )라 하고, 장소나 상태에 따라 변하지 않는 물질의 고유한 양을 (   )이라고 한다.

2 부피가 5 cm^3, 질량이 50 g인 물질의 밀도는 몇 g/cm^3인지 쓰시오.

3 서로 다른 액체 A~D를 컵에 넣었더니 오른쪽 그림과 같이 층을 이루었다. A~D의 밀도를 부등호로 비교하시오.

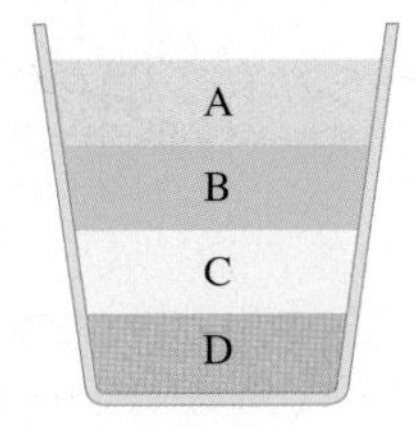

4 밀도에 대한 설명으로 옳은 것은 ○, 옳지 않은 것은 ×로 표시하시오.

(1) 물질의 상태가 변해도 밀도는 같다. ············ (   )

(2) 두 물질의 질량이 같을 때 부피가 클수록 밀도가 크다. ············ (   )

(3) 기체의 밀도를 나타낼 때는 온도와 압력을 함께 표시한다. ············ (   )

5 가스 누출 경보기를 설치할 때 LNG의 경우 밀도가 공기보다 작기 때문에 (천장, 바닥) 쪽에 설치하고, LPG의 경우 밀도가 공기보다 크기 때문에 (천장, 바닥) 쪽에 설치한다.

6 한 물질이 다른 물질에 녹아 고르게 섞이는 현상을 (   )라 하고, 이때 녹는 물질은 (   ), 녹이는 물질은 (   )라고 한다.

7 20 ℃ 물에 대한 소금의 용해도가 36일 때 20 ℃ 물 50 g에 최대로 녹을 수 있는 소금의 질량은 (   ) g이다.

8 일정한 온도에서 일정량의 용매에 용질이 최대로 녹아 있어 용질이 더 이상 녹을 수 없는 용액을 (   ) 용액이라고 한다.

9 용해도에 대한 설명으로 옳은 것은 ○, 옳지 않은 것은 ×로 표시하시오.

(1) 용해도는 어떤 온도에서 용매 100 g에 최대로 녹을 수 있는 용질의 g수이다. ············ (   )

(2) 용해도는 물질의 특성이다. ············ (   )

(3) 일반적으로 온도가 높을수록 고체의 용해도가 감소한다. ············ (   )

10 기체의 용해도는 온도가 높을수록 (증가, 감소)하고, 압력이 높을수록 (증가, 감소)한다.

내공 쌓는 족집게 문제

핵심 족보

A 1 질량－부피 그래프에서 밀도 비교★★★

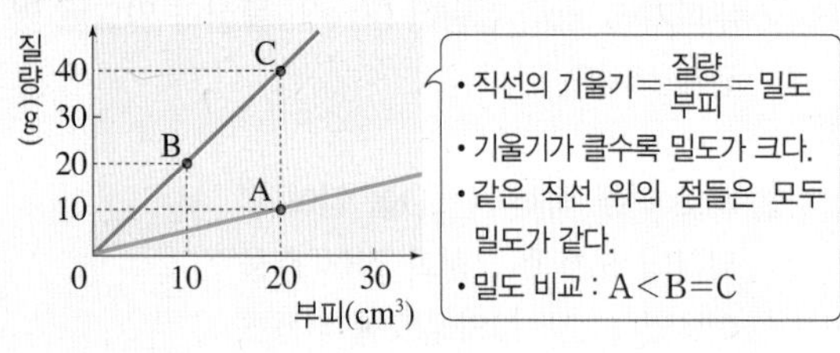

- 직선의 기울기$=\frac{질량}{부피}=$밀도
- 기울기가 클수록 밀도가 크다.
- 같은 직선 위의 점들은 모두 밀도가 같다.
- 밀도 비교 : A<B=C

2 밀도탑★★★

밀도가 큰 물질은 아래로 가라앉고, 밀도가 작은 물질은 위로 뜬다.

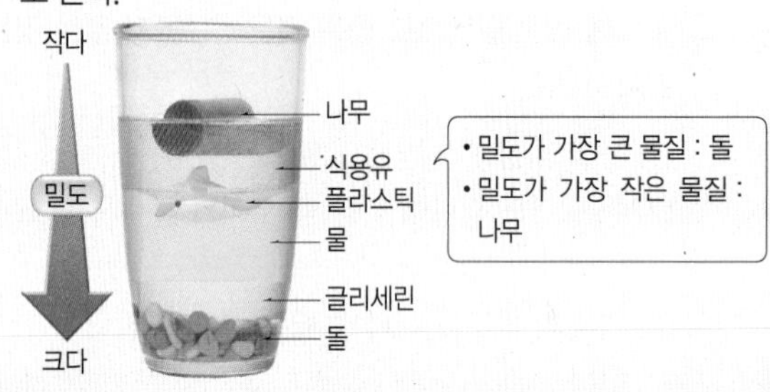

- 밀도가 가장 큰 물질 : 돌
- 밀도가 가장 작은 물질 : 나무

B 3 용해도 곡선에서 알 수 있는 것★★★

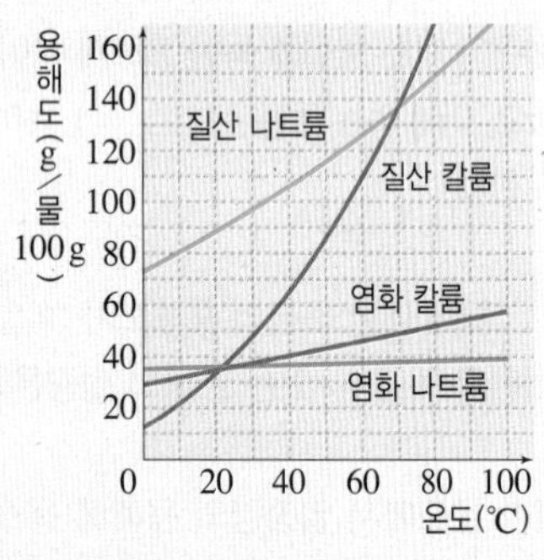

- 용해도 곡선 상의 점은 그 온도에서 포화 용액이다.
- 온도에 따른 용해도 변화가 가장 큰 물질 : 질산 칼륨
  ➡ 용해도 곡선의 기울기가 가장 크기 때문
- 온도에 따른 용해도 변화가 가장 작은 물질 : 염화 나트륨
  ➡ 용해도 곡선의 기울기가 가장 작기 때문
- 특정 온도에서 물질의 용해도를 알 수 있다.

4 용해도 곡선을 이용하여 질산 칼륨의 석출량 구하기★★★

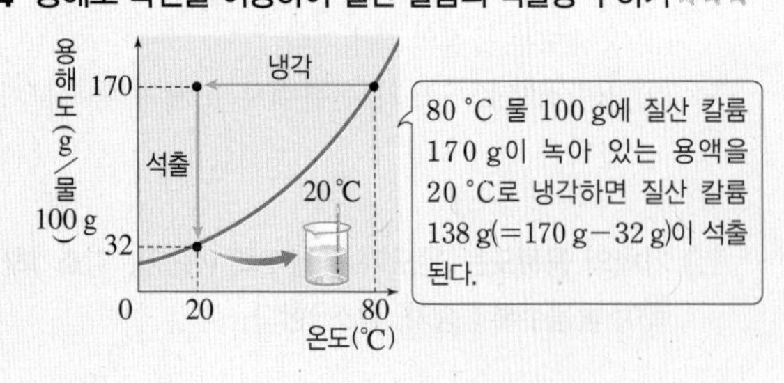

80 °C 물 100 g에 질산 칼륨 170 g이 녹아 있는 용액을 20 °C로 냉각하면 질산 칼륨 138 g(=170 g−32 g)이 석출된다.

Step 1 반드시 나오는 문제

1 밀도에 대한 설명으로 옳지 않은 것은?

① 단위는 g/mL, kg/m^3 등이 있다.
② 물질마다 고유한 값을 가지는 물질의 특성이다.
③ 질량이 같을 때 부피가 클수록 밀도는 작아진다.
④ 나무 도막을 반으로 자르면 밀도는 반으로 줄어든다.
⑤ 같은 물질인 경우 기체의 밀도가 고체의 밀도보다 작다.

2 물 22.0 mL가 들어 있는 눈금실린더에 질량 3.6 g인 물체를 넣었더니 눈금실린더 속 물의 부피가 오른쪽 그림과 같이 변하였다. 이 물체의 밀도는 몇 g/cm^3인가?

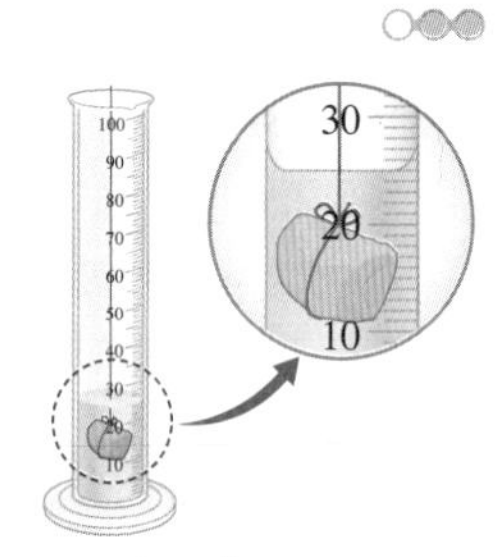

① 0.16 g/cm^3　② 0.72 g/cm^3
③ 0.9 g/cm^3　④ 1.2 g/cm^3
⑤ 1.8 g/cm^3

3 표는 몇 가지 금속의 밀도를 나타낸 것이다.

물질	알루미늄	철	은	납	금
밀도(g/cm^3)	2.7	7.9	10.5	11.3	19.3

부피가 20 cm^3인 어떤 금속의 질량이 226 g이라면 이 금속으로 예상되는 물질은?

① 알루미늄　② 철　③ 은
④ 납　⑤ 금

4 여러 가지 물질을 유리컵에 넣었더니 오른쪽 그림과 같이 층을 이루었다. 이에 대한 설명으로 옳은 것은?

① 돌의 밀도가 가장 작다.
② 부피가 같을 때 질량이 가장 큰 물질은 나무이다.
③ 물보다 밀도가 큰 물질은 두 가지이다.
④ 식용유는 물보다 밀도가 크다.
⑤ 물질의 밀도를 비교하면 돌<글리세린<물<플라스틱<식용유<나무이다.

난이도 ●●● 시험에 꼭 나오는 출제 가능성이 높은 예상 문제로 구성하고, 난이도를 표시하였습니다.

[05~06] 그림은 고체 물질 A~D의 질량과 부피를 측정한 결과를 나타낸 것이다.

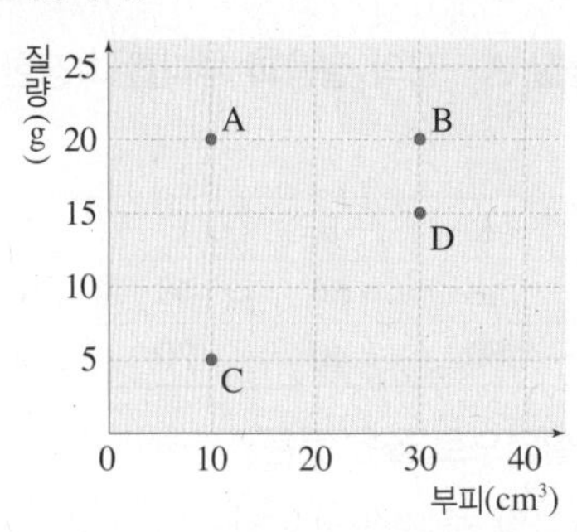

○●●

5 A~D에 대한 설명으로 옳지 <u>않은</u> 것은?

① A의 밀도는 C의 밀도의 4배이다.
② 밀도가 가장 큰 물질은 B이다.
③ 부피가 같을 때 A의 질량이 B의 질량보다 크다.
④ C의 밀도는 0.5 g/cm^3이다.
⑤ C와 D의 밀도는 같다.

○●●

6 A~D 중 물에 넣었을 때 뜨는 물질을 모두 고른 것은? (단, A~D는 모두 물에 녹지 않고, 물의 밀도는 1 g/cm^3이다.)

① A, B　② B, C　③ C, D
④ A, B, C　⑤ B, C, D

○●●

7 밀도와 관련된 현상이 <u>아닌</u> 것은?

① 커다란 빙산이 바다 위에 떠 있다.
② 헬륨을 채운 풍선은 위로 떠오른다.
③ 찌그러진 탁구공을 뜨거운 물에 넣으면 펴진다.
④ 구명조끼를 입으면 물에 빠져도 가라앉지 않는다.
⑤ 잠수부는 허리에 납으로 된 벨트를 착용한 다음 잠수한다.

○●●

8 용해도에 대한 설명으로 옳은 것은?

① 용액 100 g에 최대로 녹을 수 있는 용질의 g수이다.
② 고체의 용해도는 압력의 영향을 크게 받는다.
③ 온도가 높아지면 모든 물질의 용해도가 증가한다.
④ 물질의 양에 따라 달라지므로 물질을 구별하는 특성이 아니다.
⑤ 일정한 온도에서 같은 용매에 대한 용해도는 물질의 종류에 따라 다르다.

○●●

9 표는 질산 칼륨의 물에 대한 용해도를 나타낸 것이다.

온도(°C)	20	40	60	80
용해도(g/물 100 g)	32	63	109	170

80 °C 질산 칼륨 포화 용액 270 g을 40 °C로 냉각할 때 석출되는 질산 칼륨의 질량은 몇 g인가?

① 63 g　② 68 g　③ 70 g
④ 107 g　⑤ 120 g

○●●

10 그림은 고체 물질 A의 물에 대한 용해도 곡선을 나타낸 것이다.

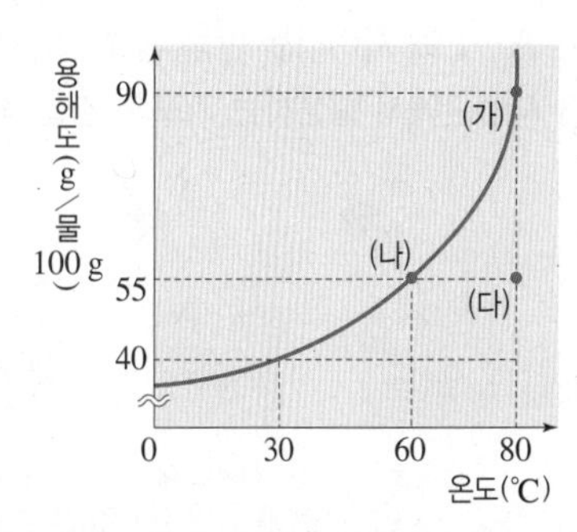

이에 대한 설명으로 옳지 <u>않은</u> 것은?(단, (가)~(다)는 물질 A가 물 100 g에 녹아 있는 상태를 나타낸 것이다.)

① 80 °C에서 A의 용해도는 90이다.
② (가)와 (나)는 포화 용액이다.
③ (가)를 30 °C까지 냉각하면 A가 40 g 석출된다.
④ (다)를 60 °C까지 냉각하면 포화 용액이 된다.
⑤ (다)에 A를 35 g 넣어 주면 포화 용액이 된다.

[11~12] 그림은 여러 고체 물질의 용해도 곡선을 나타낸 것이다.

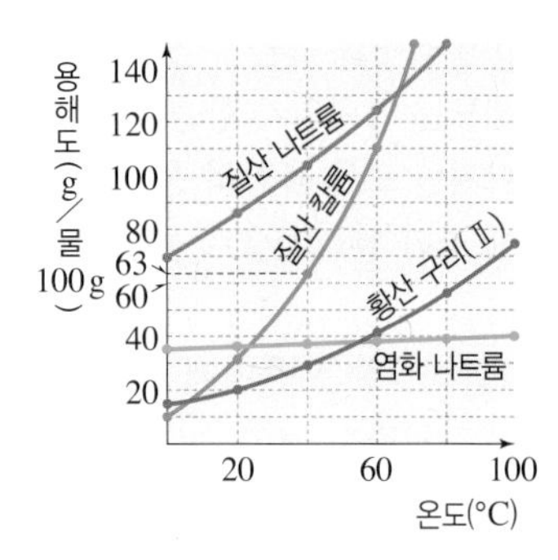

11 60 °C 물 100 g에 각 고체 물질을 녹여 포화 용액을 만든 후 20 °C로 냉각할 때 석출되는 결정의 양이 가장 많은 물질의 이름을 쓰시오.

12 이에 대한 설명으로 옳은 것은?

① 용해도 곡선에 표시된 점은 불포화 용액이다.
② 온도가 높을수록 고체 물질의 용해도가 감소한다.
③ 온도에 따른 용해도 변화가 가장 큰 물질은 염화 나트륨이다.
④ 40 °C 물 50 g에 질산 칼륨 31.5 g이 녹아 있는 용액은 포화 용액이다.
⑤ 80 °C 물 100 g에 황산 구리(Ⅱ) 30 g을 녹인 후 20 °C로 냉각하면 황산 구리(Ⅱ) 20 g이 결정으로 석출된다.

13 시험관 A~F에 사이다를 반쯤 넣고 그림과 같이 장치한 후 각각의 시험관에서 발생하는 기포의 양을 비교하였다.

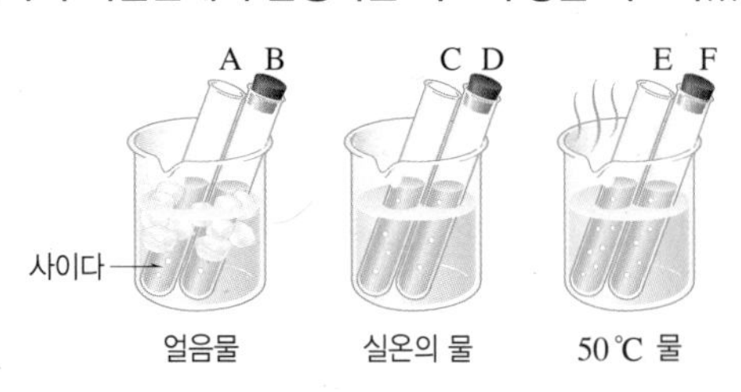

이에 대한 설명으로 옳은 것은?

① 기체의 용해도가 클수록 기포가 많이 발생한다.
② 발생하는 기포의 양이 가장 많은 것은 시험관 B이다.
③ 시험관 D보다 C에서 기포가 더 많이 발생한다.
④ 시험관 E와 F를 비교하면 온도와 기체의 용해도 관계를 알 수 있다.
⑤ 온도가 높을수록 기체의 용해도가 증가한다.

Step2 자주 나오는 문제

14 표는 물질 A~E의 질량과 부피를 측정한 결과를 나타낸 것이다.

물질	A	B	C	D	E
질량(g)	40	30	40	60	30
부피(cm^3)	60	40	20	30	20

이에 대한 설명으로 옳은 것은?

① 밀도가 가장 큰 것은 A이다.
② 부피가 같을 때 A가 C보다 무겁다.
③ B와 E는 같은 물질이다.
④ C와 D는 같은 물질이다.
⑤ 물질의 종류는 3가지이다.

15 실험실에서 다음 물질의 밀도를 측정하여 나타낼 때 온도와 압력을 함께 표시해야 하는 물질은?

① 금 ② 구리 ③ 에탄올
④ 소금물 ⑤ 이산화 탄소

16 다음은 설탕이 물에 녹을 때의 과정을 나타낸 것이다.

설탕(가) + 물(나) —(다)→ 설탕물(라)

(가)~(라)에 해당하는 용어를 옳게 짝 지은 것은?

	(가)	(나)	(다)	(라)
①	용매	용질	용액	용해
②	용매	용질	용해	용액
③	용질	용매	용해	용액
④	용질	용매	용액	용해
⑤	용액	용매	용해	용질

17 80 °C 물 50 g에 황산 구리(Ⅱ) 25 g을 녹였다. 이 용액을 20 °C까지 서서히 냉각할 때 석출되는 황산 구리(Ⅱ)의 질량은 몇 g인가?(단, 황산 구리(Ⅱ)의 물에 대한 용해도는 20 °C에서 20, 80 °C에서 57이다.)

① 5 g ② 10 g ③ 15 g
④ 20 g ⑤ 25 g

18 같은 양의 물에 이산화 탄소 기체를 가장 많이 녹일 수 있는 조건은?

① 5 °C, 1기압 ② 5 °C, 2기압
③ 10 °C, 1기압 ④ 10 °C, 2기압
⑤ 15 °C, 2기압

Step3 만점! 도전 문제

19 그림은 아르키메데스가 같은 질량의 순금과 왕관을 물이 가득 든 항아리에 넣었을 때 넘친 물의 양을 나타낸 것이다.

순금

왕관

이에 대한 설명으로 옳은 것을 보기에서 모두 고른 것은?

보기
ㄱ. 넘친 물의 양은 물질의 부피를 나타낸다.
ㄴ. 왕관의 밀도는 순금의 밀도보다 작다.
ㄷ. 왕관에는 순금보다 밀도가 큰 물질이 섞여 있다.

① ㄱ ② ㄴ ③ ㄷ
④ ㄱ, ㄴ ⑤ ㄴ, ㄷ

20 4개의 시험관에 물을 10 g씩 넣고 질산 칼륨을 각각 4 g, 8 g, 12 g, 16 g을 넣어 물중탕으로 서서히 가열하였다. 질산 칼륨이 모두 녹으면 시험관을 냉각하면서 결정이 생기기 시작하는 온도를 측정하여 표의 결과를 얻었다.

물 10 g에 녹은 질산 칼륨의 질량(g)	4	8	12	16
결정이 생기기 시작하는 온도(°C)	24.7	46.5	63.9	72.6

이에 대한 설명으로 옳지 않은 것은?

① 24.7 °C에서 질산 칼륨의 용해도는 40이다.
② 46.5 °C에서 물 100 g에 최대로 녹을 수 있는 질산 칼륨은 80 g이다.
③ 63.9 °C에서 물 100 g에 질산 칼륨 12 g이 녹아 있는 용액은 포화 용액이다.
④ 72.6 °C에서 물 10 g에 질산 칼륨 16 g을 녹이면 포화 용액이 된다.
⑤ 결정이 생기는 온도에서 수용액은 포화 상태이다.

서술형 문제

21 오른쪽 그림은 물질 A~E의 질량과 부피를 측정한 결과를 나타낸 것이다. A~E 중 같은 종류의 물질을 고르고, 그 까닭을 밀도 값을 포함하여 서술하시오.

22 오른쪽 그림은 어떤 고체 물질의 용해도 곡선을 나타낸 것이다.

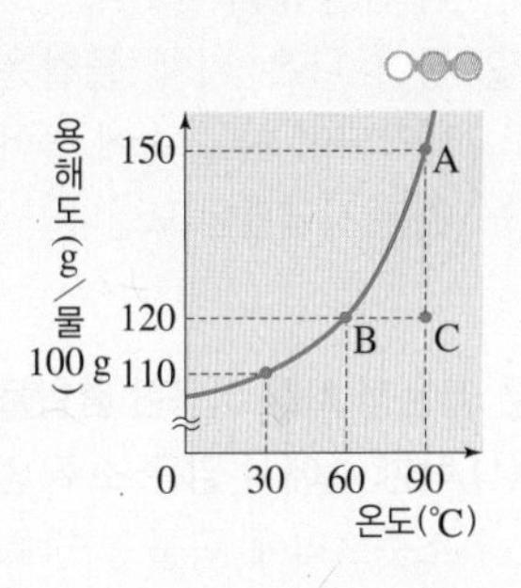

(1) A 상태의 용액 250 g을 30 °C로 냉각할 때 석출되는 물질의 질량은 몇 g인지 쓰시오.

(2) C 상태의 용액을 포화 용액으로 만드는 방법 두 가지를 서술하시오.(단, 용매의 양은 일정하다.)

23 그림과 같이 장치하여 탄산음료가 든 3개의 시험관에서 발생하는 기포를 관찰하였다.(단, 압력은 일정하다.)

(가) 얼음물

(나) 실온의 물

(다) 50 °C 물

(1) (가)~(다)의 시험관에서 발생하는 기포의 양을 부등호로 비교하시오.

(2) (1)과 같이 답한 까닭을 서술하시오.

03 혼합물의 분리 (1)

Ⓐ 끓는점 차를 이용한 분리

1 증류 액체 상태의 혼합물을 가열할 때 끓어 나오는 기체를 냉각하여 순수한 액체를 얻는 방법

(1) 끓는점 차를 이용한 혼합물의 분리 방법이다.

(2) 증류 장치

① 그림과 같이 장치하고 액체 상태의 혼합물을 가열하면 끓는점이 낮은 물질이 먼저 끓어 나온다.

② 끓어 나온 기체 물질은 냉각되어 찬물 속에 들어 있는 시험관에 모인다.

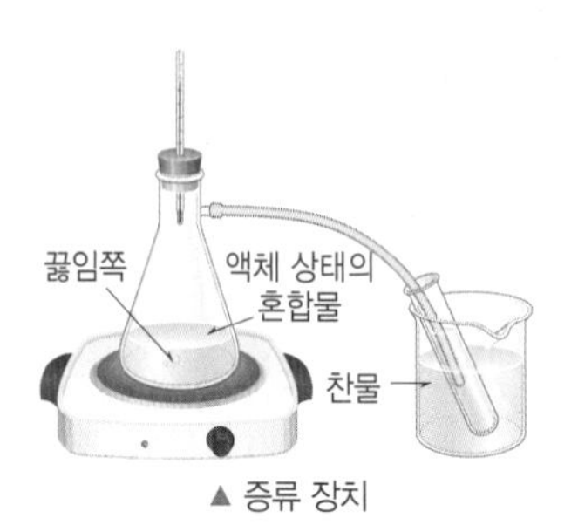

▲ 증류 장치

2 끓는점 차를 이용한 혼합물의 분리 예

(1) 탁한 술에서 맑은 소주 얻기 : 소줏고리에 곡물을 발효하여 만든 술을 넣고 가열하면 끓는점이 낮은 에탄올이 먼저 끓어 나오다가 찬물에 의해 냉각되어 맑은 소주가 된다.

▲ 탁한 술에서 맑은 소주 얻기

(2) 바닷물에서 식수 얻기 : 바닷물을 가열하면 바닷물에 들어 있는 물만 기화하여 수증기가 되고, 이 수증기를 냉각하면 순수한 물을 얻을 수 있다.

(3) 물과 에탄올 혼합물의 분리 : 물과 에탄올 혼합물을 가열하면 끓는점이 낮은 에탄올이 먼저 끓어 나오고, 끓는점이 높은 물이 나중에 끓어 나온다.

[물과 에탄올 혼합물의 가열 곡선 해석]

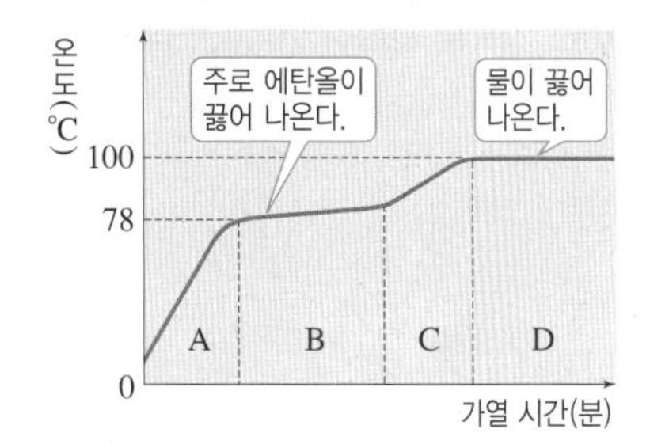

- A : 온도가 높아진다. ➡ 끓어 나오는 물질이 거의 없다.
- B : 에탄올의 끓는점(78 ℃)보다 약간 높은 온도에서 온도가 거의 일정하게 유지된다. ➡ 주로 에탄올이 끓어 나온다.
- C : 온도가 높아진다. ➡ 미처 끓어 나오지 못한 소량의 에탄올과 물이 기화된다.
- D : 물의 끓는점(100 ℃)에서 온도가 일정하게 유지된다. ➡ 물이 끓어 나온다.

(4) 원유의 분리 : 원유를 높은 온도로 가열하여 증류탑으로 보내면 끓는점이 비슷한 물질끼리 분리된다. ➡ 끓는점이 낮은 물질일수록 증류탑의 위쪽에서 분리된다.

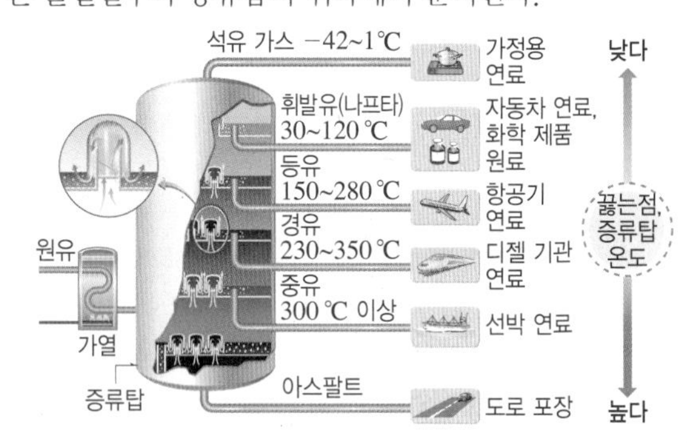

Ⓑ 밀도 차를 이용한 분리

1 고체 혼합물의 분리 두 가지 고체 물질이 섞인 혼합물의 경우 두 물질을 모두 녹이지 않고, 밀도가 두 물질의 중간 정도인 액체에 넣어 분리한다.

[밀도가 다른 두 종류의 플라스틱 분리]

액체보다 밀도가 작은 플라스틱 A는 액체 위에 뜨고, 액체보다 밀도가 큰 플라스틱 B는 아래로 가라앉는다.

밀도 비교 : A < 액체 < B

2 액체 혼합물의 분리 서로 섞이지 않고 밀도가 다른 액체 혼합물의 경우 분별 깔때기를 이용하여 분리한다.

[분별 깔때기를 이용한 액체 혼합물의 분리]

밀도가 작은 액체 물질(A)은 위로 뜨고, 밀도가 큰 액체 물질(B)은 아래로 가라앉는다.

밀도 비교 : A < B

3 분별 깔때기를 이용한 액체 혼합물의 분리 예

혼합물	물과 사염화 탄소	물과 에테르	간장과 참기름
위층	물	에테르	참기름
아래층	사염화 탄소	물	간장
밀도	물 < 사염화 탄소	에테르 < 물	참기름 < 간장

탐구 물과 식용유의 혼합물 분리

1. 분별 깔때기를 링에 세운 후 물과 식용유의 혼합물을 분별 깔때기에 넣고 입구를 마개로 막아 혼합물이 두 층으로 나누어질 때까지 기다린다.

2. 층이 나누어지면 마개를 연 후 꼭지를 돌려 아래층의 액체 물질을 분리하고, 경계면의 액체 물질은 따로 받는다.
3. 분별 깔때기의 위쪽 입구를 이용하여 위층의 액체 물질을 다른 비커에 받는다.

✚ 결과 및 정리

❶ 아래층은 물, 위층은 식용유로 분리된다.
➡ 밀도 : 식용유 < 물

❷ 서로 섞이지 않으면서 밀도가 다른 두 액체 혼합물을 분별 깔때기에 넣으면 밀도가 작은 물질은 위층에 위치하고, 밀도가 큰 물질은 아래층에 위치한다.

4 밀도 차를 이용한 혼합물의 분리 예

사금 채취		모래와 사금의 혼합물을 그릇에 담아 물속에서 흔들면 모래는 씻겨 나가고 사금이 남는다. ➡ 밀도 : 모래 < 사금
좋은 볍씨 고르기	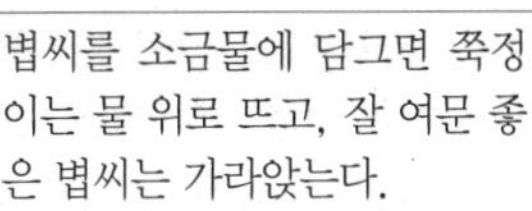 쭉정이, 소금물, 좋은 볍씨	볍씨를 소금물에 담그면 쭉정이는 물 위로 뜨고, 잘 여문 좋은 볍씨는 가라앉는다. ➡ 밀도 : 쭉정이 < 소금물 < 좋은 볍씨
모래와 스타이로폼 분리	 스타이로폼, 물, 모래	모래와 스타이로폼의 혼합물을 물에 넣으면 스타이로폼은 물 위로 뜨고, 모래는 가라앉는다. ➡ 밀도 : 스타이로폼 < 물 < 모래
신선한 달걀 고르기	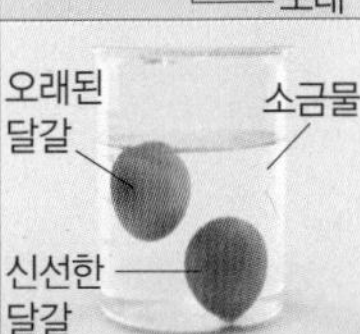 오래된 달걀, 소금물, 신선한 달걀	달걀을 소금물에 넣으면 오래된 달걀은 물 위로 뜨고, 신선한 달걀은 가라앉는다. ➡ 밀도 : 오래된 달걀 < 소금물 < 신선한 달걀
혈액의 원심 분리	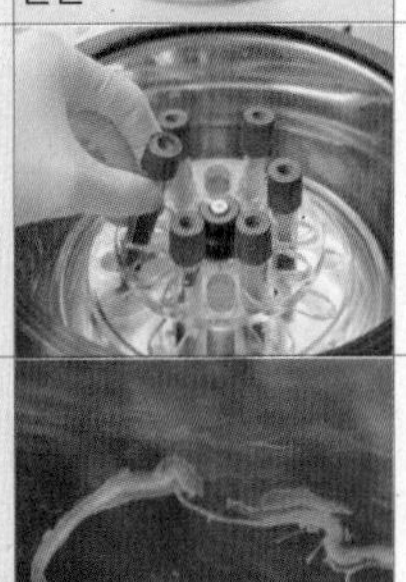	혈액을 원심 분리기에 넣고 고속으로 회전시키면 혈장은 위쪽으로, 혈구는 아래쪽으로 분리된다. ➡ 밀도 : 혈장 < 혈구
바다에 유출된 기름 제거		유출된 기름은 물 위에 떠서 넓게 퍼지므로 오일펜스를 설치한 후 흡착포를 이용하여 제거한다. ➡ 밀도 : 기름 < 바닷물

개념 확인하기

정답과 해설 12쪽

1 액체 상태의 혼합물을 가열할 때 끓어 나오는 기체를 냉각하여 순수한 액체를 얻는 방법을 (   )라고 한다.

2 액체 상태의 혼합물을 증류 장치에 넣고 가열하면 끓는점이 (높, 낮)은 물질이 먼저 분리되어 나온다.

3 다음과 같은 혼합물의 분리에서 공통적으로 이용되는 물질의 특성을 쓰시오.

> • 바닷물에서 식수 얻기
> • 탁한 술에서 맑은 소주 얻기

4 오른쪽 그림은 물과 에탄올 혼합물의 가열 곡선을 나타낸 것이다. 에탄올이 주로 끓어 나오는 구간의 기호를 쓰시오.

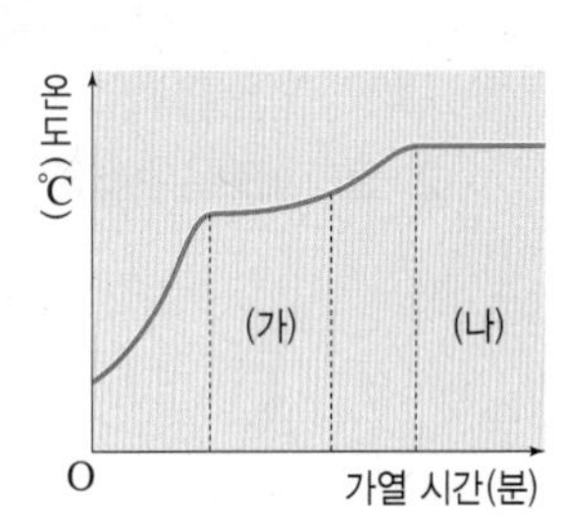

5 원유를 높은 온도로 가열하여 증류탑으로 보내면 끓는점이 낮은 물질일수록 증류탑의 (위, 아래)쪽에서 분리된다.

6 두 고체 물질이 섞인 혼합물을 분리할 때 사용되는 액체는 두 고체 물질을 모두 (녹이, 녹이지 않으)면서 밀도가 (두 물질보다 커, 두 물질의 중간, 두 물질보다 작아)(이어)야 한다.

[7~9] 오른쪽 그림은 액체 혼합물을 각각의 물질로 분리하는 실험 기구이다.

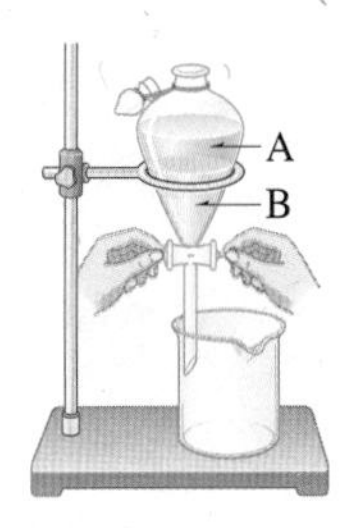

7 이 실험 기구의 이름을 쓰시오.

8 이 실험 기구로 혼합물을 분리할 때 이용되는 물질의 특성을 쓰시오.

9 이 실험 기구로 서로 섞이지 않는 액체 혼합물을 분리할 때 밀도가 (작은, 큰) A는 위층, 밀도가 (작은, 큰) B는 아래층에 위치한다.

10 바다에 기름이 유출되면 오일펜스를 설치한 후 흡착포를 이용하여 뜬 기름을 제거한다. 이때 이용되는 물질의 특성은 (끓는점, 밀도)이다.

족집게 문제

핵심 족보

A **1 소금물에서 물 얻기★★**

- 소금물을 증류 장치에 넣고 가열하면 끓는점이 낮은 물이 수증기로 끓어 나오며, 끓는점이 높은 소금은 용액에 녹아 있다.
- 끓어 나온 수증기를 냉각하면 순수한 물을 얻을 수 있다.

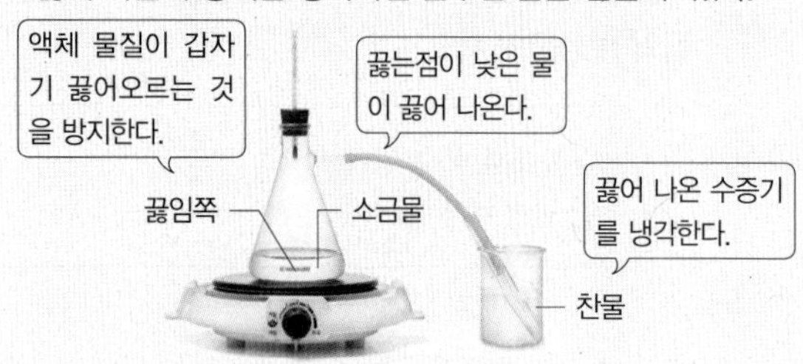

2 물과 에탄올 혼합물의 가열 곡선★★★

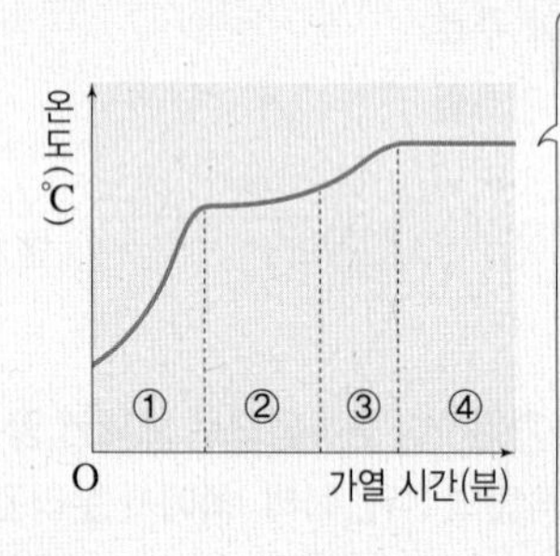

① 온도가 높아지는 구간
② 에탄올이 주로 끓어 나오는 구간 ➡ 에탄올이 끓는점보다 약간 높은 온도에서 끓어 나온다.
③ 온도가 높아지는 구간 ➡ 미처 끓어 나오지 못한 소량의 에탄올과 물이 기화되어 나온다.
④ 물이 끓어 나오는 구간

B **3 밀도가 다른 고체 혼합물의 분리★★**

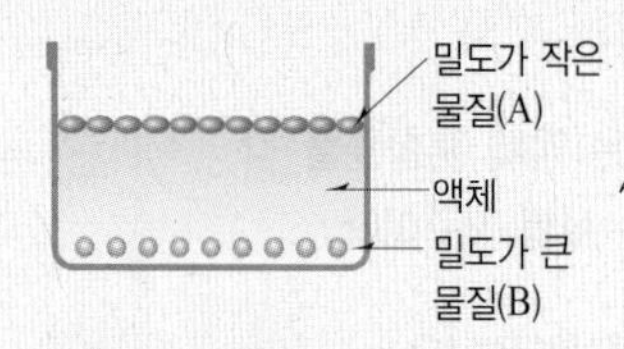

액체의 조건
- 두 고체 물질을 모두 녹이지 않아야 한다.
- 밀도가 두 고체 물질의 중간 정도여야 한다.

➡ 밀도 비교 : A < 액체 < B

4 분별 깔때기를 이용한 액체 혼합물의 분리★★★

- 분리 가능한 액체 혼합물의 조건 : 액체 물질들이 서로 섞이지 않아야 하고, 밀도가 달라야 한다.
- 액체 혼합물을 분별 깔때기에 넣고 가만히 놓아두면 밀도가 작은 물질은 위층, 밀도가 큰 물질은 아래층으로 분리된다.
- 분별 깔때기의 사용법

Step 1 반드시 나오는 문제

1 그림은 액체 상태의 혼합물을 분리하는 실험 장치이다.

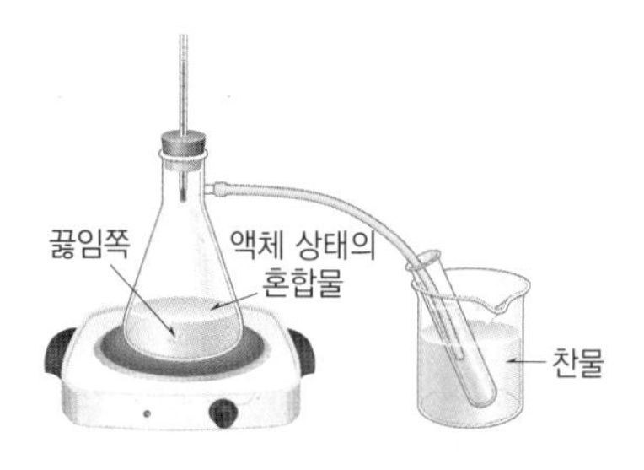

이에 대한 설명으로 옳은 것은?

① 밀도 차를 이용하여 혼합물을 분리하는 장치이다.
② 이 장치를 이용한 혼합물의 분리 방법은 재결정이다.
③ 서로 섞이지 않는 액체 상태의 혼합물을 분리할 때 이용한다.
④ 혼합물을 가열하면 끓는점이 낮은 물질이 먼저 끓어 나온다.
⑤ 액체 물질이 갑자기 끓어오를 수 있게 끓임쪽을 넣는다.

2 오른쪽 그림과 같이 소줏고리에 곡물을 발효하여 만든 탁한 술을 넣고 열을 가하면 맑은 소주를 얻을 수 있다. 이때 이용되는 물질의 특성과 혼합물의 분리 방법을 옳게 짝 지은 것은?

① 밀도, 증류 ② 밀도, 재결정
③ 끓는점, 증류 ④ 끓는점, 재결정
⑤ 끓는점, 크로마토그래피

3 오른쪽 그림은 물과 에탄올 혼합물의 가열 곡선을 나타낸 것이다. 이에 대한 설명으로 옳지 않은 것은?

온도(℃) 100, 78 / A B C D / 0 / 가열 시간(분)

① A 구간에서는 혼합물의 온도가 높아진다.
② B 구간에서는 주로 에탄올이 끓어 나온다.
③ C 구간에서는 물만 끓어 나온다.
④ D 구간의 온도는 순수한 물의 끓는점과 같다.
⑤ B와 D 구간에서 상태 변화가 일어난다.

난이도 ●●● 시험에 꼭 나오는 출제 가능성이 높은 예상 문제로 구성하고, 난이도를 표시하였습니다.

[4~5] 그림은 원유의 분리 장치인 증류탑을 나타낸 것이다.

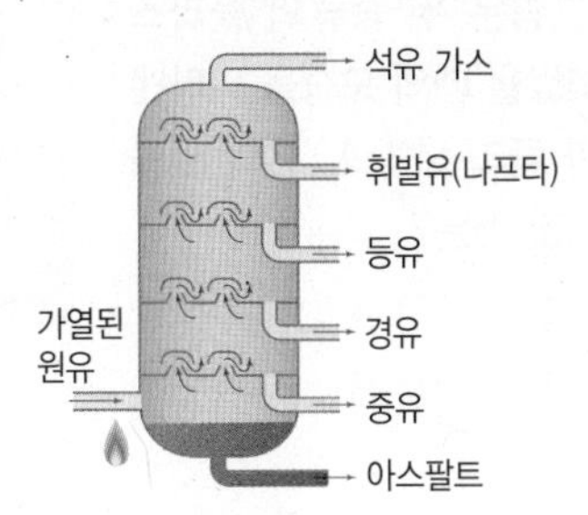

4 증류탑의 각 층에서 얻어진 물질 중 끓는점이 가장 높은 물질은?(단, 아스팔트는 제외한다.)

① 석유 가스 ② 휘발유 ③ 등유
④ 경유 ⑤ 중유

5 이에 대한 설명으로 옳지 않은 것은?

① 물질의 끓는점 차를 이용한 분리 장치이다.
② 원유는 혼합물임을 알 수 있다.
③ 증류탑의 온도는 위쪽으로 올라갈수록 낮아진다.
④ 끓는점이 낮은 물질일수록 증류탑의 아래쪽에서 분리된다.
⑤ 물과 에탄올의 혼합물도 같은 원리로 분리할 수 있다.

6 혼합물을 분리하는 원리가 나머지 넷과 다른 것은?

① 공기에서 질소를 분리한다.
② 소금물에서 물을 분리한다.
③ 원유를 증류탑에서 분리한다.
④ 국 위에 떠 있는 기름을 제거한다.
⑤ 소줏고리를 이용하여 탁한 술에서 맑은 소주를 얻는다.

7 그림은 쭉정이와 좋은 볍씨를 분리하기 위해 소금물이 들어 있는 그릇에 볍씨를 넣었을 때의 모습이다.

이에 대한 설명으로 옳지 않은 것은?

① 밀도 차를 이용한 혼합물의 분리 방법이다.
② 쭉정이는 소금물보다 밀도가 작다.
③ 좋은 볍씨는 쭉정이보다 밀도가 크다.
④ 쭉정이가 뜨지 않을 때는 소금물에 물을 더 넣는다.
⑤ 이와 같은 방법으로 신선한 달걀을 고를 수 있다.

[8~9] 그림은 어떤 실험 기구로 액체 혼합물을 분리하는 모습을 나타낸 것이다.

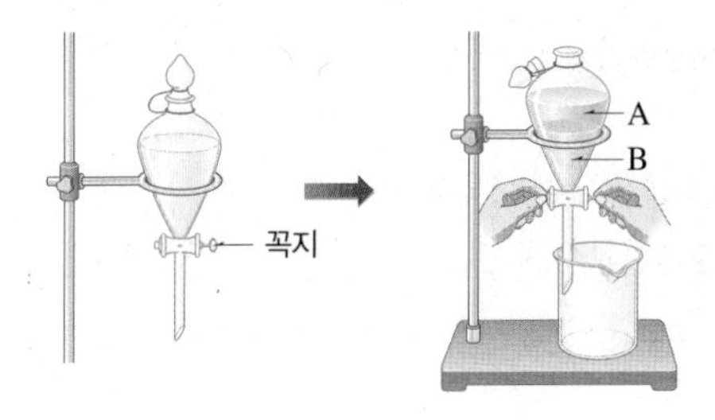

8 이 실험 기구로 분리할 수 없는 혼합물은?

① 물과 에테르 ② 물과 식용유
③ 물과 에탄올 ④ 간장과 참기름
⑤ 물과 사염화 탄소

9 이에 대한 설명으로 옳지 않은 것은?

① 서로 섞이지 않는 액체 혼합물을 분리할 때 이용한다.
② 밀도 차를 이용한 분리 방법이다.
③ A는 B보다 밀도가 작다.
④ 꼭지를 열면 A가 먼저 분리되어 나온다.
⑤ A와 B의 경계면 부근에 있는 액체 물질은 따로 받아낸다.

10 밀도 차를 이용하여 혼합물을 분리하는 예가 <u>아닌</u> 것은?

① 바닷물에서 식수를 얻는다.
② 소금물에 달걀을 넣어 오래된 달걀을 골라낸다.
③ 혈액을 원심 분리기에 넣고 회전시켜 혈액의 혈구를 분리한다.
④ 키질로 곡식에 있는 쭉정이나 돌을 골라내어 곡물만 분리한다.
⑤ 모래와 사금의 혼합물을 그릇에 담아 물속에서 흔들어 사금을 분리한다.

Step 2 자주 나오는 문제

11 증류 장치를 이용하여 분리하기에 적당한 혼합물을 모두 고르면?(2개)

① 물과 석유 ② 물과 소금
③ 물과 메탄올 ④ 톱밥과 모래
⑤ 물과 사염화 탄소

12 그림은 원유를 분리하는 증류탑을 나타낸 것이고, 표는 A~E에서 분리되어 나온 성분 물질들의 끓는점을 나타낸 것이다.

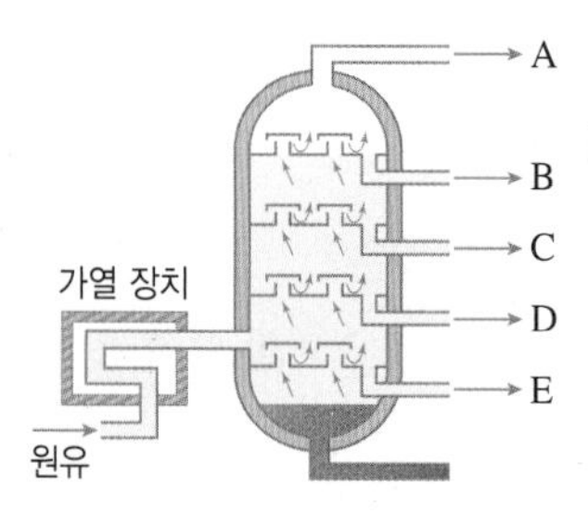

물질	끓는점(°C)
석유 가스	−42~1
휘발유	30~120
등유	150~280
경유	230~350
중유	300 이상

증류탑의 A~E에서 분리되는 물질을 옳게 짝 지은 것은?

① A – 중유 ② B – 경유 ③ C – 등유
④ D – 휘발유 ⑤ E – 석유 가스

13 오른쪽 그림은 두 종류의 플라스틱을 물에 넣었을 때의 모습을 나타낸 것이다. 물과 플라스틱 A, B의 밀도를 옳게 비교한 것은?

① 물<A<B ② A<B<물
③ A<물<B ④ B<A<물
⑤ B<물<A

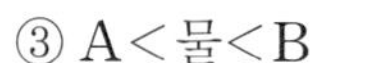

14 표는 여러 가지 액체 물질의 밀도를 나타낸 것이다.

액체	에탄올	물	글리세린	사염화 탄소	수은
밀도(g/cm^3)	0.79	1.0	1.26	1.59	13.55

밀도가 1.3 g/cm^3인 고체 A와 밀도가 1.9 g/cm^3인 고체 B의 혼합물을 분리할 때 사용할 수 있는 액체로 가장 적당한 것은?(단, 표의 액체는 고체 A와 B를 모두 녹이지 않는다.)

① 에탄올 ② 물 ③ 글리세린
④ 사염화 탄소 ⑤ 수은

15 다음과 같은 혼합물의 분리에서 공통적으로 이용되는 물질의 특성은?

> • 바다에 유출된 기름은 오일펜스를 설치한 후 흡착포를 이용하여 제거한다.
> • 모래와 스타이로폼의 혼합물을 물에 넣으면 스타이로폼이 물 위에 뜨고, 모래가 가라앉아 두 물질이 분리된다.

① 부피 ② 밀도 ③ 끓는점
④ 녹는점 ⑤ 용해도

Step3 만점! 도전 문제

16 오른쪽 그림은 질소, 산소, 아르곤의 기체 혼합물을 액화한 후 증류탑으로 보내 각 성분 기체로 분리하는 모습을 나타낸 것이다. 이에 대한 설명으로 옳은 것을 보기에서 모두 고른 것은?(단, 끓는점은 질소 −195.8 ℃, 산소 −183.0 ℃, 아르곤 −185.8 ℃이다.)

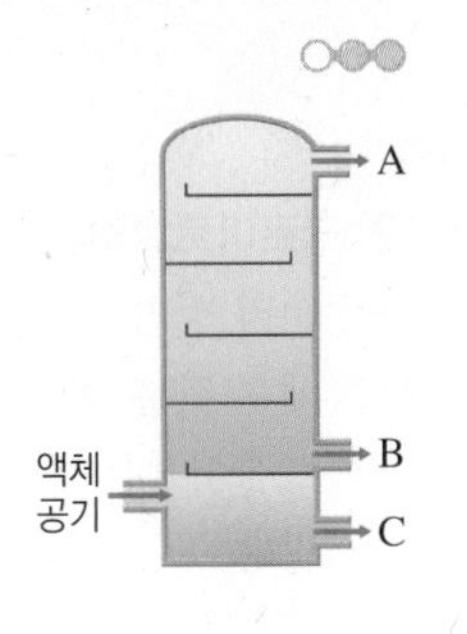

보기
ㄱ. 증류를 이용한 혼합물의 분리 방법이다.
ㄴ. 증류탑의 위쪽으로 갈수록 온도가 높아진다.
ㄷ. A에서 질소, B에서 아르곤, C에서 산소가 분리된다.

① ㄱ ② ㄴ ③ ㄱ, ㄴ
④ ㄱ, ㄷ ⑤ ㄴ, ㄷ

17 그림과 같은 실험 장치로 뷰테인과 프로페인의 혼합 기체를 분리하였더니 뷰테인만 액체 상태로 분리되었다.

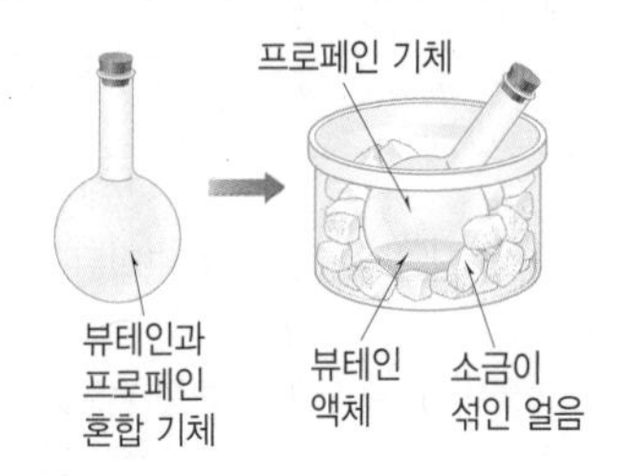

이때 이용된 물질의 특성은?

① 밀도 ② 녹는점 ③ 어는점
④ 끓는점 ⑤ 용해도

18 다음은 액체 혼합물을 분리하는 실험 과정과 결과를 나타낸 것이다.

- 물과 에테르의 혼합물을 분별 깔때기에 넣으면 에테르는 위층, 물은 아래층으로 분리된다.
- 물과 사염화 탄소의 혼합물을 분별 깔때기에 넣으면 물은 위층, 사염화 탄소는 아래층으로 분리된다.

세 물질의 밀도를 옳게 비교한 것은?

① 물 < 에테르 < 사염화 탄소
② 에테르 < 사염화 탄소 < 물
③ 에테르 < 물 < 사염화 탄소
④ 사염화 탄소 < 물 < 에테르
⑤ 사염화 탄소 < 에테르 < 물

19 오른쪽 그림은 물과 에탄올 혼합물의 가열 곡선을 나타낸 것이다. 에탄올이 주로 끓어 나오는 구간의 기호를 쓰고, 그 까닭을 서술하시오.

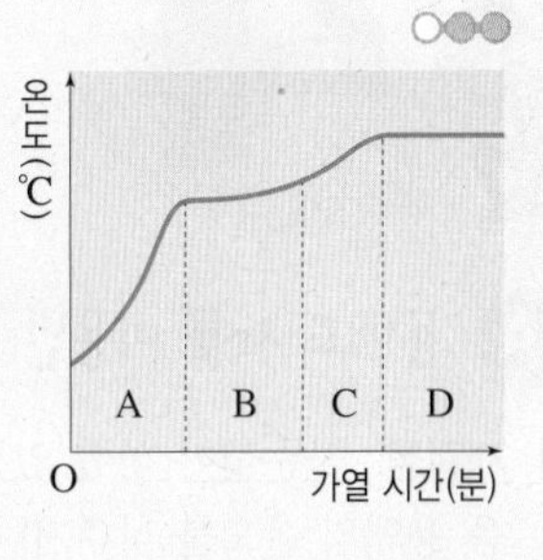

20 표는 물과 액체 A, 액체 B의 특성을 나타낸 것이다.

물질	끓는점(℃)	밀도(g/mL)	특징
물	100.0	1.00	−
A	78.3	0.79	물과 섞인다.
B	80.1	0.88	물과 섞이지 않는다.

물과 액체 A의 혼합물, 물과 액체 B의 혼합물 중 증류로 분리하기에 더 적당한 혼합물을 고르고, 그 까닭을 서술하시오.

21 밀도가 다른 두 고체 물질이 섞여 있는 혼합물을 액체에 넣어 분리하려고 할 때 필요한 액체의 조건 두 가지를 서술하시오.

22 오른쪽 그림은 서로 섞이지 않는 액체 혼합물을 분리할 때 사용하는 실험 기구를 나타낸 것이다.

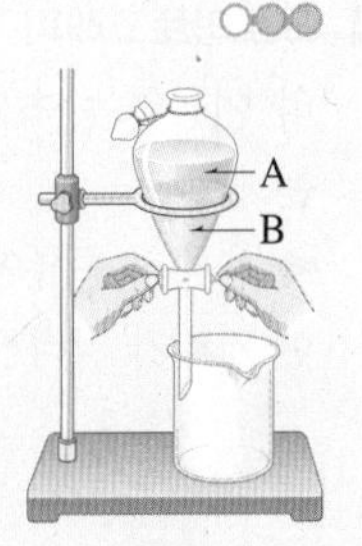

(1) 이 실험 기구의 이름을 쓰시오.

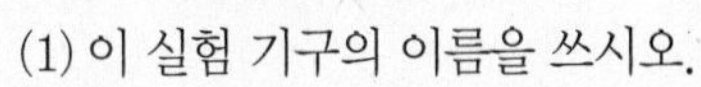

(2) A와 B의 밀도를 부등호로 비교하고, 그 까닭을 서술하시오.

04 혼합물의 분리 (2)

A 용해도 차를 이용한 분리

1 재결정 불순물이 섞여 있는 고체 물질을 용매에 녹인 다음 용액의 온도를 낮추거나 용매를 증발시켜 순수한 고체 물질을 얻는 방법

➡ 용해도 차를 이용한 혼합물의 분리 방법이다.

2 재결정을 이용한 혼합물 분리 예 질산 칼륨과 황산 구리(Ⅱ) 혼합물에서 순수한 질산 칼륨 분리, 천일염에서 정제 소금 얻기, 합성 약품 정제 등

탐구 순수한 질산 칼륨 분리

1. 40 °C의 물 100 g에 질산 칼륨 30 g과 황산 구리(Ⅱ) 1 g이 섞여 있는 혼합물을 넣은 다음 모두 녹인다.
2. 얼음물을 넣은 수조에 과정 1의 비커를 담가 0 °C까지 냉각한다.
3. 과정 2에서 냉각한 용액을 거름 장치로 걸러 석출된 물질을 분리한다.

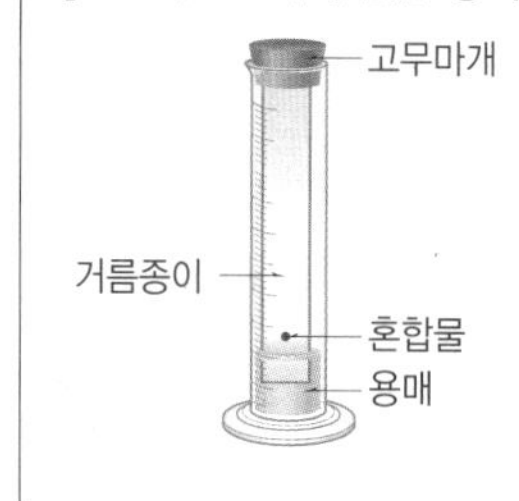

✚ 결과 및 정리

물질	40 °C 물 100 g에 녹아 있는 양	0 °C 물 100 g에 녹을 수 있는 양	석출량
질산 칼륨	30.0 g	13.6 g	16.4 g
황산 구리(Ⅱ)	1.0 g	14.2 g	없음

➡ 질산 칼륨 16.4 g(=30.0 g−13.6 g)이 결정으로 석출되어 분리된다.

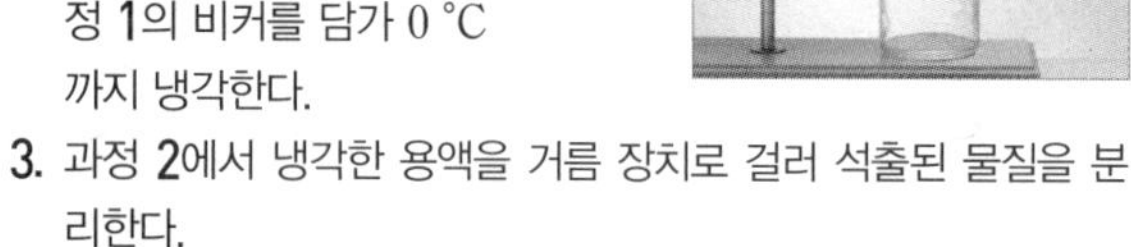

B 크로마토그래피

1 크로마토그래피 혼합물을 이루는 성분 물질이 용매를 따라 이동하는 속도가 다른 것을 이용하여 혼합물을 분리하는 방법

➡ 용매의 종류에 따라 분리되는 성분 물질의 수 또는 이동한 거리가 달라진다.

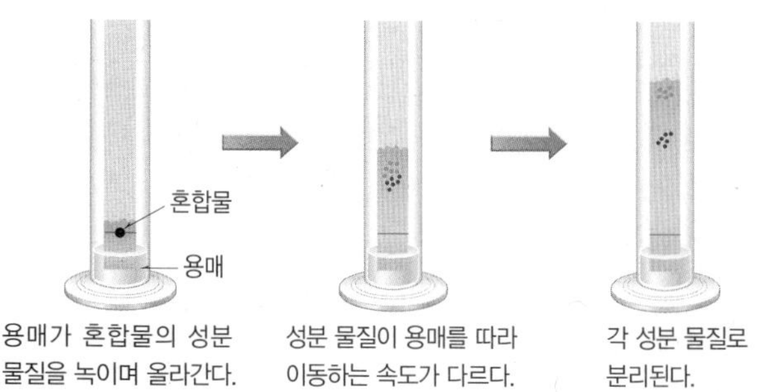

용매가 혼합물의 성분 물질을 녹이며 올라간다. / 성분 물질이 용매를 따라 이동하는 속도가 다르다. / 각 성분 물질로 분리된다.

2 크로마토그래피의 특징

(1) 분리 방법이 간단하고, 분리하는 데 걸리는 시간이 짧다.
(2) 매우 적은 양의 혼합물도 분리할 수 있다.
(3) 성질이 비슷하거나 복잡한 혼합물도 한 번에 분리할 수 있다.

[크로마토그래피 실험 장치]

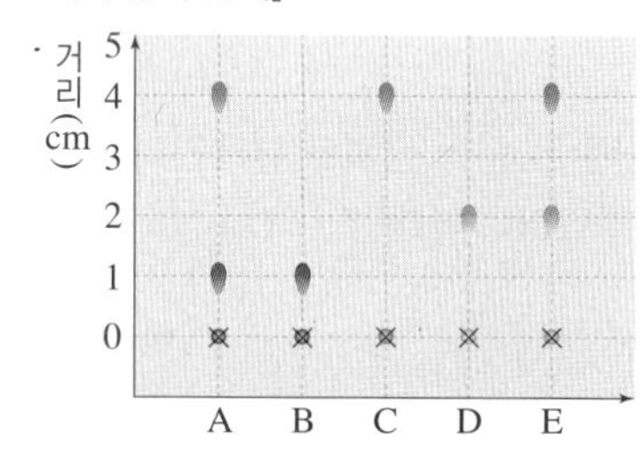

- 혼합물은 작고 진하게 여러 번 찍으며, 용매에 잠기지 않도록 장치한다.
- 거름종이가 눈금실린더의 벽에 닿지 않게 한다.
- 고무마개로 눈금실린더의 입구를 막는다.

[크로마토그래피 결과 분석]

- B, C, D는 순물질일 수 있다. ➡ 분리된 성분 물질이 1가지이기 때문
- A, E는 혼합물이다. ➡ 분리된 성분 물질이 2가지이기 때문
- A는 B와 C를 포함하고, E는 C와 D를 포함한다.
- 용매를 따라 이동하는 속도는 B<D<C 순이다.

3 크로마토그래피의 이용 예 잉크의 색소 분리, 식물의 색소 분리, 운동선수의 도핑 테스트, 단백질 성분 검출, 식품에 들어 있는 농약 검사, 의약품 성분 검출 등

C 여러 가지 방법을 이용한 혼합물의 분리

여러 가지 물질이 섞여 있을 때 혼합물을 이루는 성분 물질의 특성을 파악한 후 분리 순서를 정하여 분리한다.

예 물, 소금, 모래, 에테르 혼합물의 분리

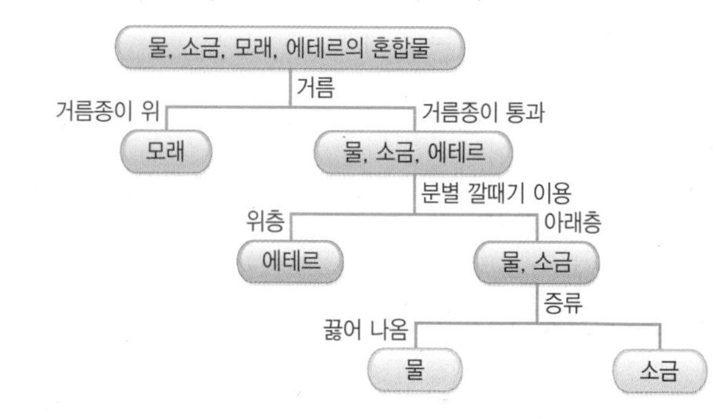

정답과 해설 14쪽

1 불순물이 섞여 있는 고체 물질을 용매에 녹인 다음 용액의 온도를 낮추거나 용매를 증발시켜 순수한 고체 물질을 얻는 방법을 (   )이라고 한다.

[2~4] 염화 나트륨 5 g과 붕산 20 g이 섞인 혼합물을 80 °C 물 100 g에 모두 녹인 후 20 °C로 냉각하였다.

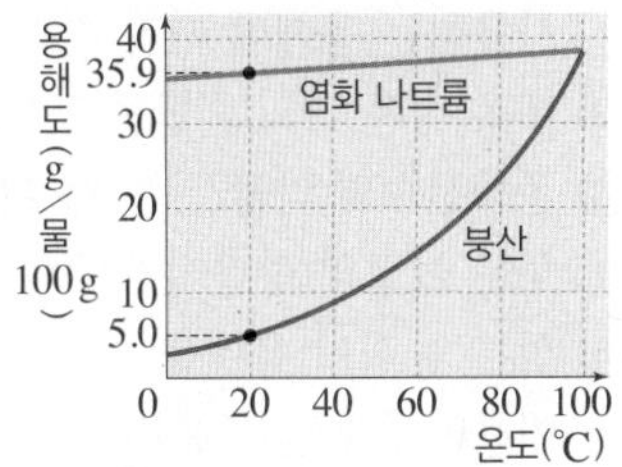

2 붕산은 염화 나트륨보다 온도에 따른 용해도 차가 (크, 작)다.

3 20 °C로 냉각할 때 석출되는 물질의 종류는 (   )이다.

4 20 °C로 냉각할 때 석출되는 물질의 질량은 (   ) g이다.

5 천일염에서 정제 소금을 얻거나 합성 약품을 정제할 때 이용되는 물질의 특성을 쓰시오.

6 크로마토그래피는 혼합물을 이루는 성분 물질이 용매를 따라 이동하는 (   )가 다른 것을 이용하여 혼합물을 분리하는 방법이다.

7 크로마토그래피에 대한 설명으로 옳은 것은 ○, 옳지 않은 것은 ×로 표시하시오.

(1) 매우 적은 양의 혼합물은 분리하기 어렵다. ··· (   )

(2) 성질이 비슷한 혼합물을 분리할 수 있다. ····· (   )

(3) 같은 물질이라도 용매의 종류에 따라 성분 물질이 이동하는 속도가 달라진다. ································ (   )

[8~9] 오른쪽 그림은 어떤 혼합물을 크로마토그래피로 분리한 결과를 나타낸 것이다.

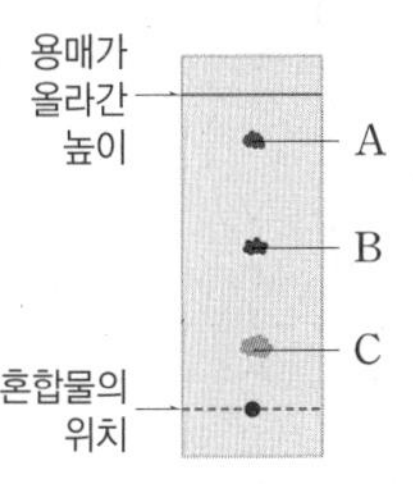

8 이 혼합물을 이루는 성분 물질은 최소 몇 가지인지 쓰시오.

9 혼합물을 이루는 성분 물질 중 용매를 따라 이동하는 속도가 가장 빠른 성분 물질의 기호를 쓰시오.

10 물, 소금, 모래가 섞인 혼합물은 (거름, 증류) 장치를 이용하여 모래를 먼저 분리하고, 물과 소금의 혼합물은 (거름, 증류) 장치를 이용하여 분리한다.

핵심 족보

A 1 순수한 질산 칼륨 분리 ★★★

[과정] 질산 칼륨 50 g과 황산 구리(Ⅱ) 5 g이 섞인 혼합물을 60 °C의 물 100 g에 모두 녹인 후 20 °C로 냉각하여 거름 장치로 거른다.

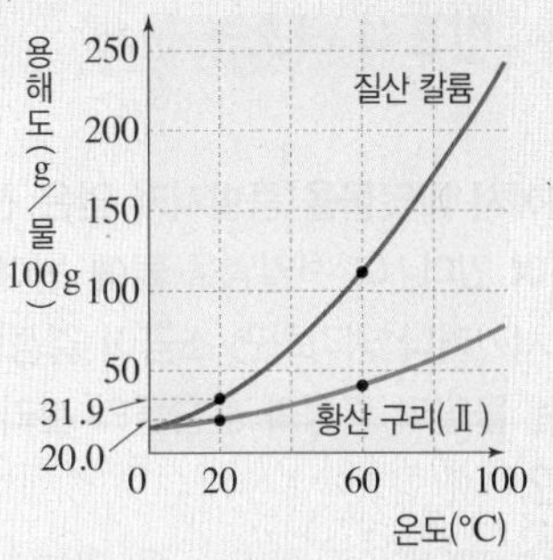

[결과] 질산 칼륨 18.1 g이 거름종이 위에 남는다.

[해석] • 60 °C 물 100 g에 질산 칼륨 50 g과 황산 구리(Ⅱ) 5 g이 섞인 혼합물을 녹인다. ➡ 60 °C에서 질산 칼륨의 물에 대한 용해도는 50 이상이고, 황산 구리(Ⅱ)의 물에 대한 용해도는 5 이상이므로 물 100 g에 모두 녹는다.

• 20 °C에서 질산 칼륨의 물에 대한 용해도 : 31.9
➡ 질산 칼륨 50 g 중 31.9 g만 녹을 수 있으므로 18.1 g이 결정으로 석출된다.

• 20 °C에서 황산 구리(Ⅱ)의 물에 대한 용해도 : 20.0
➡ 황산 구리(Ⅱ) 5 g은 모두 녹아 있다.

B 2 크로마토그래피의 원리 ★★★

혼합물을 이루는 성분 물질이 용매를 따라 이동하는 속도가 다른 것을 이용하여 혼합물을 분리한다.

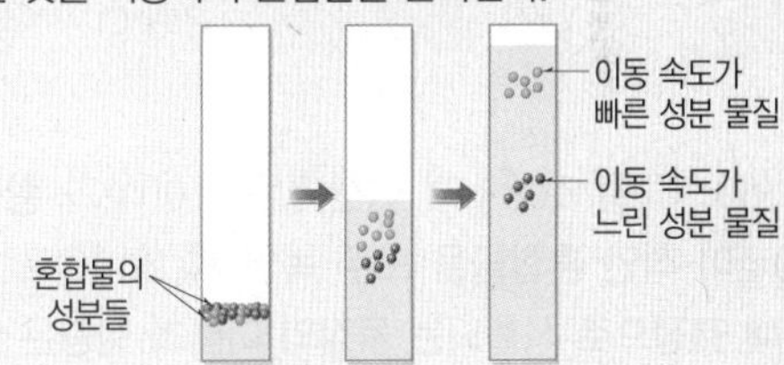

3 크로마토그래피 결과 분석 ★★★

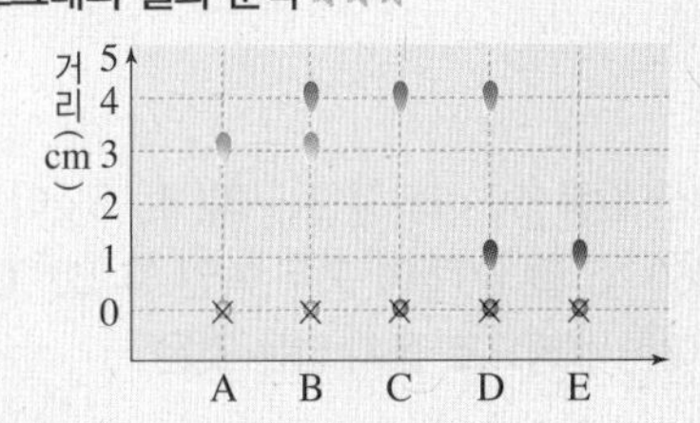

• 순물질로 예상되는 것 : A, C, E
• 혼합물인 것 : B, D
• 성분 A를 포함하는 혼합물 : B
• 성분 C를 포함하는 혼합물 : B, D
• 성분 E를 포함하는 혼합물 : D
➡ 올라간 높이가 같으면 같은 성분이다.
• 용매를 따라 이동하는 속도 : E<A<C
➡ 높이 올라갈수록 이동 속도가 빠르다.

족집게 문제

Step 1 반드시 나오는 문제

1 염전에서 바닷물을 증발시켜 얻은 천일염에는 불순물이 조금 섞여 있다. 이 천일염을 물에 녹여 거른 후 거른 용액을 증발시키거나 냉각하면 소금이 결정으로 석출된다. 이때 이용되는 물질의 특성과 혼합물의 분리 방법을 옳게 짝 지은 것은?

① 용해도, 증류 ② 밀도, 증류
③ 용해도, 재결정 ④ 밀도, 재결정
⑤ 용해도, 크로마토그래피

[2~3] 그림은 질산 칼륨과 황산 구리(Ⅱ)의 온도에 따른 용해도 곡선을 나타낸 것이다.

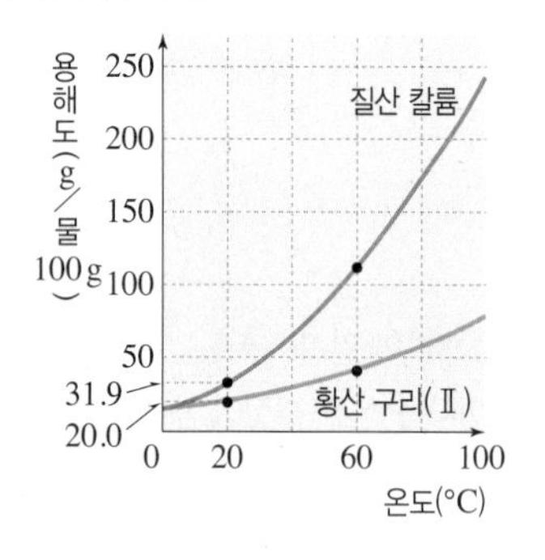

2 60 °C 물 100 g에 질산 칼륨 100 g과 황산 구리(Ⅱ) 10 g이 섞인 혼합물을 모두 녹인 후 20 °C로 냉각하였다. 이때 결정으로 석출되는 물질의 이름과 질량은 몇 g인지 쓰시오.

3 질산 칼륨 50 g과 황산 구리(Ⅱ) 5 g이 섞여 있는 혼합물을 60 °C 물 50 g에 모두 녹인 후 20 °C로 냉각하였다. 이에 대한 설명으로 옳지 않은 것은?

① 60 °C에서 이 혼합 용액은 불포화 상태이다.
② 질산 칼륨은 황산 구리(Ⅱ)보다 온도에 따른 용해도 차가 크다.
③ 20 °C로 냉각하면 질산 칼륨 18.1 g이 결정으로 석출된다.
④ 20 °C로 냉각해도 황산 구리(Ⅱ)는 결정으로 석출되지 않는다.
⑤ 이와 같은 혼합물의 분리 방법을 재결정이라고 한다.

4 크로마토그래피에 대한 설명으로 옳지 않은 것은?

① 사용하는 용매에 따라 결과가 달라진다.
② 매우 적은 양의 혼합물도 분리할 수 있다.
③ 운동선수의 약물 복용 여부를 검사할 때 이용된다.
④ 성분 물질의 성질이 비슷한 혼합물은 분리할 수 없다.
⑤ 성분 물질이 용매를 따라 이동하는 속도가 다른 것을 이용한 혼합물의 분리 방법이다.

5 그림은 물질 A~D의 크로마토그래피 결과를 나타낸 것이다.

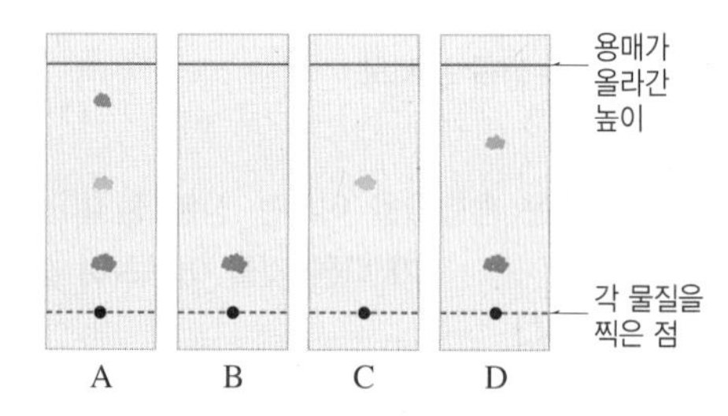

이에 대한 설명으로 옳지 않은 것은?(단, 용매의 종류는 모두 같다.)

① D는 혼합물이다.
② B와 C는 순물질일 수 있다.
③ A의 성분 물질은 최소 3가지이다.
④ A는 B, C, D를 포함한다.
⑤ 높이 올라간 성분 물질일수록 용매를 따라 이동하는 속도가 빠르다.

6 크로마토그래피를 이용하여 혼합물을 분리하는 예가 아닌 것은?

① 단백질 성분의 검출
② 의약품 성분의 검출
③ 운동선수의 도핑 테스트
④ 식품 속 농약 성분의 검출
⑤ 원심 분리기에서 혈액 분리

난이도 ●●● 시험에 꼭 나오는 출제 가능성이 높은 예상 문제로 구성하고, 난이도를 표시하였습니다.

Step2 자주 나오는 문제

7 표는 질산 칼륨과 염화 나트륨의 물에 대한 용해도를 나타낸 것이다.

온도(°C)	0	20	40	60	80
질산 칼륨 (g/물 100 g)	13.6	31.9	62.9	109.2	170.3
염화 나트륨 (g/물 100 g)	35.6	35.9	36.4	37.0	37.9

80 °C 물 100 g에 질산 칼륨 100 g과 염화 나트륨 30 g이 섞인 혼합물을 모두 녹인 후 40 °C로 냉각할 때 석출되는 물질과 그 질량은?

① 질산 칼륨, 37.1 g ② 질산 칼륨, 68.1 g
③ 염화 나트륨, 5.9 g ④ 염화 나트륨, 6.4 g
⑤ 질산 칼륨, 68.1 g+염화 나트륨, 5.9 g

8 오른쪽 그림은 사인펜 잉크의 색소를 분리하기 위한 크로마토그래피 장치를 나타낸 것이다. 이에 대한 설명으로 옳은 것은?

① 사인펜 잉크를 찍은 점이 물에 잠기도록 한다.
② 사인펜 잉크가 잘 녹지 않는 용매를 사용한다.
③ 고무마개로 눈금실린더의 입구를 막지 않으면 더 정확한 결과를 얻을 수 있다.
④ 물 대신 에탄올을 사용하면 실험 결과가 다르게 나타난다.
⑤ 물질의 끓는점 차를 이용한 분리 방법이다.

9 그림은 몇 가지 물질의 크로마토그래피 결과를 나타낸 것이다.

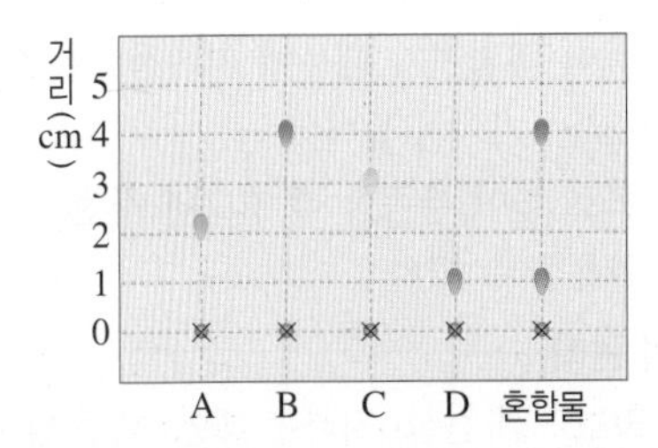

혼합물에 포함되어 있는 성분 물질을 옳게 짝 지은 것은?

① A, B ② A, C ③ B, C
④ B, D ⑤ C, D

Step3 만점! 도전 문제

10 그림은 물, 에탄올, 소금, 모래의 혼합물을 각각의 물질로 분리하는 과정을 나타낸 것이다.

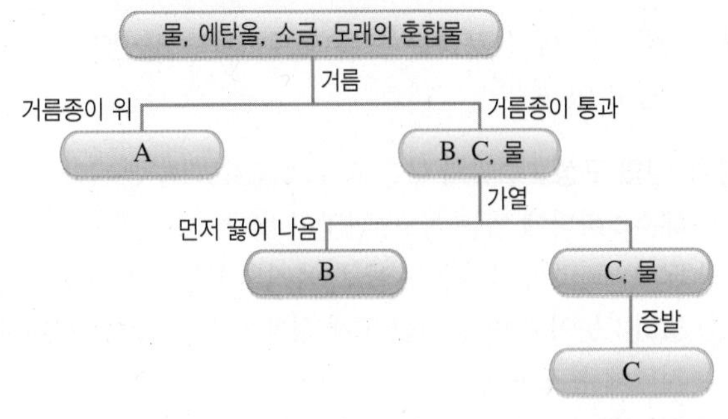

A~C에서 분리되는 물질을 순서대로 옳게 나타낸 것은?

① 소금, 모래, 에탄올 ② 소금, 에탄올, 모래
③ 모래, 소금, 에탄올 ④ 모래, 에탄올, 소금
⑤ 에탄올, 모래, 소금

서술형 문제

11 오른쪽 그림은 염화 나트륨과 붕산의 물에 대한 용해도 곡선을 나타낸 것이다. 80 °C 물 100 g에 염화 나트륨과 붕산이 각각 15 g씩 섞인 혼합물을 모두 녹인 후 20 °C로 냉각할 때 석출되는 물질의 종류를 쓰고, 그 질량을 풀이 과정과 함께 서술하시오.

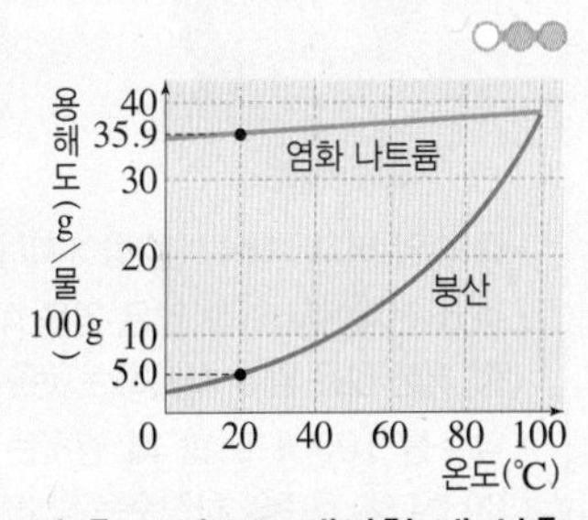

12 사인펜 잉크의 색소를 분리하였더니 오른쪽 그림과 같이 여러 가지의 성분 물질로 분리되었다. 이러한 혼합물의 분리 방법을 쓰고, 이와 같이 분리되는 까닭을 서술하시오.

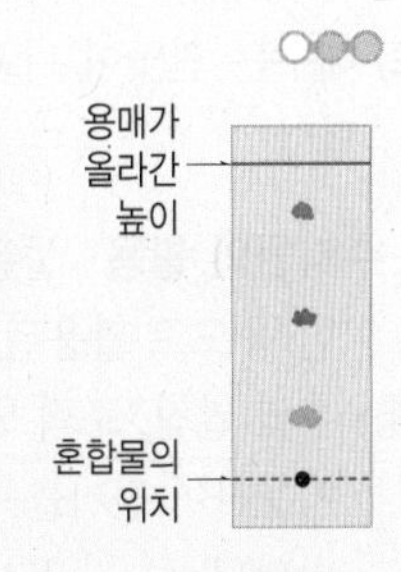

01 수권의 분포와 활용

Ⓐ 수권의 분포

1 수권 지구에 분포하는 모든 물로, 지구 표면의 약 70 %를 덮고 있다.

2 수권의 구성 수권의 물은 해수와 담수로 구분된다.

(1) 해수 : 바다에 있는 물로, 짠맛이 난다.

(2) 담수 : 짠맛이 나지 않는 물로, 육지의 물은 대부분 담수이다.

① 빙하 : 눈이 쌓여 굳어진 고체 상태의 물로, 고산 지대나 극지역에 분포한다.

② 지하수 : 땅속을 천천히 흐르거나 고여 있는 물로, 주로 빗물이 지하로 스며들어 생긴다.

③ 호수와 하천수 : 지표를 흐르거나 고여 있는 물로, 우리가 주로 이용하는 물이다.

3 수권의 분포 해수가 수권의 대부분을 차지한다.

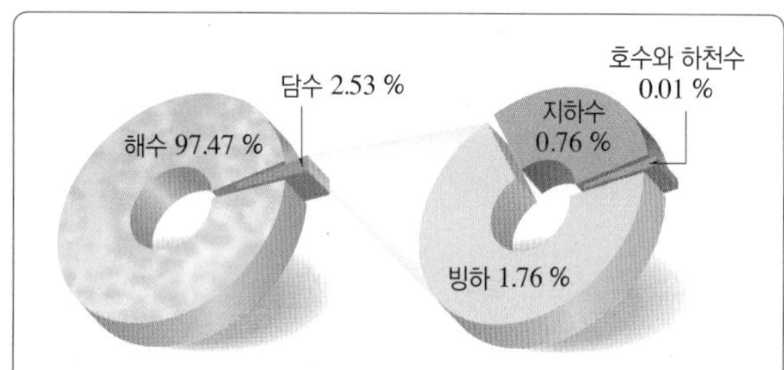

• 물의 양 비교 : 해수 > 빙하 > 지하수 > 호수와 하천수

• 수권 전체에서 가장 많은 양을 차지하는 것은 해수이고, 담수 중 가장 많은 양을 차지하는 것은 빙하이다.

• 담수를 100 %로 할 때 빙하는 약 69.57 %, 지하수는 약 30.04 %, 호수와 하천수는 약 0.39 %를 차지한다.

Ⓑ 수자원의 활용

1 수자원 사람이 살아가는 데 자원으로 활용하는 물

(1) 쉽게 이용할 수 있는 물 : 호수와 하천수를 주로 이용하고, 부족한 경우 지하수를 개발하여 이용한다. ➡ 수권 전체의 약 0.77 %에 해당하는 적은 양이다.

(2) 해수는 짠맛이 나고, 빙하는 얼어 있어 바로 활용하기 어렵다.

2 수자원의 활용 물은 우리 생활에 필수적인 자원이며, 다양한 용도로 활용된다.

예 • 수력 발전, 조력 발전 등 물을 이용하여 전기를 생산한다.

• 바다나 큰 강은 배가 지나는 운송 통로가 되며, 여가를 즐기는 공간이 된다.

▲ 수력 발전

(1) 수자원 용도

생활용수	• 일상생활에 쓰는 물 • 마시는 물, 요리나 세탁하는 데 사용
농업용수	• 농업 활동에 쓰는 물 • 농사를 짓거나 가축을 키우는 데 사용
공업용수	• 산업 활동에 쓰는 물 • 공장에서 제품을 만들거나 세척하는 데 사용
유지용수	하천이 정상적인 기능을 유지하기 위해 필요한 물

(2) 우리나라 용도별 수자원 활용 현황 : 우리나라에서는 수자원을 농업용수로 가장 많이 활용하고 있다.

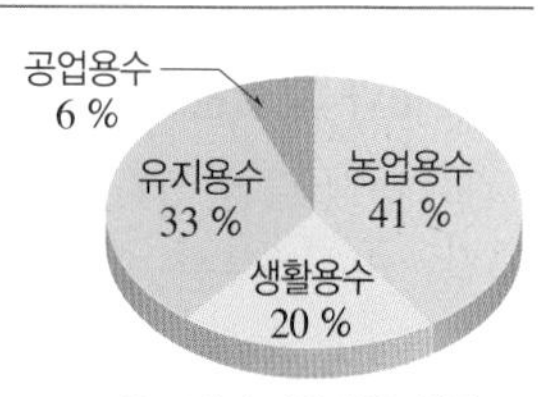

▲ 용도별 수자원 활용 현황

Ⓒ 수자원의 가치와 관리

1 수자원의 가치

(1) 수자원이 중요한 까닭

① 수자원의 양 : 수자원의 양은 매우 적고 한정되어 있다.

② 수자원 이용량 증가 : 인구 증가, 산업과 문명 발달 및 이에 따른 삶의 질 향상으로 수자원 이용량이 증가하고 있다. ➡ 물 부족 현상이 심화될 수 있다.

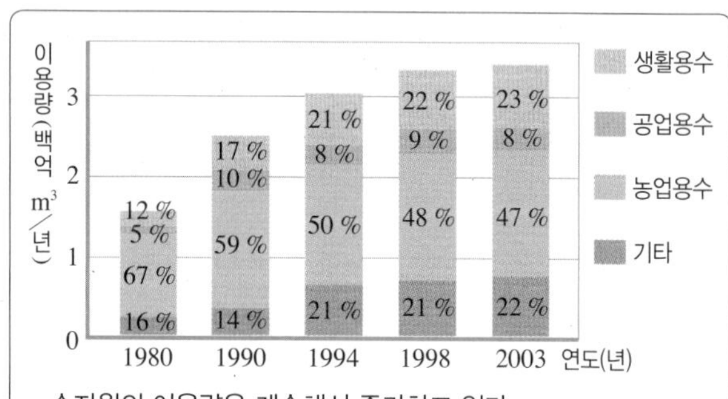

• 수자원의 이용량은 계속해서 증가하고 있다.

• 가장 많은 양을 차지하는 용도 : 농업용수

(2) 지하수의 가치

① 지하수는 담수이며, 호수와 하천수에 비해 양이 많고, 빗물이 스며들어 채워지기 때문에 지속적으로 활용할 수 있어 수자원으로서 가치가 높다.

② 가뭄 등으로 물이 부족할 때 호수와 하천수를 대체하여 지하수를 활용할 수 있다.

2 수자원의 관리

(1) 수자원 확보 : 댐 건설, 지하수 개발, 해수 담수화 등

(2) 물의 오염 방지 : 생활 하수 줄이기, 정수 시설 설치 등

(3) 물 절약 : 빗물 활용하기, 절수형 수도꼭지 사용하기, 빨랫감 모아서 세탁하기, 한 번 쓴 물 재사용하기 등

정답과 해설 15쪽

1 수권의 대부분은 (　　　)로 이루어져 있다.

2 빙하는 (　　　) 상태로, 고산 지대나 극 지역에 분포한다.

3 그림은 수권을 이루는 물의 분포를 나타낸 것이다. A와 B에 해당하는 것을 쓰시오.

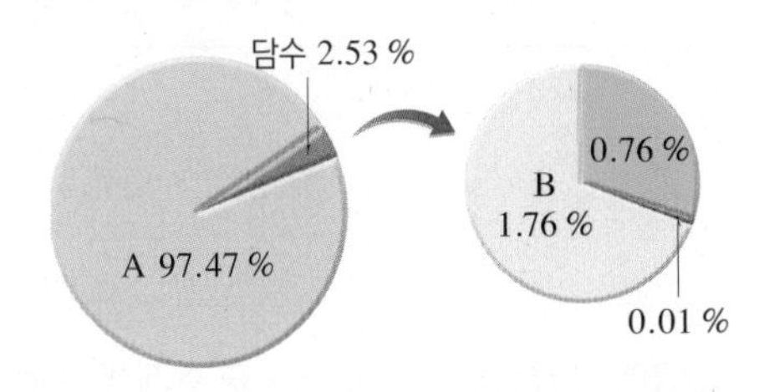

4 사람이 살아가는 데 자원으로 활용하는 물을 (　　　)이라고 한다.

5 우리가 수자원으로 이용하는 물은 주로 (　　　　　)이고, 부족한 경우 (　　　)를 이용한다.

6 수자원의 용도와 그에 해당하는 설명을 선으로 연결하시오.

(1) 생활용수 • 　　• ㉠ 가축을 키운다.
(2) 농업용수 • 　　• ㉡ 제품을 만든다.
(3) 공업용수 • 　　• ㉢ 마신다.

7 우리나라에서 수자원을 가장 많이 활용하는 용도를 쓰시오.

8 수자원 이용량은 인구 증가, 산업 발달 및 삶의 질 향상 등에 따라 점점 (　　　)하고 있다.

9 수자원의 가치에 대한 설명으로 옳은 것은 ○, 옳지 않은 것은 ×로 표시하시오.

(1) 수자원은 무한하게 쓸 수 있는 자원이다. ····· (　　　)
(2) 지하수는 지속적으로 사용할 수 있어 수자원으로서 가치가 높다. ····· (　　　)
(3) 가뭄 등으로 물이 부족할 때 주로 해수를 활용한다. ····· (　　　)

10 댐 건설, 지하수 개발, (　　　　) 등을 통해 수자원을 안정적으로 확보할 수 있다.

핵심 족보

A

1 수권의 분포 그래프 ★★★

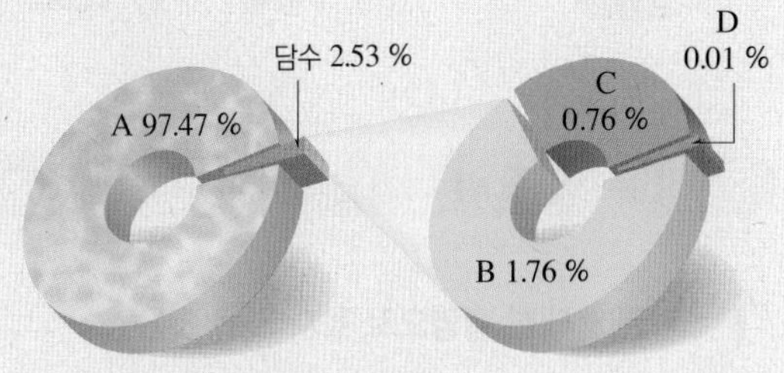

- A : 해수 ➡ 짠맛이 나며, 수권의 물 중 가장 많은 양을 차지한다.
- B : 빙하 ➡ 고체 상태이며, 담수 중 가장 많은 양을 차지한다.
- C : 지하수 ➡ 담수 중 두 번째로 많은 양을 차지한다.
- D : 호수와 하천수 ➡ 가장 적은 양을 차지한다.

2 수권을 이루는 물의 양 비교 ★★★

해수 > 빙하 > 지하수 > 호수와 하천수

B

3 수자원으로 쉽게 활용하는 물 ★★★

호수와 하천수, 지하수 ➡ 주로 호수와 하천수를 이용하고, 부족한 경우 지하수를 개발하여 이용한다.

4 수자원의 용도 ★★

- 생활용수 : 식수, 청소, 요리 등 일상생활에 사용하는 물
- 농업용수 : 농사를 짓거나 가축을 키우는 데 사용하는 물
- 공업용수 : 제품을 만들거나 냉각, 세척하는 데 사용하는 물
- 유지용수 : 하천이 정상적인 기능을 유지하기 위해 필요한 물

5 우리나라 수자원 활용 현황 ★★

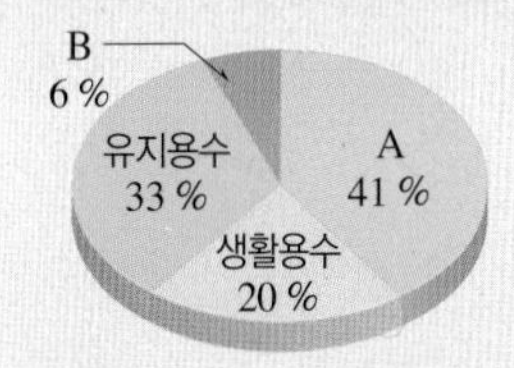

- A : 농업용수
- B : 공업용수

➡ 우리나라에서 수자원은 농업용수로 가장 많이 활용된다.

C

6 수자원이 중요한 까닭 ★★

- 수자원의 양은 매우 적고 한정되어 있다.
- 인구 증가, 산업과 문명 발달 및 삶의 질 향상에 따라 수자원 이용량이 증가하고 있다.

➡ 물 부족 현상이 심화될 수 있다.

7 물 절약 방법 ★★★

- 빗물을 모아서 이용한다.
- 빨랫감은 한번에 모아서 세탁한다.
- 절수형 수도꼭지를 사용한다.
- 한 번 쓴 허드렛물을 재활용한다.
- 양치나 세수할 때 물을 받아서 사용한다.

족집게 문제

Step 1 반드시 나오는 문제

1 수권에 대한 설명으로 옳지 않은 것은?

① 지구에 분포하는 모든 물을 말한다.
② 육지에 있는 물은 대부분 해수이다.
③ 담수의 대부분은 빙하가 차지한다.
④ 짠맛이 나는 물은 해수, 짠맛이 나지 않는 물은 담수이다.
⑤ 수권 전체에서 가장 적은 양을 차지하는 것은 호수와 하천수이다.

2 지구에 존재하는 물 중 많은 것부터 순서대로 옳게 나열한 것은?

① 빙하 > 해수 > 지하수 > 호수와 하천수
② 빙하 > 지하수 > 호수와 하천수 > 해수
③ 해수 > 빙하 > 지하수 > 호수와 하천수
④ 해수 > 빙하 > 호수와 하천수 > 지하수
⑤ 지하수 > 해수 > 빙하 > 호수와 하천수

3 그림은 수권에 분포하는 물을 나타낸 것이다.

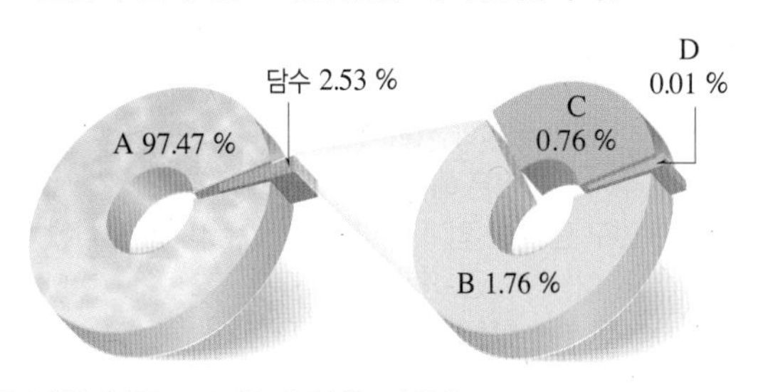

이에 대한 설명으로 옳지 않은 것은?

① A는 짠맛이 나는 물이다.
② B는 고산 지대나 극 지역에 분포한다.
③ C는 땅속을 흐르거나 고여 있는 물이다.
④ 담수는 주로 육지에 존재하는 물이다.
⑤ 수권을 이루는 물은 모두 액체 상태이다.

4 수권의 물 중 우리가 수자원으로 쉽게 이용하는 물을 보기에서 모두 고르시오.

보기
ㄱ. 해수 ㄴ. 빙하
ㄷ. 지하수 ㄹ. 하천수

5 다음 설명에 해당하는 수자원 용도를 옳게 짝 지은 것은?

(가) 우리가 세수하고 양치질을 하거나, 음식을 만들 때 사용하는 물이다.
(나) 농사를 짓거나, 가축을 기를 때 사용하는 물이다.

	(가)	(나)
①	농업용수	유지용수
②	농업용수	생활용수
③	공업용수	농업용수
④	생활용수	공업용수
⑤	생활용수	농업용수

6 수자원에 대한 설명으로 옳지 않은 것은?

① 물은 생명 유지 등 다양한 목적으로 우리 생활에 활용된다.
② 수권의 물 중 가장 많은 해수를 주로 활용한다.
③ 기후가 변하면 수자원을 확보하기 어려워진다.
④ 하천수가 부족하면 지하수를 개발하여 활용한다.
⑤ 우리가 이용할 수 있는 수자원의 양은 한정되어 있다.

7 수자원의 관리에 대한 설명으로 옳은 것은?

① 물 절약을 위해 빗물을 모아서 사용한다.
② 오염된 물은 그대로 하천이나 바다로 흘려보낸다.
③ 지하수는 되도록 많이 개발하여 수자원을 확보한다.
④ 물이 쉽게 오염될 수 있으므로 댐을 건설하지 않는다.
⑤ 물을 아껴 쓰기 위해 빨래나 설거지는 양이 적을 때 바로 한다.

난이도 ●●● 시험에 꼭 나오는 출제 가능성이 높은 예상 문제로 구성하고, 난이도를 표시하였습니다.

Step 2 자주 나오는 문제

8 수권을 이루는 물이 아닌 것은?

① 빙하 ② 호수 ③ 수증기
④ 지하수 ⑤ 하천수

9 지하수에 대한 설명으로 옳은 것을 보기에서 모두 고른 것은?

보기
ㄱ. 생활이나 농업에 쉽게 이용할 수 있다.
ㄴ. 지표 아래에 있어 오염될 위험이 없다.
ㄷ. 온천과 같은 관광 자원으로도 활용한다.
ㄹ. 빗물이 스며들어 채워지므로 많이 개발할수록 좋다.

① ㄱ, ㄴ ② ㄱ, ㄷ ③ ㄴ, ㄷ
④ ㄴ, ㄹ ⑤ ㄷ, ㄹ

10 최근 수자원 이용량이 증가하는 원인으로 옳지 않은 것은?

① 산업 발달 ② 문명 발달
③ 인구 증가 ④ 강수량 감소
⑤ 생활 수준의 향상

11 그림은 우리나라 수자원 이용량의 변화를 나타낸 것이다.

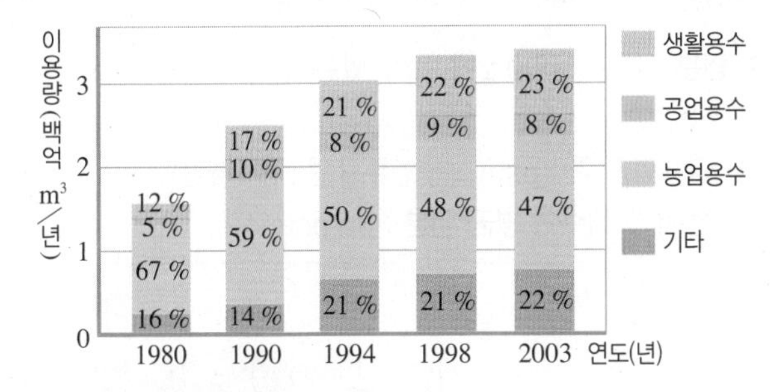

이에 대한 설명으로 옳은 것은?

① 수자원 이용량은 변하지 않는다.
② 생활용수가 가장 큰 비율을 차지하고 있다.
③ 농업용수의 이용 비율이 가장 크게 늘어났다.
④ 수자원 이용량이 늘어난 만큼 수자원의 양도 늘어났을 것이다.
⑤ 수자원 이용량이 늘어남에 따라 오염되는 물의 양도 증가하였을 것이다.

Step 3 만점! 도전 문제

12 다음은 수권을 이루는 물의 부피비를 나타낸 것이다.

구분	해수	빙하	지하수	강, 호수
부피비(%)	97.47	1.76	0.76	0.01

수권 전체의 물을 1 L라고 할 때, 우리가 쉽게 활용하는 물의 양을 옳게 구한 것은?

① 0.1 mL ② 0.77 mL ③ 7.7 mL
④ 17.6 mL ⑤ 25.3 mL

13 오른쪽 그림은 우리나라의 용도별 수자원 이용량을 나타낸 것이다. 이에 대한 설명으로 옳은 것은?

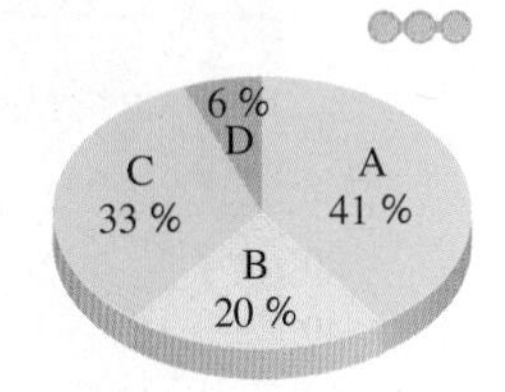

① A는 우리가 마시는 물이다.
② B는 공장에서 제품을 만드는 데 사용하는 물이다.
③ C가 부족하면 하천이 제 기능을 하기 어렵다.
④ D는 농사를 짓거나 가축을 기르는 데 사용하는 물이다.
⑤ 용도별 수자원 이용 비율은 항상 일정하다.

서술형 문제

14 그림은 수권의 분포를 나타낸 것이다.

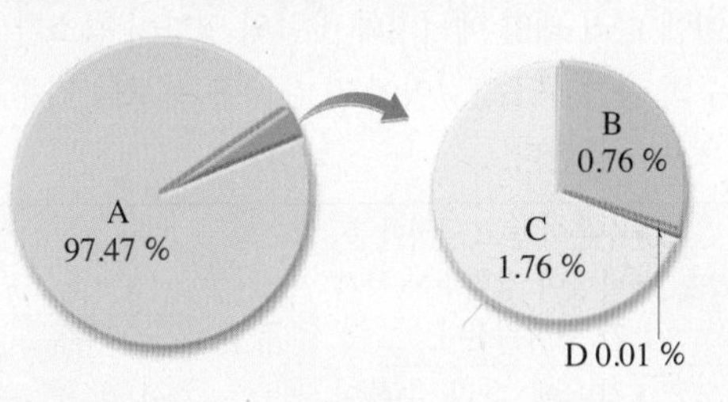

(1) A~D에 해당하는 것을 쓰시오.

(2) A~D 중 수자원으로 쉽게 활용하는 것을 고르고, 수권 전체에서 차지하는 비율을 구하시오.

15 수자원으로서 지하수의 가치가 높은 까닭을 두 가지 서술하시오.

02 해수의 특성

Ⓐ 해수의 온도

1 해수의 표층 수온 분포

(1) 영향을 주는 요인 : 태양 에너지

(2) 저위도에서 고위도로 갈수록 표층 수온이 낮아진다.

➡ 저위도에서 고위도로 갈수록 태양 에너지가 적게 들어오기 때문

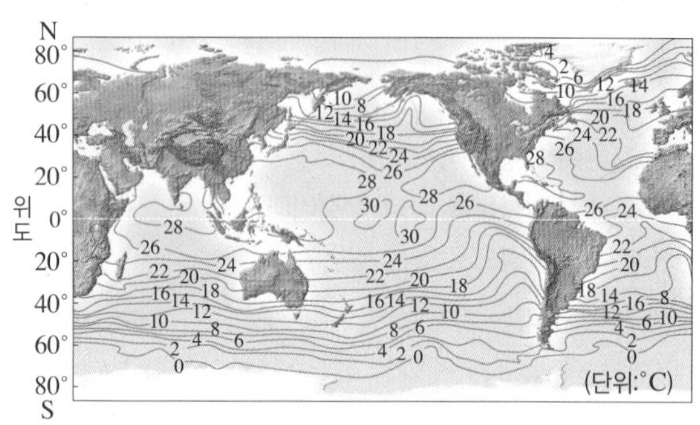

▲ 전 세계 해수의 표층 수온

(3) 여름철 표층 수온이 겨울철보다 높다. ➡ 겨울철보다 여름철에 태양 에너지가 더 많이 들어오기 때문

2 해수의 연직 수온 분포 　해수의 수온은 깊이에 따라 다르다.

(1) 영향을 주는 요인 : 태양 에너지, 바람

① 태양 에너지를 흡수하여 해수의 수온이 높아지고, 바람에 의해 해수가 섞여 수온이 일정한 구간이 나타난다.

② 깊이에 따라 태양 에너지와 바람의 영향이 감소한다.

(2) 해수의 층상 구조 : 깊이에 따른 수온 분포를 기준으로 3개 층으로 구분한다.

층	특징
혼합층	• 수온이 높고 일정한 층 • 바람이 강할수록 두께가 두꺼워진다.
수온 약층	• 깊이에 따라 수온이 급격히 낮아지는 층 • 대류가 거의 일어나지 않아 매우 안정하다.
심해층	• 수온이 낮고 일정한 층 • 위도나 계절에 관계없이 수온이 일정하다.

(3) 위도별 특징

위도	특징
저위도	표층 수온이 높아 심해층과 수온 차이가 가장 크다.
중위도	바람이 강해서 혼합층이 가장 두껍다.
고위도	표층 수온이 가장 낮고, 층상 구조가 나타나지 않는다.

탐구 해수의 연직 수온 분포

1. 물을 채운 수조에 깊이 2 cm 간격으로 온도계 5개를 꽂고 수온을 측정한다.
2. 적외선등으로 수면을 가열한 후, 수온을 측정한다.
3. 등을 켠 상태로 휴대용 선풍기로 바람을 일으킨 후, 수온을 측정한다.

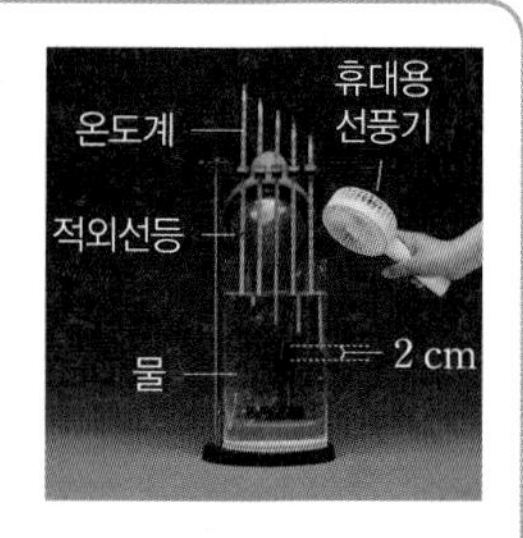

✚ 결과 및 정리

깊이(cm)	수온(°C) 가열 전	가열 후	선풍기를 켠 후
2	26	29	28.3
4	26	28.3	28.3
6	26	27.2	27.8
8	26	26.2	26.2
10	26	26	26

❶ 가열한 후에는 표면의 수온이 높아진다. ➡ 수온 약층 생성

❷ 선풍기를 켠 후에는 표면 근처에 수온이 일정한 층이 생긴다.
➡ 혼합층 생성

❸ 적외선등은 태양에, 선풍기는 바람에 해당한다.

Ⓑ 해수의 염분

1 염류 　해수에 녹아 있는 여러 가지 물질

(1) 염화 나트륨 : 가장 많고, 짠맛이 난다.

(2) 염화 마그네슘 : 두 번째로 많고, 쓴맛이 난다.

2 염분 　해수 1000 g에 녹아 있는 염류의 총량을 g 수로 나타낸 것

(1) 염분의 단위 : psu(실용염분단위), ‰(퍼밀)

(2) 전 세계 해수의 평균 염분 : 35 psu

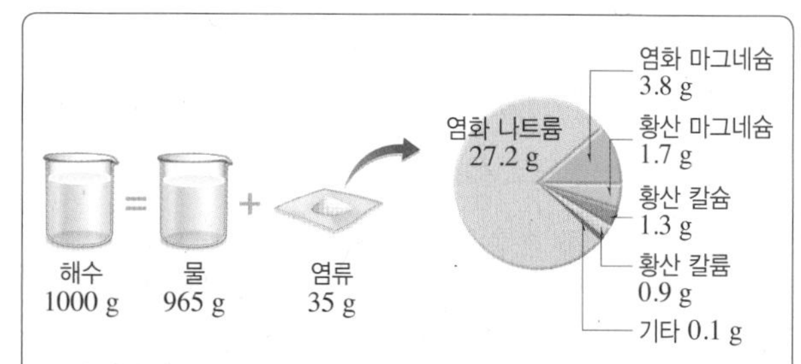

• 염분이 35 psu인 해수 1000 g에는 염류 35 g이 녹아 있다.
➡ 물 965 g과 염류 35 g으로 이루어져 있다.

• 염류 중 가장 많은 것은 염화 나트륨이고, 두 번째로 많은 것은 염화 마그네슘이다.

개념 확인하기

정답과 해설 16쪽

3 해수의 염분 분포 해수의 염분은 해역이나 계절에 따라 다르게 나타난다.

(1) 염분에 영향을 주는 요인 : 증발량과 강수량, 담수의 유입량, 해빙과 결빙 등

① 강수량이 증발량보다 많으면 염분이 낮고, 증발량이 강수량보다 많으면 염분이 높다.

② 담수의 유입량이 많은 곳은 염분이 낮다.

③ 빙하가 녹으면 염분이 낮고, 해수가 얼면 염분이 높다.

(2) 전 세계 해수의 염분 분포

구분	염분	원인
저위도 (적도 해역)	낮다	비가 많이 내려 강수량이 증발량보다 많기 때문
중위도 (위도 30° 부근)	높다	기후가 건조하여 증발량이 강수량보다 많기 때문
고위도(극 해역)	낮다	빙하가 녹기 때문

(3) 우리나라 주변 바다의 염분 분포

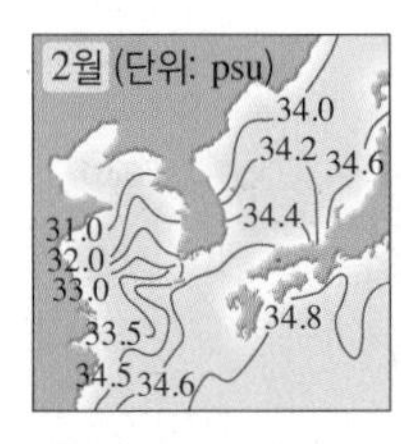

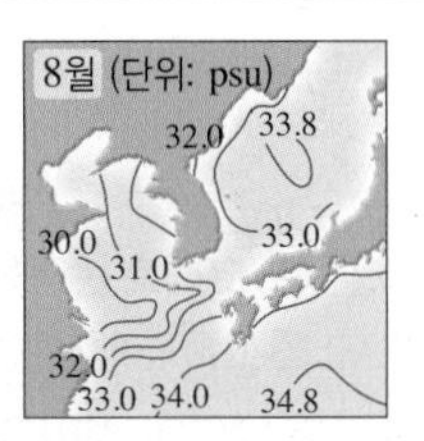

- 우리나라 주변 바다의 평균 염분은 약 33 psu로, 전 세계 해수의 평균 염분보다 낮다.
- 동해의 염분>황해의 염분 ➡ 황해 쪽에 담수의 유입량이 많기 때문
- 겨울철 염분>여름철 염분 ➡ 여름철에 강수량이 많기 때문

4 염분비 일정 법칙 해역이나 계절에 따라 해수의 염분이 달라도 전체 염류에서 각 염류가 차지하는 비율은 항상 일정하다. ➡ 해수가 오랜 시간 순환하며 골고루 섞였기 때문

예 북극해, 동해, 홍해의 염분은 각각 다르지만, 염류 중 염화 나트륨의 비율은 약 78 %로 거의 같다.

[황해와 동해의 해수 1 kg에 포함된 염류의 질량과 비율]

염류	황해		동해	
	질량(g)	비율(%)	질량(g)	비율(%)
염화 나트륨	24.1	77.7	25.6	77.6
염화 마그네슘	3.4	11.0	3.6	10.9
황산 마그네슘	1.5	4.8	(가)	4.8
기타	2.0	6.5	2.2	6.7

- 황해에서 각 염류가 차지하는 비율과 동해에서 각 염류가 차지하는 비율은 거의 같다.
- 염분비 일정 법칙을 이용하여 (가)를 구할 수 있다.
  24.1 : 1.5=25.6 : (가) ∴ (가)≒1.6
- 황해와 동해의 염분 : 염분은 해수 1 kg에 녹아 있는 염류의 총량이다. ➡ 황해 : 31 psu, 동해 : 33 psu

1 해수의 표층 수온은 고위도로 갈수록 (   )진다.

2 해수의 연직 수온 분포에 영향을 주는 요인은 (   )와 (   )이다.

3 오른쪽 그림은 해수의 층상 구조를 나타낸 것이다. A~C의 이름을 쓰시오.

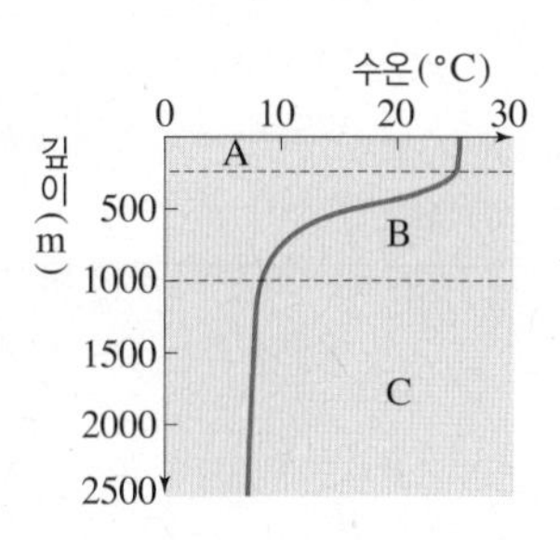

4 해수의 층상 구조에서 각 층의 특징과 이름을 선으로 연결하시오.

(1) 수온이 높고, 일정한 층 • • ㉠ 혼합층
(2) 수온이 급격히 낮아지는 층 • • ㉡ 심해층
(3) 수온 변화가 거의 없는 층 • • ㉢ 수온 약층

5 위도별 해수의 연직 수온 분포에 대한 설명으로 옳은 것은 ○, 옳지 않은 것은 ×로 표시하시오.

(1) 혼합층은 중위도 해역에서 가장 두껍게 나타난다. ( )

(2) 고위도 해역에서는 혼합층만 나타난다. ( )

(3) 표층과 심해층의 수온 차이가 가장 큰 곳은 저위도 해역이다. ( )

6 해수에 녹아 있는 여러 가지 물질을 (   )라고 한다.

7 해수에 녹아 있는 물질 중 가장 많은 양을 차지하는 것은 (   )이고, 두 번째로 많은 것은 (   )이다.

8 해수 1000 g에 염류가 30 g 녹아 있을 때 이 해수의 염분을 구하시오.

9 해수의 염분에 영향을 주는 요인을 보기에서 모두 고르시오.

보기
ㄱ. 해저 지형 ㄴ. 증발량 ㄷ. 강수량
ㄹ. 해빙 ㅁ. 담수의 유입량 ㅂ. 염류의 종류

10 다음 설명에 해당하는 법칙을 쓰시오.

염분이 200 psu인 사해의 해수 1 kg에서 염화 나트륨이 차지하는 비율이 약 78 %라면, 염분이 40 psu인 홍해의 해수 1 kg에서 염화 나트륨이 차지하는 비율도 약 78 %이다.

족집게 문제

핵심 족보

A **1 해수의 표층 수온 분포** ★★

- 영향을 주는 요인 : 태양 에너지
- 저위도에서 고위도로 갈수록 표층 수온이 낮아진다. ➡ 고위도로 갈수록 들어오는 태양 에너지양이 적어지기 때문

2 해수의 연직 수온 분포 ★★★

- 영향을 주는 요인 : 태양 에너지, 바람

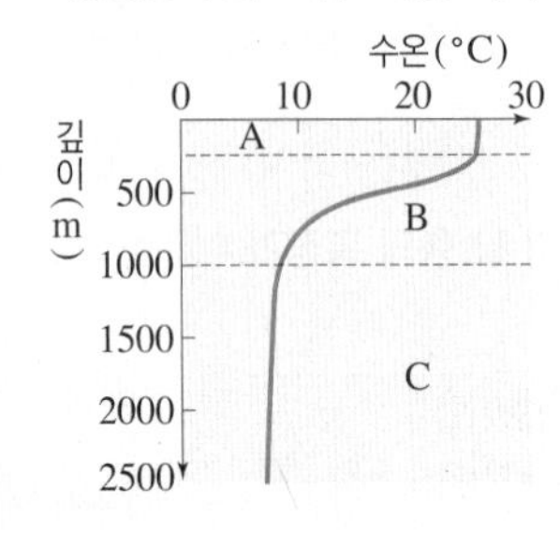

- A : 혼합층 ➡ 수온이 높고 일정하다.
- B : 수온 약층 ➡ 깊이에 따라 수온이 급격히 낮아진다.
- C : 심해층 ➡ 수온이 낮고 일정하다.

3 위도별 해수의 연직 수온 분포 ★★

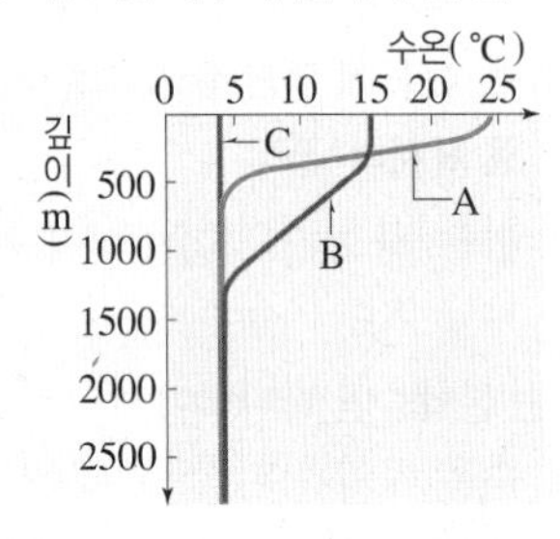

- A : 저위도 ➡ 표층 수온이 가장 높다.
- B : 중위도 ➡ 바람이 강하게 불어 혼합층이 가장 두껍다.
- C : 고위도 ➡ 표층 수온이 낮고 층상 구조가 나타나지 않는다.

B **4 염류의 종류와 특징** ★★

- 염화 나트륨 : 가장 많은 양을 차지하고, 짠맛이 난다.
- 염화 마그네슘 : 두 번째로 많은 양을 차지하고, 쓴맛이 난다.

5 해수의 염분 ★★★

- 해수 1000 g에 녹아 있는 염류의 양을 g 수로 나타낸 것
- 염분의 단위 : psu 또는 ‰

6 염분이 높은 곳과 낮은 곳 ★★★

요인	염분이 높은 곳	염분이 낮은 곳
증발량과 강수량	증발량>강수량인 곳	강수량>증발량인 곳
담수의 유입량	담수의 유입이 적은 곳	담수의 유입이 많은 곳
해빙과 결빙	결빙이 일어나는 곳	해빙이 일어나는 곳

7 염분비 일정 법칙 ★★★

염분이 달라도 각 염류가 차지하는 비율은 항상 일정하다.

Step 1 반드시 나오는 문제

1 해수의 연직 수온 분포에 대한 설명으로 옳은 것은?

① 해수의 표층은 바람이 불어 수온이 가장 낮다.
② 깊이가 깊어질수록 해수의 수온은 계속 낮아진다.
③ 깊이에 따른 수온 분포를 기준으로 3개 층으로 구분한다.
④ 혼합층은 위도나 계절에 관계없이 수온이 거의 일정하다.
⑤ 수온 약층은 아래쪽에 따뜻한 해수가, 위쪽에 차가운 해수가 있다.

[2~3] 오른쪽 그래프는 중위도 해역에서 측정한 해수의 연직 수온 분포를 나타낸 것이다.

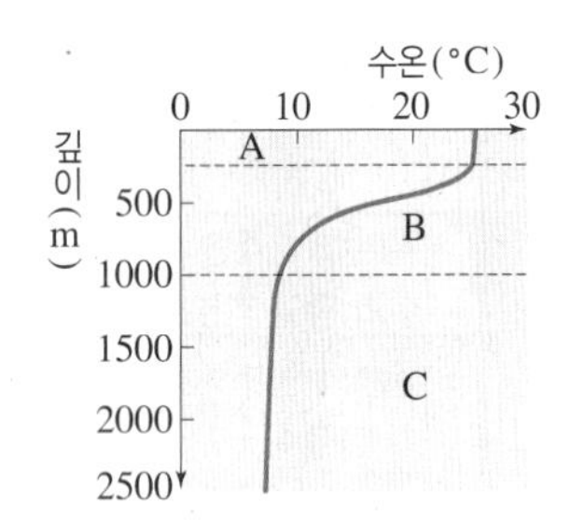

2 A~C 중 바람의 세기에 따라 두께가 달라지는 층의 기호와 이름을 옳게 짝 지은 것은?

① A – 혼합층
② A – 심해층
③ B – 혼합층
④ B – 수온 약층
⑤ C – 심해층

3 A~C층에 대한 설명으로 옳은 것은?

① A층은 태양 에너지의 영향을 받지 않는다.
② B층은 깊이가 깊어질수록 수온이 급격하게 높아지는 층이다.
③ B층은 매우 안정한 층으로 해수의 연직 운동이 일어나기 어렵다.
④ C층은 바람의 영향을 가장 많이 받는다.
⑤ C층은 위도와 계절에 따른 수온 변화가 가장 크게 나타난다.

난이도 ●●● 시험에 꼭 나오는 출제 가능성이 높은 예상 문제로 구성하고, 난이도를 표시하였습니다.

4 다음은 해수의 연직 수온 분포를 알아보기 위한 실험 과정과 결과를 나타낸 것이다.

(가) 온도계 5개를 2 cm 간격으로 깊어지게 설치한다.
(나) 처음 온도를 측정한 다음, 적외선등을 켜고 10분이 지난 후 각 온도계의 온도를 측정한다.
(다) 등을 켠 상태에서 수면 위에 휴대용 선풍기로 바람을 일으킨 후 각 온도계의 온도를 측정한다.

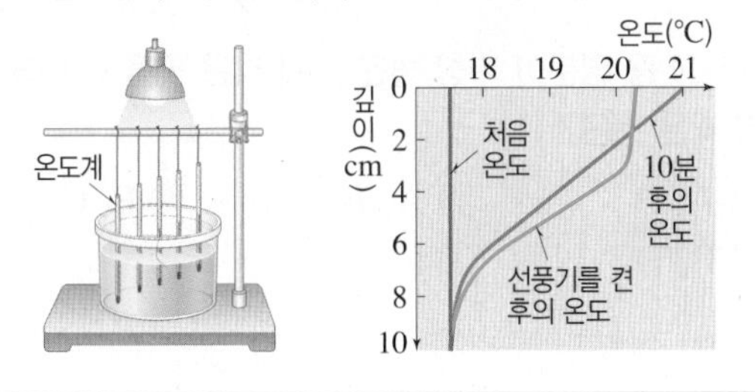

이에 대한 설명으로 옳은 것은?

① 선풍기를 켜면 표층의 수온이 높아진다.
② 적외선등을 켜면 수온이 일정한 구간이 생긴다.
③ 적외선등은 태양에, 선풍기는 바람에 해당한다.
④ 바람을 더 세게 불면 수온이 일정한 층의 두께가 얇아진다.
⑤ 해수에서 수심이 깊어질수록 태양 에너지의 영향을 많이 받을 것이다.

5 해수에 녹아 있는 물질 중 가장 많은 양을 차지하며, 짠맛을 내는 것은?

① 황산 칼륨 ② 황산 칼슘
③ 염화 나트륨 ④ 염화 마그네슘
⑤ 황산 마그네슘

6 염류와 염분에 대한 설명으로 옳은 것은?

① 염류는 해수에 녹아 있는 염화 나트륨을 말한다.
② 염분의 단위로는 psu나 ‰을 사용한다.
③ 염분은 해수 100 g에 녹아 있는 염류의 양을 g 수로 나타낸 것이다.
④ 전 세계 해수의 평균 염분은 30 psu이다.
⑤ 전 세계 해수의 염분은 모두 같다.

7 해수 500 g을 가열하였더니 16 g의 염류가 남았다. 이 해수의 염분은 얼마인가?

① 16 psu ② 26 psu ③ 32 psu
④ 40 psu ⑤ 46 psu

8 염분이 32 psu인 해수 3 kg을 만들려고 할 때, 필요한 염류와 물의 양을 옳게 짝 지은 것은?

	염류	물
①	32 g	2968 g
②	32 g	3000 g
③	64 g	2936 g
④	96 g	2904 g
⑤	96 g	3000 g

9 염분이 높을 것으로 예상되는 해역을 모두 고르면?(2개)

① 큰 강의 하구와 만나는 해역
② 해수의 결빙이 일어나는 해역
③ 연중 많은 비가 내리는 적도 해역
④ 극 부근에서 빙하가 녹아드는 해역
⑤ 강수량이 적고 건조한 중위도 해역

10 표는 A, B 두 해역의 해수 1 kg에 녹아 있는 염류의 성분과 질량을 나타낸 것이다.

구분	염화 나트륨(g)	염화 마그네슘(g)	황산 마그네슘(g)	기타(g)
A 해역	26.5	3.4	1.6	2.5
B 해역	(가)	3.3	1.5	2.2

(가)에 해당하는 값으로 옳은 것은?

① 약 19.6 ② 약 22.3 ③ 약 25.7
④ 약 26.5 ⑤ 약 32.7

Step2 자주 나오는 문제

11 그림은 전 세계 해수의 표층 수온 분포를 나타낸 것이다.

N
80°
60°
40°
20°
0°
20°
40°
60°
80°
S
위도
(단위: °C)

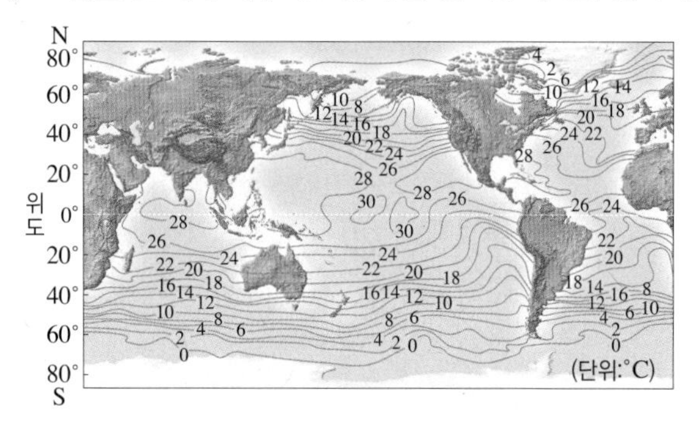

이에 대한 설명으로 옳은 것은?

① 고위도로 갈수록 표층 수온이 높다.
② 수온이 가장 높은 곳은 위도 30 ° 부근이다.
③ 등온선은 대체로 경도와 나란하게 나타난다.
④ 해수의 표층 수온은 위도나 계절에 따라 다르게 나타난다.
⑤ 바다의 표층 수온이 다른 것은 위도별 바람의 세기가 다르기 때문이다.

12 오른쪽 그림은 위도에 따른 해수의 연직 수온 분포를 나타낸 것이다. 이에 대한 설명으로 옳지 않은 것은?

수온(℃)
0 5 10 15 20 25
깊이(m)
500
1000
1500
2000
2500
A
B
C

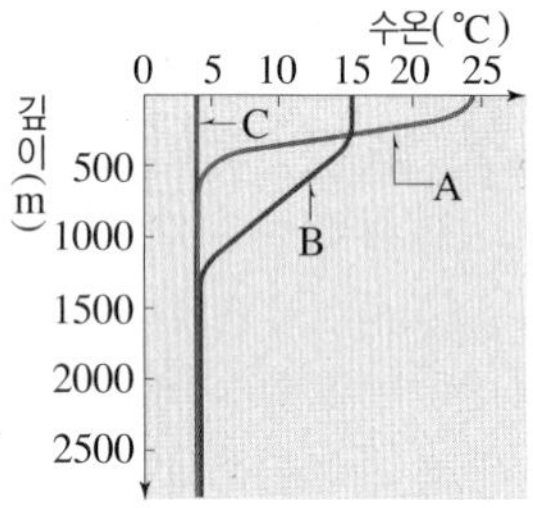

① A는 저위도, B는 중위도, C는 고위도이다.
② A 해역은 표층과 심해층의 수온 차가 가장 크다.
③ B 해역은 바람이 가장 강하게 분다.
④ C 해역은 해수의 층상 구조가 나타나지 않는다.
⑤ 위도가 높을수록 심해층의 수온이 낮다.

13 오른쪽 그림은 해수에 녹아 있는 여러 가지 성분의 질량을 나타낸 것이다. 이에 대한 설명으로 옳지 않은 것은?

A
27.2 g
B 3.8 g
황산 마그네슘
1.7 g
황산 칼슘
1.3 g
황산 칼륨
0.9 g
기타 0.1 g

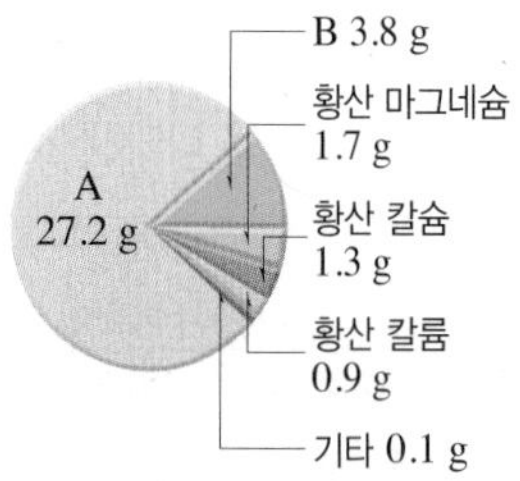

① 해수에 녹아 있는 물질을 염분이라고 한다.
② A는 염화 나트륨이다.
③ A는 소금의 주성분이다.
④ B는 염화 마그네슘이다.
⑤ 해수에서 쓴맛이 나는 것은 B 때문이다.

14 그림은 A~E 해역에서 측정한 증발량과 (담수의 유입량+강수량)을 나타낸 것이다.

증발량
A
B
C
D
E
담수 유입량+강수량

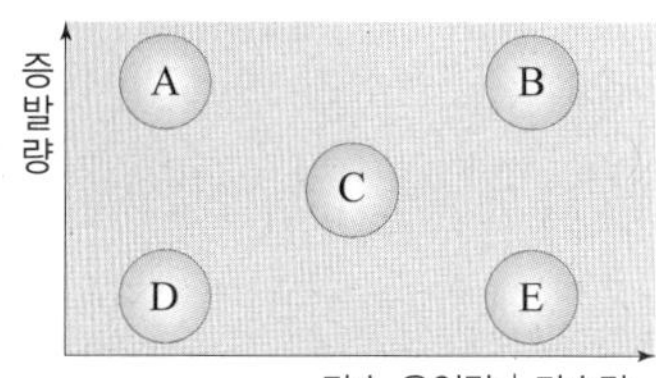

A~E 중 염분이 가장 높은 곳과 낮은 곳을 순서대로 옳게 짝 지은 것은?

① A, B ② A, E ③ B, C
④ B, D ⑤ E, A

15 그림은 2월과 8월에 우리나라 주변 바다에서 염분을 측정한 것이다.

2월 (단위: psu)
34.0
34.2
34.6
34.4
31.0
32.0
33.0
33.5
34.8
34.5
34.6
8월 (단위: psu)
32.0
33.8
33.0
30.0
31.0
32.0
33.0
34.0
34.8

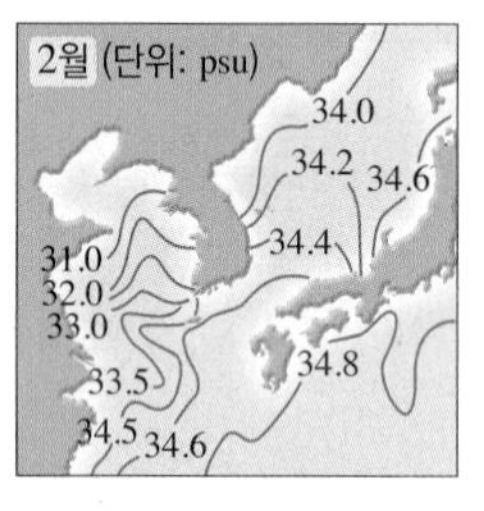

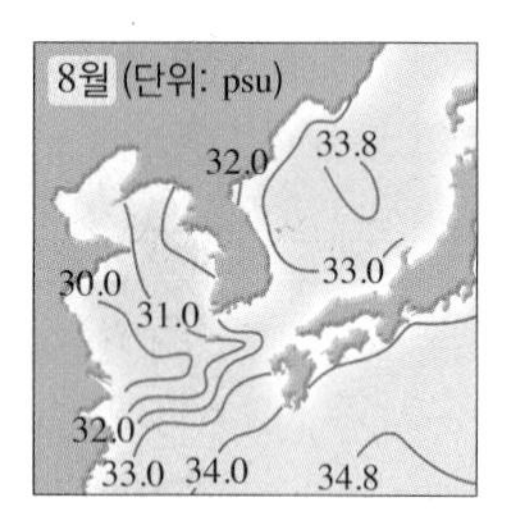

이에 대한 설명으로 옳은 것을 보기에서 모두 고른 것은?

보기
ㄱ. 여름철은 겨울철에 비해 염분이 높다.
ㄴ. 여름철은 겨울철에 비해 강수량이 많을 것이다.
ㄷ. 계절에 관계없이 담수의 유입으로 황해의 염분은 동해보다 낮다.

① ㄱ ② ㄷ ③ ㄱ, ㄴ
④ ㄱ, ㄷ ⑤ ㄴ, ㄷ

16 염분이 35 psu인 해수에 포함된 염화 나트륨과 염화 마그네슘의 질량비가 7 : 1일 때, 염분이 140 psu인 해수에 포함된 염화 나트륨과 염화 마그네슘의 질량비는?

① 1 : 7 ② 1 : 28 ③ 7 : 1
④ 7 : 4 ⑤ 28 : 1

Step3 만점! 도전 문제

17 오른쪽 그림은 어느 해역 A, B에서 측정한 해수의 연직 수온 분포를 나타낸 것이다. A 해역보다 B 해역에서 더 큰 값을 나타내는 것을 보기에서 모두 고르시오.

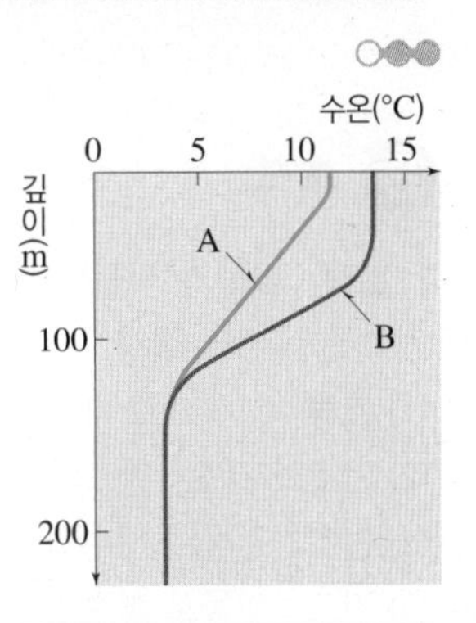

보기
ㄱ. 바람의 세기
ㄴ. 해수의 염분
ㄷ. 심해층의 수온
ㄹ. 태양 에너지양

18 그림은 위도에 따른 (증발량－강수량) 값과 염분을 나타낸 것이다.

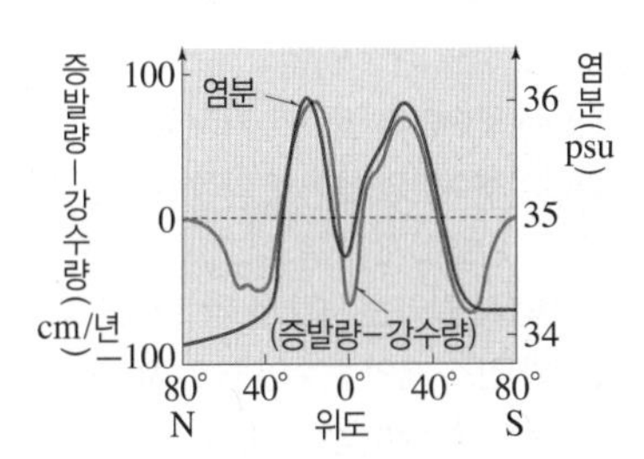

이에 대한 설명으로 옳지 않은 것은?

① 적도 지방은 강수량이 증발량보다 많다.
② 강수량이 가장 많은 곳은 위도 30° 부근이다.
③ 강수량과 증발량은 염분에 큰 영향을 준다.
④ 염분이 가장 낮은 곳은 극 부근이다.
⑤ 염분이 가장 높은 곳은 위도 30° 부근이다.

19 다음은 (가), (나) 해역의 해수 1000 g에 녹아 있는 염류의 양을 나타낸 것이다.

구분	염화 나트륨	염화 마그네슘	황산 마그네슘	황산 칼슘	기타
(가)	27.2 g	㉠	1.8 g	1.2 g	1.0 g
(나)	㉡	1.9 g		0.6 g	

이에 대한 설명으로 옳지 않은 것은?

① (가)의 염분은 35 psu이다.
② (나)의 염분은 (가)보다 낮다.
③ ㉠에 들어갈 값은 3.8 g이다.
④ ㉡에 들어갈 값은 13.6 g이다.
⑤ 두 해역에 녹아 있는 염류의 비율은 다르다.

서술형 문제

[20~21] 오른쪽 그래프는 해수의 층상 구조를 나타낸 것이다.

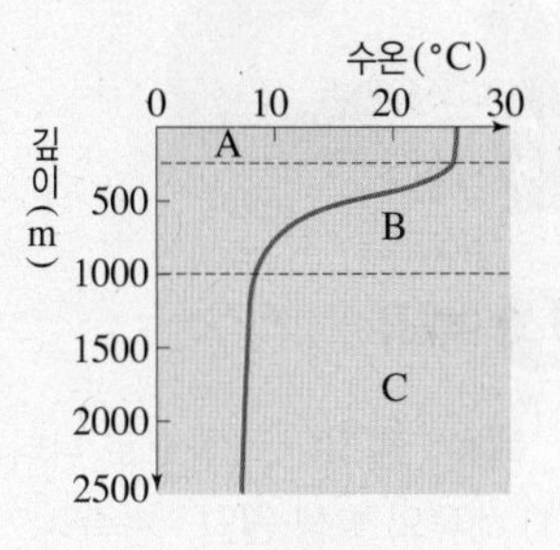

20 A의 이름을 쓰고, 이 층의 수온이 일정한 까닭을 서술하시오.

21 A~C 중에서 수온 약층의 기호를 쓰고, 이 층의 특징을 한 가지 서술하시오.

[22~23] 표는 어느 해역의 해수에 녹아 있는 염류의 양을 나타낸 것이다.

염류	A	B	황산 마그네슘	황산 칼슘	기타
해수 1 kg에 녹아 있는 양(g)	31.1	4.4	1.9	1.5	1.1

22 A와 B의 이름을 쓰고, 특징을 한 가지씩 서술하시오.

23 염분이 30 psu인 해수에 녹아 있는 염류 중 A의 양을 구하는 식을 세우고, 값을 구하시오.(단, 소수 첫째 자리까지 계산한다.)

24 해역에 따라 염분이 달라도 염류들 사이의 비율은 거의 같게 나타나는 까닭을 서술하시오.

03 해수의 순환

Ⓐ 해류

1 해류 일정한 방향으로 나타나는 지속적인 해수의 흐름

(1) 해류의 발생 원인 : 지속적으로 부는 바람

(2) 해류의 구분

① 난류 : 저위도에서 고위도로 흐르는 비교적 따뜻한 해류

② 한류 : 고위도에서 저위도로 흐르는 비교적 차가운 해류

탐구 해류의 발생 원인

물 위에 종이 조각을 띄운 후, 헤어드라이어로 지속적인 바람을 일으키고 종이 조각의 움직임을 관찰한다.

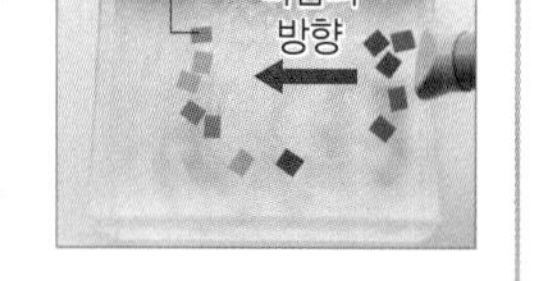

✚ 결과 및 정리

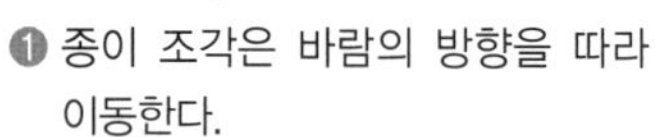

❶ 종이 조각은 바람의 방향을 따라 이동한다.

❷ 해수의 표층에서 해류가 발생하는 원인 : 지속적으로 부는 바람

(3) 해류의 영향 : 해류는 주변 지역의 기온에 영향을 미친다.

예 우리나라 동해안은 육지 가까이로 난류가 강하게 흘러 비슷한 위도대의 다른 지역에 비해 겨울철 기온이 높다.

2 우리나라 주변 해류

난류	쿠로시오 해류	• 북태평양의 서쪽 해역을 따라 북쪽으로 흐르는 난류 • 우리나라 주변을 흐르는 난류의 근원
	황해 난류	쿠로시오 해류의 일부가 황해로 흐르는 난류
	동한 난류	쿠로시오 해류의 일부가 동해안을 따라 북쪽으로 흐르는 난류
한류	북한 한류	연해주 한류의 일부가 동해안을 따라 남쪽으로 흐르는 한류
조경 수역		• 동한 난류와 북한 한류가 만나는 동해에 형성되어 있다. • 난류의 세력이 강한 여름에는 북상하고, 한류의 세력이 강한 겨울에는 남하한다. • 영양 염류와 플랑크톤이 많고, 한류성 어종과 난류성 어종이 함께 분포하여 좋은 어장이 형성된다.

조경 수역 : 난류와 한류가 만나는 해역

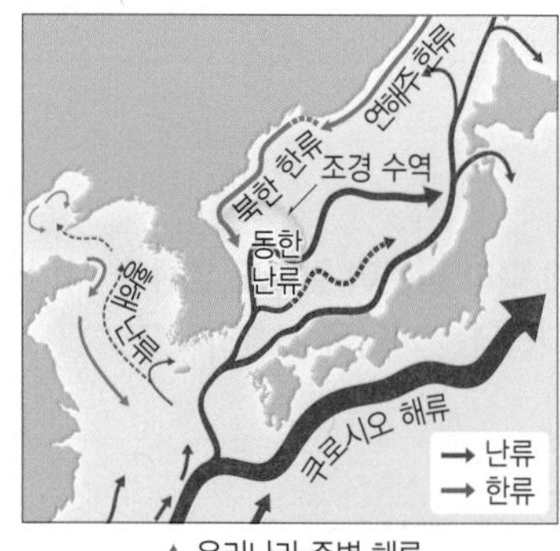

▲ 우리나라 주변 해류

Ⓑ 조석

1 조석 밀물과 썰물로 해수면의 높이가 주기적으로 낮아지고 높아지는 현상

(1) 조류 : 조석으로 나타나는 주기적인 해수의 흐름

(2) 만조와 간조 : 만조와 간조는 하루에 약 두 번씩 일어난다.

① 만조 : 밀물로 해수면의 높이가 가장 높아질 때

② 간조 : 썰물로 해수면의 높이가 가장 낮아질 때

(3) 조차 : 만조와 간조 때의 해수면 높이 차 ➡ 우리나라에서 조차는 서해안에서 가장 크고, 동해안에서 가장 작다.

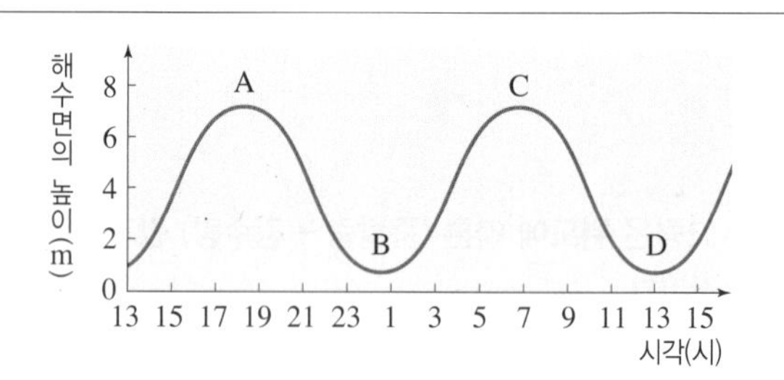

• 만조 : 밀물로 해수면의 높이가 가장 높아질 때 ➡ A, C

• 간조 : 썰물로 해수면의 높이가 가장 낮아질 때 ➡ B, D

• 조석의 주기 : 만조에서 다음 만조(A~C) 또는 간조에서 다음 간조(B~D)까지 걸리는 시간 ➡ 약 12시간 25분

• 조차 : 만조와 간조 때의 해수면 높이 차 ➡ 약 6 m

(4) 사리와 조금 : 사리와 조금은 한 달에 약 두 번씩 일어난다.

① 사리 : 한 달 중 조차가 가장 크게 나타나는 시기

② 조금 : 한 달 중 조차가 가장 작게 나타나는 시기

2 조석의 이용

조개 캐기	고기잡이
간조 때 넓게 드러난 갯벌에서 조개를 캔다.	돌담이나 그물을 세우고 조류를 이용하여 물고기를 잡는다.
전기 생산	**바다 갈라짐 현상**
조차나 조류를 이용하여 전기를 생산한다.	조차가 큰 시기에 간조가 되면 특정 지역에서 바닷길이 열려 섬까지 걸어갈 수 있다.

정답과 해설 18쪽

1 해류의 발생 원인은 (일시적, 지속적)인 (바람, 태양 에너지)이다.

2 해류에 대한 설명으로 옳은 것은 ○, 옳지 않은 것은 ×로 표시하시오.

(1) 난류는 고위도에서 저위도로 흐른다. ………… (　　　)
(2) 한류는 비교적 수온이 낮은 해류이다. ………… (　　　)
(3) 해류는 주변 지역의 기온에 영향을 미친다. … (　　　)

3 우리나라 주변 난류의 근원이 되는 해류는 (　　　　) 이다.

[4~5] 오른쪽 그림은 우리나라 주변 해류를 나타낸 것이다.

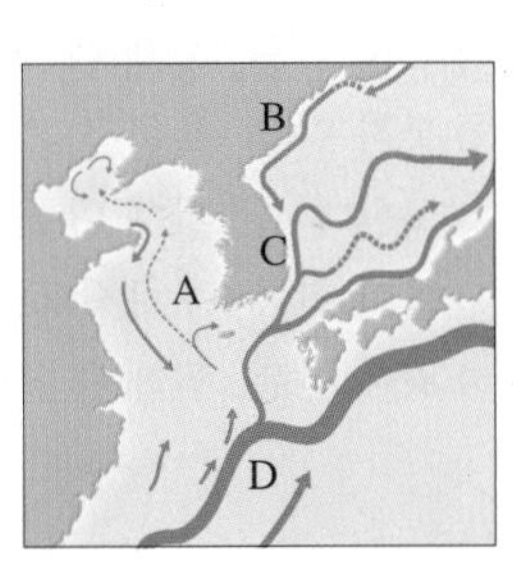

4 A~D의 이름을 쓰시오.

5 A~D 중 난류인 것을 모두 고르시오.

6 우리나라 주변에서 조경 수역이 형성되는 곳은 (황해, 남해, 동해)이다.

7 하루 중 밀물로 해수면의 높이가 가장 높아졌을 때를 (　　　), 썰물로 해수면의 높이가 가장 낮아졌을 때를 (　　　)라고 한다.

8 만조와 간조 때 해수면의 높이 차를 무엇이라고 하는지 쓰시오.

9 사리와 조금은 한 달에 약 (　　　)번씩 나타난다.

10 조석의 이용에 대한 설명으로 옳은 것은 ○, 옳지 않은 것은 ×로 표시하시오.

(1) 조차는 어느 바다에서나 같게 나타난다. …… (　　　)
(2) 조차가 큰 서해안에 조력 발전소를 지어 전기를 생산한다. …………………………………………… (　　　)

핵심 족보

A **1 난류와 한류**★★

- 난류 : 저위도에서 고위도로 흐르는 비교적 따뜻한 해류
- 한류 : 고위도에서 저위도로 흐르는 비교적 차가운 해류

2 우리나라 주변 해류의 종류★★★

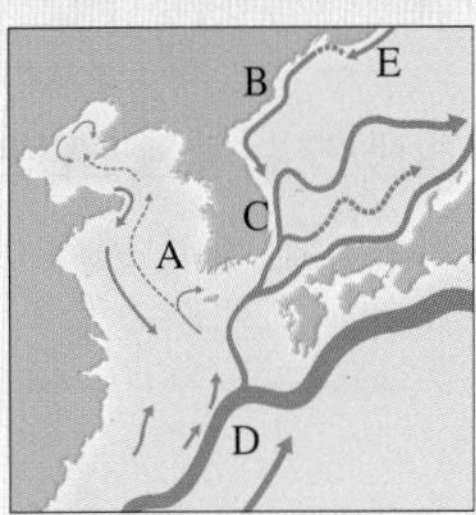

- A : 황해 난류
- B : 북한 한류
- C : 동한 난류
- D : 쿠로시오 해류 ➡ 우리나라 주변 난류의 근원
- E : 연해주 한류

3 조경 수역★★

- 조경 수역 : 한류와 난류가 만나는 곳
- 형성 해류 : 동한 난류, 북한 한류
- 위치 : 동해 ➡ 여름에는 북상하고 겨울에는 남하한다.
- 특징 : 영양 염류와 플랑크톤이 많고, 한류성 어종과 난류성 어종이 함께 분포하여 좋은 어장이 형성된다.

B **4 조석 현상**★★★

- 만조 : 밀물로 해수면 높이가 가장 높아질 때
- 간조 : 썰물로 해수면 높이가 가장 낮아질 때
- 조차 : 만조와 간조 때의 해수면 높이 차
- 사리 : 한 달 중 조차가 가장 크게 나타나는 시기
- 조금 : 한 달 중 조차가 가장 작게 나타나는 시기

5 조석에 의한 해수면 높이 변화 해석★★★

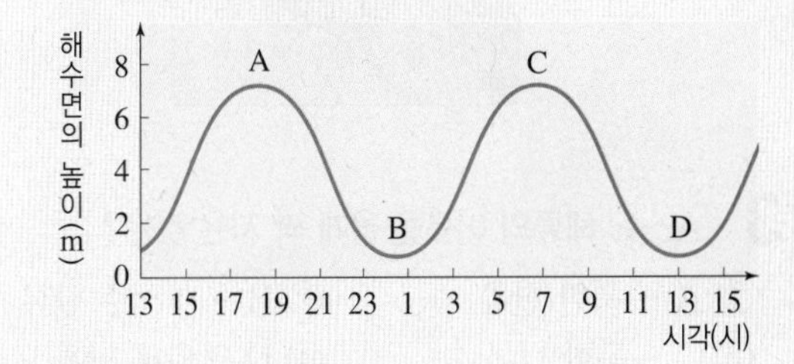

- A, C는 만조, B, D는 간조이다.
- 만조와 간조는 하루에 약 2번씩 일어난다.
- 조차 : 약 6 m

6 조석의 이용★★★

조개 캐기	간조 때 넓게 드러난 갯벌에서 조개를 캔다.
고기잡이	돌담이나 그물을 세우고 조류를 이용하여 물고기를 잡는다.
전기 생산	조차를 이용하거나(조력 발전), 조류를 이용하여(조류 발전) 전기를 생산한다.
바다 갈라짐 현상	조차가 큰 시기에 간조가 되면 특정 지역에서 바닷길이 열려 섬까지 걸어갈 수 있다.

족집게 문제

Step 1 반드시 나오는 문제

1 바다의 표층에서 해류를 발생시키는 주된 원인은?

① 바람 ② 수심 차이
③ 수온 차이 ④ 염분 차이
⑤ 지구의 자전

2 해류에 대한 설명으로 옳은 것은?

① 난류는 주변에 비해 수온이 낮다.
② 해류는 일정한 주기로 방향이 바뀐다.
③ 해류는 주변 지역의 기온에 영향을 미친다.
④ 한류는 저위도에서 고위도로 흐르는 해류이다.
⑤ 난류는 여름에, 한류는 겨울에 흐르는 해류이다.

[3~4] 그림은 우리나라 주변에 흐르는 해류를 나타낸 것이다.

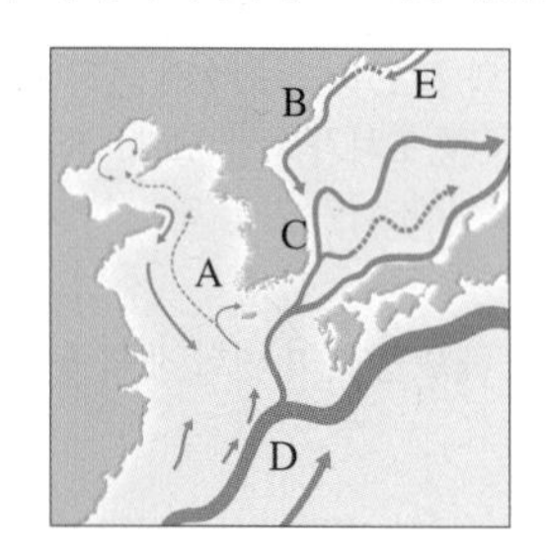

3 A~E 해류의 이름을 옳게 짝 지은 것은?

① A – 북한 한류 ② B – 연해주 한류
③ C – 동한 난류 ④ D – 황해 난류
⑤ E – 쿠로시오 해류

4 이에 대한 설명으로 옳은 것은?

① A는 한류이고, B는 난류이다.
② C는 겨울철에 세력이 강해진다.
③ D는 수온이 비교적 낮은 해류이다.
④ 우리나라 주변 난류의 근원이 되는 해류는 E이다.
⑤ 겨울철 동해안의 기온이 비교적 높은 것은 C의 영향 때문이다.

5 그림은 우리나라 주변 해류와 조경 수역의 위치를 나타낸 것이다.

우리나라 주변에서 조경 수역을 이루는 해류를 옳게 짝 지은 것은?

① 동한 난류, 황해 난류
② 동한 난류, 북한 한류
③ 북한 한류, 황해 난류
④ 북한 한류, 쿠로시오 해류
⑤ 황해 난류, 연해주 한류

6 조석에 대한 설명으로 옳지 않은 것은?

① 밀물과 썰물로 해수면 높이가 주기적으로 변하는 현상이다.
② 조류는 조석에 의해 나타나는 해수의 흐름이다.
③ 해수면 높이가 가장 높을 때를 만조, 가장 낮을 때를 간조라고 한다.
④ 우리나라에서 간조와 만조는 하루에 약 한 번씩 나타난다.
⑤ 한 달 중 만조와 간조 때의 해수면 높이 차가 가장 큰 시기를 사리라고 한다.

7 조석의 이용에 대한 설명으로 옳지 않은 것은?

① 조류를 이용하여 물고기를 잡는다.
② 간조일 때 드러난 갯벌에서 조개를 잡는다.
③ 서해안에 조력 발전소를 건설하여 전기를 생산한다.
④ 만조 때 바닷길이 열리면 섬까지 걸어서 갈 수 있다.
⑤ 밀물로 해수면이 높아지면 고기잡이배가 먼 바다로 나간다.

난이도 ●●● 시험에 꼭 나오는 출제 가능성이 높은 예상 문제로 구성하고, 난이도를 표시하였습니다.

Step 2 자주 나오는 문제

8 오른쪽 그림은 해류의 발생 원인을 알아보기 위한 실험을 나타낸 것이다. 이에 대한 설명으로 옳지 않은 것은?

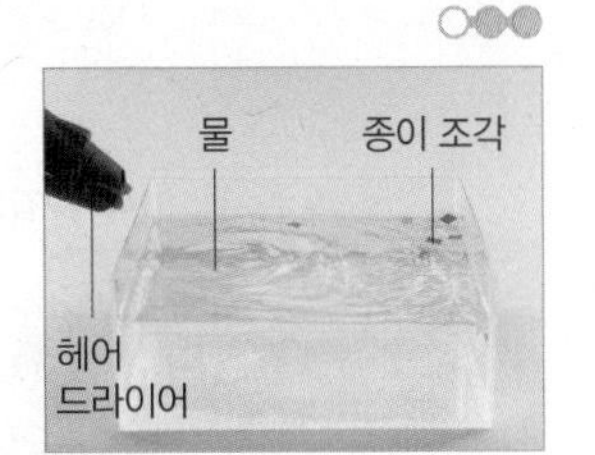

① 종이 조각을 통해 물이 움직이는 방향을 알 수 있다.
② 바람을 불면 종이 조각은 위아래로 움직인다.
③ 종이 조각은 바람과 같은 방향으로 움직인다.
④ 바람을 세게 불면 종이 조각이 더 빠르게 움직인다.
⑤ 해수의 표층에서 해류가 발생하는 원인은 지속적인 바람이다.

9 다음은 우리나라 주변의 해류를 분류한 것이다.

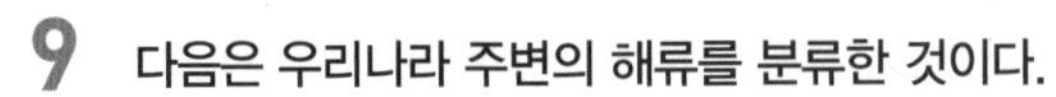

A	B
동한 난류 황해 난류 쿠로시오 해류	북한 한류 연해주 한류

이와 같이 해류를 분류한 기준으로 옳은 것은?

① 해류의 세기
② 해류의 발생 원인
③ 해류가 흐르는 지역
④ 해류의 상대적인 수온
⑤ 해류에 포함된 염류의 종류

10 그림은 어느 지역에서 하루 동안 해수면 높이 변화를 관측하여 나타낸 것이다.

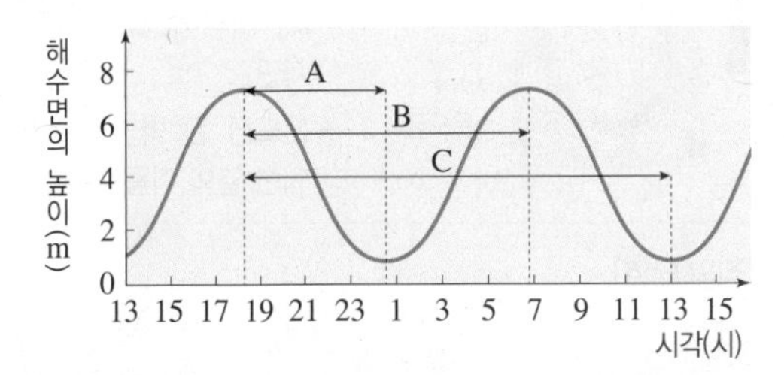

이에 대한 설명으로 옳은 것은?

① 7시 무렵은 간조이다.
② 이 지역에서 조차는 약 3 m이다.
③ 갯벌 체험은 13시 무렵에 하는 것이 적절하다.
④ 조석의 주기에 해당하는 것은 A이다.
⑤ 하루에 만조와 간조는 각각 한 번씩 나타난다.

Step 3 만점! 도전 문제

11 오른쪽 그림과 같이 우리나라 주변 바다에서 기름이 유출되었다고 할 때, (가)~(다) 중 오염 확산을 막는 장치를 설치하기에 가장 적당한 곳을 쓰시오.

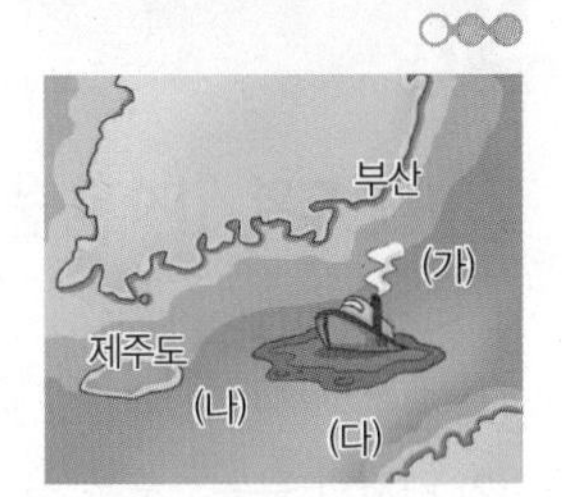

12 그림은 우리나라 주변 해류 A~C와 이 해류가 흐르는 해역에서 측정한 수온과 염분을 나타낸 것이다.

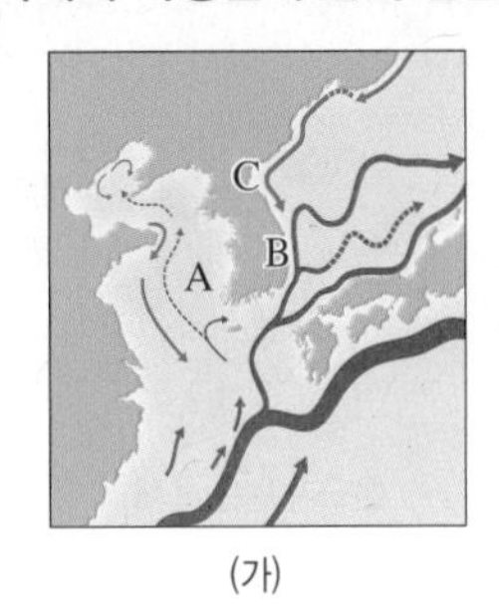

(가)

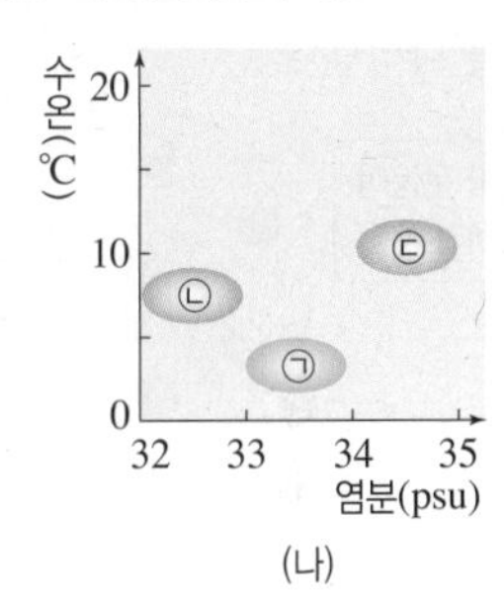

(나)

해류와 측정 값을 옳게 짝 지은 것은?

① A - ㉠ ② A - ㉢ ③ B - ㉡
④ B - ㉢ ⑤ C - ㉡

서술형 문제

13 오른쪽 그림은 우리나라 주변 해류를 나타낸 것이다.

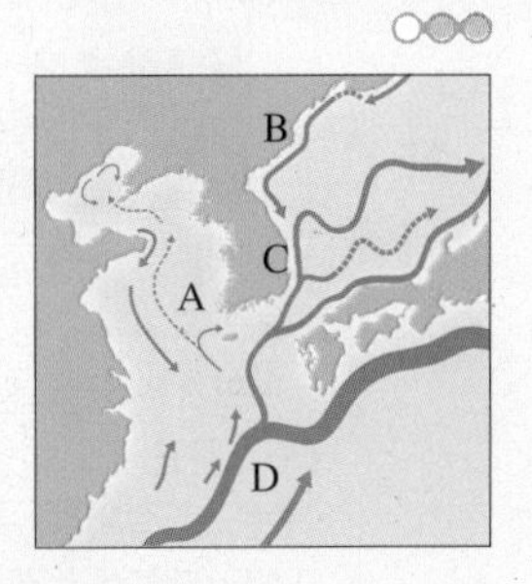

(1) 우리나라 주변 난류의 근원이 되는 해류의 기호와 이름을 쓰시오.

(2) A~D 중 조경 수역을 이루는 해류를 쓰고, 조경 수역의 특징을 한 가지 서술하시오.

14 일상생활에서 조석을 이용하는 예를 두 가지 서술하시오.

01 열

Ⓐ 온도와 입자의 운동

1 온도와 입자의 운동

(1) 온도 : 물체의 차갑고 뜨거운 정도를 수치로 나타낸 것

(2) 입자의 운동 : 모든 물질은 눈에 보이지 않는 작은 알갱이인 입자로 이루어져 있으며, 입자는 끊임없이 운동한다.

(3) 온도에 따른 입자의 운동 : 입자의 운동이 활발할수록 물체의 온도가 높고, 입자의 운동이 둔할수록 물체의 온도가 낮다. ➡ 온도는 물체를 구성하는 입자의 운동이 활발한 정도를 나타낸다.

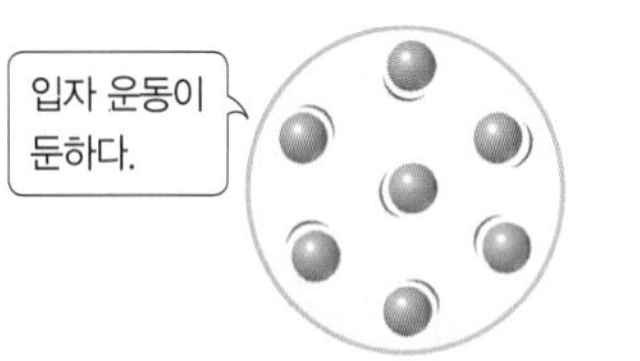

▲ 온도에 따른 입자의 운동

Ⓑ 열의 이동

1 열의 이동 방법

전도	• 전도 : 고체에서 이웃한 입자들 사이의 충돌에 의해 열이 이동하는 방법 • 열을 받아 운동이 활발해진 입자가 주변의 입자와 충돌하여 열을 전달한다. 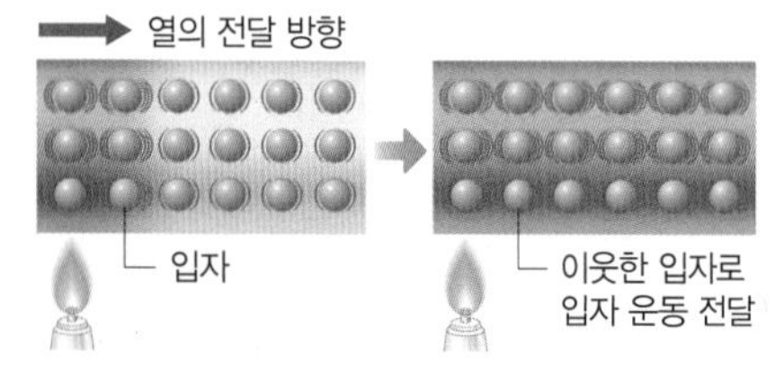 예 • 뜨거운 국에 숟가락을 담가 두면 손잡이 부분까지 뜨거워진다. • 추운 날 실외의 금속으로 된 의자는 나무로 된 의자보다 더 차갑게 느껴진다.
대류	• 대류 : 액체와 기체에서 입자가 직접 이동하면서 열을 전달하는 방법 • 입자의 운동이 활발해지면 물질의 부피가 커지고 밀도가 작아져 위로 올라간다.  예 • 주전자에 든 물을 끓일 때 아래쪽만 가열해도 물이 골고루 데워진다. • 차가운 공기는 아래로 내려오고 따뜻한 공기는 위로 올라가므로 에어컨은 위쪽에, 난로는 아래쪽에 설치하는 것이 효과적이다.
복사	• 복사 : 열이 물질의 도움 없이 직접 이동하는 방법 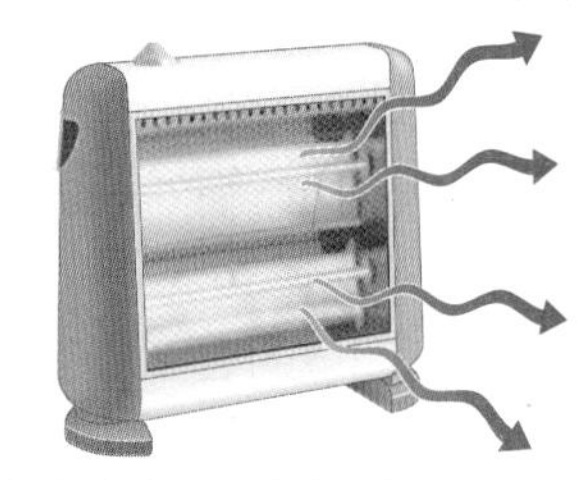 예 • 태양의 열이 지구로 전달된다. • 토스터나 오븐으로 요리를 한다. • 그늘보다 햇볕 아래가 더 따뜻하다. • 난로 가까이에 있으면 따뜻함을 느낀다.

2 단열 물체와 물체 사이에서 열이 이동하지 못하게 막는 것

(1) 단열재 : 열의 이동을 막는 물질 ➡ 공기는 열의 전도가 잘 되지 않는 물질이므로 공기를 포함하는 공간이 많은 물질이 효과적인 단열재이다.
예 솜, 스타이로폼 등

(2) 전도, 대류, 복사에 의한 열의 이동을 모두 막아야 단열이 잘 된다.

(3) 단열이 잘 될수록 물체의 온도 변화가 작게 일어난다.

(4) 단열의 이용

① 보온병을 이용하여 뜨거운 물이나 차가운 물을 보관한다.

② 집의 단열을 위해 이중창을 설치하거나 벽과 벽 사이에 스타이로폼을 넣는다.

③ 겨울에는 공기를 많이 포함하는 방한복을 입거나 여러 겹의 옷을 겹쳐 입는다.

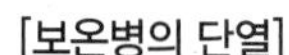

[보온병의 단열]

• 이중 마개로 전도에 의한 열의 이동 차단
• 이중벽의 진공 공간으로 전도, 대류에 의한 열의 이동 차단
• 은도금 된 벽면으로 복사에 의한 열의 이동 차단

[집의 단열]

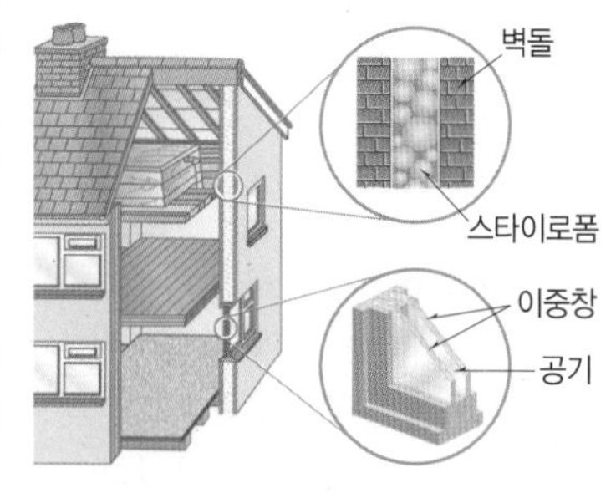

• 벽 사이의 스타이로폼으로 전도에 의한 열의 이동 차단
• 이중창 사이의 공기가 단열재 역할을 하여 열의 이동 차단

C 열평형

1 열 온도가 높은 물체에서 온도가 낮은 물체로 이동하는 에너지[단위 : cal(칼로리), kcal(킬로칼로리)]

(1) 열량 : 이동한 열의 양

(2) 열의 이동과 물체의 변화

열을 얻었을 때	열을 잃었을 때
• 온도가 높아진다. • 입자 운동이 활발해진다.	• 온도가 낮아진다. • 입자 운동이 둔해진다.

2 열평형 온도가 다른 두 물체를 접촉한 후 어느 정도 시간이 지났을 때 두 물체의 온도가 같아진 상태

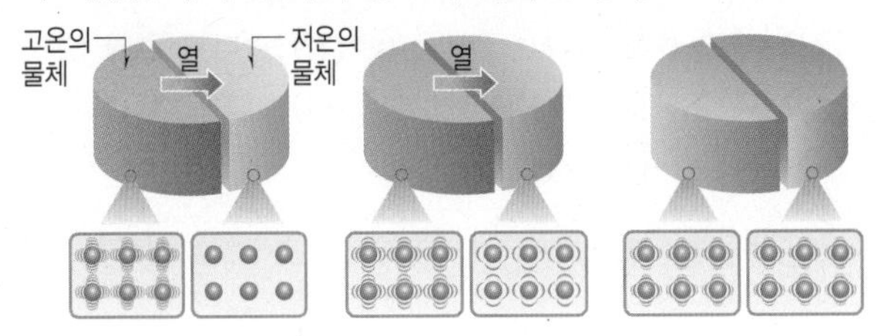

(1) 고온의 물체는 열을 잃고, 저온의 물체는 열을 얻는다.

(2) 두 물체의 온도가 같아질 때까지 열이 이동한다.
➡ 열평형에 도달

(3) 외부와 열 출입이 없을 때 고온의 물체가 잃은 열량과 저온의 물체가 얻은 열량은 같다.

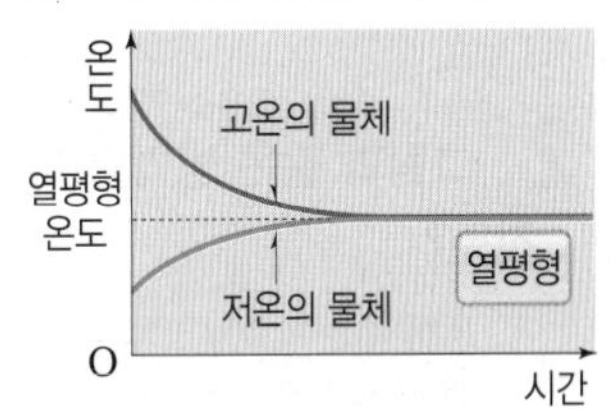

▲ 시간에 따른 온도 변화

3 열평형의 이용

(1) 체온 측정 : 체온을 잴 때는 입안이나 겨드랑이에 체온계를 넣고 열평형 상태가 될 때까지 기다린다.

(2) 냉장고 : 냉장고 안에 있는 물체들은 오랜 시간이 지나면 열평형 상태가 되어 냉장고 속의 온도와 같아진다.

탐구 뜨거운 물과 차가운 물의 열평형

차가운 물을 넣은 비커를 뜨거운 물이 담긴 열량계 안에 넣고, 뜨거운 물과 차가운 물의 온도를 각각 측정한다.

➕ 결과 및 정리

시간(분)	0	2	4	6	8
뜨거운 물(°C)	60	39	32	30	30
차가운 물(°C)	10	24	29	30	30

❶ 뜨거운 물의 온도는 낮아지고, 차가운 물의 온도는 높아진다.

❷ 어느 정도 시간이 지난 후 물의 온도가 같아진다.

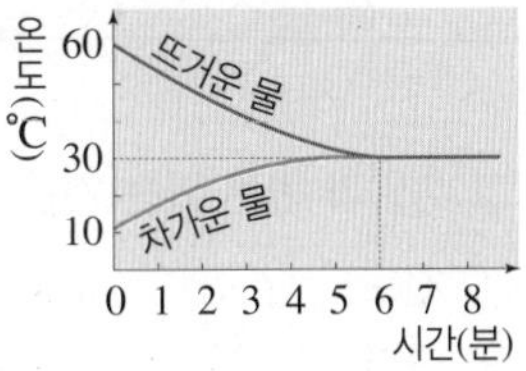

(그래프: 온도(°C) 60, 30, 10 / 뜨거운 물 / 차가운 물 / 0 1 2 3 4 5 6 7 8 시간(분))

개념 확인하기

정답과 해설 19쪽

1 물체의 차갑고 뜨거운 정도를 나타낸 물리량을 ( ) 라고 한다.

2 어떤 두 물체의 입자 운동이 오른쪽 그림과 같을 때, 두 물체의 온도를 비교하시오.

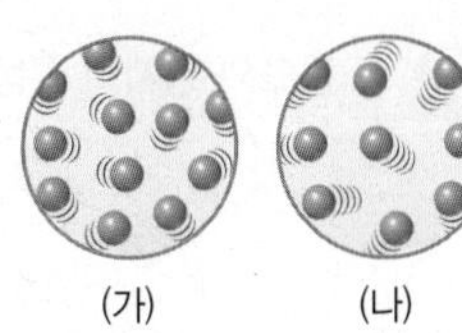

3 물체의 온도가 높을수록 물체를 구성하는 입자의 운동이 (활발, 둔)하다.

4 고체에서는 주로 (전도, 대류, 복사)에 의해 열이 전달되고, 액체나 기체에서는 주로 (전도, 대류, 복사)에 의해 열이 전달된다.

5 각각의 현상과 관련 있는 열의 이동 방법을 전도, 대류, 복사 중 골라 쓰시오.

(1) 에어컨은 방의 위쪽에 설치한다. .... ( )

(2) 햇빛을 쬐면 따뜻함을 느낀다. .... ( )

(3) 뜨거운 국에 담가 둔 금속 숟가락의 손잡이 부분이 뜨거워진다. .... ( )

6 대류에 대한 설명으로 옳은 것은 ○, 옳지 않은 것은 ×로 표시하시오.

(1) 입자가 직접 이동하여 열을 전달한다. .... ( )

(2) 주전자 안에서 뜨거워진 물은 아래쪽으로 내려온다. .... ( )

(3) 그늘보다 햇볕 아래가 따뜻한 까닭은 대류 현상 때문이다. .... ( )

7 물체와 물체 사이에서 열이 이동하지 못하게 막는 것을 ( )이라고 한다.

8 단열재는 열의 이동을 막는 물질로, 내부에 공기를 포함하는 공간이 (많을, 적을)수록 단열에 효율적이다.

9 열의 이동에 대한 설명으로 옳은 것은 ○, 옳지 않은 것은 ×로 표시하시오.

(1) 열은 항상 온도가 낮은 물체에서 온도가 높은 물체로 이동한다. .... ( )

(2) 열을 얻은 물체는 입자 운동이 활발해진다. ... ( )

10 오른쪽 그래프에서 온도가 다른 두 물체가 열평형을 이루는 구간을 A~D 중 골라 쓰시오.

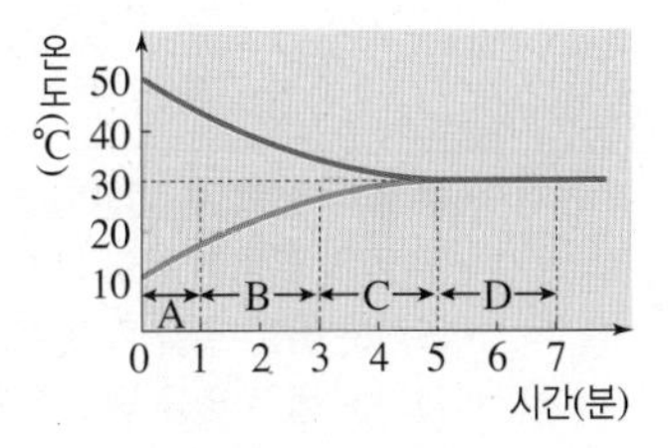

내공 쌓는 족집게 문제

핵심 족보

A 1 온도와 입자의 운동★★★

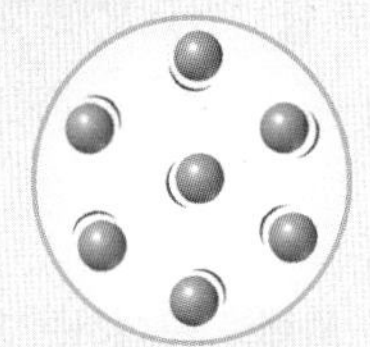
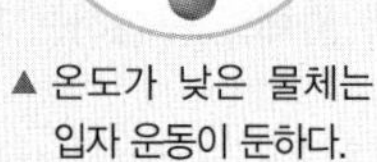

▲ 온도가 낮은 물체는 입자 운동이 둔하다.

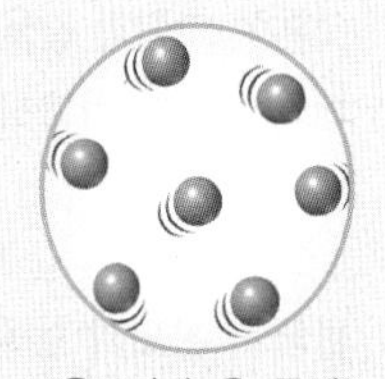

▲ 온도가 높은 물체는 입자 운동이 활발하다.

➡ 물체의 온도가 높을수록 물체를 이루는 입자의 운동이 활발하다.

B 2 전도, 대류, 복사 현상★★★

전도	• 고체에서 이웃한 입자들 사이의 충돌에 의해 열이 이동 예 뜨거운 국에 담가 둔 숟가락의 손잡이 부분이 뜨거워진다.
대류	• 입자가 직접 이동하면서 열이 이동 예 에어컨의 차가운 공기가 아래로 내려와 방 전체가 시원해진다.
복사	• 열이 물질의 도움 없이 직접 이동 예 모닥불 근처에 있으면 따뜻함을 느낄 수 있다.

C 3 열의 이동 방향과 열평형★★

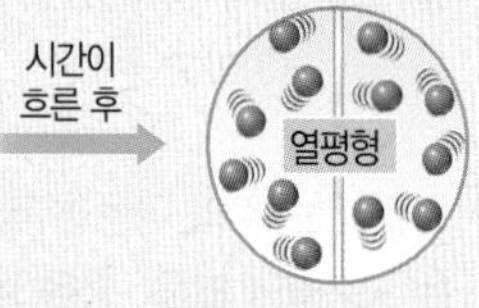

• 열은 온도가 높은 물체에서 온도가 낮은 물체로 이동한다.
• 두 물체의 온도가 같아지면 더 이상 온도가 변하지 않는 열평형 상태에 도달한다.

4 열평형 그래프 해석하기★★★

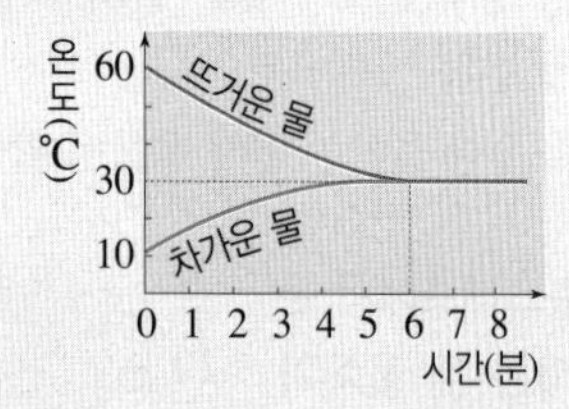

• 두 물이 접촉 후 열평형을 이룬 시간 : 6분
• 두 물의 열평형 온도 : 30 °C
• 뜨거운 물은 열을 잃고 온도가 낮아진다.
• 차가운 물은 열을 얻고 온도가 높아진다.

Step 1 반드시 나오는 문제

1 그림은 물을 가열하는 동안 입자 운동을 나타낸 것이다.

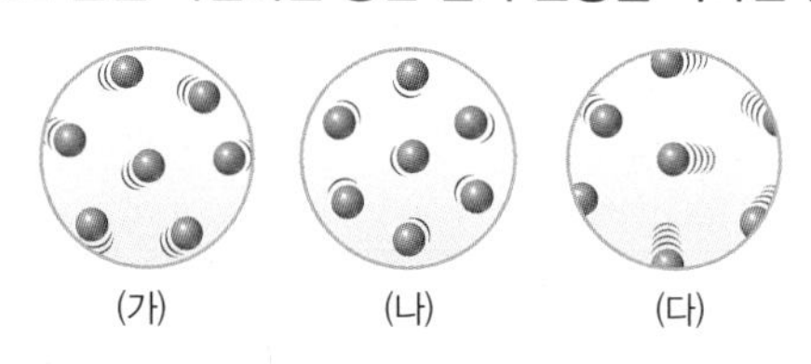

온도가 높은 순서대로 옳게 비교한 것은?

① (가)>(나)>(다)　② (가)>(다)>(나)
③ (나)>(가)>(다)　④ (다)>(가)>(나)
⑤ (다)>(나)>(가)

2 그림과 같은 방법으로 열이 이동하는 현상과 관련 있는 것은?

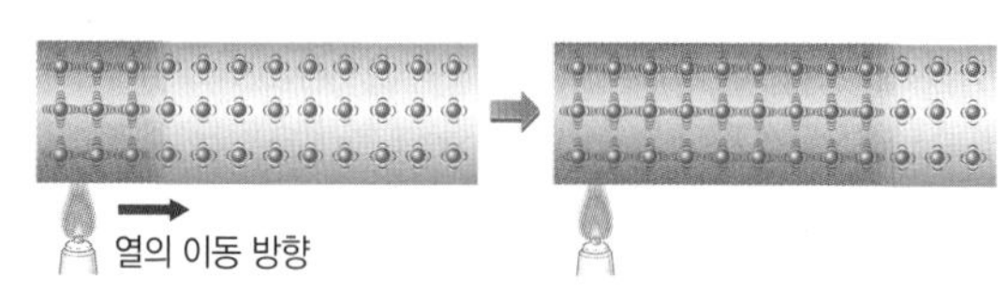

① 햇빛을 쬐면 몸이 따뜻해진다.
② 에어컨은 방의 높은 곳에 설치한다.
③ 방의 한쪽에 난로를 켜 두면 방 전체가 따뜻해진다.
④ 뜨거운 국에 숟가락을 넣어 두면 손잡이가 뜨거워진다.
⑤ 물을 주전자에 넣고 바닥 부분을 가열하면 주전자 속 물 전체가 데워진다.

3 그림과 같이 에어컨은 방의 위쪽에, 난로는 방의 아래쪽에 설치한다.

그 까닭과 관련 있는 것은?

① 전도　② 대류　③ 복사
④ 단열　⑤ 열평형

난이도 ●●● 시험에 꼭 나오는 출제 가능성이 높은 예상 문제로 구성하고, 난이도를 표시하였습니다.

4 열이 어떤 물질의 도움 없이 직접 전달되는 방법에 해당하는 현상으로 옳은 것은?

① 에어컨을 틀면 방 전체가 시원해진다.
② 난로는 실내에서 낮은 곳에 설치한다.
③ 난로 앞에 서 있으면 몸이 따뜻해진다.
④ 뜨거운 물이 담긴 컵을 만지면 따뜻하다.
⑤ 온돌방에 불을 지피면 방바닥이 따뜻해진다.

5 그림은 다양한 방법으로 열이 이동하는 모습을 나타낸 것이다.

(가), (나), (다)에서 열의 이동 방법을 옳게 짝 지은 것은?

	(가)	(나)	(다)
①	전도	대류	복사
②	전도	복사	대류
③	대류	전도	복사
④	대류	복사	전도
⑤	복사	대류	전도

6 오른쪽 그림은 보온병의 구조를 나타낸 것이다. 이에 대한 설명으로 옳지 않은 것은?

이중 마개
이중벽 (진공 공간)
벽면 (은도금)

① 보온병은 전도, 대류, 복사가 잘 일어나게 한다.
② 이중 마개는 열의 전도가 잘 일어나지 않게 한다.
③ 보온병은 단열을 이용하여 보온병 안의 물 온도를 일정하게 유지한다.
④ 이중벽 사이에 진공 공간을 만들어 전도와 대류에 의한 열의 이동을 막는다.
⑤ 보온병의 벽면은 은도금 되어 있어 복사에 의한 열의 이동을 차단한다.

7 열의 이동에 대한 설명으로 옳지 않은 것은?

① 열은 물체의 온도를 변하게 하는 에너지이다.
② 온도 차이가 클수록 많은 양의 열이 이동한다.
③ 부피가 큰 물체에서 부피가 작은 물체로 이동한다.
④ 온도가 높은 물체에서 온도가 낮은 물체로 이동한다.
⑤ 열을 얻은 물체의 온도는 높아지고, 열을 잃은 물체의 온도는 낮아진다.

8 오른쪽 그림과 같이 온도가 다른 두 물체 A, B를 접촉시켰다. 이에 대한 설명으로 옳지 않은 것은?(단, 외부와의 열 출입은 없다.)

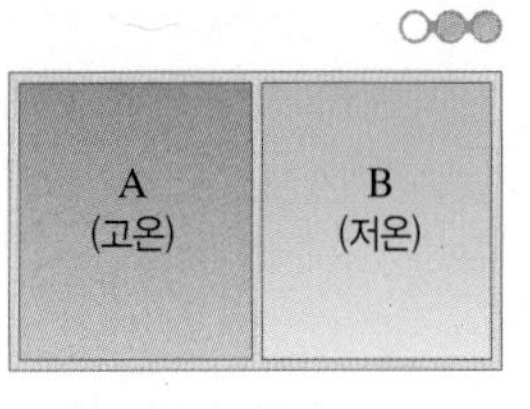

① A의 온도는 점점 낮아진다.
② B의 입자 운동은 점점 둔해진다.
③ 열은 A에서 B로 이동한다.
④ A가 잃은 열량과 B가 얻은 열량은 같다.
⑤ 시간이 지나면 A와 B의 온도가 같아지는 열평형 상태에 도달한다.

9 그래프는 20 °C 물이 들어 있는 수조에 60 °C 물이 들어 있는 삼각 플라스크를 넣은 후, 시간에 따른 두 물의 온도 변화를 나타낸 것이다.

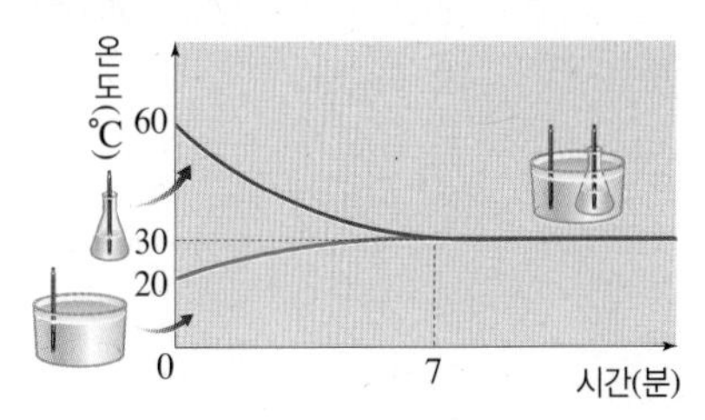

이에 대한 설명으로 옳지 않은 것은?(단, 외부와의 열 출입은 없다.)

① 20 °C 물의 입자 운동은 활발해진다.
② 열은 60 °C 물에서 20 °C 물로 이동한다.
③ 삼각 플라스크를 수조에 넣자마자 두 물은 열평형 상태가 된다.
④ 두 물이 열평형 상태가 되었을 때 온도는 30 °C이다.
⑤ 60 °C 물이 잃은 열량이 600 kcal라면 20 °C 물이 얻은 열량은 600 kcal이다.

Step2 자주 나오는 문제

10 온도에 대한 설명으로 옳은 것을 보기에서 모두 고른 것은?

보기
ㄱ. 열을 얻으면 온도가 높아진다.
ㄴ. 물체의 질량이 변하면 온도도 변한다.
ㄷ. 물체의 차갑고 뜨거운 정도를 나타낸다.
ㄹ. 물체의 입자 운동이 활발할수록 온도가 낮다.

① ㄱ, ㄴ ② ㄱ, ㄷ ③ ㄴ, ㄷ
④ ㄷ, ㄹ ⑤ ㄱ, ㄴ, ㄷ

11 다음은 열의 이동 방법에 대한 설명이다.

- 금속 막대의 한쪽 끝을 가열하면 금속 막대 전체가 뜨거워진다.
- 고체에서 입자 운동이 이웃한 입자로 전달되어 열이 이동한다.

이와 같은 방법으로 열이 이동한 예를 보기에서 모두 고른 것은?

보기
ㄱ. 햇빛을 쬐면 몸이 따뜻해진다.
ㄴ. 방의 한쪽에 난로를 켜 두면 방 전체가 따뜻해진다.
ㄷ. 토스터나 오븐을 이용하여 요리를 한다.
ㄹ. 냄비 바닥은 금속으로 만들고, 손잡이는 플라스틱으로 만든다.

① ㄱ ② ㄴ ③ ㄹ
④ ㄱ, ㄷ ⑤ ㄴ, ㄷ, ㄹ

12 열의 이동 방법에 대한 설명으로 옳지 않은 것은?
① 접촉한 두 물체 사이에서 입자 운동이 차례로 전달되어 열이 이동하는 것이 전도이다.
② 고체보다 액체나 기체 상태에서 전도가 잘 일어난다.
③ 액체 또는 기체 상태에서 입자가 직접 이동하여 열이 전달되는 것을 대류라고 한다.
④ 복사는 물질의 도움 없이도 열을 전달하는 방법이다.
⑤ 열이 이동할 때는 전도, 대류, 복사가 복합적으로 이루어진다.

13 오른쪽 그림은 온도가 다른 물체 A~D 사이에서 열의 이동 방향을 화살표로 나타낸 것이다. 각 물체의 온도를 옳게 비교한 것은?

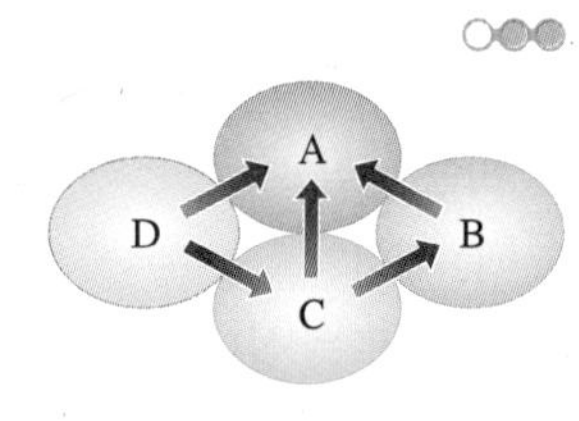

① A>B ② A>C ③ B>C
④ C>D ⑤ D>A

14 그림과 같이 두 비커에 80 °C 물과 20 °C 물을 각각 200 g씩 담았다.

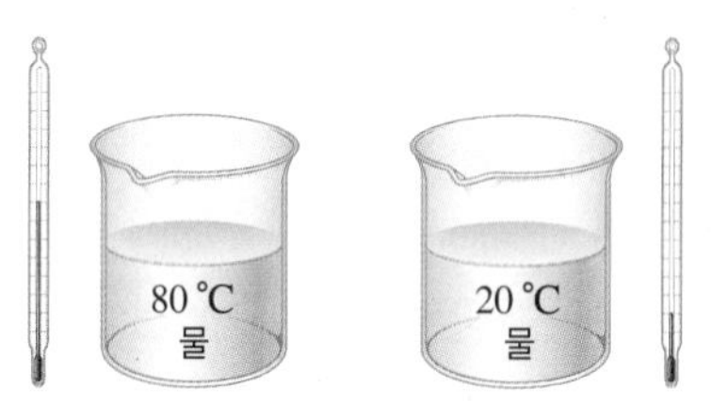

이에 대한 설명으로 옳은 것은?
① 처음에는 80 °C 물보다 20 °C 물의 입자 운동이 더 활발하다.
② 두 물을 섞으면 80 °C 물의 입자 운동이 처음보다 활발해진다.
③ 두 물을 섞으면 20 °C 물의 입자 운동이 처음보다 둔해진다.
④ 두 물을 섞으면 80 °C 물에서 20 °C 물로 열이 이동한다.
⑤ 충분한 시간이 지나도 20 °C 물의 온도는 계속 높아진다.

15 생활에서 열평형을 이용한 예로 옳은 것을 보기에서 모두 고른 것은?

보기
ㄱ. 계곡물에 수박을 넣어 시원하게 만든다.
ㄴ. 생선을 얼음 위에 놓아 신선하게 유지한다.
ㄷ. 보온병에 차가운 물을 넣어 오랫동안 차갑게 유지한다.
ㄹ. 입 안이나 겨드랑이에 체온계를 넣고 몇 분 기다린 후 체온을 측정한다.

① ㄱ, ㄴ ② ㄱ, ㄷ ③ ㄱ, ㄴ, ㄹ
④ ㄴ, ㄷ, ㄹ ⑤ ㄱ, ㄴ, ㄷ, ㄹ

Step3 만점! 도전 문제

16 오른쪽 그림과 같이 철, 구리, 알루미늄 막대에 촛농을 이용하여 일정한 간격으로 나무 막대를 붙인 후 알코올램프로 가열하였다. 이에 대한 설명으로 옳은 것은?

① 고체에서 열의 대류에 대해 알아보는 실험이다.
② 세 막대에서 나무 막대는 모두 동시에 떨어진다.
③ 열이 전도가 잘 될수록 나무 막대가 천천히 떨어진다.
④ 막대에서 입자가 직접 이동하면서 열을 전달한다.
⑤ 물질마다 열이 전도되는 빠르기가 다르다는 것을 알 수 있다.

17 오른쪽 그림과 같이 세 비커에 시험관 A~C를 각각 넣고 빈 공간에 신문지, 모래, 톱밥을 채운 후 시험관에 60 °C의 물을 같은 양만큼 넣어 온도 변화를 관찰하였더니 표와 같았다.

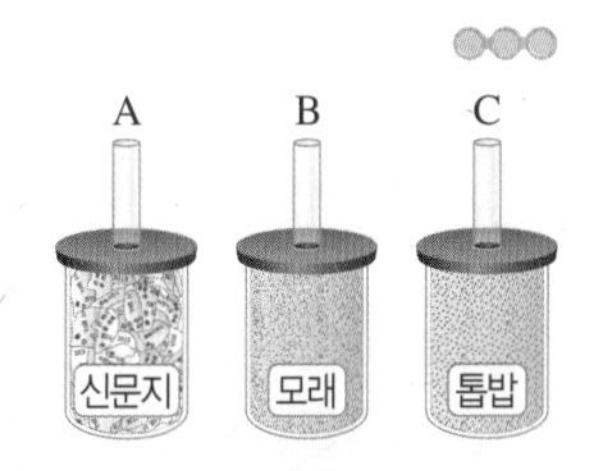

시간(분)	0	1	2	3	4
시험관 A(°C)	60	55	50	48	46
시험관 B(°C)	60	51	44	38	35
시험관 C(°C)	60	57	54.5	53	52

이에 대한 설명으로 옳은 것은?

① 가장 많은 열이 이동한 것은 B이다.
② 단열이 가장 잘 되는 물질은 신문지이다.
③ 4분 동안 온도 변화가 가장 큰 것은 C이다.
④ 4분 동안 시험관에 담긴 물이 잃은 열의 양은 모두 같다.
⑤ 이 실험을 통해 열의 이동 방법에 따른 온도 변화의 차이를 알 수 있다.

18 온도가 −10 °C인 냉장고의 냉동실에 다음과 같은 서로 다른 4종류의 물체를 동시에 넣어 두었다.

물체	금반지	동전	플라스틱 통	책
질량(g)	15	20	300	500

이틀 후에 물체들을 꺼냈을 때 온도가 가장 높은 물체는?

① 금반지　② 동전　③ 플라스틱 통
④ 책　⑤ 모두 같다.

서술형 문제

19 오른쪽 그림과 같이 장치하고 두 삼각 플라스크 사이에 끼웠던 투명 필름을 빼내었다. 두 물의 변화를 쓰고, 이 실험에서 알 수 있는 열의 이동 방법을 입자 운동으로 서술하시오.

20 오른쪽 그림과 같이 스타이로폼은 내부에 많은 양의 공기를 가지고 있어 단열에 효율적이다. 공기가 단열에 효율적인 까닭을 간단히 서술하시오.

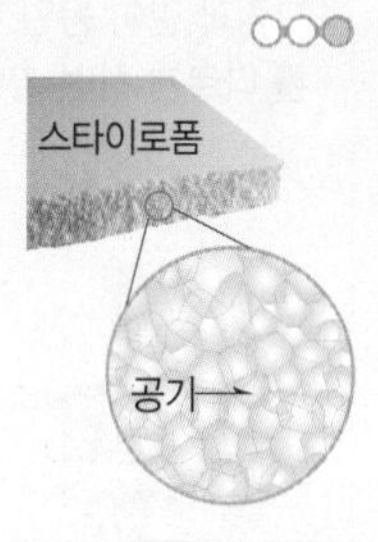

21 그림과 같이 온도가 다른 두 물체 (가), (나)를 접촉시키고, 시간에 따라 온도 변화를 측정하였더니 그래프와 같았다.

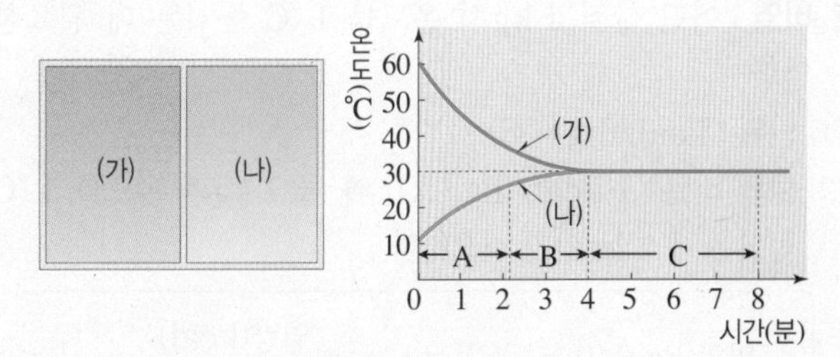

(1) 물체 (가), (나)를 접촉시켰을 때 열의 이동 방향을 쓰고, 그 까닭을 서술하시오.

(2) 그래프에서 열평형 상태의 구간을 쓰고, 다음 단어를 사용하여 열평형의 정의를 서술하시오.

고온, 저온, 물체, 열, 온도

비열과 열팽창

Ⓐ 비열

1 열량 온도가 다른 물체 사이에서 이동하는 열의 양

(1) 단위 : cal(칼로리), kcal(킬로칼로리)

(2) 1 kcal는 물 1 kg의 온도를 1 °C 높이는 데 필요한 열량이다.

(3) 물체의 온도 변화는 흡수한 열량이 클수록, 물질의 질량이 작을수록 크다.

[열량, 온도 변화, 물질의 질량 사이의 관계]
그림과 같이 동일한 용기에 물을 넣고 물의 질량과 불꽃의 세기를 다르게 하여 가열하면서 온도를 측정했다.

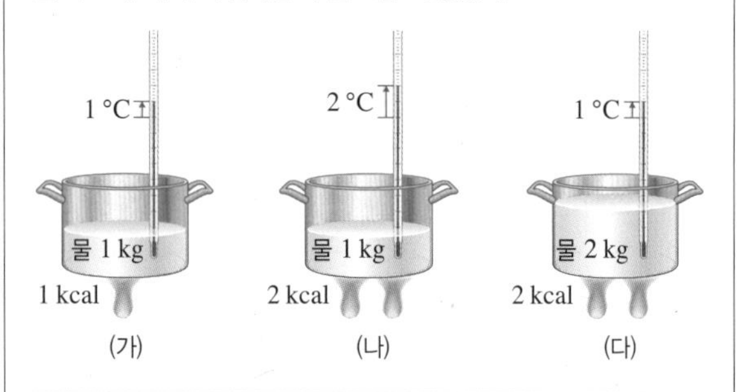

(가)와 (나)	(가)와 (다)	(나)와 (다)
물체의 질량이 같을 때, 물체에 가한 열량이 클수록 온도 변화가 크다.	온도 변화가 같을 때, 물체의 질량이 클수록 물체에 가한 열량이 크다.	같은 열량을 가할 때, 질량이 클수록 온도 변화가 작다.

2 비열 어떤 물질 1 kg의 온도를 1 °C 높이는 데 필요한 열량

(1) 단위 : kcal/(kg · °C)

(2) 물의 비열 : 1 kcal/(kg · °C) ➡ 물 1 kg의 온도를 1 °C 높이는 데 1 kcal가 필요하다.

$$\text{비열(kcal/(kg · °C))} = \frac{\text{열량(kcal)}}{\text{질량(kg)} \times \text{온도 변화(°C)}}$$

(3) 비열의 특징

① 비열은 물질의 종류에 따라 다르다. ➡ 비열은 물질을 구별하는 특성이다.

물질	물	에탄올	콩기름	모래	철
비열	1.00	0.57	0.47	0.19	0.11

▲ 여러 가지 물질의 비열 [단위 : kcal/(kg · °C)]

② 비열이 큰 물질은 온도가 잘 변하지 않고, 비열이 작은 물질은 온도가 잘 변한다.

예 위의 표에서 각 물질의 질량이 같고, 같은 열량을 가할 때
➡ 온도 변화가 가장 큰 물질 : 철
➡ 온도 변화가 가장 작은 물질 : 물

3 비열에 의한 현상과 이용 물의 비열이 다른 물질에 비해 매우 커서 다양한 현상이 나타난다.

현상

• 해안 지역에서 낮에는 해풍, 밤에는 육풍이 분다.

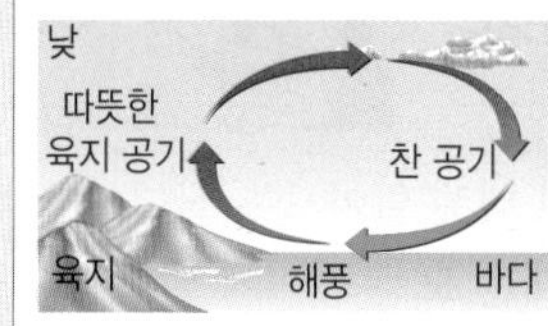

▲ 낮(해풍) : 육지가 빨리 따뜻해지면서 따뜻한 육지의 공기가 상승하고, 빈 자리로 바다의 공기 이동

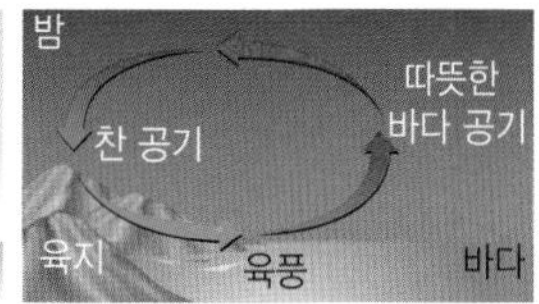

▲ 밤(육풍) : 육지가 빨리 식으면서 따뜻한 바다의 공기가 상승하고, 빈 자리로 육지의 공기 이동

• 물이 많은 해안 지역에 비해 물이 적은 사막 지역은 일교차가 크다.
• 바닷가에서 낮에는 비열이 작은 모래가 바닷물보다 온도가 높다.
• 외부 온도의 급격한 변화에도 사람의 체온은 유지된다.

이용

• 가정의 보일러는 비열이 큰 물을 데워 난방을 한다.
• 물을 자동차나 발전소의 냉각수로 사용한다.
• 찜질팩 안에 비열이 큰 물을 넣어 오랫동안 따뜻하게 한다.
• 뚝배기는 금속 냄비보다 비열이 커서 천천히 뜨거워지고 천천히 식는다.

▲ 찜질팩

▲ 뚝배기

▲ 금속 냄비

일교차 : 하루 중 최고 기온과 최저 기온의 차이

탐구 질량이 같은 두 물체의 비열 비교

1. 비커 2개에 물과 식용유를 100 g씩 넣는다.
2. 두 액체의 처음 온도를 측정한 후 그림과 같이 장치한다.
3. 가열 장치로 가열하면서 1분 간격으로 물과 식용유의 온도를 측정한다.

디지털 온도계
가열 장치

✚ 결과

시간(분)	0	1	2	3	4	5
물의 온도(°C)	10	16.5	23	28	35	40
식용유의 온도(°C)	10	26	41	55	71	86

온도(°C)
식용유
물
가열 시간(분)

❶ 같은 양의 열을 가할 때 물보다 식용유의 온도 변화가 더 크다.
➡ 비열의 크기 : 식용유<물

❷ 물질마다 비열이 다르므로 같은 열량을 가해도 온도 변화가 다르다.

개념 확인하기

정답과 해설 20쪽

B 열팽창

1 열팽창 물질에 열을 가할 때 물질의 길이 또는 부피가 증가하는 현상

(1) 열팽창하는 까닭 : 물체에 열이 가해지면 물체를 구성하는 입자의 운동이 활발해져 입자 사이의 거리가 멀어지기 때문

(2) 물질의 종류와 상태에 따라 열팽창 정도가 다르다. ➡ 물질의 상태에 따른 열팽창 정도 : 고체 < 액체 < 기체

2 고체의 열팽창 열에 의해 고체의 길이 또는 부피가 증가하는 현상

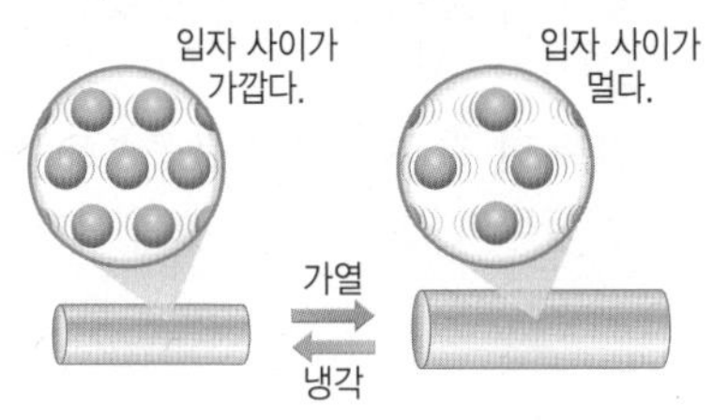

(1) 바이메탈 : 열팽창 정도가 다른 두 금속을 붙여 놓은 장치 ➡ 두 금속의 열팽창 정도의 차이가 클수록 가열하거나 냉각시킬 때 더 많이 휘어진다.

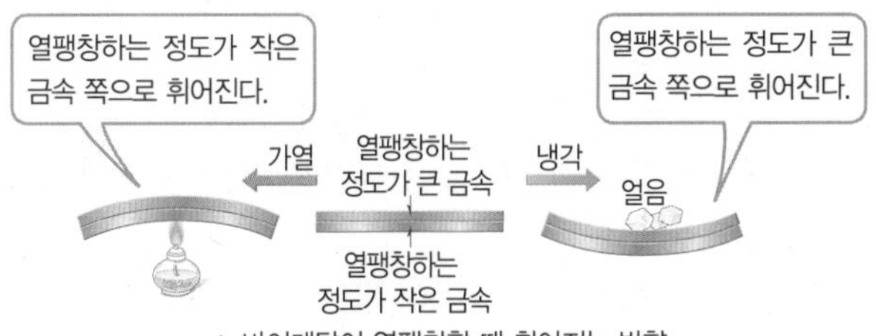

▲ 바이메탈이 열팽창할 때 휘어지는 방향

(2) 고체의 열팽창 현상 및 이용

① 여름에는 전깃줄이 늘어지고, 겨울에는 팽팽해진다.

② 다리, 철로의 이음새 부분에 틈을 만들어 여름에 열팽창하여 휘는 것을 막는다.

③ 유리병의 금속 뚜껑이 열리지 않을 때 뚜껑에 뜨거운 물을 흘려 주면 열팽창하여 뚜껑을 열 수 있다.

④ 가스관, 송유관은 중간에 구부러진 부분을 만들어 열팽창에 의한 사고를 예방한다.

3 액체의 열팽창 열에 의해 액체의 부피가 증가하는 현상

(1) 온도계 : 알코올이나 수은 등 온도계 속 액체의 온도가 올라가면 부피가 팽창하여 눈금이 올라가고, 온도가 낮아지면 부피가 수축하여 눈금이 내려간다.

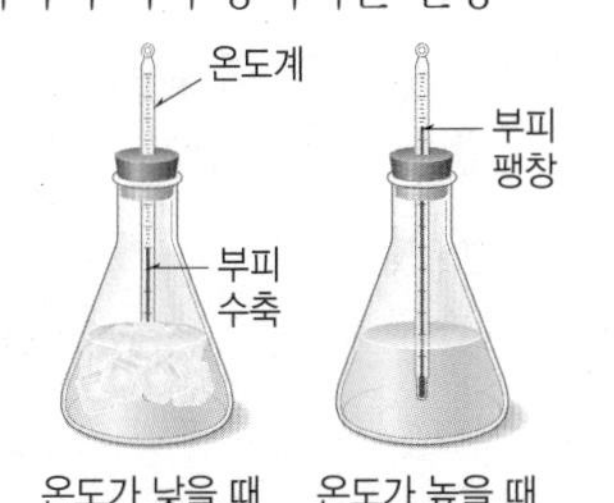

▲ 온도계의 열팽창

(2) 음료수 병 : 열팽창에 의해 음료수 병의 뚜껑이 열리는 것을 막기 위해 음료수를 가득 채우지 않는다.

(3) 자동차 주유 : 낮에는 열팽창으로 기름의 부피가 증가하므로 밤에 주유하는 것이 이득이다.

1 어떤 물질 1 kg의 온도를 1 °C 높이는 데 필요한 열량을 (   )이라고 하며, 단위는 kcal/(kg · °C)를 사용한다.

2 온도가 10 °C인 물 3 kg의 온도를 30 °C로 높이는 데 필요한 열량은 몇 kcal인지 쓰시오.(단, 물의 비열은 1 kcal/(kg · °C)이다.)

3 질량이 100 kg인 어떤 물체에 500 kcal의 열량을 가했더니 온도가 30 °C에서 50 °C로 높아졌다. 이 물체의 비열은 몇 kcal/(kg · °C)인지 쓰시오.

4 질량이 같은 물질 A~D의 비열이 표와 같을 때, 온도를 1 °C 높이기 위해 가장 큰 열량이 필요한 물질을 쓰시오.

물질	A	B	C	D
비열(kcal/(kg · °C))	1	0.5	0.25	0.1

5 오른쪽 그래프는 같은 질량의 물질 A~C를 같은 세기의 불로 가열할 때 시간에 따른 온도 변화를 나타낸 것이다. 세 물질의 비열의 크기를 비교하시오.

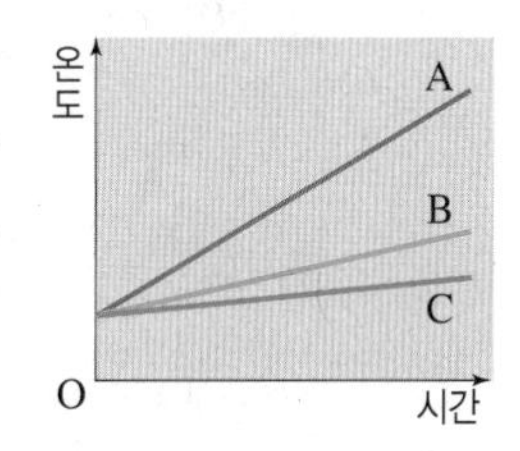

6 물체의 온도가 올라갈 때 물체의 부피가 증가하는 현상을 (   )이라고 한다.

7 물체에 열을 가하면 물체를 이루는 입자 운동이 (활발, 둔)해지면서 입자 사이의 거리가 (멀어, 가까워)지기 때문에 부피가 팽창한다.

8 전깃줄은 여름철에 (늘어, 팽팽해)지고, 겨울철에 (늘어, 팽팽해)진다.

9 열팽창하는 정도가 다른 두 금속을 붙여 만든 장치로, 자동 온도 조절 장치에 이용하는 것은 무엇인지 쓰시오.

10 열팽창과 관련된 현상으로 옳은 것은 ○, 옳지 않은 것은 ×로 표시하시오.

(1) 다리의 이음새에 틈을 만든다. ························ (   )

(2) 음료수 병에 음료수를 가득 채운다. ·············· (   )

(3) 알코올 온도계는 알코올이 열팽창하는 정도가 온도 변화에 비례함을 이용한다. ······························ (   )

족집게 문제

핵심 족보

A **1 열량, 비열, 온도 변화 구하기** ★★★

$$비열(kcal/(kg \cdot ℃)) = \frac{열량(kcal)}{질량(kg) \times 온도\ 변화(℃)}$$

➡ 열량＝비열×질량×온도 변화

- 식에서 온도 변화는 나중 온도에서 처음 온도를 뺀 값을 의미한다.
- 질량의 단위는 항상 kg으로 바꾸어 계산한다.

2 비열에 의한 현상 및 이용 ★★★

현상	• 해안 지역에서 낮에는 해풍, 밤에는 육풍이 분다. • 물이 많은 해안 지역에 비해 물이 적은 사막 지역은 일교차가 크다.
이용	• 가정의 보일러는 비열이 큰 물을 데워 난방을 한다. • 뚝배기는 금속 냄비보다 비열이 커서 천천히 뜨거워지고 천천히 식는다.

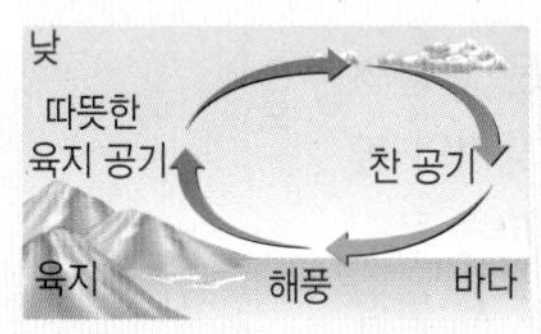

▲ 해풍 : 낮에는 바다에서 육지 쪽으로 바람이 분다.

▲ 육풍 : 밤에는 육지에서 바다 쪽으로 바람이 분다.

B **3 열팽창이 일어나는 까닭** ★★★

물질에 열을 가함 ➡ 입자 운동 활발해짐 ➡ 입자 사이의 거리 증가 ➡ 물질의 부피 증가

4 바이메탈이 휘어지는 방향 ★★

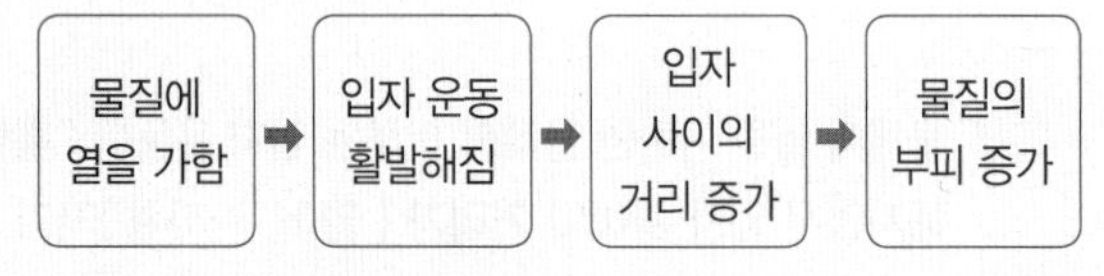

두 금속 중 길이가 더 짧아지는 쪽으로 휘어진다.

➡ 가열하면 열팽창 정도가 작은 쪽으로 휘어진다.

➡ 냉각시키면 열팽창 정도가 큰 쪽으로 휘어진다.

5 열팽창 현상 및 이용 ★★★

현상	• 전깃줄이 여름에 늘어지고, 겨울에 팽팽해진다. • 철로 만들어진 에펠탑의 높이는 여름철이 겨울철보다 높다.
이용	• 다리, 철로의 이음새 부분에 틈을 만들어 여름에 열팽창하여 휘는 것을 막는다. • 열팽창에 의해 음료수 병이 터지는 것을 막기 위해 음료수를 가득 채우지 않는다.

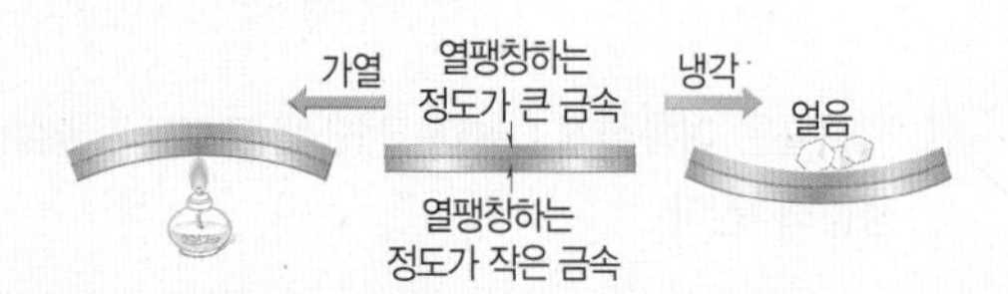

Step 1 반드시 나오는 문제

1 열량에 대한 설명으로 옳지 않은 것은?

① 열량의 단위로는 cal, kcal 등을 사용한다.
② 온도가 다른 두 물체를 접촉할 때 물체 사이에서 이동하는 열의 양이다.
③ 1 kcal는 물 1 kg의 온도를 1 ℃ 올리는 데 필요한 열량이다.
④ 질량이 같은 물 A와 B에 같은 열량을 가했을 때 온도 변화는 같다.
⑤ 같은 시간 동안 같은 세기의 불꽃으로 가열했을 때 얻은 열량은 물질의 질량이 작을수록 크다.

2 비열에 대한 설명으로 옳지 않은 것은?

① 비열은 물질마다 다른 값을 가진다.
② 물의 비열은 다른 물질에 비해 크다.
③ 물질 1 kg의 온도를 1 ℃ 올리는 데 필요한 열량이다.
④ 질량이 같은 물질에 같은 열량을 가할 때 비열이 클수록 온도 변화가 크다.
⑤ 바닷가에서 낮에 모래가 바닷물보다 더 뜨거운 것은 모래의 비열이 물보다 작기 때문이다.

[3~4] 표는 여러 가지 물질의 비열을 나타낸 것이다.(단, 물질의 양은 모두 같고, 비열의 단위는 kcal/(kg·℃)이다.)

물질	물	식용유	철	구리	납
비열	1.00	0.40	0.11	0.09	0.03

3 위 물질 중 같은 세기의 불꽃으로 같은 시간 동안 가열할 때 온도 변화가 가장 클 것으로 예상되는 물질은?

① 물 ② 식용유 ③ 철
④ 구리 ⑤ 납

4 철 500 g의 온도를 10 ℃ 높이는 데 필요한 열량은?

① 11 cal ② 55 cal ③ 550 cal
④ 11 kcal ⑤ 550 kcal

난이도 ●●● 시험에 꼭 나오는 출제 가능성이 높은 예상 문제로 구성하고, 난이도를 표시하였습니다.

5 질량이 5 kg인 어떤 물질의 온도를 10 °C 높이는 데 10 kcal의 열량을 가하였다. 이 물질의 비열은?(단, 외부와의 열 출입은 없다.)

① 0.1 kcal/(kg · °C) ② 0.2 kcal/(kg · °C)
③ 0.5 kcal/(kg · °C) ④ 2 kcal/(kg · °C)
⑤ 5 kcal/(kg · °C)

[6~7] 오른쪽 그래프는 물질 A와 B를 같은 세기의 불꽃으로 가열할 때 시간에 따른 온도 변화를 나타낸 것이다.

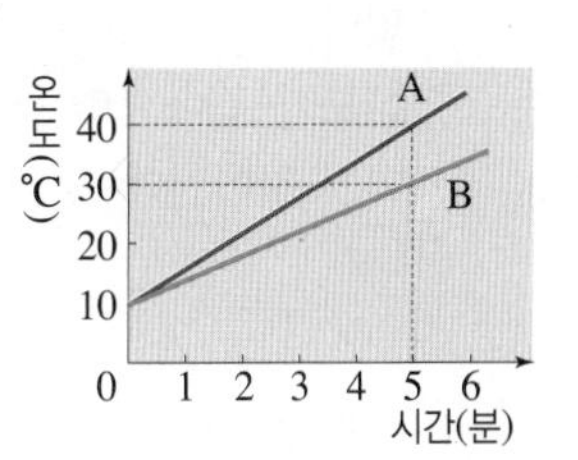

6 A와 B의 질량이 같을 때 물질 A와 B의 비열의 비는?

① 2 : 3 ② 3 : 2 ③ 3 : 4
④ 4 : 1 ⑤ 4 : 3

7 A와 B가 같은 물질일 때 A와 B의 질량 비는?

① 2 : 3 ② 3 : 2 ③ 3 : 4
④ 4 : 1 ⑤ 4 : 3

8 그림과 같이 해안 지역에서는 낮과 밤에 해풍과 육풍이 분다.

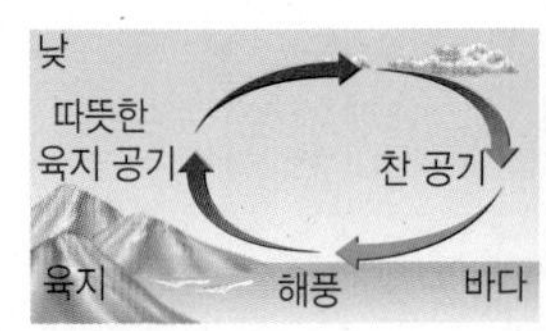

이와 같은 현상이 나타나는 원인으로 가장 적절한 것은?

① 지구가 자전하기 때문에
② 밤과 낮의 길이가 달라서
③ 바다와 육지의 비열이 달라서
④ 지구가 태양 주위를 공전하기 때문에
⑤ 바다와 육지가 햇빛을 받는 양이 달라서

9 물체에 열을 가할 때 부피가 팽창하는 까닭은?

① 열에 의해 입자 운동이 둔해지기 때문에
② 열에 의해 입자의 크기가 커지기 때문에
③ 열에 의해 입자의 개수가 증가하기 때문에
④ 열에 의해 입자가 반으로 나누어지기 때문에
⑤ 열에 의해 입자 사이의 거리가 멀어지기 때문에

10 고체의 열팽창과 관련이 없는 것은?

① 여름철에 에펠탑의 높이가 더 높아진다.
② 냄비의 손잡이를 플라스틱으로 만들면 덜 뜨겁다.
③ 유리병의 금속 뚜껑이 열리지 않을 때는 뚜껑 부분에 따뜻한 물을 붓는다.
④ 전신주의 전선은 겨울철보다 더운 여름철에 더 많이 늘어져 있다.
⑤ 쇠로 만든 그릇 두 개가 포개어져 빠지지 않을 때 안쪽 그릇에 차가운 물을 붓는다.

11 서로 다른 두 금속 A, B를 붙여 바이메탈을 만들고 가열하였더니, 그림과 같이 변하였다.

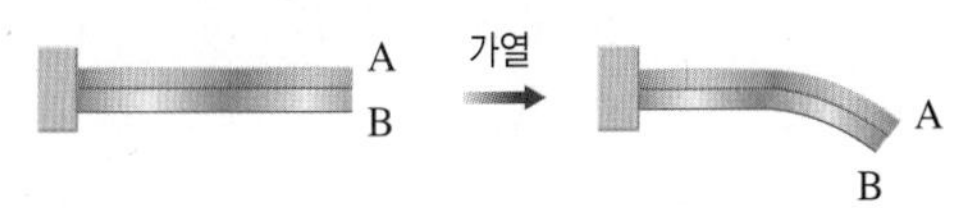

이에 대한 설명으로 옳은 것은?

① 가열하면 B가 더 잘 늘어난다.
② 냉각시키면 B가 A보다 더 많이 수축한다.
③ 온도가 다시 내려가도 원래 상태로 돌아오지 않는다.
④ 물질마다 열팽창하는 정도가 같은 것을 이용한 장치이다.
⑤ 온도에 따라 자동으로 작동하거나 전원이 차단되는 전기다리미, 전기밥솥 등에 이용된다.

12 오른쪽 그림과 같이 음료수 병에는 음료수가 가득 들어 있지 않고 약간 빈 공간이 있다. 이러한 까닭으로 가장 적절한 것은?

① 뚜껑을 쉽게 열기 위해
② 음료수 병마다 일정한 부피만큼 담기 위해
③ 열의 전도가 느린 공기로 단열을 하기 위해
④ 온도가 높아질 때 음료수 병보다 음료수의 열팽창하는 정도가 크기 때문에
⑤ 온도가 높아질 때 음료수보다 음료수 병의 열팽창하는 정도가 크기 때문에

Step2 자주 나오는 문제

13 그림과 같이 각각 물 400 g과 800 g이 담겨 있는 비커를 같은 가열 장치를 이용하여 같은 시간 동안 가열하였다.

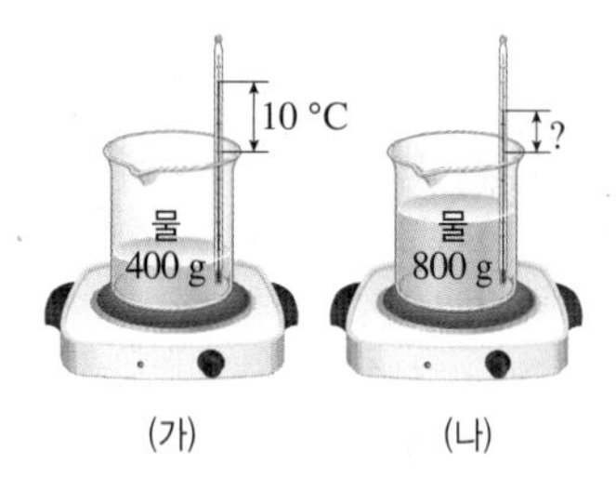

(가)의 온도가 10 °C만큼 상승하였을 때, 이에 대한 설명으로 옳은 것을 보기에서 모두 고른 것은?

보기
ㄱ. (나)에서 온도는 5 °C 올라간다.
ㄴ. 같은 시간 동안 (가)와 (나)의 비커가 얻은 열량은 (나)가 더 크다.
ㄷ. 같은 온도만큼 올라가는 데 필요한 열량은 (나)가 (가)의 두 배이다.

① ㄱ　② ㄷ　③ ㄱ, ㄴ
④ ㄱ, ㄷ　⑤ ㄴ, ㄷ

14 20 °C의 물 300 g과 80 °C의 물 500 g을 섞었더니 잠시 후 열평형 상태가 되었다. 이때 물의 온도는?(단, 외부와의 열 출입은 없으며, 물의 비열은 1 kcal/(kg·°C)이다.)

① 25.5 °C　② 37.5 °C　③ 47.5 °C
④ 57.5 °C　⑤ 63.5 °C

15 철, 구리, 알루미늄 막대를 길이 팽창 실험 장치에 연결하고 가열하였더니, 바늘이 오른쪽 그림과 같이 회전하였다. 이 실험을 통해 알 수 있는 사실로 옳지 않은 것은?

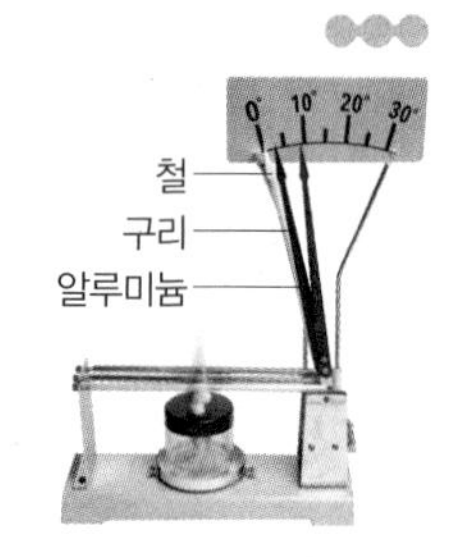

① 온도가 높아지면 금속 막대의 길이가 길어진다.
② 금속의 종류에 따라 열팽창하는 정도가 다르다.
③ 열팽창하는 정도는 알루미늄>구리>철 순으로 크다.
④ 한번 늘어난 금속은 다시 원래의 상태로 되돌아갈 수 없다.
⑤ 온도가 높아지면 금속 막대를 이루는 입자 사이의 거리가 멀어진다.

16 오른쪽 그림과 같이 삼각 플라스크에 어떤 액체를 넣고 열을 가하였더니, 액체가 유리관을 따라 올라왔다. 이에 대한 설명으로 옳지 않은 것은?

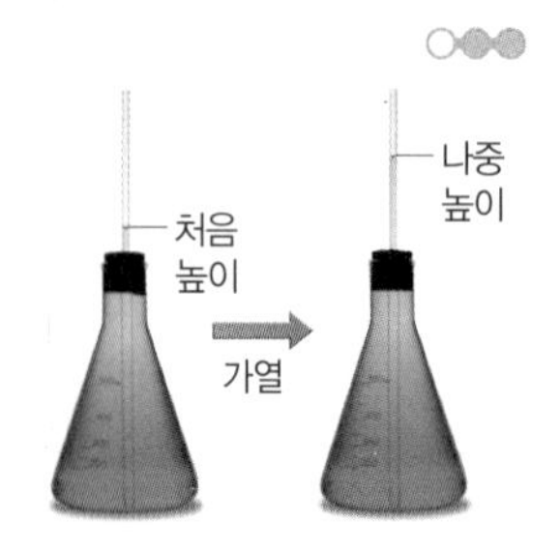

① 액체의 열팽창에 의한 현상이다.
② 온도가 높아지면 액체 입자 사이의 거리가 멀어진다.
③ 온도가 높아지면 액체와 함께 삼각 플라스크도 열팽창한다.
④ 가한 열량이 많을수록 유리관을 따라 올라가는 액체의 높이 변화가 클 것이다.
⑤ 가한 열량이 같다면 액체의 종류에 관계없이 유리관을 따라 올라가는 액체의 높이는 일정하다.

17 액체 A~D를 둥근바닥 플라스크에 같은 높이만큼 넣고 뜨거운 물이 담긴 수조에 넣었더니, 각 액체가 그림과 같이 올라왔다.

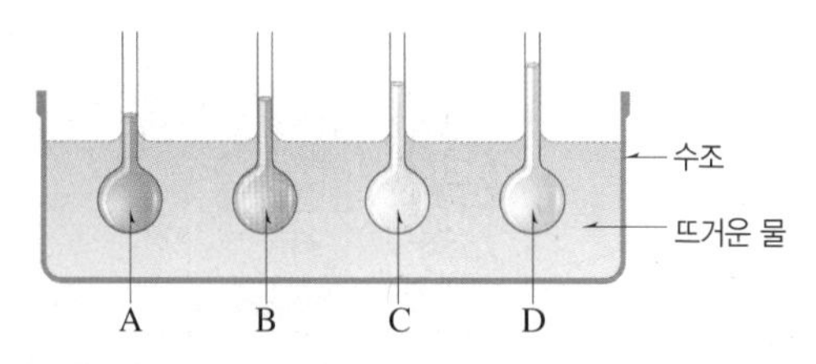

이를 통해 알 수 있는 사실은?

① A의 비열이 가장 크다.
② A의 질량이 가장 크다.
③ A가 전도가 가장 잘 된다.
④ D가 얻은 열량이 가장 크다.
⑤ D가 열팽창이 가장 잘 된다.

Step3 만점! 도전 문제

18 표는 물질 A~D의 비열을 나타낸 것이다.

물질	A	B	C	D
비열	0.40	1.00	0.09	0.03

[단위 : kcal/(kg·°C)]

이에 대한 설명으로 옳은 것은?(단, 물질 A~D의 질량은 모두 100 g이다.)

① 같은 열량을 가했을 때 온도 변화가 가장 큰 것은 B이다.
② 찜질팩의 충전재로 사용하기 가장 좋은 물질은 D이다.
③ A의 온도를 50 °C 올리는 데 필요한 열량은 200 kcal이다.
④ 같은 열량을 가했을 때 물질 C와 D의 온도 변화 비는 3 : 1이다.
⑤ 0.9 kcal를 가하면 C의 온도는 100 °C 올라간다.

19 오른쪽 그래프는 두 물질 A와 B를 접촉할 때 시간에 따른 온도 변화를 나타낸 것이다. 이에 대한 설명으로 옳은 것은?(단, 외부와의 열 출입은 없다.)

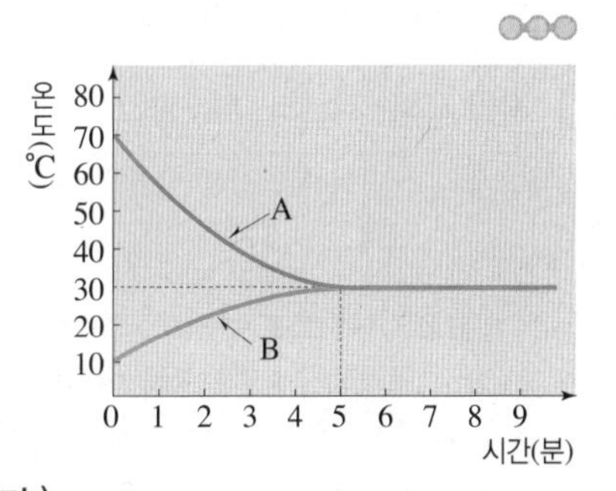

① A보다 B의 질량이 더 크다.
② 온도 변화는 B가 A보다 크다.
③ 5분 동안 A가 잃은 열량은 B가 얻은 열량보다 크다.
④ A와 B의 질량이 같다면 B의 비열이 A의 2배이다.
⑤ A와 B가 같은 물질이면 A와 B의 질량 비는 2 : 1이다.

20 오른쪽 그림은 바이메탈을 이용하여 만든 화재경보기의 구조를 나타낸 것이다. 이에 대한 설명으로 옳은 것은?

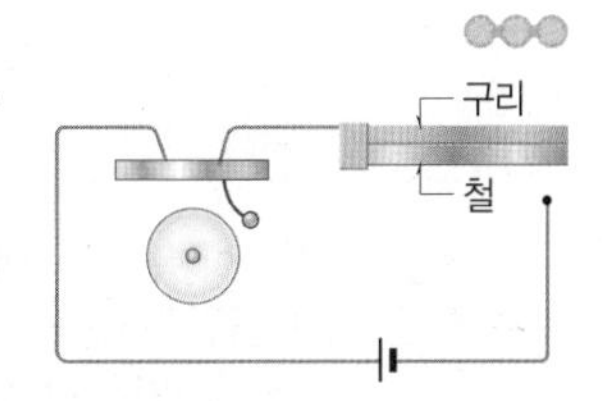

① 철이 구리보다 열팽창이 잘 된다.
② 화재경보기에는 항상 전류가 흐른다.
③ 구리와 철의 위치를 바꾸어 연결해도 화재경보기는 작동한다.
④ 구리 대신 열팽창이 더 잘 되는 알루미늄을 사용해도 화재경보기는 작동한다.
⑤ 이 화재경보기는 냉각되었을 때도 울리게 된다.

서술형 문제

21 오른쪽 그림은 같은 질량의 서로 다른 액체 A와 B를 같은 가열 장치 위에 올려놓고 가열했을 때 시간에 따른 온도 변화를 나타낸 것이다. B의 비열은 A의 몇 배인지 까닭과 함께 서술하시오.

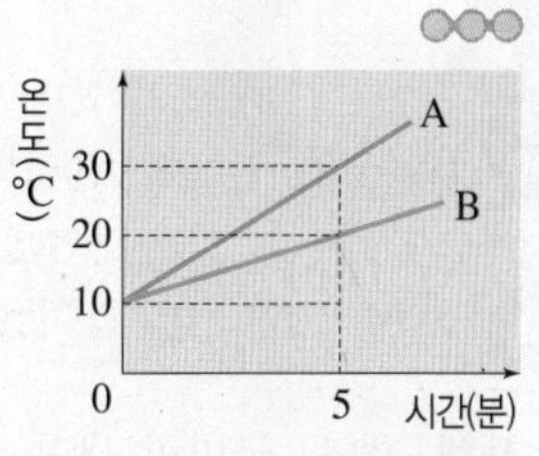

22 여름철 바닷가에서 낮 동안 같은 태양열을 받아도 모래가 바닷물보다 더 뜨거운 까닭을 비열과 관련지어 서술하시오.

23 오른쪽 그림과 같이 철로 만들어진 에펠탑의 높이는 겨울철보다 여름철에 더 높다고 한다. 그 까닭을 다음의 단어를 모두 사용하여 서술하시오.

열 입자 운동 거리

24 서로 다른 금속 A, B, C를 2개씩 붙여 바이메탈을 만든 후 가열하였더니 그림과 같이 휘어졌다.

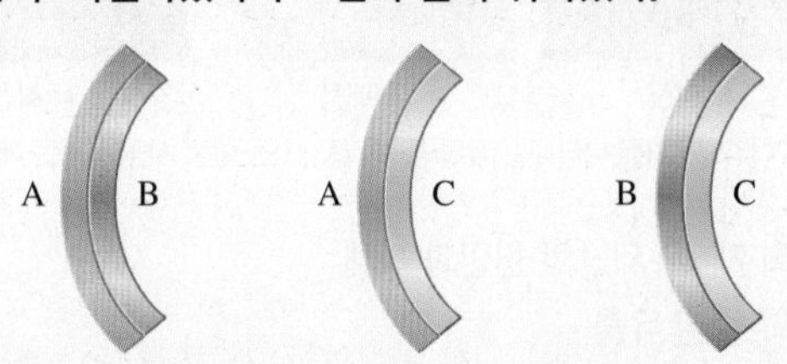

세 금속의 열팽창 정도를 부등호를 이용하여 비교하고, 그 까닭을 서술하시오.

01 재해·재난과 안전

A 재해·재난의 원인과 피해

1 재해·재난 국민의 생명, 신체, 재산과 국가에 피해를 주거나 줄 수 있는 것

구분	자연 재해·재난	사회 재해·재난
의미	자연 현상으로 발생하는 재해·재난	인간의 부주의나 기술상의 문제 등 인간 활동으로 발생하는 재해·재난
예	지진, 태풍, 화산, 홍수, 가뭄, 폭설, 폭염, 황사, 미세먼지 등	화재, 폭발, 붕괴, 환경 오염, 화학 물질 유출, 감염성 질병 확산, 운송 수단 사고 등

2 재해·재난의 원인과 피해 재해·재난이 발생하는 원인을 과학적으로 이해하면 피해를 줄일 수 있다.

(1) 자연 재해·재난의 피해

지진	• 산이 무너지거나 땅이 갈라진다. • 도로나 건물이 무너지고 화재가 발생한다. • 대체로 규모가 큰 지진일수록 피해가 크다. • 해저에서 지진이 일어나면 지진해일이 발생할 수 있다.
태풍	• 강한 바람으로 농작물이나 시설물에 피해를 준다. • 집중 호우를 동반하여 도로를 무너뜨리거나 산사태를 일으킨다. • 태풍이 해안에 접근하는 시기가 만조 시각과 겹치면 해일이 발생할 수 있다. • 태풍이 진행하는 방향의 오른쪽 지역은 왼쪽 지역보다 바람이 강하고 강수량도 많아 피해가 크다.
화산	• 화산재가 사람이 사는 지역을 덮친다. • 용암이 흐르면서 마을이나 농작물에 피해를 준다. • 화산 기체가 대기 중으로 퍼지면 항공기 운행이 중단될 수 있다.

▲ 지진

▲ 태풍

▲ 화산

규모: 지진의 세기를 나타내는 방법 중 하나로, 지진 발생 시 방출되는 에너지의 양을 나타낸 것

(2) 사회 재해·재난의 원인과 피해

① 화학 물질 유출

원인	안전 규정 무시, 작업자의 부주의, 운송 차량 사고, 시설물 노후화 및 결함 등
피해	• 화학 물질이 반응하여 폭발하거나 화재가 발생한다. • 화학 물질이 퍼져 환경이 오염된다. • 피부에 접촉했을 때 수포가 생기거나 호흡했을 때 폐에 손상을 주는 등 각종 질병을 유발한다.

② 감염성 질병 확산 : 감염성 질병은 침, 혈액, 동물, 신체 접촉, 오염된 물 등 다양한 경로를 통해 퍼져 나간다.

감염성 질병	병원체가 동물이나 인간에게 침입하여 발생하는 질병 예 중동호흡기증후군(메르스), 조류 독감, 유행성 눈병, 독감 등
원인	병원체의 진화, 모기나 진드기와 같은 매개체 증가, 교통수단 발달, 인구 이동 증가, 무역 증가 등
피해	• 특정 지역에 그치지 않고 지구적인 규모로 확산하여 큰 피해를 줄 수 있다. • 야생동물에게만 발생하던 질병이 인간에게 감염되어 새로운 감염성 질병이 나타나기도 한다.

병원체: 세균, 바이러스 등 질병을 일으키는 원인이 되는 미생물

B 재해·재난의 대처 방안

1 자연 재해·재난의 대처 방안

지진	• 땅이 불안정한 지역을 피해 건물을 짓고, 건물을 지을 때 내진 설계를 한다. • 내진 설계가 되어 있지 않은 건물에는 내진 구조물을 추가로 설치한다. • 지붕이나 벽을 미리 점검한다. • 큰 가구는 미리 고정하고, 물건을 낮은 곳으로 옮겨 놓는다.
태풍	• 기상 위성 자료 등을 바탕으로 태풍의 이동 경로를 예측하고, 태풍의 예상 진로에 있는 지역에 경보를 내린다. • 해안가에서는 바람막이숲을 조성하거나 제방을 쌓는다. • 창문을 미리 고정하고, 배수구가 막히지 않았는지 확인한다. • 감전의 위험이 있으므로 전기 시설을 만지지 않는다. • 선박을 항구에 결박하고, 운행 중에는 태풍의 이동 경로에서 멀리 대피한다.
화산	• 화산 주변을 관측하고, 인공위성으로 자료를 수집하여 화산 분출을 예측한다. • 화산이 폭발하면 외출을 자제하고, 화산재에 노출되지 않도록 주의한다. • 화산이 폭발할 가능성이 있는 지역에서는 방진 마스크, 손전등, 예비 의약품 등 화산 폭발에 대비하여 필요한 물품을 미리 준비한다.

바람막이숲: 해안가에서 강한 바람의 피해를 막기 위해 만든 숲

2 지진 발생 시 행동 요령

(1) 지진으로 흔들릴 때는 튼튼한 탁자 아래로 들어가 몸을 보호한다.

(2) 흔들림이 멈추면 가스와 전기를 차단하고, 문을 열어 출구를 확보한다.

(3) 건물 밖으로 나갈 때는 승강기를 이용하지 말고 계단을 이용한다.

(4) 건물 밖에서는 가방 등으로 머리를 보호하고, 건물과 거리를 두고 주위를 살피며 대피한다.

(5) 운동장이나 공원 등 넓은 공간으로 대피하고, 안내 방송 등에 따라 행동한다.

(6) 해안가에 있을 때 지진이 발생하거나 지진해일 경보가 발령되면 재빨리 높은 곳으로 대피한다.

▲ 탁자 아래로 몸을 피한다.

▲ 흔들림이 멈추면 가스를 차단한다.

▲ 계단을 이용하여 밖으로 나간다.

3 사회 재해·재난의 대처 방안

구분	대처 방안
화학 물질 유출	• 화학 물질에 직접 노출되지 않도록 주의하고, 최대한 멀리 대피한다. • 유출된 유독가스가 공기보다 밀도가 크면 높은 곳으로 대피하고, 유독가스가 공기보다 밀도가 작으면 낮은 곳으로 대피한다. • 바람이 사고 발생 장소 쪽으로 불면 바람 방향의 반대 방향으로 대피한다. • 바람이 사고 발생 장소에서 불어오면 바람 방향의 직각 방향으로 대피한다.  ▲ 바람이 사고 발생 장소 쪽으로 불 때  ▲ 바람이 사고 발생 장소에서 불어올 때 • 실내로 대피한 경우 창문을 닫고, 외부 공기와 통하는 에어컨, 환풍기의 작동을 멈춘다. • 화학 물질에 노출되었을 때는 즉시 병원에 가서 진찰받는다.
감염성 질병 확산	• 증상, 감염 경로 등 해당 질병에 대한 정보를 정확하게 알고 대처한다. • 병원체가 쉽게 증식할 수 없는 환경을 만들고, 확산 경로를 차단한다. • 비누를 사용하여 손을 자주 씻고, 식재료를 깨끗이 씻는다. • 식수는 끓인 물이나 생수를 사용하고, 음식물을 충분히 익혀 먹는다. • 기침을 할 경우 코와 입을 가리고, 기침이 계속되면 마스크를 착용한다. • 평소에 예방 접종을 받고, 건강한 식습관으로 면역력을 키운다. • 설사, 발열 및 호흡기 이상 증상이 나타나면 즉시 의료 기관을 방문한다. • 해외 여행객은 귀국 시 이상 증상이 나타나면 검역관에게 신고한다.

개념 확인하기

정답과 해설 22쪽

1 국민의 생명, 신체, 재산과 국가에 피해를 주거나 줄 수 있는 것을 (   )이라고 한다.

2 재해·재난은 발생하는 (   )에 따라 자연 현상으로 발생하는 (   ) 재해·재난과 인간 활동으로 발생하는 (   ) 재해·재난으로 구분할 수 있다.

3 보기에서 사회 재해·재난에 해당하는 것을 모두 고르시오.

보기
ㄱ. 태풍　　ㄴ. 폭발　　ㄷ. 황사
ㄹ. 가뭄　　ㅁ. 화재　　ㅂ. 운송 수단 사고

4 해저에서 지진이 일어나면 (   )이 발생하여 사람이나 항구의 시설, 선박 등에 큰 피해를 줄 수 있다.

5 (   )은 병원체가 동물이나 인간에게 침입하여 발생하는 질병이다.

6 지진의 피해를 줄이기 위해 땅이 불안정한 지역을 피해 건물을 짓고, 건물을 지을 때 (   ) 설계를 한다.

7 지진 발생 시 건물 밖으로 나갈 때는 (승강기, 계단)을 이용한다.

8 해안가에 바람막이숲을 조성하고 제방을 설치하는 것은 (지진, 태풍, 화산)에 대처하기 위한 방안이다.

9 화학 물질 유출 시 바람이 사고 발생 장소 쪽으로 불면 바람 방향의 (   ) 방향으로 대피하고, 바람이 사고 발생 장소에서 불어오면 바람 방향의 (   ) 방향으로 대피한다.

10 비누로 손을 자주 씻고, 음식을 충분히 익혀 먹는 것은 (화학 물질 유출, 감염성 질병 확산)의 피해를 줄이기 위한 대처 방안이다.

족집게 문제

핵심 족보

A 1 재해·재난의 피해 ★★

지진	• 대체로 규모가 큰 지진일수록 피해가 크다. • 해저에서 지진이 일어나면 지진해일이 발생할 수 있다.
태풍	• 태풍이 해안에 접근하는 시기가 만조 시각과 겹치면 해일이 발생할 수 있다. • 태풍이 진행하는 방향의 오른쪽 지역은 왼쪽 지역보다 피해가 크다.
화산	• 용암이나 화산재에 의해 피해가 발생한다. • 화산 기체가 대기 중으로 퍼지면 항공기 운행이 중단될 수 있다.
화학 물질 유출	• 폭발이나 화재가 발생할 수 있다. • 각종 질병을 유발하고, 환경을 오염시킨다.
감염성 질병 확산	특정 지역에 그치지 않고 지구적인 규모로 확산하여 큰 피해를 줄 수 있다.

B 2 재해·재난의 대처 방안 ★★★

지진	• 땅이 불안정한 지역을 피해 건물을 짓는다. • 건물을 지을 때 내진 설계를 한다. • 큰 가구는 미리 고정한다. • 건물 밖으로 나갈 때는 계단을 이용한다.
태풍	• 태풍의 이동 경로를 예측하고, 경보를 내린다. • 해안가에 바람막이숲을 조성하거나 제방을 쌓는다. • 창문을 고정하고, 배수구를 확인한다. • 선박을 항구에 결박하고, 운행 중에는 태풍의 이동 경로에서 멀리 대피한다.
화산	• 화산 주변을 관측하고, 화산 분출을 예측한다. • 화산재에 노출되지 않도록 주의한다. • 화산이 폭발할 가능성이 있는 지역에서는 필요한 물품을 미리 준비한다.
화학 물질 유출	• 유출된 유독가스가 공기보다 밀도가 크면 높은 곳으로 대피한다. • 바람이 사고 발생 장소에서 불어오면 바람 방향의 직각 방향으로 대피한다. • 실내로 대피한 경우 창문을 닫고, 외부 공기와 통하는 에어컨, 환풍기의 작동을 멈춘다.
감염성 질병 확산	• 비누를 사용하여 손을 자주 씻는다. • 식수는 끓인 물이나 생수를 사용한다. • 기침을 할 경우 코와 입을 가린다. • 설사, 발열 및 호흡기 이상 증상이 나타나면 즉시 의료 기관을 방문한다. • 해외 여행객은 귀국 시 이상 증상이 나타나면 검역관에게 신고한다.

Step 1 반드시 나오는 문제

1 보기에서 자연 재해·재난을 모두 고른 것은?

보기
ㄱ. 황사　　ㄴ. 폭설
ㄷ. 붕괴　　ㄹ. 감염성 질병 확산
ㅁ. 환경 오염　　ㅂ. 지진

① ㄱ, ㄴ, ㄷ　② ㄱ, ㄴ, ㅂ　③ ㄴ, ㄹ, ㅁ
④ ㄷ, ㄹ, ㅂ　⑤ ㄹ, ㅁ, ㅂ

2 지진에 대한 설명으로 옳은 것을 보기에서 모두 고른 것은?

보기
ㄱ. 대체로 규모가 작은 지진일수록 피해가 크다.
ㄴ. 지진이 발생하면 산이 무너지거나 땅이 갈라진다.
ㄷ. 해저에서 지진이 일어나면 지진해일이 발생할 수 있다.

① ㄱ　② ㄴ　③ ㄱ, ㄴ
④ ㄴ, ㄷ　⑤ ㄱ, ㄴ, ㄷ

3 감염성 질병에 대한 설명으로 옳지 않은 것은?

① 병원체가 동물이나 인간에게 침입하여 발생하는 질병이다.
② 침, 혈액, 동물, 신체 접촉, 오염된 물 등 다양한 경로를 통해 퍼져 나간다.
③ 야생동물에게만 발생하던 질병이 인간에게 감염되어 새로운 질병이 나타나기도 한다.
④ 교통수단이 발달함에 따라 감염성 질병이 넓은 지역으로 확산할 가능성은 점점 낮아지고 있다.
⑤ 감염성 질병 확산을 예방하려면 개인위생 관리를 철저히 해야 한다.

난이도 ●●● 시험에 꼭 나오는 출제 가능성이 높은 예상 문제로 구성하고, 난이도를 표시하였습니다.

4 지진의 대처 방안에 대한 설명으로 옳지 않은 것은?

① 평소에 지진 발생 시 행동 요령을 익힌다.
② 큰 가구는 미리 고정하고, 물건을 낮은 곳으로 옮긴다.
③ 지진으로 흔들릴 때는 즉시 가스와 전기를 차단한다.
④ 내진 설계가 되어 있지 않은 건물에는 내진 구조물을 추가로 설치한다.
⑤ 해안가에 있을 때 지진해일 경보가 발령되면 재빨리 높은 곳으로 대피한다.

5 태풍의 대처 방안으로 옳지 않은 것은?

① 배수구가 막히지 않았는지 확인한다.
② 창문을 고정하고, 실내에 있을 때는 창문에서 멀리 떨어져 있는다.
③ 기상 위성 자료 등을 바탕으로 태풍의 이동 경로를 예측한다.
④ 해안가에서는 바람막이숲을 조성한다.
⑤ 선박이 태풍의 이동 경로에서 운행 중인 경우 태풍 진행 방향의 오른쪽 지역으로 대피한다.

6 화학 물질 유출 사고의 대처 방안으로 옳은 것을 보기에서 모두 고른 것은?

보기
ㄱ. 화학 물질에 노출된 경우 즉시 병원에 가서 진찰받는다.
ㄴ. 바람이 사고 발생 장소에서 불어오면 바람 방향의 반대 방향으로 대피한다.
ㄷ. 유출된 유독가스가 공기보다 밀도가 크면 높은 곳으로 대피한다.
ㄹ. 실내로 대피한 경우 창문을 닫고 환풍기를 작동한다.

① ㄱ, ㄴ ② ㄱ, ㄷ ③ ㄱ, ㄹ
④ ㄴ, ㄷ ⑤ ㄷ, ㄹ

7 감염성 질병 확산의 피해를 줄이기 위한 대처 방안으로 옳지 않은 것은?

① 음식물을 충분히 익혀 먹는다.
② 기침을 할 경우 코와 입을 가린다.
③ 비누를 사용하여 손을 깨끗이 씻는다.
④ 평소에 예방 접종을 받고, 건강한 식습관으로 면역력을 키운다.
⑤ 해외 여행객은 귀국 시 이상 증상이 나타나면 집에서 충분히 휴식을 취한다.

Step 2 자주 나오는 문제

8 재해·재난에 대한 설명으로 옳지 않은 것은?

① 국민의 생명, 신체, 재산과 국가에 피해를 주거나 줄 수 있는 것을 재해·재난이라고 한다.
② 자연 재해·재난은 자연 현상으로 발생하고, 사회 재해·재난은 인간 활동으로 발생한다.
③ 재해·재난이 발생하는 원인을 과학적으로 이해하면 피해를 줄일 수 있다.
④ 자연 재해·재난은 언제 발생할지 정확하게 예측하여 대비할 수 있다.
⑤ 화재, 붕괴, 환경 오염, 운송 수단 사고는 사회 재해·재난에 속한다.

9 다음 설명에 해당하는 재해·재난으로 가장 적당한 것은?

• 강한 바람과 집중 호우를 동반한다.
• 도로를 무너뜨리거나 산사태를 일으킨다.
• 만조 시각과 겹치면 해일이 발생할 수 있다.

① 지진 ② 화산 ③ 태풍
④ 폭설 ⑤ 황사

10 감염성 질병 확산의 원인으로 옳은 것을 보기에서 모두 고른 것은?

보기
ㄱ. 병원체의 진화
ㄴ. 무역 감소
ㄷ. 의료 기술 발달
ㄹ. 교통수단 발달
ㅁ. 모기와 같은 매개체 감소

① ㄱ, ㄴ ② ㄱ, ㄹ ③ ㄱ, ㄹ, ㅁ
④ ㄴ, ㄷ, ㄹ ⑤ ㄷ, ㄹ, ㅁ

11 지진이 발생했을 때 행동 요령으로 옳은 것을 보기에서 모두 고른 것은?

보기
ㄱ. 지진으로 흔들릴 때는 탁자 아래로 들어가 몸을 보호한다.
ㄴ. 흔들림이 멈추면 문을 열어 출구를 확보한다.
ㄷ. 건물 밖으로 나갈 때는 승강기를 타고 빠르게 이동한다.
ㄹ. 운동장이나 공원 등 넓은 공간으로 대피하고, 안내 방송에 따라 행동한다.

① ㄱ, ㄴ ② ㄱ, ㄷ ③ ㄴ, ㄷ
④ ㄱ, ㄴ, ㄹ ⑤ ㄴ, ㄷ, ㄹ

12 재해·재난의 대처 방안에 대한 설명으로 옳지 않은 것은?

① 태풍이 올 때는 선박을 항구에 결박한다.
② 화산이 폭발하면 화산재에 노출되지 않도록 주의한다.
③ 건물을 설계할 때 지진에 대비하여 내진 설계를 한다.
④ 화학 물질이 유출되면 숨을 편하게 쉴 수 있게 코와 입을 감싸지 않는다.
⑤ 감염성 질병이 발생하면 증상, 감염 경로 등의 정보를 정확하게 알고 대처한다.

Step 3 만점! 도전 문제

13 화학 물질 유출 사고가 발생한 지역에서 그림과 같이 남서풍이 불고 있다.

A가 대피해야 하는 방향으로 가장 적당한 것은?

① 서쪽 ② 북쪽 ③ 남동쪽
④ 남서쪽 ⑤ 북동쪽

서술형 문제

14 다음은 지진이 발생했을 때의 행동 요령에 대해 학생들이 토론한 내용이다.

- 지은 : 지진으로 흔들릴 때는 즉시 문을 열어 출구를 확보해야 해.
- 민우 : 흔들림이 멈추면 가스와 전기를 차단해야 해.
- 지영 : 건물 밖으로 나갈 때는 계단을 이용해야 해.
- 수민 : 건물 밖에서는 가능한 한 큰 건물 주변으로 대피해야 해.

행동 요령을 잘못 설명한 학생 2명을 고르고, 각각 옳게 고쳐 쓰시오.

15 다음은 어떤 사회 재해·재난의 사례에 대한 설명이다.

2015년 우리나라에서 중동호흡기증후군(메르스) 환자가 처음 발생하였고, 초기에 신속하게 대처하지 못해 피해가 매우 커졌다.

(1) 위와 같은 재해·재난을 무엇이라고 하는지 쓰시오.

(2) (1)과 같은 재해·재난의 피해를 줄이기 위해 개인이 지켜야 할 행동 요령을 두 가지만 서술하시오.

시험 하루 전!! 끝내주는~

내공 점검

1 동물 몸의 구성 단계에 대한 설명으로 옳은 것은?

① 배설계는 조직계에 해당한다.
② 심장, 폐, 혈구 등은 동물의 기관이다.
③ 기관은 하나의 조직으로만 이루어진다.
④ 위, 소장, 대장 등이 모여 소화계를 이룬다.
⑤ 세포 → 조직 → 조직계 → 기관 → 개체의 단계로 이루어진다.

2 다음은 (가)~(다) 세 가지 영양소에 대한 설명이다.

(가) 1 g 당 약 9 kcal의 에너지를 낸다.
(나) 주로 몸을 구성하며, 에너지원으로도 쓰인다.
(다) 나트륨, 칼륨 등이 있으며, 몸의 기능을 조절한다.

(가)~(다)에 해당하는 영양소를 옳게 짝 지은 것은?

	(가)	(나)	(다)
①	지방	단백질	탄수화물
②	지방	단백질	무기염류
③	단백질	탄수화물	무기염류
④	탄수화물	물	바이타민
⑤	탄수화물	지방	무기염류

3 영양소에 대한 설명으로 옳지 않은 것은?

① 무기염류는 몸을 구성한다.
② 단백질은 몸의 기능을 조절하지 않는다.
③ 탄수화물은 주로 에너지원으로 사용된다.
④ 몸의 구성 성분 중 가장 많은 것은 물이다.
⑤ 참기름, 버터, 깨 등에는 지방이 많이 들어 있다.

4 다음은 어떤 사람이 아침에 먹은 음식에 들어 있는 영양소의 양이다.

• 포도당 12 g • 단백질 30 g • 바이타민 C 1 mg
• 물 1 L • 나트륨 5 mg

이 음식으로 얻을 수 있는 총 에너지양(kcal)을 구하시오.

5 어떤 음식물 속에 들어 있는 영양소의 종류를 알아보기 위해 그림과 같이 4개의 시험관에 음식물을 넣고 검출 용액을 첨가하였다. 단, 시험관 A는 가열 과정을 거쳤다.

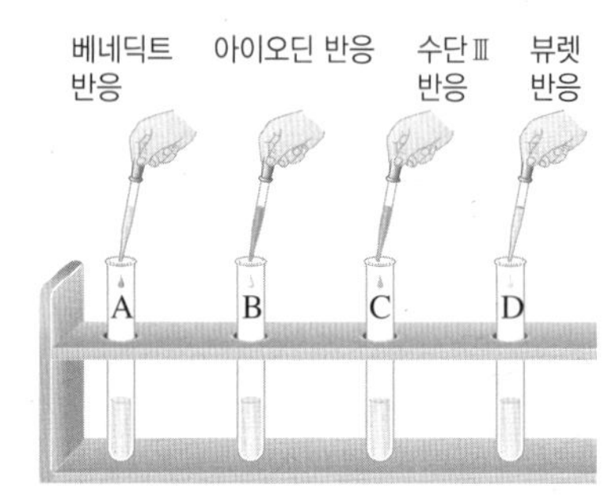

실험 결과가 표와 같을 때 이 음식물 속에 들어 있는 영양소끼리 옳게 짝 지은 것은?

시험관	A	B	C	D
색깔 변화	황적색	변화 없음	선홍색	변화 없음

① 녹말, 지방
② 당분, 지방
③ 지방, 단백질
④ 녹말, 단백질
⑤ 당분, 단백질

6 입에서의 소화에 대한 설명으로 옳지 않은 것은?

① 녹말이 분해된다.
② 침 속에는 아밀레이스가 들어 있다.
③ 단백질이 최종 소화 산물로 분해된다.
④ 밥을 오래 씹으면 단맛이 나는 까닭은 녹말이 엿당으로 분해되기 때문이다.
⑤ 이로 음식물을 잘게 부수면 소화액과 닿는 음식물의 표면적이 넓어져 소화가 잘 일어난다.

7 2개의 시험관 A, B에 녹말 용액을 넣은 후 그림과 같이 장치하고, 일정 시간 후 베네딕트 용액을 각 시험관에 넣고 가열하였다.

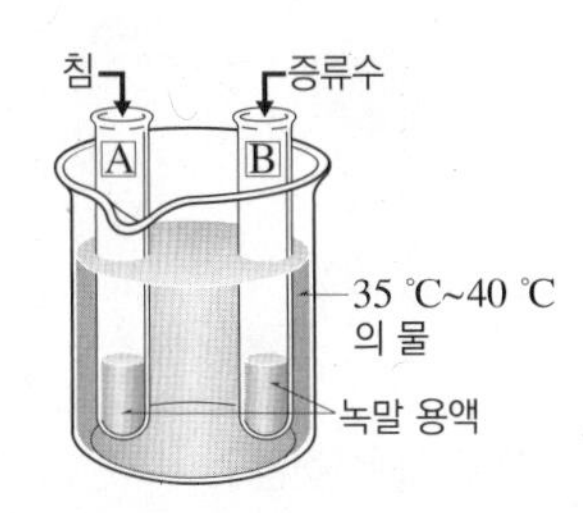

이에 대한 설명으로 옳은 것은?

① 물에는 녹말을 분해하는 물질이 포함되어 있다.
② 침 속의 소화 효소는 체온 범위에서 활발하게 작용한다.
③ 시험관 A에서는 색깔 변화가 나타나지 않는다.
④ 시험관 A에 아이오딘 - 아이오딘화 칼륨 용액을 넣으면 청람색이 나타난다.
⑤ 시험관 B에서는 황적색이 나타난다.

8 오른쪽 그림은 사람의 소화계 중 일부를 나타낸 것이다. 각 부분에 대한 설명으로 옳지 <u>않은</u> 것은?

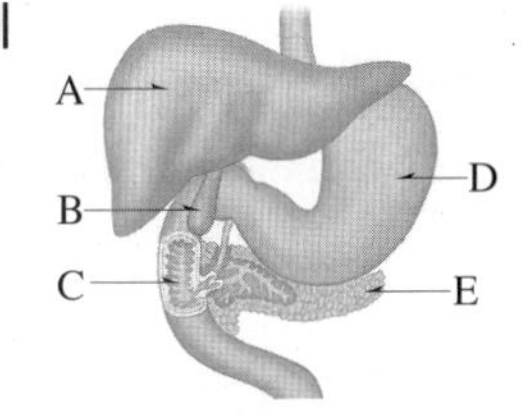

① A에서 지방 소화 효소가 생성된다.
② B에는 소화 효소가 없는 소화액이 저장된다.
③ 이자액과 쓸개즙은 C로 분비된다.
④ 단백질은 D에서 처음으로 분해된다.
⑤ E에서 3대 영양소의 소화 효소가 모두 들어 있는 소화액이 분비된다.

9 소화 과정을 거치지 않고 흡수될 수 있는 영양소로 옳은 것은?

① 녹말 ② 엿당 ③ 지방
④ 단백질 ⑤ 무기염류

10 그림은 녹말의 소화 과정을 나타낸 것이다.

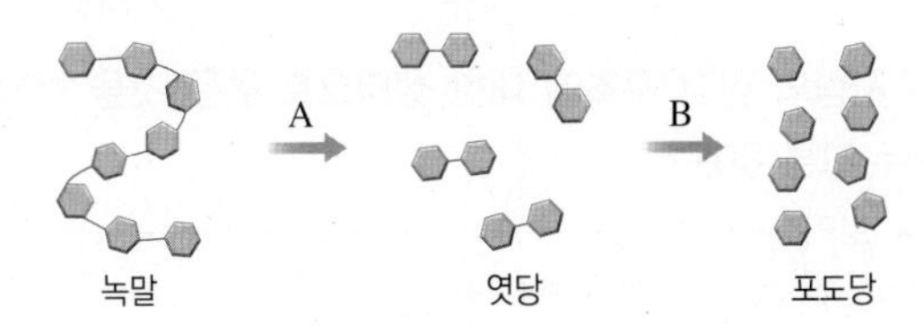

A, B 과정에 작용하는 소화 효소를 옳게 짝 지은 것은?

	A	B
①	펩신	트립신
②	펩신	소장의 탄수화물 소화 효소
③	아밀레이스	라이페이스
④	아밀레이스	소장의 탄수화물 소화 효소
⑤	라이페이스	쓸개즙

11 소화 효소가 분해하는 영양소와 소화 산물을 옳게 짝 지은 것은?

	소화 효소	분해 영양소	소화 산물
①	펩신	단백질	지방산
②	염산	단백질	아미노산
③	트립신	녹말	엿당
④	아밀레이스	녹말	포도당
⑤	라이페이스	지방	모노글리세리드

12 오른쪽 그림은 융털의 구조를 나타낸 것이다. B로 흡수되는 영양소가 <u>아닌</u> 것을 모두 고르면?(2개)

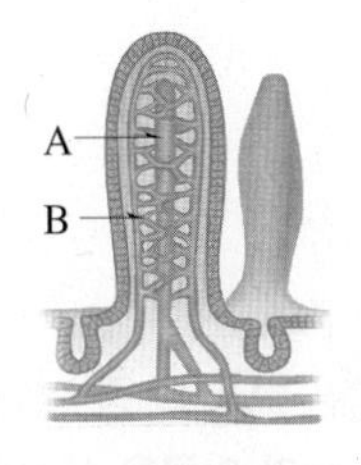

① 포도당 ② 지방산
③ 무기염류 ④ 아미노산
⑤ 모노글리세리드

1 사람의 심장 구조에 대한 설명으로 옳은 것을 보기에서 모두 고른 것은?

• 보기 •
ㄱ. 우심방에는 폐정맥이 연결되어 있다.
ㄴ. 좌심실에서 온몸으로 혈액이 나간다.
ㄷ. 좌심방과 좌심실에는 동맥혈이 흐른다.
ㄹ. 심방과 심실 사이, 심실과 동맥 사이에 판막이 있다.

① ㄱ, ㄴ ② ㄴ, ㄷ ③ ㄷ, ㄹ
④ ㄱ, ㄴ, ㄷ ⑤ ㄴ, ㄷ, ㄹ

[2~3] 오른쪽 그림은 사람의 심장 구조를 나타낸 것이다.

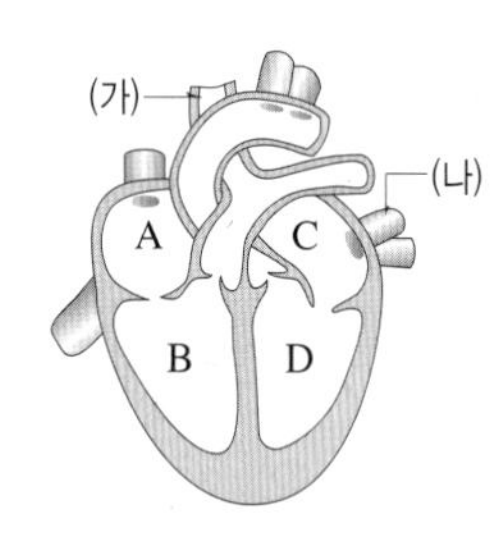

2 이에 대한 설명으로 옳지 않은 것을 모두 고르면? (2개)
① (가)는 정맥혈이 흐르는 혈관이다.
② (나)는 폐로 나가는 혈액이 흐르는 혈관이다.
③ 온몸을 지나온 혈액은 A로 들어온다.
④ A와 B 사이, C와 D 사이에는 판막이 있다.
⑤ B와 D에 연결된 혈관은 정맥이다.

3 A~D 중 혈액을 심장에서 내보내는 곳을 모두 골라 기호와 이름을 쓰시오.

4 그림은 혈관이 연결된 모습을 나타낸 것이다.

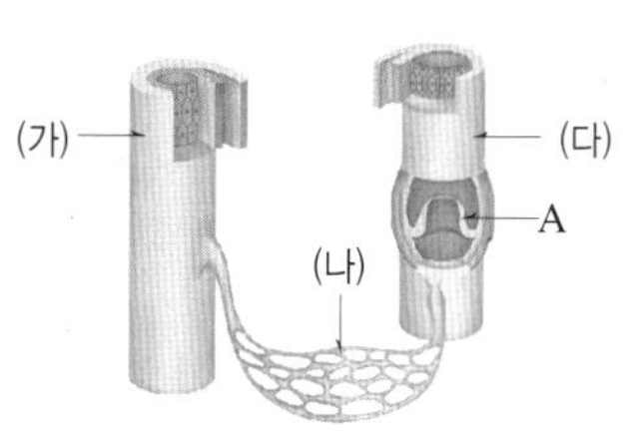

이에 대한 설명으로 옳은 것은?
① (가)는 정맥, (나)는 모세 혈관, (다)는 동맥이다.
② (가)는 조직 세포와 물질 교환을 하는 혈관이다.
③ 혈압이 가장 높은 혈관은 (다)이다.
④ 혈액은 (다) → (나) → (가) 방향으로 흐른다.
⑤ A는 혈액이 거꾸로 흐르는 것을 막는다.

5 정맥에 대한 설명으로 옳은 것을 모두 고르면?(2개)
① 판막이 있다.
② 혈압이 가장 낮다.
③ 심장에서 나오는 혈액이 흐른다.
④ 혈액이 흐르는 속도가 가장 느리다.
⑤ 혈관 벽이 가장 두껍고 탄력성이 강하다.

6 그림은 모세 혈관에서 주변 조직 세포와 물질 교환이 일어나는 모습을 나타낸 것이다.

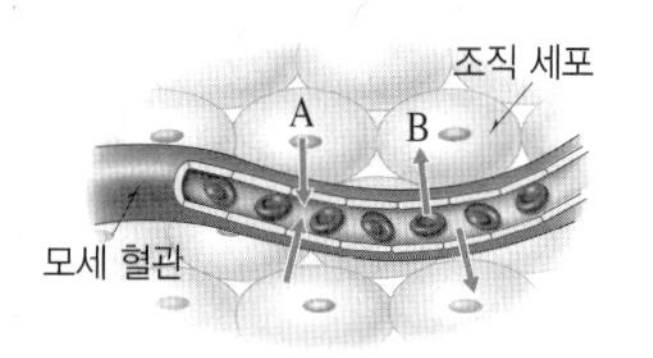

A, B 방향으로 이동하는 물질을 옳게 짝 지은 것은?

	A	B
①	산소, 영양소	이산화 탄소, 노폐물
②	산소, 노폐물	이산화 탄소, 영양소
③	산소, 이산화 탄소	영양소, 노폐물
④	이산화 탄소, 노폐물	산소, 영양소
⑤	이산화 탄소, 영양소	산소, 노폐물

7 혈액 성분에 대한 설명으로 옳지 않은 것은?

① 혈액은 세포 성분인 혈장과 액체 성분인 혈구로 이루어져 있다.
② 백혈구는 식균 작용을 한다.
③ 적혈구는 온몸의 조직 세포에 산소를 전달한다.
④ 혈소판은 상처 부위의 혈액을 응고시켜 딱지를 만들고 출혈을 막는다.
⑤ 혈장에는 영양소, 노폐물, 이산화 탄소 등이 들어 있어 이러한 물질을 운반한다.

[8~9] 그림은 혈액의 성분을 나타낸 것이다.

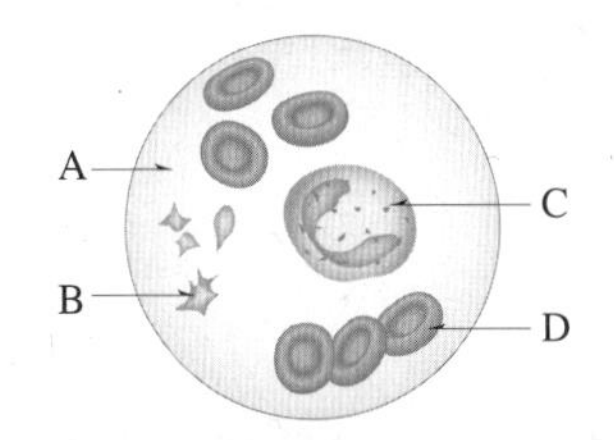

8 A~D에 대한 설명으로 옳은 것은?

① A : 혈소판이다.
② B : 혈액 응고 작용을 한다.
③ B : 핵이 있고, 산소를 운반한다.
④ C : 헤모글로빈이라는 붉은색 색소가 있다.
⑤ D : 혈액의 액체 성분으로, 붉은색을 띤다.

9 (가)~(다)의 현상과 관계가 가장 깊은 혈구의 기호를 옳게 짝 지은 것은?

(가) 부족하면 빈혈이 일어날 수 있다.
(나) 세균에 감염된 환자의 혈액에서 많이 관찰된다.
(다) 부족하면 작은 상처에서도 출혈이 많이 일어날 수 있다.

	(가)	(나)	(다)
①	B	D	C
②	C	B	D
③	C	D	B
④	D	B	C
⑤	D	C	B

10 오른쪽 그림은 사람의 순환계를 나타낸 것이다. 온몸의 조직 세포에 산소와 영양소를 공급하기 위한 혈액 순환 과정을 순서대로 옳게 나열한 것은?

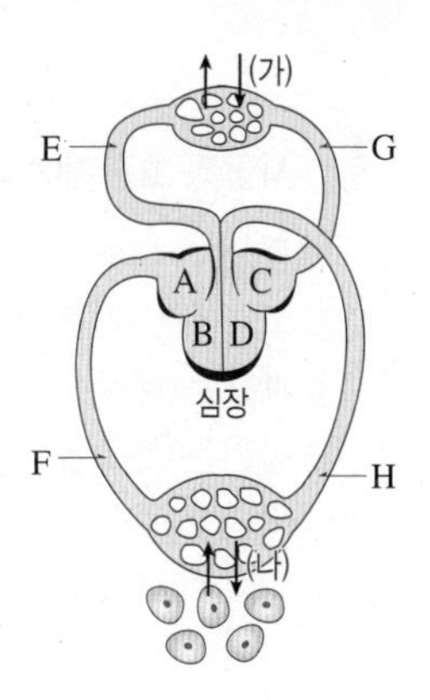

① A → E → (가) → G → D
② B → E → (가) → G → C
③ B → F → (나) → H → D
④ D → G → (가) → E → B
⑤ D → H → (나) → F → A

[11~12] 다음은 혈액 순환 경로 중 하나를 나타낸 것이다.

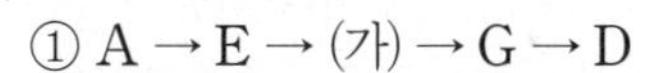

11 이와 같은 혈액 순환이 일어나는 까닭으로 옳은 것은?

① 폐에 산소를 공급하기 위해서
② 조직 세포에 산소와 영양소를 공급하기 위해서
③ 폐에서 이산화 탄소를 내보내고, 산소를 얻기 위해서
④ 조직 세포에서 이산화 탄소와 노폐물을 받아오기 위해서
⑤ 혈액의 산소 농도와 이산화 탄소 농도를 같게 유지하기 위해서

12 (가)와 (나)의 혈액에서 가장 크게 차이가 나는 것은?

① 혈장의 부피
② 산소의 농도
③ 혈소판의 수
④ 적혈구의 크기
⑤ 백혈구의 크기

1 사람의 호흡계에 대한 설명으로 옳지 않은 것은?

① 폐는 스스로 수축하고 이완할 수 있다.
② 코, 기관, 기관지, 폐 등으로 이루어져 있다.
③ 폐포는 폐를 구성하는 작은 공기주머니이다.
④ 공기는 콧속을 지나면서 따뜻해지고 축축해진다.
⑤ 코와 기관을 지나면서 먼지나 세균 등이 걸러진다.

2 오른쪽 그림은 폐포의 구조를 나타낸 것이다. 이와 같은 구조를 통해 얻을 수 있는 장점으로 옳은 것은?

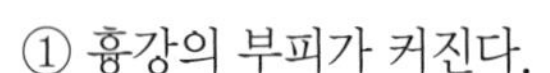

① 흉강의 부피가 커진다.
② 모세 혈관의 표면적이 줄어든다.
③ 갈비뼈와 가로막의 움직임이 원활해진다.
④ 기체의 이동이 최소한으로 일어나게 한다.
⑤ 폐에서 기체 교환이 효율적으로 일어날 수 있다.

3 2개의 비커에 석회수를 넣은 후 그림과 같이 A에는 공기 펌프로 공기를 넣고, B에는 입김을 불어넣었다.

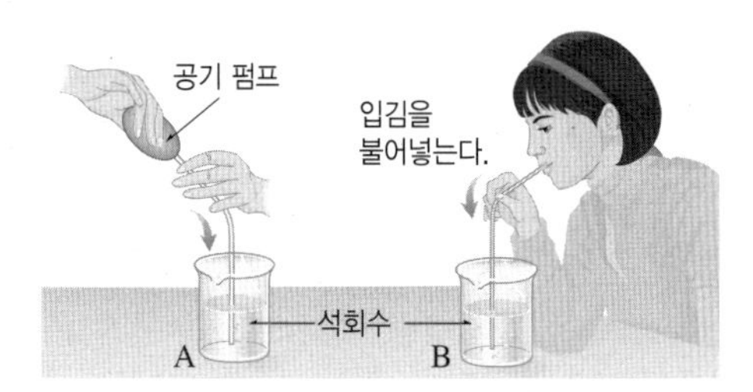

석회수가 더 빨리 뿌옇게 변하는 비커의 기호와 이를 통해 알 수 있는 사실을 옳게 짝 지은 것은?

① A, 날숨보다 들숨에 산소가 더 많이 들어 있다.
② A, 들숨보다 날숨에 이산화 탄소가 더 많이 들어 있다.
③ B, 날숨보다 들숨에 산소가 더 많이 들어 있다.
④ B, 날숨보다 들숨에 이산화 탄소가 더 많이 들어 있다.
⑤ B, 들숨보다 날숨에 이산화 탄소가 더 많이 들어 있다.

4 표는 들숨과 날숨의 성분 중 일부를 나타낸 것이다. A와 B는 각각 산소와 이산화 탄소 중 하나이다.

(단위 : %)

구분	질소	A	B
들숨	78.63	20.84	0.03
날숨	74.5	15.7	3.6

이에 대한 설명으로 옳은 것은?

① A는 이산화 탄소, B는 산소이다.
② A는 호흡계에서 흡수하는 기체이다.
③ A는 모세 혈관에서 폐포로 이동한다.
④ B는 폐포에서 모세 혈관으로 이동한다.
⑤ 적혈구에 의해 B가 조직 세포로 공급된다.

5 사람의 호흡 운동에서 숨을 내쉴 때 흉강의 부피, 흉강의 압력, 가로막의 이동을 옳게 짝 지은 것은?

	흉강의 부피	흉강의 압력	가로막의 이동
①	커진다	높아진다	올라간다
②	커진다	낮아진다	내려간다
③	커진다	변화 없다	내려간다
④	작아진다	높아진다	올라간다
⑤	작아진다	낮아진다	올라간다

6 오른쪽 그림은 사람의 호흡 운동을 설명하기 위한 모형을 나타낸 것이다. 숨을 들이쉴 때 각 부분의 변화로 옳은 것은?

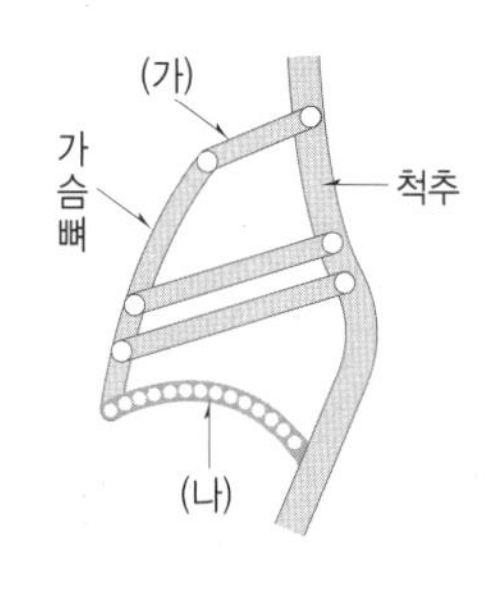

① (가)와 (나) 모두 위로 올라간다.
② (가)와 (나) 모두 아래로 내려간다.
③ (가)는 아래로 내려가고, (나)는 위로 올라간다.
④ (가)는 위로 올라가고, (나)는 아래로 내려간다.
⑤ (가)는 위로 올라가고, (나)는 움직이지 않는다.

7 오른쪽 그림은 호흡 운동의 원리를 알아보기 위한 호흡 운동 모형을 나타낸 것이다. 고무 막을 밀어 올렸을 때 일어나는 현상으로 옳은 것은?

① 고무풍선이 부푼다.
② 페트병 속의 부피가 커진다.
③ 페트병 속의 압력이 높아진다.
④ 밖에서 고무풍선으로 공기가 들어온다.
⑤ 숨을 들이쉴 때와 같은 원리이다.

8 호흡 운동에 대한 설명으로 옳지 <u>않은</u> 것은?

① 폐의 부피가 커질 때 폐 내부 압력이 낮아진다.
② 흉강의 압력이 낮아지면 폐의 부피가 작아진다.
③ 폐 내부 압력이 대기압보다 낮을 때 들숨이 일어난다.
④ 갈비뼈가 올라가고 가로막이 내려가면 흉강의 부피가 커진다.
⑤ 폐 내부 압력이 대기압보다 높을 때 폐에서 몸 밖으로 공기가 나간다.

9 우리 몸에서 기체 교환이 일어나는 과정을 옳게 설명한 것은?

① 모세 혈관에서 폐포로 산소가 확산된다.
② 폐포에서 모세 혈관으로 산소가 확산된다.
③ 조직 세포에서 모세 혈관으로 산소가 확산된다.
④ 폐포에서 모세 혈관으로 이산화 탄소가 확산된다.
⑤ 모세 혈관에서 조직 세포로 이산화 탄소가 확산된다.

10 폐포와 모세 혈관, 모세 혈관과 조직 세포 사이의 기체 농도를 옳게 비교한 것을 모두 고르면?(2개)

① 산소 : 폐포 < 모세 혈관, 모세 혈관 < 조직 세포
② 산소 : 폐포 > 모세 혈관, 모세 혈관 < 조직 세포
③ 산소 : 폐포 > 모세 혈관, 모세 혈관 > 조직 세포
④ 이산화 탄소 : 폐포 < 모세 혈관, 모세 혈관 < 조직 세포
⑤ 이산화 탄소 : 폐포 > 모세 혈관, 모세 혈관 > 조직 세포

11 오른쪽 그림은 폐에서 일어나는 기체 교환을 나타낸 것이다. 이에 대한 설명으로 옳지 <u>않은</u> 것은?

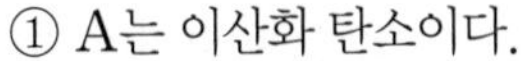
① A는 이산화 탄소이다.
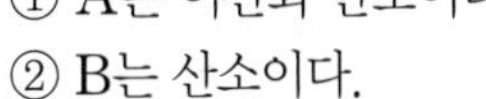
② B는 산소이다.
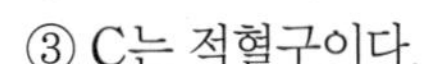
③ C는 적혈구이다.
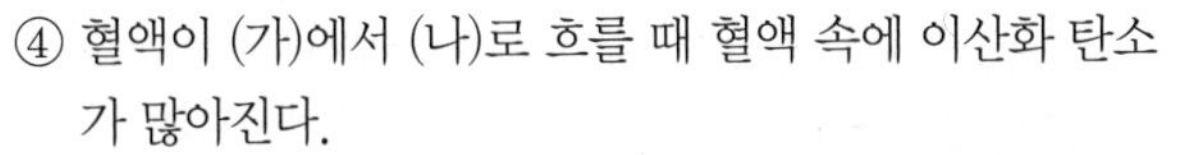
④ 혈액이 (가)에서 (나)로 흐를 때 혈액 속에 이산화 탄소가 많아진다.
⑤ (가)는 폐동맥에서 들어오는 혈액이고, (나)는 폐정맥으로 나가는 혈액이다.

12 그림은 폐와 조직 세포에서의 기체 교환 과정을 나타낸 것이다.

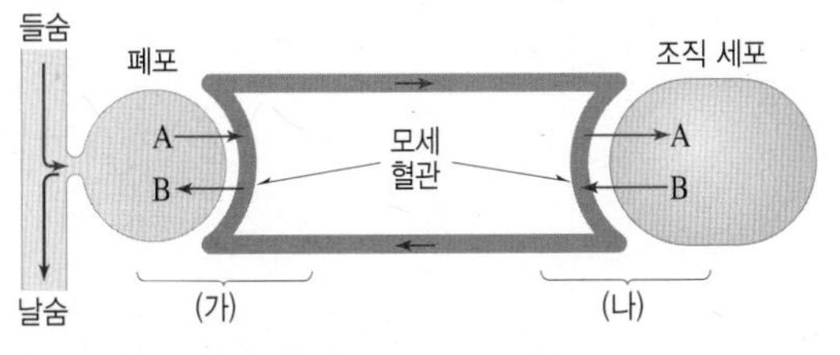

이에 대한 설명으로 옳지 <u>않은</u> 것은?

① A는 산소의 이동 방향이다.
② B는 이산화 탄소의 이동 방향이다.
③ (가)에서의 기체 교환 결과 혈액 속에 산소가 많아지고, 이산화 탄소가 적어진다.
④ (나)에서의 기체 교환 결과 정맥혈이 동맥혈로 바뀐다.
⑤ 기체의 농도가 높은 쪽에서 낮은 쪽으로 기체가 확산된다.

1 노폐물의 생성과 배설에 대한 설명으로 옳지 않은 것은?

① 탄수화물이 분해되면 물과 이산화 탄소가 만들어진다.
② 단백질과 지방이 분해되면 물, 이산화 탄소, 암모니아가 만들어진다.
③ 물은 날숨과 오줌을 통해 몸 밖으로 나간다.
④ 이산화 탄소는 날숨을 통해 몸 밖으로 나간다.
⑤ 암모니아는 요소로 바뀐 다음 오줌을 통해 몸 밖으로 나간다.

2 다음 설명의 ㉠~㉣에 들어갈 알맞은 말을 옳게 짝 지은 것은?

> 생명 활동에 필요한 에너지를 얻기 위해 탄수화물이나 지방을 분해하면 이산화 탄소와 (㉠)이 생기지만, 단백질을 분해하면 이산화 탄소와 (㉠) 이외에도 (㉡)가 생긴다. (㉡)는 독성이 강하므로 (㉢)에서 (㉣)로 바뀐 다음 콩팥에서 걸러져 몸 밖으로 나간다.

	㉠	㉡	㉢	㉣
①	물	요소	이자	암모니아
②	물	요소	간	암모니아
③	물	암모니아	간	요소
④	산소	암모니아	간	요소
⑤	산소	암모니아	이자	요소

3 사람의 배설계에 대한 설명으로 옳지 않은 것은?

① 콩팥, 오줌관, 방광, 요도 등으로 이루어져 있다.
② 콩팥에서 혈액 속의 노폐물을 걸러 오줌을 만든다.
③ 오줌관에는 노폐물이 걸러진 혈액이 흐른다.
④ 방광은 콩팥에서 만들어진 오줌을 모아 두는 곳이다.
⑤ 요도는 방광에 모인 오줌이 몸 밖으로 나가는 통로이다.

4 오른쪽 그림은 콩팥의 구조를 나타낸 것이다. 이에 대한 설명으로 옳은 것은?

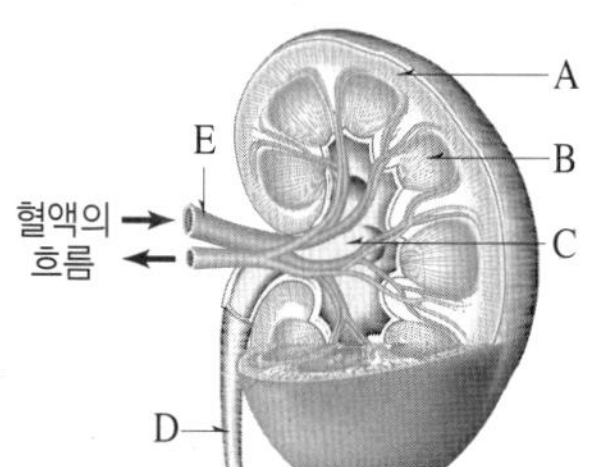

① A는 콩팥 속질이다.
② B는 네프론에서 만들어진 오줌이 모이는 콩팥 깔때기이다.
③ C는 오줌을 저장하는 방광이다.
④ D는 세뇨관으로, 네프론을 구성한다.
⑤ E는 콩팥 동맥이다.

[5~6] 그림은 콩팥의 일부분을 나타낸 것이다.

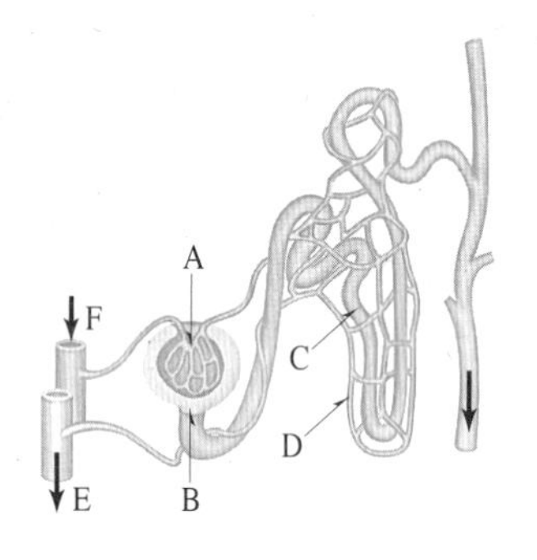

5 네프론을 구성하는 구조를 모두 고른 것은?

① A, B ② B, C ③ A, B, C
④ A, B, D ⑤ B, C, D

6 이에 대한 설명으로 옳은 것을 보기에서 모두 고른 것은?

> 보기
> ㄱ. 혈구는 A에서 B로 이동한다.
> ㄴ. 포도당은 C에서 D로 이동한다.
> ㄷ. E에는 F보다 요소가 적게 포함된 혈액이 흐른다.

① ㄱ ② ㄴ ③ ㄷ
④ ㄱ, ㄴ ⑤ ㄴ, ㄷ

7 그림은 오줌이 생성되는 과정을 모식적으로 나타낸 것이다.

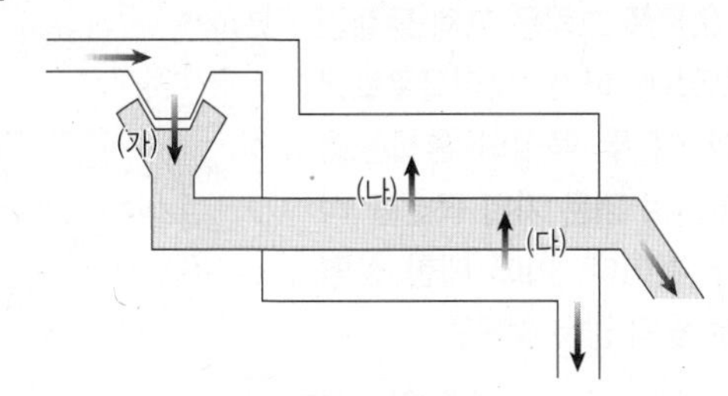

이에 대한 설명으로 옳지 않은 것은?

① (가)는 여과 과정이다.
② (가) 과정에서 이동한 물질은 모두 오줌을 통해 몸 밖으로 나간다.
③ 물과 무기염류는 (나) 과정에서 이동한다.
④ (다)는 분비 과정이다.
⑤ 네프론에서 (가), (나), (다) 과정을 거쳐 오줌이 생성된다.

[8~9] 표는 건강한 사람의 혈액과 여과액, 오줌의 성분을 비교하여 나타낸 것이다. A~C는 각각 단백질, 요소, 포도당 중 하나이다.

(단위 : %)

구분	혈액	여과액	오줌
A	0.03	0.03	2
B	7	0	0
C	0.1	0.1	0

8 A~C의 이름을 쓰시오.

9 이에 대한 설명으로 옳은 것은?

① A는 여과된 후 전부 재흡수된다.
② A와 C는 오줌에 포함되어 있다.
③ B는 여과되지 않는다.
④ B와 C보다 A의 크기가 크다.
⑤ C는 여과된 후 일부만 재흡수된다.

10 다음은 콩팥에서 오줌이 생성되어 배설되는 경로를 나타낸 것이다.

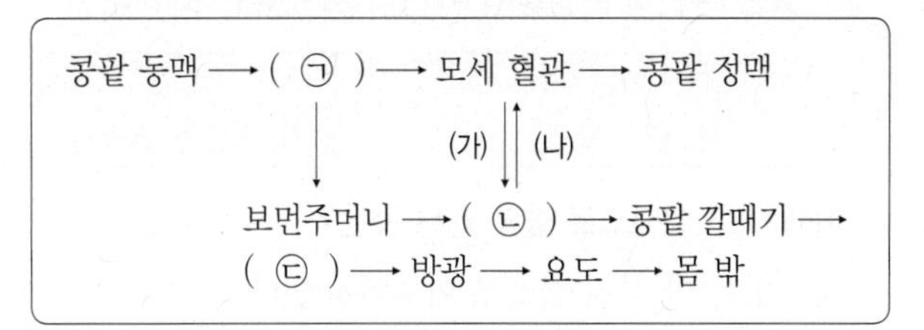

( ) 안에 알맞은 말을 옳게 짝 지은 것은?

	㉠	㉡	㉢
①	사구체	오줌관	세뇨관
②	사구체	세뇨관	오줌관
③	세뇨관	사구체	오줌관
④	세뇨관	오줌관	사구체
⑤	오줌관	세뇨관	사구체

11 세포 호흡에 대한 설명으로 옳지 않은 것은?

① 생명 활동에 필요한 에너지를 얻는 과정이다.
② 세포 호흡에 필요한 산소는 호흡계에서 흡수한다.
③ 세포 호흡에 필요한 영양소는 소화계에서 흡수한다.
④ 세포 호흡으로 발생한 물과 이산화 탄소는 배설계를 통해 몸 밖으로 나간다.
⑤ 세포 호흡이 잘 일어나려면 소화계, 순환계, 호흡계, 배설계가 유기적으로 작용해야 한다.

12 그림은 기관계의 유기적 작용을 나타낸 것이다.

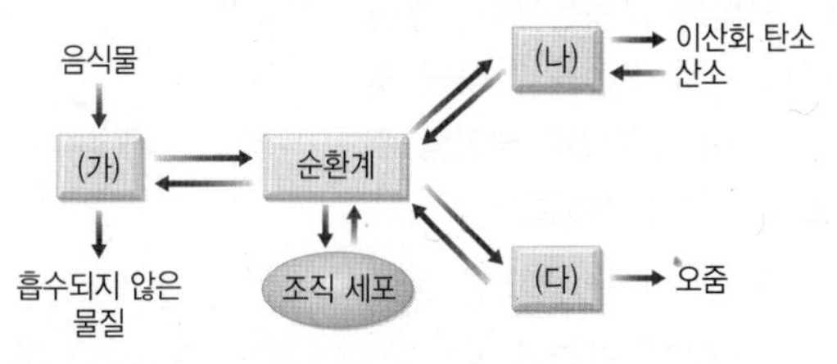

이에 대한 설명으로 옳지 않은 것은?

① (가)는 소화계이다.
② 폐와 기관은 (나)를 구성하는 기관이다.
③ 콩팥과 방광은 (다)를 구성하는 기관이다.
④ 순환계에 의해 산소와 영양소가 조직 세포로 공급된다.
⑤ (가)에서 흡수되지 않은 물질은 오줌을 통해 몸 밖으로 나간다.

1 표는 주변의 물질을 (가)와 (나)로 분류한 것이다.

(가)	(나)
물, 산소, 소금	공기, 소금물, 흙탕물

이에 대한 설명으로 옳지 않은 것은?

① (가)는 한 가지 물질로 이루어져 있다.
② (나)는 성분 물질이 고르게 섞여 있다.
③ (나)는 각 성분 물질의 성질을 그대로 가지고 있다.
④ 에탄올은 (가)에 해당하고, 설탕물은 (나)에 해당한다.
⑤ 물은 끓는점이 일정하지만, 소금물은 끓는점이 일정하지 않다.

2 물질의 특성만으로 옳게 짝 지은 것은?

① 맛, 질량, 온도
② 색깔, 밀도, 질량
③ 길이, 무게, 어는점
④ 냄새, 부피, 끓는점
⑤ 밀도, 용해도, 녹는점

3 오른쪽 그림은 물과 소금물의 가열 곡선을 나타낸 것이다. 이 그림으로 설명할 수 있는 생활 속 현상은?

① 구명조끼를 입으면 물에 가라앉지 않는다.
② 높은 산에서 밥을 하면 쌀이 설익는다.
③ 납에 주석을 섞어 만든 땜납은 금속을 이어붙일 때 사용한다.
④ 국수를 삶을 때 물에 소금을 넣으면 면발이 더 쫄깃쫄깃해진다.
⑤ 겨울철 자동차 냉각수에 부동액을 넣으면 냉각수가 잘 얼지 않는다.

4 오른쪽 그림은 고체 물질인 나프탈렌, 파라-다이클로로벤젠과 이 두 물질의 혼합물을 가열하여 얻은 가열 곡선을 나타낸 것이다. 이에 대한 설명으로 옳지 않은 것은?

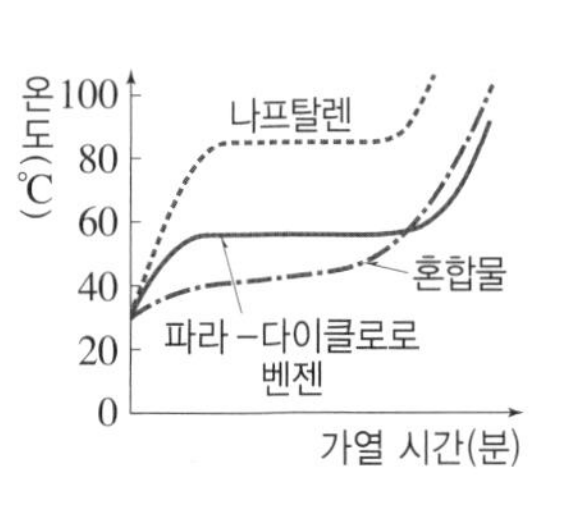

① 순물질의 녹는점은 일정하다.
② 혼합물은 녹는 동안 온도가 일정하지 않다.
③ 혼합물은 순물질보다 높은 온도에서 녹기 시작한다.
④ 녹는점을 비교하면 순물질과 혼합물을 구별할 수 있다.
⑤ 퓨즈를 사용하는 까닭을 설명할 수 있다.

5 오른쪽 그림은 100 mL의 메탄올을 가열할 때의 온도 변화이다. 50 mL의 메탄올을 가열할 때의 실험 결과를 옳게 예측한 것은?(단, 외부 압력과 불꽃의 세기는 같다.)

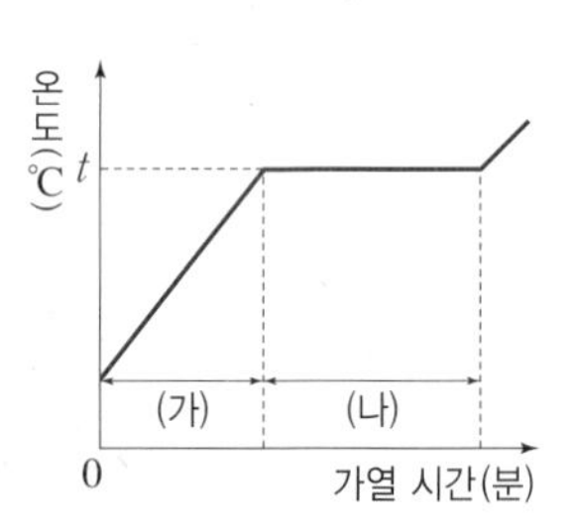

① 100 mL일 때와 같다.
② t는 낮아지고, (가) 구간이 짧아진다.
③ t는 높아지고, (나) 구간이 길어진다.
④ t는 변함없고, (가) 구간이 짧아진다.
⑤ t는 변함없고, (나) 구간이 길어진다.

6 그림은 에탄올 10 mL, 20 mL, 30 mL의 끓는점을 측정하기 위한 장치와 그 결과를 나타낸 것이다.

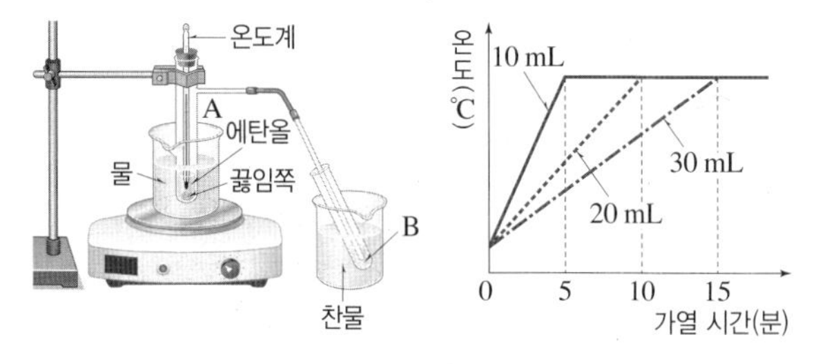

이에 대한 설명으로 옳은 것은?(단, 외부 압력과 불꽃의 세기는 같다.)

① A 시험관에서는 액화가 일어난다.
② B 시험관에서는 기화가 일어난다.
③ 에탄올은 양에 관계없이 끓는점이 일정하다.
④ 에탄올의 양이 많을수록 끓는점에 도달하는 데 걸리는 시간이 짧아진다.
⑤ 온도가 일정한 구간에서는 액체 상태만 존재한다.

7 오른쪽 그림은 액체 물질 A~D의 가열 곡선을 나타낸 것이다. 이에 대한 설명으로 옳지 않은 것은? (단, 외부 압력과 불꽃의 세기는 같다.)

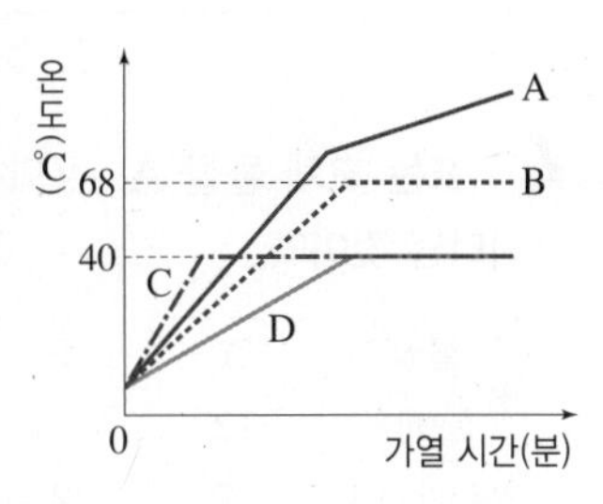

① A는 혼합물, B는 순물질이다.
② B의 끓는점은 68 ℃이다.
③ C와 D는 같은 물질이다.
④ C는 D보다 양이 많다.
⑤ 50 ℃에서 B는 액체 상태, D는 기체 상태이다.

8 공기를 빼낸 주사기 안에 뜨거운 물을 넣은 후 주사기 끝을 고무마개로 막고 피스톤을 잡아 당기면 오른쪽 그림과 같이 주사기 속 물이 끓는다. 물이 끓는 까닭으로 옳은 것은?

① 물의 온도가 100 ℃가 되기 때문
② 물 입자 사이에 잡아당기는 힘이 커지기 때문
③ 물의 양이 적어져 끓는 데 걸리는 시간이 짧아지기 때문
④ 주사기 속 압력이 높아져 물의 끓는점이 높아지기 때문
⑤ 주사기 속 압력이 낮아져 물의 끓는점이 낮아지기 때문

9 녹는점과 어는점에 대한 설명으로 옳지 않은 것은?

① 물질의 종류를 구별할 수 있다.
② 물질이 가지는 고유한 성질이다.
③ 같은 종류의 물질이라도 양에 따라 달라진다.
④ 순수한 고체 물질의 가열 곡선에서 첫 번째 수평한 부분의 온도가 녹는점이다.
⑤ 순수한 물질의 녹는점과 어는점은 같다.

10 그림은 어떤 고체 물질의 가열·냉각 곡선을 나타낸 것이다.

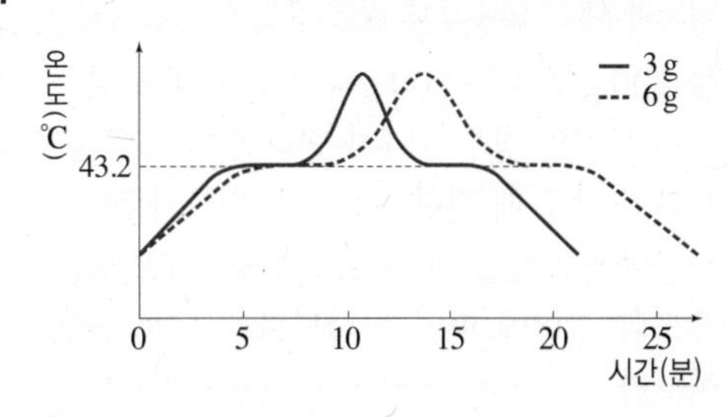

이에 대한 설명으로 옳은 것을 보기에서 모두 고른 것은?

보기
ㄱ. 녹는점과 어는점은 43.2 ℃로 같다.
ㄴ. 물질의 양이 적어지면 녹는점이 낮아진다.
ㄷ. 어는점에서는 액체가 고체로 응고한다.

① ㄷ ② ㄱ, ㄴ ③ ㄱ, ㄷ
④ ㄴ, ㄷ ⑤ ㄱ, ㄴ, ㄷ

11 고체 팔미트산 5 g과 10 g을 가열할 때 얻을 수 있는 그래프로 옳은 것은?(단, 불꽃의 세기는 같다.)

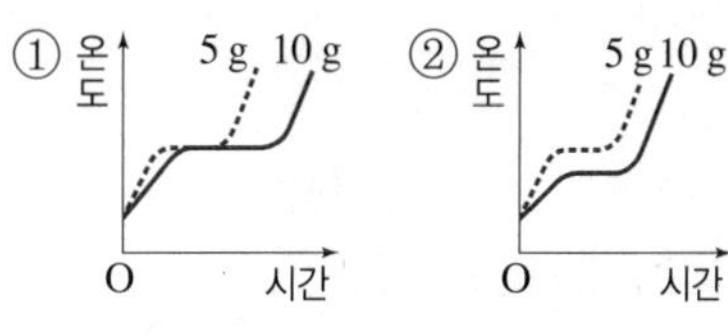

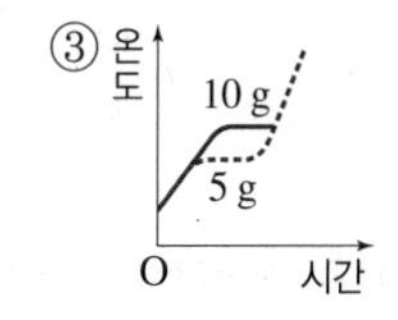

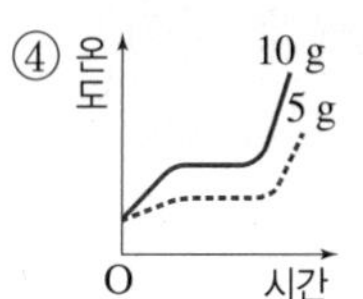

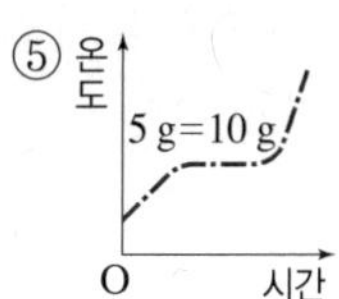

12 그림은 온도에 따른 물질의 상태를 나타낸 것이다.

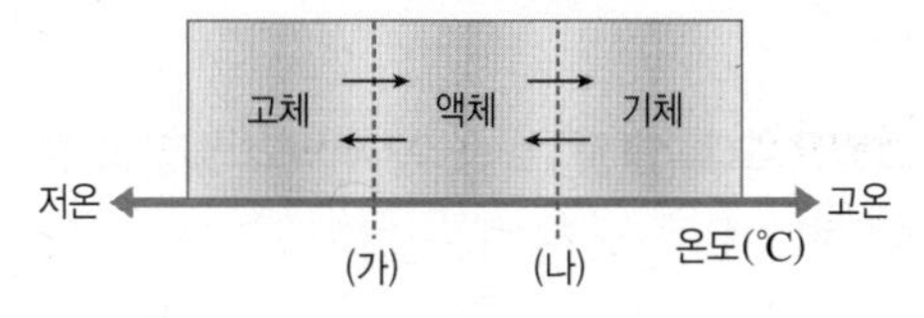

이에 대한 설명으로 옳은 것은?

① (가)는 물질의 끓는점이다.
② (나)는 외부 압력이 높을수록 낮아진다.
③ (가)가 실온보다 높으면 물질은 실온에서 고체 상태로 존재한다.
④ (나)가 실온보다 낮으면 물질은 실온에서 액체 상태로 존재한다.
⑤ 물질을 이루는 입자 사이에 잡아당기는 힘이 강할수록 (나)가 낮다.

1 밀도에 대한 설명으로 옳은 것은?

① 물 100 g보다 물 200 g의 밀도가 더 크다.
② 같은 물질인 경우 상태가 변하면 밀도가 달라진다.
③ 부피가 같을 때 질량이 클수록 밀도가 작다.
④ 소금물에 소금을 더 녹여도 소금물의 밀도는 일정하다.
⑤ 온도와 압력에 따라 변하므로 밀도는 물질의 특성이 아니다.

2 돌의 부피를 측정하기 위해 물 31.0 mL가 들어 있는 눈금실린더에 돌을 넣었더니 전체 부피가 그림과 같이 변하였다.

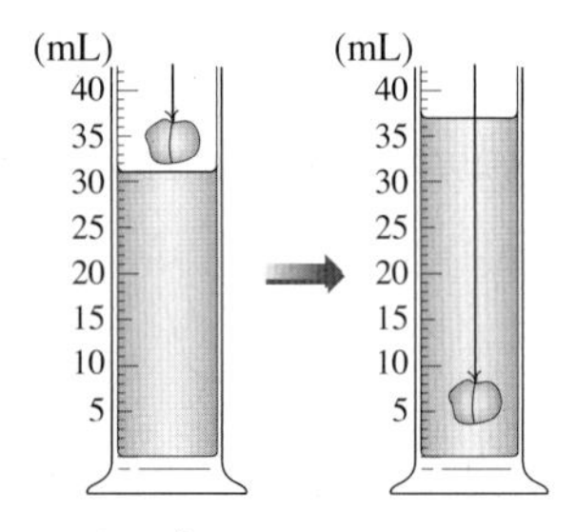

돌의 밀도가 5.6 g/cm^{3}라면 돌의 질량은 몇 g인가?

① 14.0 g ② 25.2 g ③ 33.6 g
④ 50.4 g ⑤ 75.6 g

3 그림은 고체 물질 A~C의 부피와 질량의 관계를 나타낸 것이다.

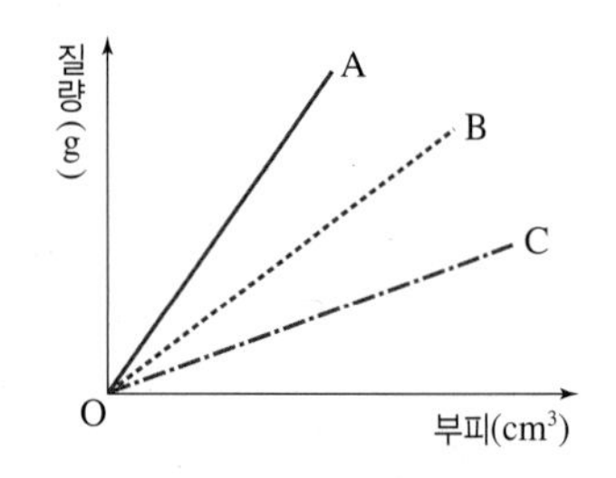

A~C의 밀도 크기를 옳게 비교한 것은?

① A<B<C ② A<C<B ③ B<A<C
④ C<A<B ⑤ C<B<A

4 표는 고체 물질 A~E의 질량과 부피를 측정한 결과를 나타낸 것이다.

물질	A	B	C	D	E
질량(g)	12	14	20	30	36
부피(cm^3)	3	2	4	5	9

A~E 중 같은 종류의 물질을 옳게 짝 지은 것은?

① A, B ② A, E ③ B, C
④ C, D ⑤ D, E

5 그림은 액체 A~C를 비커에 넣었을 때 층을 이룬 모습을 나타낸 것이다.

질량이 5.0 g이고 부피가 2.0 cm^{3}인 물체를 비커에 넣었을 때 이 물체의 위치는?(단, 이 물체는 액체 A~C에 모두 녹지 않는다.)

① 액체 A 위 ② 액체 A와 액체 B 사이
③ 액체 B 속 ④ 액체 B와 액체 C 사이
⑤ 액체 C 아래

6 밀도와 관련된 현상으로 옳지 않은 것은?

① 구명조끼를 입으면 물에 빠져도 가라앉지 않는다.
② 얼음이 물보다 밀도가 크므로 바다 위에 빙산이 뜬다.
③ 헬륨이 공기보다 밀도가 작으므로 헬륨을 넣은 풍선은 위로 떠오른다.
④ LNG는 공기보다 밀도가 작으므로 가스 누출 경보기를 천장 쪽에 설치한다.
⑤ 열기구 내부의 공기를 가열하면 공기가 팽창하면서 주변의 공기보다 밀도가 작아지므로 열기구가 떠오른다.

7 20 °C 물 20 g에 어떤 고체 물질을 12 g 넣어 녹였더니 3 g이 녹지 않고 남았다. 20 °C에서 이 물질의 물에 대한 용해도를 구하시오.

8 그림은 몇 가지 고체 물질의 물에 대한 용해도 곡선을 나타낸 것이다.

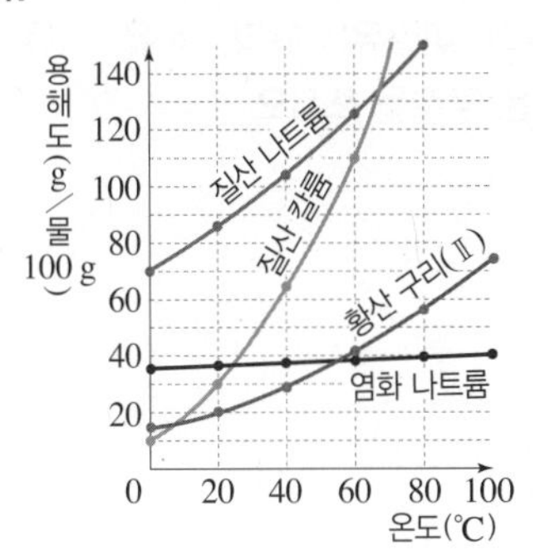

이에 대한 설명으로 옳지 않은 것은?(단, 용매는 모두 물 100 g이다.)

① 온도가 높을수록 고체 물질의 용해도가 커진다.
② 온도에 따른 용해도 변화가 가장 작은 물질은 염화 나트륨이다.
③ 40 °C에서 질산 나트륨의 용해도가 가장 크다.
④ 60 °C에서 질산 칼륨의 용해도가 가장 크다.
⑤ 60 °C에서 포화 용액을 만든 후 20 °C로 냉각할 때 석출되는 결정의 양이 가장 많은 것은 질산 칼륨이다.

9 그림은 어떤 고체 물질의 물에 대한 용해도 곡선을 나타낸 것이다.

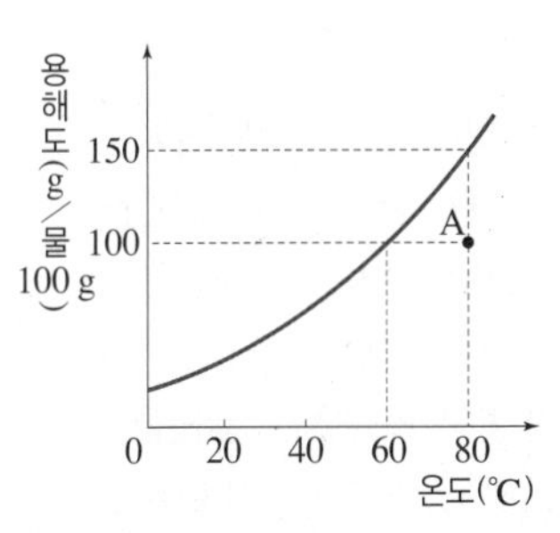

A점의 용액을 포화 용액으로 만들 수 있는 방법으로 옳은 것을 모두 고르면?(2개)

① 용액을 냉각시킨다.
② 용매를 더 넣어 준다.
③ 용질을 더 넣어 준다.
④ 유리막대로 저어 준다.
⑤ 용액의 온도를 높여 준다.

10 표는 질산 나트륨의 물에 대한 용해도를 나타낸 것이다.

온도(°C)	20	40	60	80
용해도(g/물 100 g)	87	104	124	148

80 °C 물 50 g에 질산 나트륨 50 g을 모두 녹인 후 20 °C로 냉각할 때 석출되는 결정의 질량은 몇 g인지 구하시오.

[11~12] 다음은 기체의 용해도에 영향을 주는 요인을 알아보기 위한 실험 과정이다.

(가) 시험관 A~D에 같은 양의 사이다를 넣고 시험관 D만 고무마개로 막는다.
(나) 시험관 A는 얼음물, 시험관 B는 실온의 물, 시험관 C와 D는 50 °C 물이 담긴 비커에 각각 넣는다.
(다) 시험관 A~D에서 발생하는 기포의 양을 비교한다.

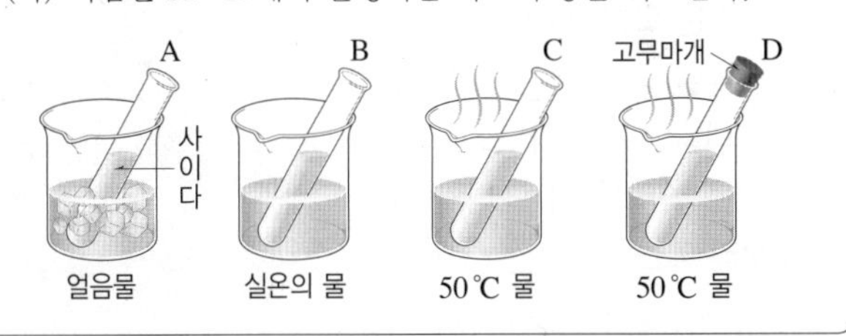

11 이 실험에서 기체의 용해도와 압력의 관계를 알아보기 위해 비교해야 할 시험관을 옳게 짝 지은 것은?

① A, B ② A, C ③ A, D
④ B, D ⑤ C, D

12 시험관 A~C 중 발생하는 기포의 양이 가장 많은 시험관의 기호를 쓰시오.

13 기체의 용해도와 관계있는 생활 속 현상이 아닌 것은?

① 수돗물을 끓이면 소독약 냄새가 없어진다.
② 탄산음료의 마개를 열면 거품이 발생한다.
③ 높은 산 위에 올라가 밥을 지으면 쌀이 설익는다.
④ 더운 여름날 어항 속 물고기가 수면 가까이 올라와 뻐끔거린다.
⑤ 잠수부가 깊은 물속에서 갑자기 물 위로 올라오면 잠수병에 걸릴 수 있다.

1 증류에 대한 설명으로 옳은 것을 보기에서 모두 고른 것은?

보기
ㄱ. 서로 잘 섞이고 끓는점이 다른 액체 상태의 혼합물을 분리할 때 이용한다.
ㄴ. 성분 물질의 끓는점 차가 클수록 분리가 잘 된다.
ㄷ. 혼합물을 가열하면 끓는점이 높은 물질이 먼저 끓어 나온다.

① ㄱ ② ㄱ, ㄴ ③ ㄱ, ㄷ
④ ㄴ, ㄷ ⑤ ㄱ, ㄴ, ㄷ

2 오른쪽 그림은 곡물을 발효하여 만든 탁한 술에서 맑은 소주를 얻을 때 사용하는 소줏고리를 나타낸 것이다. 소줏고리와 같은 원리를 이용한 혼합물의 분리 예는?

① 바닷물에서 식수 얻기
② 천일염에서 정제 소금 얻기
③ 소금물로 좋은 볍씨 고르기
④ 소금물로 신선한 달걀 고르기
⑤ 물에서 모래와 스타이로폼 분리하기

3 그림은 물과 에탄올 혼합물을 분리하기 위한 실험 장치와 가열 시간에 따른 온도 변화를 나타낸 것이다.

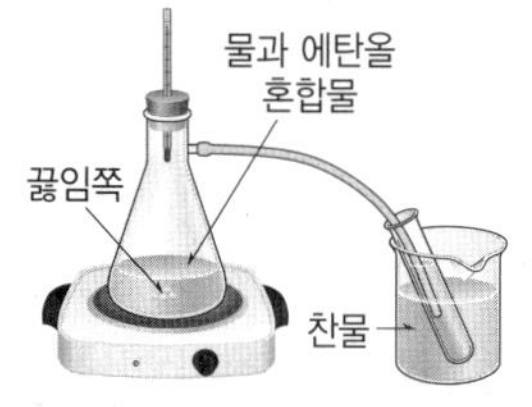

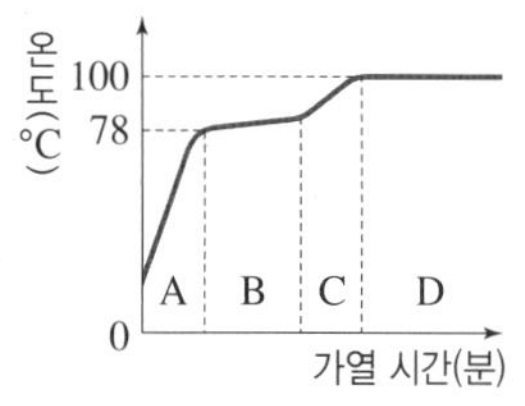

이에 대한 설명으로 옳은 것은?

① 밀도 차를 이용한 혼합물의 분리 방법이다.
② B 구간의 온도는 에탄올의 끓는점보다 약간 낮다.
③ C 구간에서 주로 물이 끓어 나온다.
④ B 구간과 D 구간의 온도 차가 작을수록 분리가 잘 된다.
⑤ 액체가 갑자기 끓어오르는 것을 막기 위해 끓임쪽을 넣는다.

[4~5] 오른쪽 그림은 원유를 분리하는 증류탑을 나타낸 것이다.

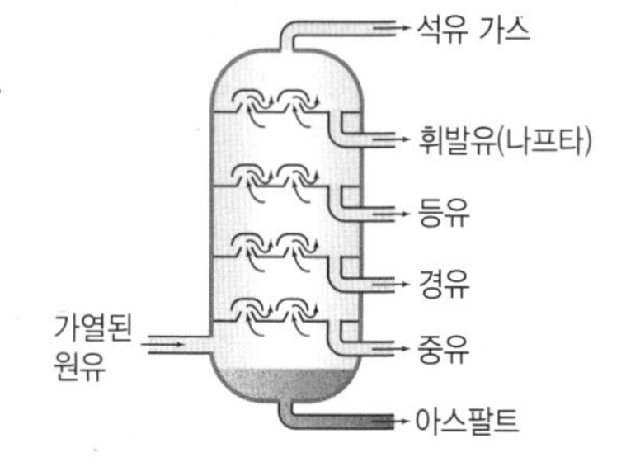

4 석유 가스, 휘발유(나프타), 등유, 경유, 중유 중 끓는점이 가장 낮은 물질을 쓰시오.

5 이에 대한 설명으로 옳은 것을 모두 고르면?(2개)

① 원유를 분리할 때 이용하는 방법은 재결정이다.
② 끓는점이 비슷한 물질끼리 각 층에서 분리된다.
③ 끓는점이 낮은 물질일수록 증류탑의 위쪽에서 분리된다.
④ 분리되어 나오는 등유, 경유, 중유는 순물질이다.
⑤ 같은 원리를 이용하여 사인펜 잉크의 색소를 분리할 수 있다.

6 오른쪽 그림은 불순물을 제거한 공기를 액화한 후 증류탑으로 보내 질소, 산소, 아르곤을 분리하는 모습을 나타낸 것이다. A~C에서 분리되는 물질을 옳게 짝 지은 것은?(단, 끓는점은 질소 −195.8 °C, 산소 −183.0 °C, 아르곤 −185.8 °C이다.)

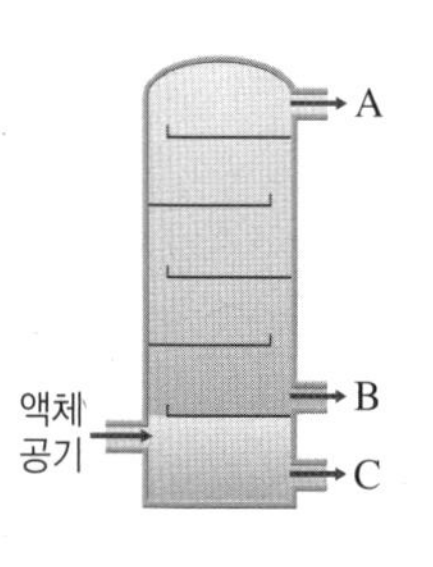

	A	B	C
①	질소	산소	아르곤
②	질소	아르곤	산소
③	산소	아르곤	질소
④	산소	질소	아르곤
⑤	아르곤	산소	질소

7 그림은 좋은 볍씨와 쭉정이를 분리하기 위해 볍씨를 소금물에 넣었을 때의 모습을 나타낸 것이다.

이에 대한 설명으로 옳은 것을 보기에서 모두 고른 것은?

보기
ㄱ. 끓는점 차를 이용한다.
ㄴ. 쭉정이는 소금물보다 밀도가 작다.
ㄷ. 쭉정이가 뜨지 않을 때는 소금을 더 넣어야 한다.
ㄹ. 같은 원리를 이용하여 신선한 달걀을 고를 수 있다.

① ㄱ, ㄴ ② ㄴ, ㄷ ③ ㄷ, ㄹ
④ ㄱ, ㄴ, ㄷ ⑤ ㄴ, ㄷ, ㄹ

8 표는 몇 가지 액체 물질의 밀도를 나타낸 것이다.

혼합물	수은	사염화 탄소	물	벤젠	에탄올
밀도(g/cm^3)	13.55	1.59	1.00	0.88	0.79

밀도가 0.50 g/cm^3인 고체 A와 0.82 g/cm^3인 고체 B의 혼합물을 액체에 넣어서 분리하려고 할 때 사용하기에 가장 적당한 액체는?(단, 두 고체는 모든 액체에 녹지 않는다.)

① 수은 ② 사염화 탄소 ③ 물
④ 벤젠 ⑤ 에탄올

9 오른쪽 그림은 액체 혼합물을 분리하는 데 이용하는 실험 기구이다. 이 실험 기구로 분리할 수 있는 (가) 혼합물과 (나) 분리에 이용되는 물질의 특성을 옳게 짝 지은 것은?

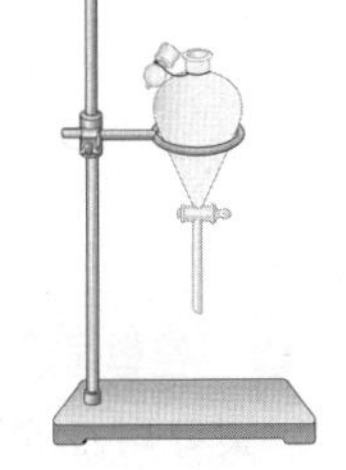

	(가)	(나)
①	물과 메탄올	밀도
②	물과 메탄올	끓는점
③	물과 식용유	밀도
④	물과 식용유	끓는점
⑤	물과 식용유	용해도

10 그림은 서로 섞이지 않는 액체 혼합물을 분리하는 실험 과정을 나타낸 것이다.

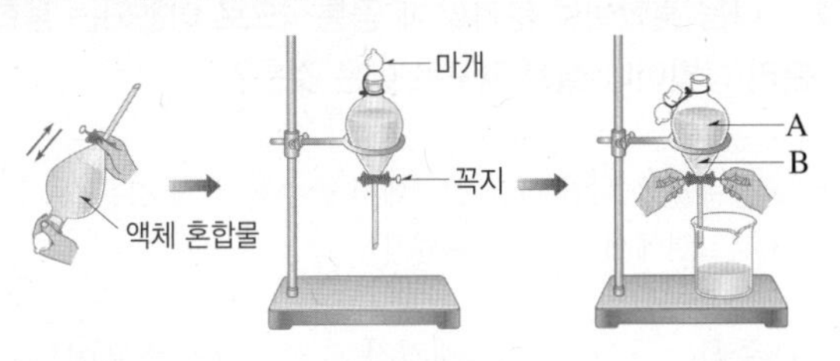

이에 대한 설명으로 옳지 않은 것은?

① A는 위쪽으로 따라낸다.
② 꼭지를 열면 밀도가 큰 B가 먼저 빠져나온다.
③ A와 B의 경계면에 있는 액체는 따로 받아 낸다.
④ 용해도 차를 이용하여 혼합물을 분리하는 방법이다.
⑤ 물과 사염화 탄소의 혼합물도 분별 깔때기로 분리할 수 있다.

11 표는 물과 에테르의 혼합물, 물과 수은의 혼합물을 분별 깔때기로 분리한 결과를 나타낸 것이다.

혼합물	물과 에테르	물과 수은
위층	에테르	물
아래층	물	수은

물, 에테르, 수은의 밀도를 옳게 비교한 것은?

① 물 < 수은 < 에테르 ② 수은 < 물 < 에테르
③ 수은 < 에테르 < 물 ④ 에테르 < 물 < 수은
⑤ 에테르 < 수은 < 물

12 다음과 같은 원리로 혼합물을 분리하기에 가장 적당한 예는?

바다에 기름이 유출되면 오일펜스를 설치하여 기름이 퍼지는 것을 막은 후 흡착포를 이용하여 기름을 제거한다.

① 소금물에서 물 분리 ② 물과 에탄올의 분리
③ 질소와 산소의 분리 ④ 사인펜 잉크의 색소 분리
⑤ 모래와 스타이로폼의 분리

1 다음 혼합물을 분리할 때 공통적으로 이용되는 혼합물의 분리 방법이나 실험 기구로 옳은 것은?

- 불순물이 섞인 질산 칼륨에서 순수한 질산 칼륨 얻기
- 천일염에서 정제 소금 얻기

① 증류　② 재결정　③ 스포이트
④ 분별 깔때기　⑤ 크로마토그래피

2 온도에 따른 용해도 차를 이용하여 분리하기에 적당한 혼합물을 모두 고르면?(2개)

① 물과 에탄올　② 물과 에테르
③ 스타이로폼과 모래　④ 질산 칼륨과 염화 나트륨
⑤ 질산 칼륨과 황산 구리(Ⅱ)

3 그림은 염화 나트륨과 붕산의 물에 대한 용해도 곡선을 나타낸 것이다.

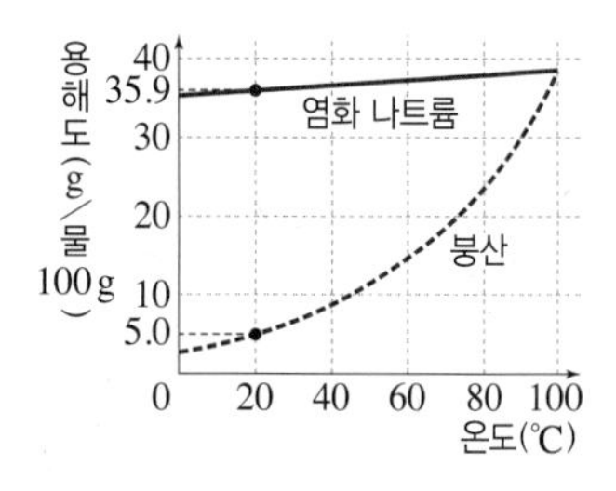

80 °C의 물 200 g에 염화 나트륨 70 g과 붕산 20 g이 섞인 혼합물을 모두 녹인 후 20 °C로 냉각할 때 석출되는 물질과 그 질량은?

① 붕산, 5.0 g　② 붕산, 10.0 g
③ 붕산, 15.0 g　④ 염화 나트륨, 15.9 g
⑤ 염화 나트륨, 20.0 g

4 질산 칼륨 100 g과 황산 구리(Ⅱ) 5 g이 섞여 있는 혼합물을 60 °C 물 100 g에 모두 녹인 후 20 °C로 냉각하였다. 이에 대한 설명으로 옳은 것을 모두 고르면?(2개)

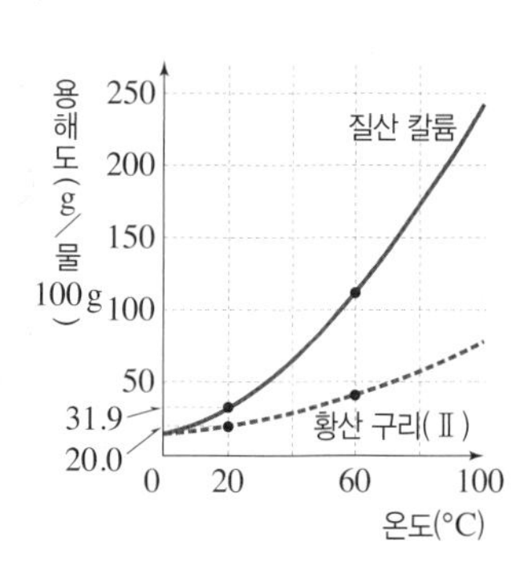

① 끓는점 차를 이용하여 혼합물을 분리한다.
② 질산 칼륨은 황산 구리(Ⅱ)보다 온도에 따른 용해도 차가 작다.
③ 이와 같은 혼합물의 분리 방법을 증류라고 한다.
④ 20 °C로 냉각하면 질산 칼륨 68.1 g이 결정으로 석출된다.
⑤ 20 °C로 냉각해도 황산 구리(Ⅱ) 5 g은 모두 물에 녹아 있다.

5 표는 질산 칼륨과 염화 나트륨의 물에 대한 용해도를 나타낸 것이다.

온도(°C)	20	40	60	80
질산 칼륨 (g/물 100 g)	31.9	62.9	109.2	170.3
염화 나트륨 (g/물 100 g)	35.9	36.4	37.0	37.9

질산 칼륨 50 g과 염화 나트륨 10 g이 섞여 있는 혼합물을 80 °C 물 50 g에 모두 녹인 후 20 °C로 냉각할 때 결정으로 석출되는 물질과 그 질량은?

① 질산 칼륨, 18.1 g　② 염화 나트륨, 2.5 g
③ 질산 칼륨, 34.05 g　④ 염화 나트륨, 4.5 g
⑤ 질산 칼륨, 34.05 g + 염화 나트륨, 2.5 g

6 혼합물을 분리하는 데 이용하는 물질의 특성이 나머지 넷과 다른 것은?

① 혈액의 원심 분리
② 소금물로 좋은 볍씨 고르기
③ 모래에 섞인 사금 채취하기
④ 바다에 유출된 기름 제거하기
⑤ 불순물이 섞인 합성 약품에서 순수한 합성 약품 얻기

7 크로마토그래피에 대한 설명으로 옳은 것을 보기에서 모두 고른 것은?

보기
ㄱ. 혼합물의 양이 적어도 분리할 수 있다.
ㄴ. 용해도 차를 이용한 혼합물의 분리 방법이다.
ㄷ. 성분 물질의 성질이 비슷한 혼합물은 분리하기에 적합하지 않다.
ㄹ. 혈액이나 소변의 성분을 분석할 때 이용되기도 한다.

① ㄱ, ㄴ ② ㄱ, ㄷ ③ ㄱ, ㄹ
④ ㄴ, ㄷ ⑤ ㄴ, ㄹ

8 오른쪽 그림은 수성 사인펜 잉크의 색소를 분리하기 위한 실험 장치를 나타낸 것이다. 이에 대한 설명으로 옳지 않은 것은?

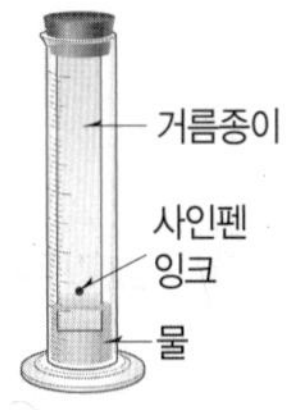

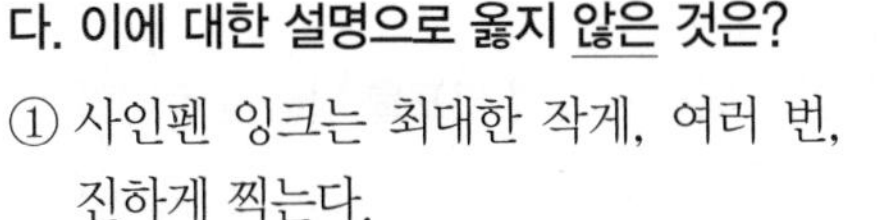

① 사인펜 잉크는 최대한 작게, 여러 번, 진하게 찍는다.
② 사인펜 잉크를 찍은 점이 물에 잠기지 않게 장치한다.
③ 용매가 빨리 증발할 수 있도록 용기의 입구를 열어 둔다.
④ 가장 위쪽에 분리되는 색소의 이동 속도가 가장 빠르다.
⑤ 사용하는 용매에 따라 실험 결과가 다르게 나타난다.

9 그림은 물질 A~D의 크로마토그래피 결과를 나타낸 것이다.

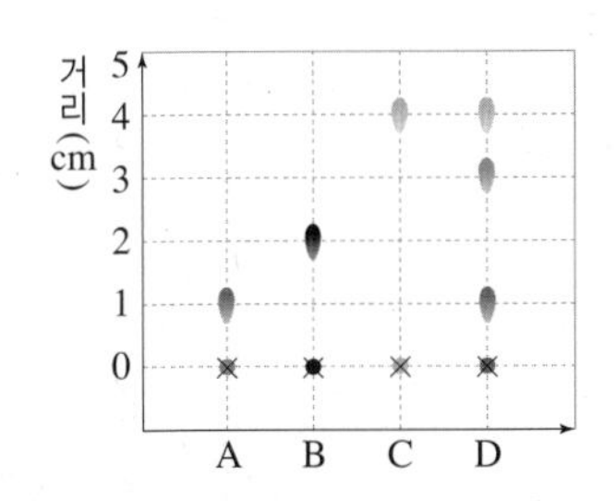

이에 대한 설명으로 옳지 않은 것은?

① A~C는 순물질일 수 있다.
② D는 혼합물이다.
③ D는 최소 3가지 성분 물질로 이루어져 있다.
④ A와 B는 D의 성분 물질이다.
⑤ A~C 중 용매를 따라 이동하는 속도가 가장 빠른 성분 물질은 C이다.

10 그림은 잉크의 색소를 분리하는 모습을 나타낸 것이다.

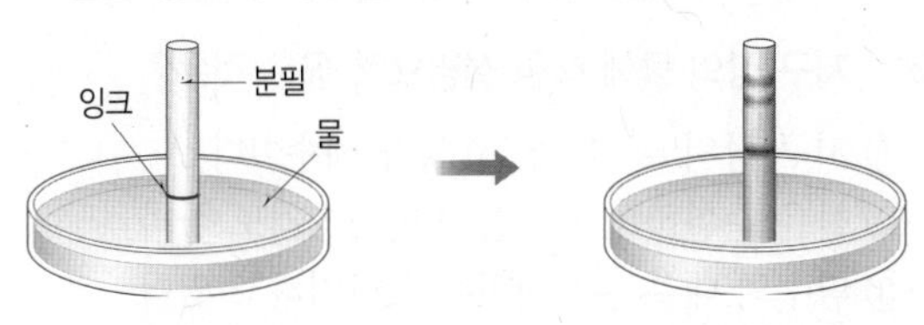

이 원리를 이용하여 혼합물을 분리하는 예로 옳지 않은 것은?

① 도핑 테스트 ② 원유의 분리
③ 시금치의 엽록소 분리 ④ 단백질 성분 검출
⑤ 식품 속 농약 성분 검출

11 혼합물 분리의 예와 분리에 이용되는 물질의 특성을 옳게 짝 지은 것은?

① 형광펜의 색소 분리하기 – 밀도
② 간장과 식용유 분리하기 – 용해도
③ 모래 속의 사금 채취하기 – 끓는점
④ 천일염에서 정제 소금 얻기 – 용해도
⑤ 소줏고리로 탁한 술에서 맑은 소주 얻기 – 용매를 따라 이동하는 속도

12 표는 어떤 물질 A, B, C의 특성을 나타낸 것이다.

구분	A	B	C
끓는점(°C)	100	78.3	80.1
어는점(°C)	0	−114.1	5.5
밀도(g/mL)	1.00	0.79	0.87
용해성	B와 잘 섞인다.	A와 잘 섞인다.	A와 섞이지 않는다.

(가) A와 B의 혼합물과 (나) A와 C의 혼합물을 분리하기에 가장 적당한 방법을 옳게 짝 지은 것은?

	(가)	(나)
①	재결정	거름
②	거름	증류
③	증류	재결정
④	증류	분별 깔때기 이용
⑤	재결정	분별 깔때기 이용

1 지구 상의 물에 대한 설명으로 옳은 것은?

① 지구 상의 물 중 약 70 %가 해수이다.
② 물은 순환하며 지형을 변화시키기도 한다.
③ 담수의 대부분은 지하수가 차지하고 있다.
④ 담수는 짠맛이 나는 물로, 육지에 분포한다.
⑤ 수권 전체에서 하천수는 지하수보다 많은 양을 차지하고 있다.

2 육지의 물에 대한 설명으로 옳은 것은?

① 모두 담수이다.
② 모두 고체 상태로 존재한다.
③ 강수량과 관계없이 양이 일정하다.
④ 지구 표면의 약 70 %를 덮고 있다.
⑤ 적도보다 극 지역에 더 많이 분포한다.

3 그림은 수권을 이루는 물의 분포를 나타낸 것이다.

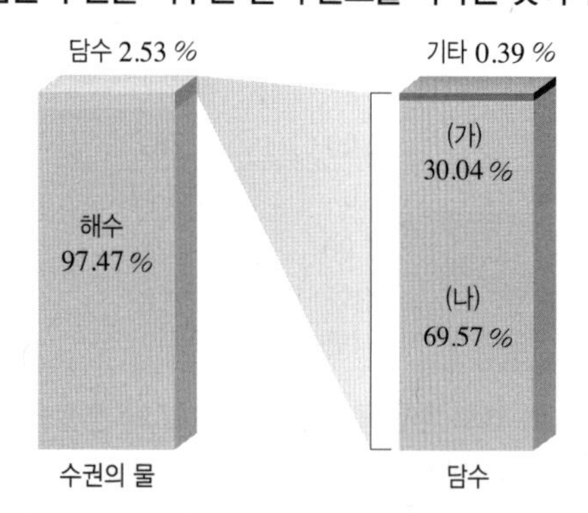

이에 대한 설명으로 옳은 것은?

① (가)는 빙하이다.
② (나)는 호수와 하천수이다.
③ (가)는 주로 극지방이나 고산 지대에 분포한다.
④ (나)는 우리 생활에 바로 이용하기 어렵다.
⑤ (가)와 (나)는 모두 액체 상태의 물이다.

4 다음은 수권을 이루는 물에 대한 설명이다.

- 지표에 내린 빗물이 고이거나 흐르는 것이다.
- 주변에서 쉽게 얻어 활용할 수 있다.
- 수권 전체에서 매우 적은 양을 차지한다.

설명에 해당하는 것은?

① 빙하　② 해수　③ 지하수
④ 수증기　⑤ 호수와 하천수

5 그림은 수권을 이루는 물의 분포를 나타낸 것이다.

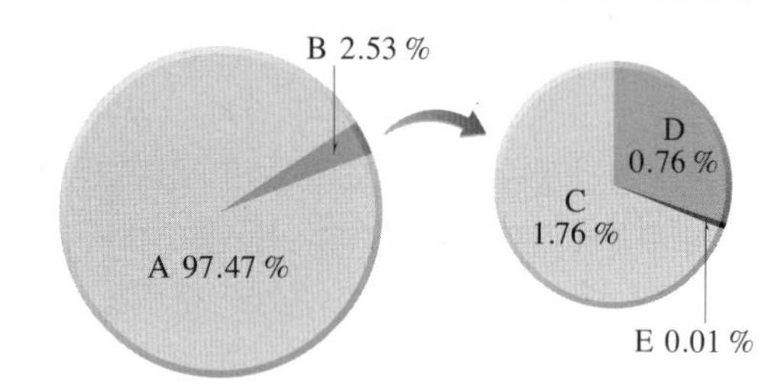

이 중 우리가 수자원으로 주로 이용하는 물을 모두 고르면?(2개)

① A　② B　③ C
④ D　⑤ E

6 수자원에 대한 설명으로 옳은 것은?

① 하천수가 부족한 곳에서는 지하수를 이용한다.
② 짠맛이 나지 않는 물은 모두 쉽게 이용할 수 있다.
③ 우리가 주로 이용하는 물은 증발량에 큰 영향을 받는다.
④ 우리가 주로 이용하는 물은 수권 전체의 약 70 %이다.
⑤ 산업화가 진행되면서 수자원의 이용량이 감소하고 있다.

7 수자원의 용도 중 농업용수에 해당하는 것을 보기에서 모두 고른 것은?

보기
ㄱ. 음료　　ㄴ. 원예　　ㄷ. 축산
ㄹ. 양치질　　ㅁ. 냉각수　　ㅂ. 제품 세척

① ㄱ, ㄴ　② ㄱ, ㅁ　③ ㄴ, ㄷ
④ ㄷ, ㄹ　⑤ ㅁ, ㅂ

8 수자원의 용도와 설명을 옳게 짝 지은 것은?

① 생활용수 – 농사를 짓는 데 사용한다.
② 생활용수 – 가축을 기르는 데 사용한다.
③ 농업용수 – 강이 정상적인 기능을 유지하는 데 필요한 물이다.
④ 공업용수 – 기계의 냉각수로 사용한다.
⑤ 공업용수 – 마시거나 요리, 세탁에 사용한다.

9 오른쪽 그림은 우리나라의 용도별 수자원 활용 현황을 나타낸 것이다. 이에 대한 설명으로 옳은 것을 보기에서 모두 고른 것은?

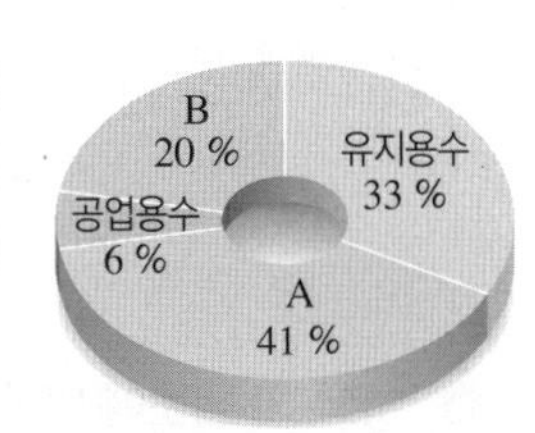

보기
ㄱ. A는 생활용수이다.
ㄴ. A가 부족하면 하천이 제 기능을 하기 어렵다.
ㄷ. B는 청소나 빨래 등을 할 때 사용하는 물이다.
ㄹ. 우리나라에서 수자원은 농업용수로 가장 많이 이용된다.

① ㄱ, ㄴ　② ㄱ, ㄷ　③ ㄴ, ㄷ
④ ㄴ, ㄹ　⑤ ㄷ, ㄹ

10 수자원을 활용하는 예로 옳지 않은 것은?

① 빙하가 녹은 물로 화장품을 만든다.
② 강에 댐을 설치하여 전기를 생산한다.
③ 온천을 개발하여 관광 자원으로 활용한다.
④ 큰 강이나 바다를 배가 지나는 통로로 사용한다.
⑤ 깊은 곳에서 끌어올린 해수를 그대로 농사에 사용한다.

11 그림은 전 세계 수자원 이용량의 변화를 나타낸 것이다.

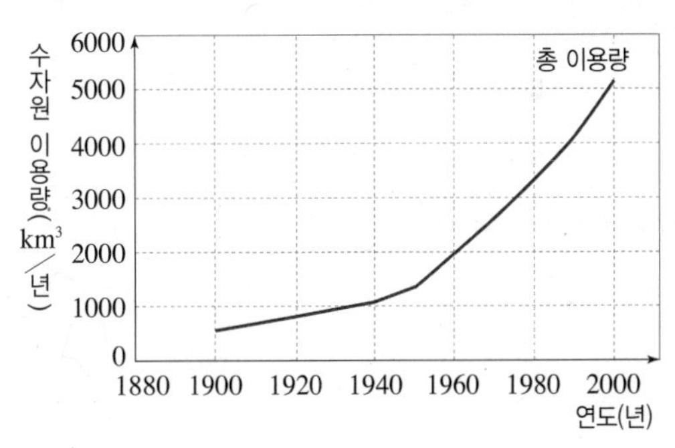

수자원 이용량이 급격하게 늘어난 까닭을 모두 고르면?(2개)

① 인구 증가　② 강수량 감소
③ 산업화 진행　④ 오염된 물 증가
⑤ 수자원 총량 증가

12 수자원의 이용과 오염에 대한 설명으로 옳은 것을 보기에서 모두 고른 것은?

보기
ㄱ. 수자원의 양은 꾸준히 늘어나고 있다.
ㄴ. 수자원은 일상생활에서 가장 많이 사용한다.
ㄷ. 산업의 발달로 오염되는 물이 늘어나고 있다.
ㄹ. 수자원의 오염을 방지하기 위해 정수 장치를 설치해야 한다.

① ㄱ, ㄴ　② ㄱ, ㄷ　③ ㄴ, ㄷ
④ ㄴ, ㄹ　⑤ ㄷ, ㄹ

중단원별 핵심 문제 02 해수의 특성

1 그림은 전 세계 해수의 표층 수온을 나타낸 것이다.

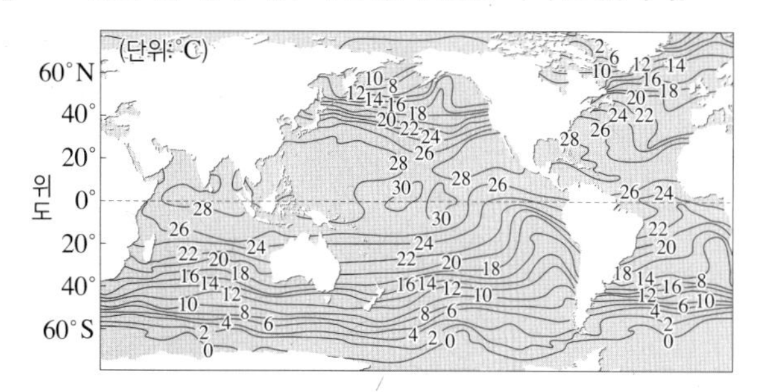

이와 같은 수온 분포에 가장 큰 영향을 주는 요인은?

① 바람의 세기
② 대륙의 분포
③ 태양 에너지
④ 해수의 염분
⑤ 강수량과 증발량

[2~3] 오른쪽 그래프는 해수의 층상 구조를 나타낸 것이다.

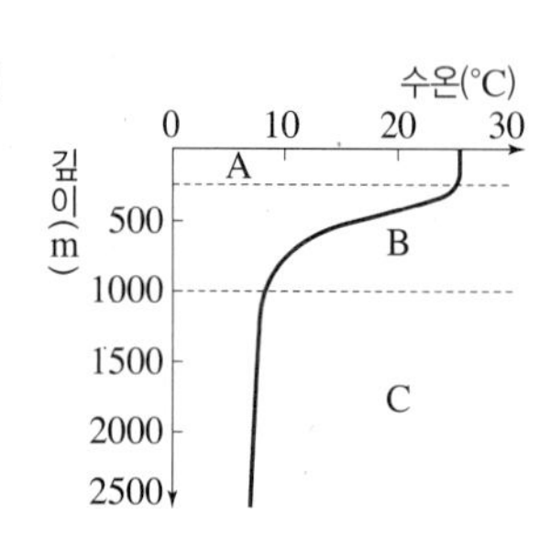

2 다음 설명에 해당하는 층의 기호와 이름을 옳게 짝 지은 것은?

> • 깊이에 따른 수온 변화가 크다.
> • 대류가 거의 일어나지 않는다.
> • 매우 안정하여 아래층과 위층의 물질과 에너지 교환을 차단한다.

① A – 혼합층
② A – 수온 약층
③ B – 심해층
④ B – 수온 약층
⑤ C – 심해층

3 이에 대한 설명으로 옳은 것은?

① A는 수온 약층이라고 한다.
② A는 태양 에너지에 의해 가열되고, 바람에 의해 혼합된다.
③ B는 해수의 연직 운동이 활발히 일어난다.
④ C는 수온이 높고 깊이에 따른 수온 변화가 거의 없다.
⑤ C는 바람이 강하게 불수록 두꺼워진다.

4 혼합층이 가장 두껍게 형성되는 지역은?

① 염분이 높은 지역
② 염분이 낮은 지역
③ 바람이 강하게 부는 지역
④ 바람이 약하게 부는 지역
⑤ 태양 에너지가 많이 들어오는 지역

5 그래프는 위도별 연직 수온 분포를 나타낸 것이다.

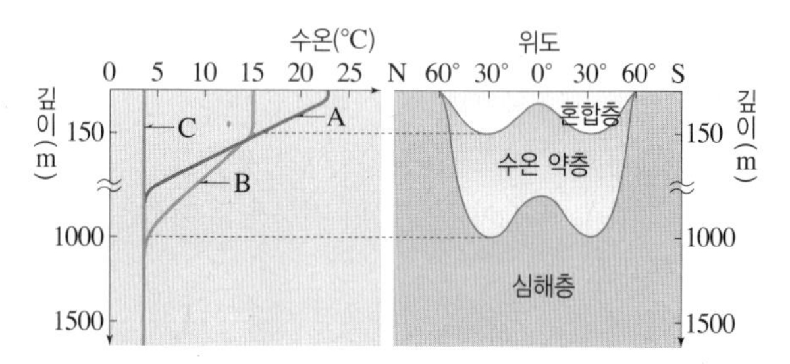

이에 대한 설명으로 옳은 것은?

① A는 저위도, B는 중위도, C는 고위도이다.
② 위도가 높을수록 표층 수온이 높다.
③ A 해역은 혼합층이 가장 잘 발달되어 있다.
④ B 해역은 수온 약층의 수온 변화가 가장 크다.
⑤ C 해역은 혼합층으로만 이루어져 있다.

6 염류와 염분에 대한 설명으로 옳은 것은?

① 해수에 녹아 있는 여러 가지 물질을 염분이라고 한다.
② 해수에 가장 많이 녹아 있는 염류는 염화 마그네슘이다.
③ 해수 100 g에 녹아 있는 염류의 총량을 g 수로 나타낸 것을 염분이라고 한다.
④ 해수의 염분에 영향을 주는 주된 요인은 증발량과 강수량이다.
⑤ 각 염류의 양이 어느 해역에서나 항상 일정하다는 것을 염분비 일정 법칙이라고 한다.

7 그림과 같이 염분이 200 psu인 해수 500 g을 증발 접시에 넣고 완전히 가열하였다.

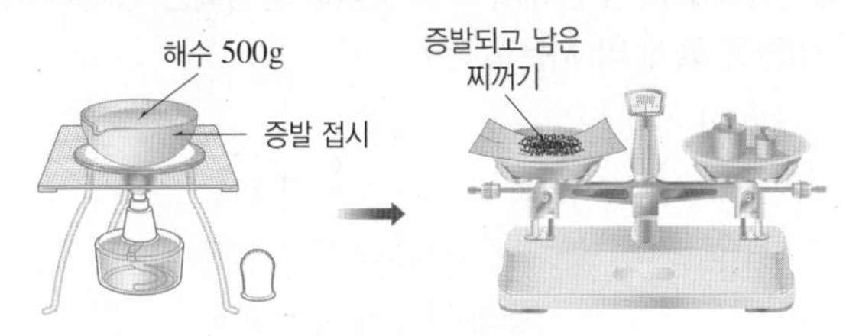

증발 접시에 남아 있는 물질의 질량은?

① 10 g ② 20 g ③ 50 g
④ 100 g ⑤ 200 g

8 염분이 30 psu인 해수를 증발시켜 90 g의 염류를 얻으려고 한다. 이때 필요한 해수의 양은 얼마인가?

① 1000 g ② 2000 g ③ 3000 g
④ 6000 g ⑤ 9000 g

9 표는 어떤 해수 1 kg에 포함된 염류의 질량을 나타낸 것이다.

염류	(가)	(나)	황산 마그네슘	기타
질량(g)	26.5	3.4	1.6	2.5

이에 대한 설명으로 옳은 것을 보기에서 모두 고른 것은?

보기
ㄱ. (가)는 짠맛이 나는 물질이다.
ㄴ. (나)는 염화 마그네슘이다.
ㄷ. 이 해수의 염분은 34 psu이다.
ㄹ. 이 해수 500 g을 가열하면 염류 34 g을 얻을 수 있다.

① ㄱ, ㄴ ② ㄱ, ㄷ ③ ㄴ, ㄹ
④ ㄱ, ㄴ, ㄷ ⑤ ㄴ, ㄷ, ㄹ

10 염분이 높아지는 요인을 보기에서 모두 고른 것은?

보기
ㄱ. 강수량 감소 ㄴ. 강수량 증가
ㄷ. 증발량 감소 ㄹ. 증발량 증가
ㅁ. 하천수 유입 ㅂ. 빙하의 융해
ㅅ. 해수의 결빙

① ㄱ, ㄷ, ㅂ ② ㄱ, ㄹ, ㅁ
③ ㄱ, ㄹ, ㅅ ④ ㄴ, ㄷ, ㅁ
⑤ ㄴ, ㄹ, ㅅ

11 다음 설명에 해당하는 법칙을 쓰시오.

바다마다 염류의 양은 다르지만 각 염류 사이의 비율은 일정하다. 이는 바닷물이 오랜 시간 동안 순환하면서 서로 섞여 왔기 때문이다.

12 표는 여러 해역의 염분을 나타낸 것이다.

해역	북극해	동해	홍해	사해
염분(psu)	30	33	40	200

이 중 전체 염류에서 염화 나트륨이 차지하는 비율이 가장 높은 해역은?

① 북극해 ② 동해 ③ 홍해
④ 사해 ⑤ 모두 같다

13 표는 그린란드 근해와 홍해의 염분과 염화 나트륨 양을 나타낸 것이다.

구분	염분(psu)	해수 1 kg에 포함된 염화 나트륨의 양(g)
그린란드 근해	36	28
홍해	40	A

홍해의 해수 1 kg에 포함된 염화 나트륨의 양 A를 구하시오.(단, 소수 첫째 자리까지 계산한다.)

14 표는 어느 해역의 해수 1 kg에 녹아 있는 염류의 양을 나타낸 것이다.

염화 나트륨	염화 마그네슘	황산 마그네슘	황산 칼슘	기타
27.2 g	3.8 g	1.7 g	1.3 g	1.0 g

염분이 20 psu인 해수 1 kg에 녹아 있는 염화 마그네슘의 양은 얼마인가?

① 약 3.5 g ② 약 2.7 g ③ 약 2.2 g
④ 약 1.8 g ⑤ 약 1 g

1 오른쪽 그림은 헤어드라이어로 종이 조각이 떠 있는 수조 표면에 한동안 바람을 일으키는 실험을 나타낸 것이다. 이 실험을 통해 알 수 있는 사실은 무엇인가?

① 해류는 대양에서만 발생한다.
② 해류는 수심이 얕은 곳에서만 발생한다.
③ 해류는 흐름의 방향이 주기적으로 바뀐다.
④ 해류는 매우 강한 바람이 불 때만 발생한다.
⑤ 해류는 지속적으로 부는 바람에 의해 발생한다.

2 해류에 대한 설명으로 옳은 것을 보기에서 모두 고른 것은?

보기
ㄱ. 해류는 일정한 방향으로 나타나는 지속적인 해수의 흐름이다.
ㄴ. 흐르는 지역에 따라 난류와 한류를 구분한다.
ㄷ. 한류는 고위도에서 저위도로 흐르는 해류이다.
ㄹ. 한류가 가까이 흐르는 곳은 다른 지역에 비해 대체로 기온이 높다.

① ㄱ, ㄴ ② ㄱ, ㄷ ③ ㄴ, ㄷ
④ ㄴ, ㄹ ⑤ ㄷ, ㄹ

[3~4] 오른쪽 그림은 우리나라 주변 해류를 나타낸 것이다.

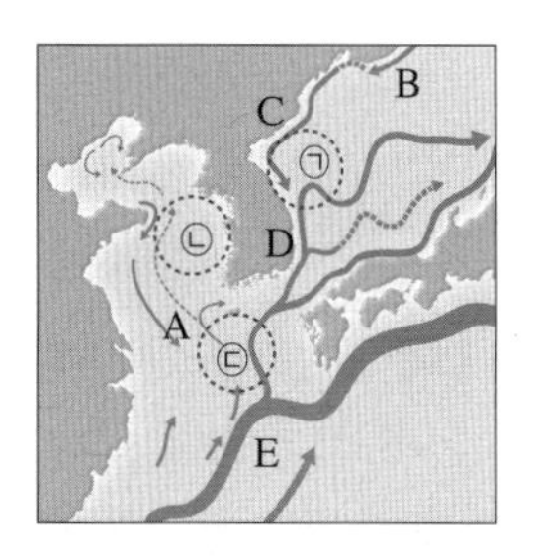

3 이에 대한 설명으로 옳지 않은 것은?

① A는 난류, B는 한류이다.
② C는 북한 한류, D는 동한 난류이다.
③ E는 우리나라 주변 난류의 근원이 되는 해류이다.
④ C 해류는 여름보다 겨울에 세력이 강하다.
⑤ 남해에서는 난류와 한류가 만난다.

4 우리나라 주변에서 조경 수역이 형성되는 위치와 해류의 이름을 옳게 짝 지은 것은?

	위치	해류
①	㉠	황해 난류와 북한 한류
②	㉠	동한 난류와 북한 한류
③	㉡	황해 난류와 북한 한류
④	㉡	동한 난류와 북한 한류
⑤	㉢	쿠로시오 해류와 북한 한류

5 조경 수역에 대한 설명으로 옳지 않은 것은?

① 난류와 한류가 만나서 형성된다.
② 우리나라 주변에서는 동해에 형성되어 있다.
③ 조경 수역의 위치는 계절과 관계없이 일정하다.
④ 조경 수역에는 영양 염류와 플랑크톤이 풍부하다.
⑤ 난류성 어종과 한류성 어종이 함께 분포하여 좋은 어장이 만들어진다.

6 그림은 겨울철 우리나라의 기온 분포를 나타낸 것이다.

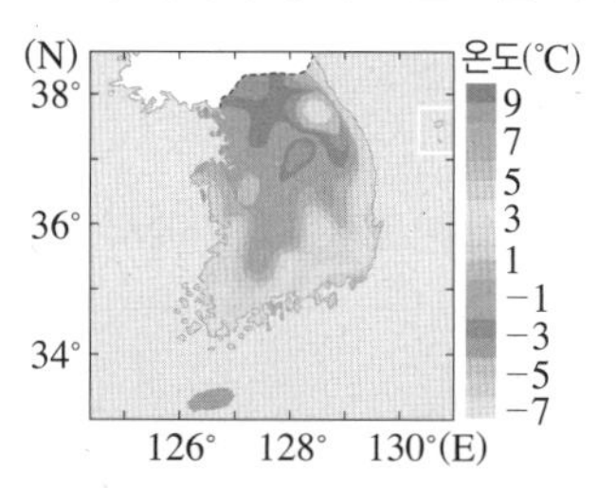

동해안 지역이 비슷한 위도대의 다른 지역에 비해 겨울철 기온이 높게 나타나는 원인이 되는 해류는?

① 동한 난류 ② 황해 난류
③ 북한 한류 ④ 연해주 한류
⑤ 쿠로시오 해류

7 조석에 대한 설명으로 옳은 것을 보기에서 모두 고른 것은?

보기
ㄱ. 계절에 따라 해수면의 높이가 달라지는 현상이다.
ㄴ. 하루 동안 밀물과 썰물이 약 2번씩 반복된다.
ㄷ. 하루 중 해수면의 높이가 가장 높을 때를 사리라고 한다.
ㄹ. 우리나라에서 조석의 주기는 약 12시간 25분이다.

① ㄱ, ㄴ ② ㄱ, ㄷ ③ ㄴ, ㄷ
④ ㄴ, ㄹ ⑤ ㄷ, ㄹ

8 그림은 만조와 간조 때 어느 해안의 모습을 순서 없이 나타낸 것이다.

(가)

(나)

이에 대한 설명으로 옳은 것은?

① (가)는 만조이다.
② (나)는 간조이다.
③ (가)는 썰물로 해수면의 높이가 가장 낮아진 때이다.
④ (나)일 때 바닷길이 열려 섬까지 걸어갈 수 있다.
⑤ (가)와 (나)일 때 해수면 높이 차이는 항상 같다.

9 그림은 어느 지역의 해수면 높이 변화를 며칠 동안 관측하여 나타낸 것이다.

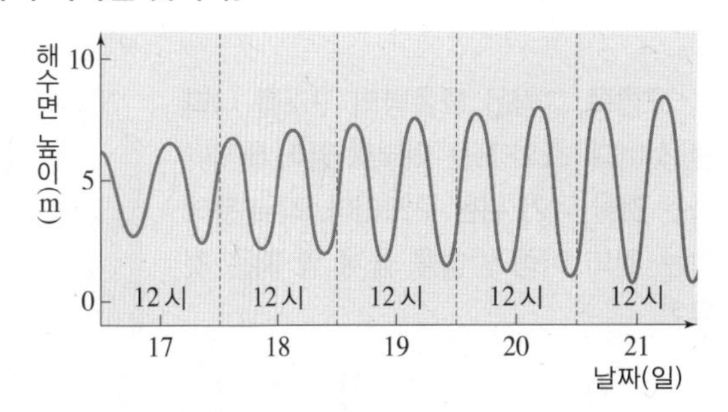

이에 대한 설명으로 옳은 것을 보기에서 모두 고르시오.

보기
ㄱ. 조차는 점점 작아지고 있다.
ㄴ. 하루 동안 간조와 만조가 약 한 번씩 나타난다.
ㄷ. 21일 12시 무렵에는 갯벌 체험을 하기에 좋다.

10 그림은 한 달 동안 어느 지역의 해수면 높이 변화를 나타낸 것이다.

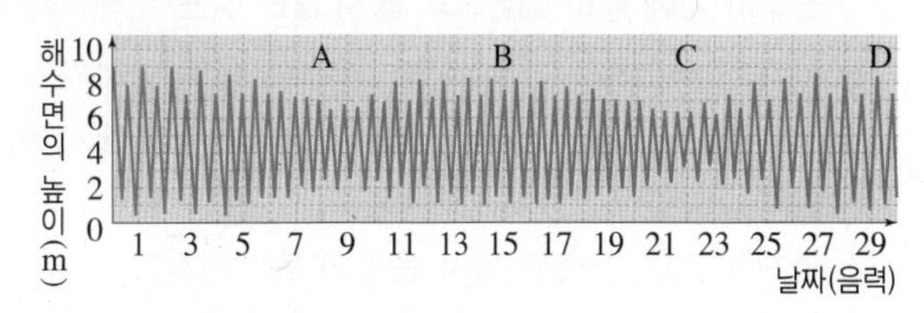

이에 대한 설명으로 옳은 것은?

① A는 사리이다.
② B는 조금이다.
③ C는 한 달 중 조차가 가장 큰 시기이다.
④ 바다 갈라짐 현상을 관측하기에 가장 적절한 때는 D의 간조 때이다.
⑤ 사리와 조금은 각각 한 달에 약 한 번씩 나타난다.

11 다음은 우리나라 서해안 지역의 만조와 간조 때 해수면 높이를 나타낸 표이다.

날짜(음력)	2월 13일	2월 20일	2월 26일
시각 (해수면 높이)	05 : 34 (83 cm)	01 : 07 (46 cm)	05 : 02 (59 cm)
	11 : 44 (286 cm)	06 : 27 (321 cm)	11 : 17 (306 cm)
	18 : 06 (138 cm)	12 : 57 (−13 cm)	17 : 38 (121 cm)
	23 : 39 (260 cm)	19 : 09 (408 cm)	23 : 05 (265 cm)

바다 갈라짐 현상을 체험하기에 가장 적합한 날짜와 시각을 쓰시오.

12 조석의 활용에 대한 설명으로 옳은 것을 보기에서 모두 고른 것은?

보기
ㄱ. 만조 때 갯벌이 드러나면 조개를 잡는다.
ㄴ. 특정 시기에 바닷길을 이용하여 섬까지 걸어간다.
ㄷ. 조력 발전소는 주로 조차가 큰 동해안에 건설한다.
ㄹ. 해안가에 그물이나 돌담을 설치해 두고 물고기를 잡는다.

① ㄱ, ㄴ ② ㄱ, ㄷ ③ ㄴ, ㄷ
④ ㄴ, ㄹ ⑤ ㄷ, ㄹ

01 열

1 온도와 열에 대한 설명으로 옳지 않은 것은?

① 물체의 온도가 높을수록 입자의 운동이 활발하다.
② 열은 온도가 높은 물체에서 온도가 낮은 물체로 이동한다.
③ 물체에 열을 가하면 입자 운동이 활발해진다.
④ 물질의 질량이 작을수록 입자 운동이 활발하다.
⑤ 뜨거운 물과 차가운 물을 섞으면 뜨거운 물의 입자 운동이 점점 둔해진다.

2 입자 운동이 가장 활발한 것은?

① 10 °C 물 100 g　② 20 °C 물 100 g
③ 20 °C 물 200 g　④ 30 °C 물 300 g
⑤ 40 °C 물 100 g

3 그림은 고체 막대의 한쪽 끝 A 부분을 가열하는 모습이다.

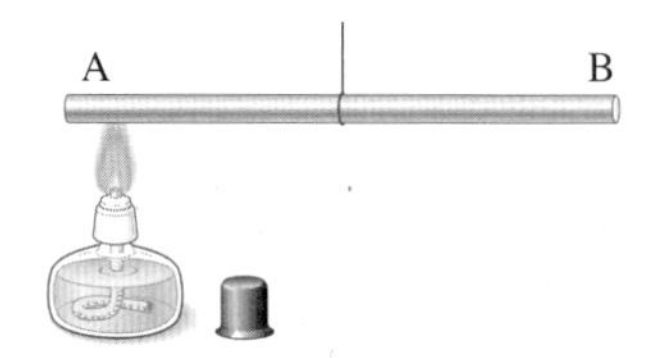

이에 대한 설명으로 옳지 않은 것을 모두 고르면?(2개)

① 열이 막대를 따라 A 부분에서 B 부분으로 전달된다.
② A 부분의 입자 운동이 B 부분으로 전달된다.
③ 고체 막대의 입자가 직접 이동하면서 열을 전달한다.
④ 이와 같은 열의 이동 방법을 복사라고 한다.
⑤ 고체의 종류에 따라 열이 전달되는 빠르기는 달라진다.

4 복사에 대한 설명으로 옳은 것을 보기에서 모두 고른 것은?

보기
ㄱ. 진공 상태에서는 열이 전달되지 않는다.
ㄴ. 사람의 몸에서도 복사 형태의 열이 나온다.
ㄷ. 태양열이 우주 공간을 지나 지구로 전달된다.

① ㄱ　② ㄴ　③ ㄷ
④ ㄱ, ㄷ　⑤ ㄴ, ㄷ

5 오른쪽 그림과 같이 물의 한 부분만 가열해도 물 전체가 뜨거워진다. 이와 같은 방법으로 열이 이동하는 현상은?

① 난로 앞에 서 있으면 몸이 따뜻해진다.
② 뜨거운 국 속에 넣은 숟가락이 뜨거워진다.
③ 온돌방에 불을 지피면 방바닥이 따뜻해진다.
④ 냉방기는 위쪽에 설치하고, 난방기는 아래쪽에 설치한다.
⑤ 물을 끓이는 동안 주전자의 손잡이 부분이 뜨거워진다.

6 생활에서 나타나는 현상과 열의 이동 방법이 옳게 짝 지어진 것은?

① 햇빛을 쬐면 따뜻하다. – 전도
② 프라이팬에서 소시지를 익힌다. – 대류
③ 모닥불 옆에 있으면 얼굴이 뜨거워진다. – 복사
④ 방 한쪽에 난로를 켜면 방 전체가 따뜻해진다. – 전도
⑤ 뜨거운 음식을 담은 그릇을 만지면 따뜻하다. – 대류

7 열의 이동을 이용한 원리가 나머지 넷과 다른 예는?

① 보온병　② 이중창　③ 소방복
④ 냄비 바닥　⑤ 아이스박스

8 오른쪽 그림은 보온병의 구조를 나타낸 것이다. A와 B는 외부로 열이 빠져나가는 것을 막기 위한 구조이다. 각 부분이 막는 열의 이동 방법을 옳게 짝 지은 것은?

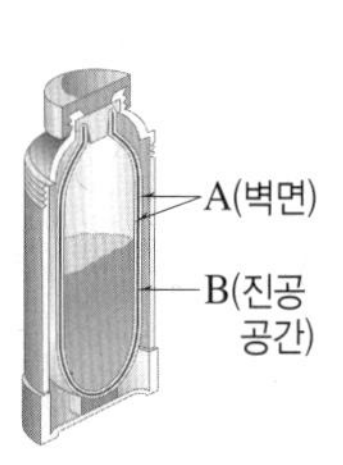

	A	B
①	전도, 복사	대류
②	전도, 대류	복사
③	대류	전도, 복사
④	복사, 대류	전도
⑤	복사	전도, 대류

9 서로 다른 네 물체 A~D를 접촉시켰더니 열의 이동 방향이 다음과 같았다.

접촉한 물체	A와 B	A와 C	B와 D
열의 이동 방향	A → B	C → A	B → D

A~D의 처음 온도를 옳게 비교한 것은?

① A>B>D>C　② B>A>C>D
③ C>A>B>D　④ C>D>B>A
⑤ D>C>A>B

10 그림은 온도가 서로 다른 세 물체 A~C를 접촉시켰을 때 열의 이동 방향을 나타낸 것이다.

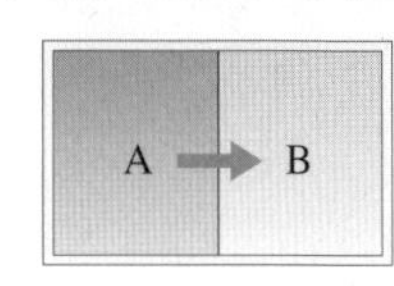

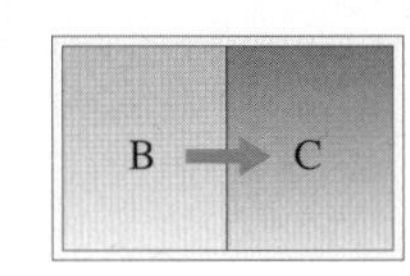

이에 대한 설명으로 옳은 것은?

① A와 C를 접촉시키면 C의 온도는 낮아진다.
② 처음에는 B의 입자 운동이 가장 활발하다.
③ 처음에는 C가 A보다 온도가 높다.
④ B와 C를 접촉시키면 C의 입자 운동이 활발해진다.
⑤ 세 물체의 처음 온도는 A>C>B 순으로 높다.

[11~12] 오른쪽 그림과 같이 60 °C 물이 든 삼각 플라스크를 20 °C 물이 든 수조에 넣고 온도 변화를 관찰하였더니 표와 같았다.(단, 외부와 열 출입은 없다.)

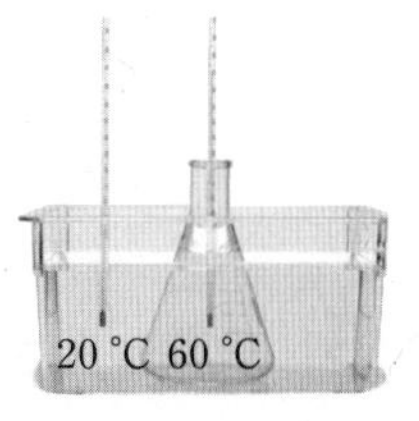

시간(분)	0	2	4	6	8
60 °C 물(°C)	60	49	36	26	26
20 °C 물(°C)	20	22	24	26	26

11 위 실험에 대한 설명으로 옳은 것은?

① 60 °C 물의 양이 20 °C 물의 양보다 많다.
② 수조의 20 °C 물은 열을 잃는다.
③ 시간이 흐를수록 60 °C 물의 입자 운동은 점점 활발해지고, 20 °C 물의 입자 운동은 점점 둔해진다.
④ 두 물은 6분 후 열평형 상태에 도달한다.
⑤ 열평형 온도는 60 °C 물과 20 °C 물 온도의 중간인 40 °C이다.

12 20 °C 물이 얻은 열량이 600 kcal였다면, 60 °C 물이 잃은 열량은 몇 kcal인가?

① 200 kcal　② 300 kcal　③ 400 kcal
④ 600 kcal　⑤ 1200 kcal

13 그래프는 온도가 다른 두 물체 A, B를 접촉시켰을 때 시간에 따른 온도 변화를 나타낸 것이다.

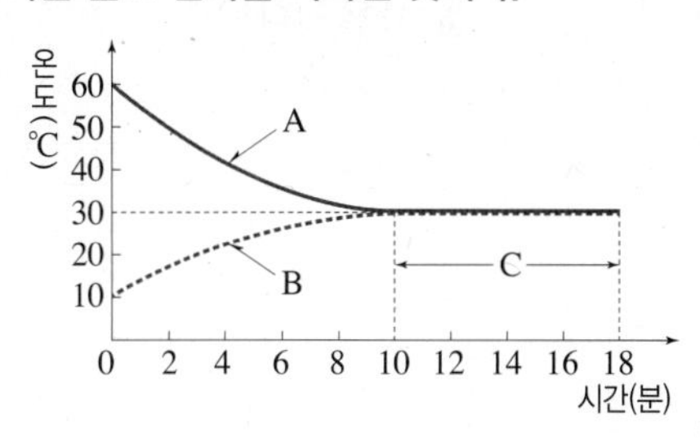

외부와의 열 출입이 없을 때, 이에 대한 설명으로 옳지 않은 것을 모두 고르면?(2개)

① A에서 B로 열이 이동한다.
② A와 B 두 물체의 온도는 30 °C로 같아진다.
③ 10분이 될 때까지 A가 잃은 열량은 B가 얻은 열량보다 크다.
④ C는 열평형 상태이다.
⑤ 18분 후에 B의 온도는 다시 높아질 것이다.

14 탁자 위에 뜨거운 물이 담긴 컵을 놓아 두면 물이 식는 까닭을 설명한 것으로 옳은 것은?

① 물이 액체이기 때문이다.
② 물이 주변으로 열을 잃기 때문이다.
③ 열은 고체에서 액체로 이동하기 때문이다.
④ 열이 공기 중에서 물 쪽으로 이동하기 때문이다.
⑤ 물은 스스로 온도가 낮아지는 성질을 가지고 있기 때문이다.

15 생활에서 열평형을 이용한 예로 옳은 것은?

① 겨울에 방한복을 입어 체온을 유지한다.
② 냉장고에 음식을 넣어 차갑게 보관한다.
③ 이중창으로 집 안의 난방을 효율적으로 한다.
④ 아이스박스를 이용하여 음료수를 차갑게 유지한다.
⑤ 보온병을 이용하여 따뜻한 물을 오랫동안 보관한다.

1 표는 비커 A~D에 담겨 있는 물의 양을 나타낸 것이다.

비커	A	B	C	D
질량(g)	100	400	200	300

A~D를 같은 가열 장치 위에 올려놓고 가열할 때 가장 먼저 끓기 시작하는 비커는?(단, 가열하기 전 A~D의 온도는 모두 같다.)

① A ② B ③ C
④ D ⑤ 모두 같다.

[2~3] 표는 여러 가지 물질의 비열을 나타낸 것이다.

물질	알루미늄	철	구리	은	금
비열	0.21	0.11	0.09	0.06	0.03

[단위 : kcal/(kg·°C)]

2 2 kg의 어떤 물질에 600 cal의 열을 가했더니 온도가 10 °C 올라갔다. 이 물질로 예상되는 것은?

① 금 ② 은 ③ 구리
④ 철 ⑤ 알루미늄

3 위의 여러 물질에 대한 설명으로 옳지 않은 것은?

① 같은 질량의 물질에 같은 양의 열을 가할 때 금의 온도 변화가 가장 크다.
② 은 1 kg의 온도를 1 °C 높이는 데 필요한 열량은 0.06 kcal이다.
③ 철 2 kg의 온도를 1 °C 높이는 데 필요한 열량은 22 cal이다.
④ 구리 1 kg의 온도를 1 °C 높이는 데 필요한 열량은 금 3 kg의 온도를 1 °C 높이는 데 필요한 열량과 같다.
⑤ 같은 열을 가했을 때 금과 구리의 온도 변화가 같다면, 구리의 질량은 금의 $\frac{1}{3}$이다.

4 오른쪽 그림과 같이 200 g의 물과 식용유를 넣은 비커를 가열 장치 위에 놓고 같은 세기의 열로 가열하였다. 물과 식용유의 온도 변화를 나타낸 그래프로 옳은 것은?(단, 물의 비열은 식용유보다 크다.)

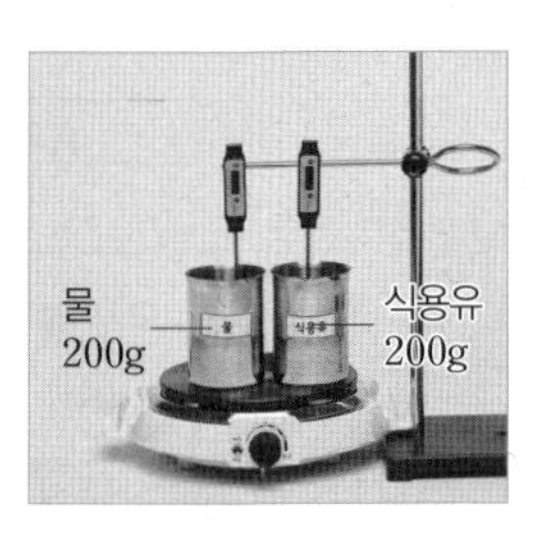

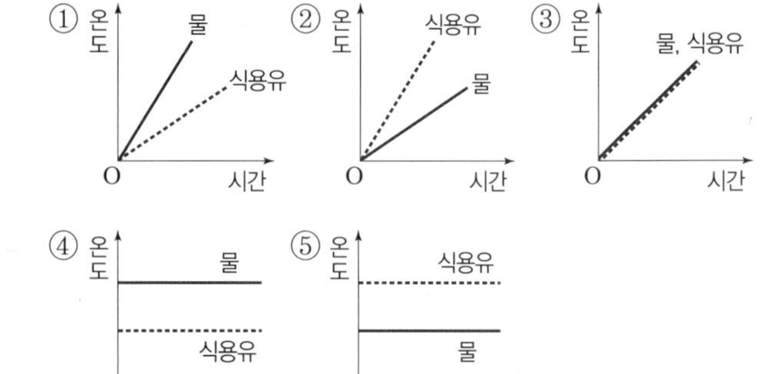

[5~6] 온도가 다른 두 물체 A, B를 접촉시켰더니 그래프와 같이 30 °C에서 열평형을 이루었다.(단, 외부로 빠져나가는 열은 없다고 가정한다.)

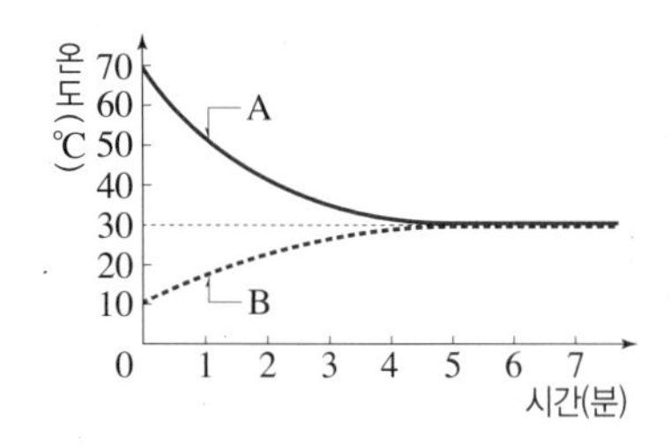

5 두 물체 A, B의 질량이 같을 때 비열의 비는?

① 1 : 1 ② 1 : 2 ③ 2 : 1
④ 2 : 5 ⑤ 5 : 2

6 A와 B가 같은 종류의 물체이고 물체 B의 질량이 6 kg이었다면, 물체 A의 질량은?

① 1 kg ② 2 kg ③ 3 kg
④ 6 kg ⑤ 9 kg

7 여러 현상 중 비열이 다르기 때문에 나타나는 현상을 보기에서 모두 고르면?

보기
ㄱ. 낮에는 해풍이 불고, 밤에는 육풍이 분다.
ㄴ. 바닷가에서 낮에 바닷물보다 모래가 뜨겁다.
ㄷ. 여름철 계곡물에 수박을 넣어 두면 수박이 시원해진다.
ㄹ. 금속 냄비는 뚝배기보다 빨리 뜨거워져 라면을 끓이기 좋다.

① ㄱ, ㄷ　② ㄴ, ㄹ　③ ㄱ, ㄴ, ㄹ
④ ㄱ, ㄷ, ㄹ　⑤ ㄴ, ㄷ, ㄹ

8 물체의 열팽창에 대해 가장 옳게 설명한 것은?

① 열에 의해 물질의 상태가 달라진다.
② 열을 받은 물체가 주위로 열을 전달한다.
③ 열에 의해 물체 내부 입자의 개수가 많아진다.
④ 열에 의해 물체의 입자 운동이 활발해지면서 질량이 증가한다.
⑤ 열에 의해 물체의 입자 운동이 활발해지면서 부피가 증가한다.

9 열팽창과 관련 있는 현상이 아닌 것은?

① 여름철 다리 이음새의 틈이 좁아진다.
② 겨울철 전신주의 전깃줄이 팽팽해진다.
③ 밤에는 육지에서 바다 쪽으로 육풍이 분다.
④ 뜨거운 오븐의 유리문에는 내열 유리를 사용한다.
⑤ 송유관을 설치할 때는 중간에 U자 모양으로 굽은 부분을 만든다.

10 서로 다른 금속 A~C를 2개씩 붙여 바이메탈을 만든 후 가열하였더니 그림과 같이 되었다.

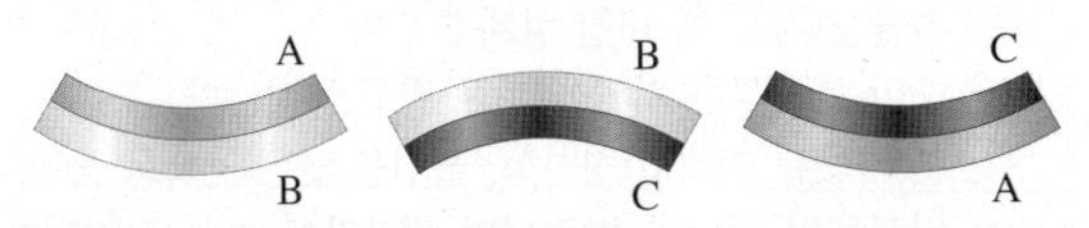

세 금속의 열팽창하는 정도를 옳게 비교한 것을 모두 고르면?(2개)

① A>B　② A>C　③ B>A
④ C>A　⑤ C>B

11 액체 A~D를 둥근바닥 플라스크에 같은 높이만큼 넣고 뜨거운 물이 담긴 수조에 넣었더니, 각 액체가 그림과 같이 올라왔다.

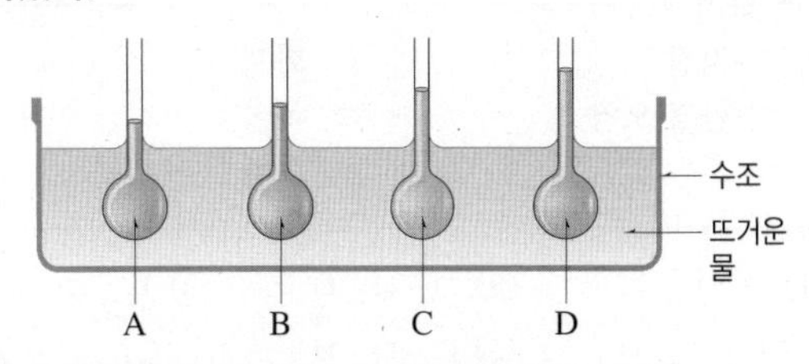

위와 같은 현상이 나타나는 까닭으로 옳은 것은?

① 물의 비열이 액체보다 크기 때문에
② 열은 저온에서 고온으로 이동하기 때문에
③ 액체의 종류에 따라 얻은 열량이 다르기 때문에
④ 액체의 종류에 따라 열팽창하는 정도가 다르기 때문에
⑤ 액체보다 둥근바닥 플라스크의 열팽창하는 정도가 크기 때문에

12 그림과 같이 차가운 물이 담긴 둥근바닥 플라스크에 유리관을 꽂고 가열하였더니 유리관의 높이가 처음에는 낮아졌다가 다시 올라갔다.

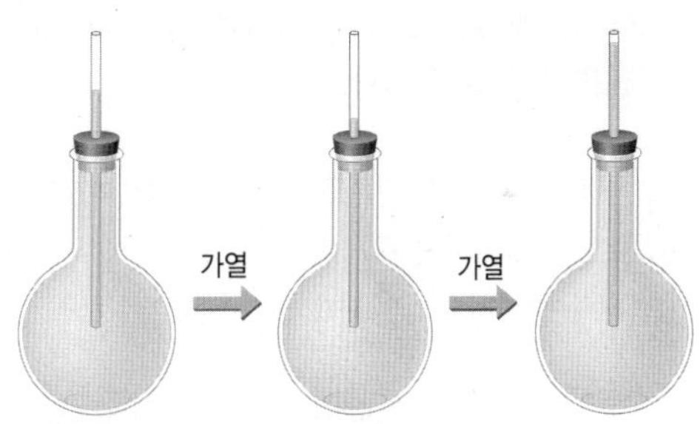

이에 대한 설명으로 옳은 것은?

① 플라스크 안의 물이 기화되므로
② 물과 함께 플라스크도 팽창하므로
③ 물은 팽창하고 플라스크는 수축하므로
④ 유리관 속의 공기가 열을 받아 빠져나가므로
⑤ 모든 물은 가열할 때 부피가 감소하다가 증가하므로

13 알코올 온도계에 대한 설명으로 옳지 않은 것은?

① 알코올의 열팽창을 이용하여 온도를 측정한다.
② 알코올의 부피 변화가 온도 변화에 비례한다.
③ 온도계의 구부 부분은 온도를 측정하는 부분과 열평형 상태가 된다.
④ 유리관이 최대한 열팽창하도록 만드는 것이 좋다.
⑤ 온도계를 뜨거운 물에 넣으면 처음에는 온도계의 눈금이 약간 내려갔다가 다시 올라간다.

중단원별 핵심 문제 01 재해 · 재난과 안전

1 보기에서 사회 재해 · 재난을 모두 고른 것은?

보기
ㄱ. 지진　ㄴ. 화재
ㄷ. 환경 오염　ㄹ. 폭설
ㅁ. 홍수　ㅂ. 화학 물질 유출

① ㄱ, ㄴ, ㄷ　② ㄱ, ㄹ, ㅁ　③ ㄴ, ㄷ, ㅂ
④ ㄷ, ㄹ, ㅂ　⑤ ㄹ, ㅁ, ㅂ

2 태풍에 대한 설명으로 옳은 것을 보기에서 모두 고른 것은?

보기
ㄱ. 태풍은 사회 재해 · 재난에 해당한다.
ㄴ. 집중 호우를 동반하여 도로를 무너뜨리거나 산사태를 일으킨다.
ㄷ. 태풍이 진행하는 방향의 왼쪽 지역은 오른쪽 지역보다 피해가 크다.
ㄹ. 태풍이 해안에 접근하는 시기가 만조 시각과 겹치면 해일이 발생할 수 있다.

① ㄱ, ㄴ　② ㄱ, ㄷ　③ ㄴ, ㄷ
④ ㄴ, ㄹ　⑤ ㄷ, ㄹ

3 다음은 어떤 재해 · 재난에 대한 설명이다.

(가) 2015년 우리나라에서 중동호흡기증후군(메르스) 환자가 처음 발생하였고, 초기에 신속하게 대처하지 못해 피해가 매우 커졌다.
(나) 철도, 비행기, 선박 등에서 발생하는 화재, 폭발 등의 사고로, 대규모 인명 피해가 생긴다.

(가)와 (나)에 해당하는 재해 · 재난을 옳게 짝 지은 것은?

	(가)	(나)
①	황사	화학 물질 유출
②	화학 물질 유출	감염성 질병 확산
③	화학 물질 유출	운송 수단 사고
④	감염성 질병 확산	운송 수단 사고
⑤	감염성 질병 확산	화학 물질 유출

4 재해 · 재난의 사례와 그에 따른 피해를 잘못 연결한 것은?

① 태풍 – 강한 바람으로 농작물이나 시설물에 피해를 준다.
② 지진 – 규모가 큰 지진일수록 지진에 의한 피해가 크다.
③ 화산 – 화산 기체가 대기 중으로 퍼지면 항공기 운행이 중단될 수 있다.
④ 화학 물질 유출 – 사람에게 각종 질병을 유발하고 환경을 오염시킨다.
⑤ 감염성 질병 확산 – 화학 물질이 반응하여 폭발하거나 화재가 발생한다.

5 감염성 질병에 대한 설명으로 옳은 것을 보기에서 모두 고른 것은?

보기
ㄱ. 악수나 기침, 공기나 물, 동물, 음식물 등을 통해 확산할 수 있다.
ㄴ. 특정 지역에서만 발생하며 넓은 지역으로 퍼지지는 않는다.
ㄷ. 중동호흡기증후군, 조류 독감, 유행성 눈병 등의 질병과 관련 있다.

① ㄱ　② ㄴ　③ ㄱ, ㄷ
④ ㄴ, ㄷ　⑤ ㄱ, ㄴ, ㄷ

6 지진의 대처 방안에 대한 설명으로 옳은 것을 보기에서 모두 고른 것은?

보기
ㄱ. 건물을 지을 때 내진 설계를 한다.
ㄴ. 땅이 불안정한 지역을 피해 건물을 짓는다.
ㄷ. 큰 가구는 미리 고정하고, 물건을 낮은 곳으로 옮긴다.
ㄹ. 지진해일 경보가 발령되면 해안가에 가까운 저지대로 대피한다.

① ㄱ, ㄴ　② ㄱ, ㄷ　③ ㄴ, ㄹ
④ ㄱ, ㄴ, ㄷ　⑤ ㄱ, ㄴ, ㄷ, ㄹ

7 지진이 발생했을 때 상황별 행동 요령으로 옳은 것은?

① 지진으로 흔들릴 때는 가스와 전기를 즉시 차단한다.
② 흔들림이 멈추면 탁자 아래로 들어가 몸을 보호한다.
③ 건물 밖으로 이동할 때는 승강기를 타고 빠르게 나간다.
④ 건물 밖에서는 가방 등으로 머리를 보호하며 이동한다.
⑤ 가능한 한 큰 건물 주변으로 대피한다.

8 태풍의 피해를 줄이기 위한 대처 방안을 잘못 설명한 학생은?

① 수진 : 태풍의 예상 진로에 있는 지역에 미리 경보를 내려야 해.
② 민수 : 감전 위험이 있으므로 전기 시설을 만지지 않아야 해.
③ 영훈 : 실내에 있을 때는 창문 가까이에 앉아야 안전해.
④ 지은 : 해안가에 바람막이숲을 조성하면 강한 바람의 피해를 막을 수 있어.
⑤ 영민 : 선박이 태풍의 이동 경로에서 운행 중이라면 태풍 진행 방향의 왼쪽 지역으로 대피해야 해.

9 화산 폭발의 대처 방안으로 옳은 것을 보기에서 모두 고른 것은?

보기
ㄱ. 화산이 폭발하면 창문을 모두 열어 환기한다.
ㄴ. 화산 주변을 관측하고 자료를 수집하여 화산 분출을 예측한다.
ㄷ. 화산 폭발이 일어날 가능성이 있는 지역에서는 방진 마스크, 손전등 등을 미리 준비한다.

① ㄱ ② ㄴ ③ ㄱ, ㄴ
④ ㄴ, ㄷ ⑤ ㄱ, ㄴ, ㄷ

10 다음은 화학 물질 유출 사고가 발생했을 때 대처 방안에 대한 설명이다.

(가) 유출된 유독가스가 공기보다 밀도가 크면 ( ) 곳으로 대피한다.
(나) 바람이 사고 발생 장소에서 불어오면 바람 방향의 ( ) 방향으로 대피한다.
(다) 실내로 대피한 경우 창문을 닫고, 환풍기를 ( ).

(가)~(다)의 빈칸에 알맞은 말을 옳게 짝 지은 것은?

	(가)	(나)	(다)
①	낮은	직각	끈다
②	낮은	반대	켠다
③	높은	직각	끈다
④	높은	직각	켠다
⑤	높은	반대	끈다

11 감염성 질병 확산의 대처 방안으로 옳은 것을 보기에서 모두 고른 것은?

보기
ㄱ. 식재료를 깨끗이 씻는다.
ㄴ. 식수는 끓인 물이나 생수를 사용한다.
ㄷ. 해외 여행객은 귀국 시 이상 증상이 나타나면 검역관에게 신고한다.
ㄹ. 음식물은 가능한 한 조리하지 말고 생으로 먹는다.

① ㄱ, ㄴ ② ㄱ, ㄷ ③ ㄴ, ㄹ
④ ㄱ, ㄴ, ㄷ ⑤ ㄴ, ㄷ, ㄹ

12 재해·재난의 사례와 그에 따른 대처 방안을 옳게 연결한 것은?

① 화산 – 건물을 지을 때 내진 설계를 한다.
② 지진 – 실내로 대피한 경우 환풍기의 작동을 멈춘다.
③ 태풍 – 해안가에 바람막이숲을 조성한다.
④ 화학 물질 유출 – 병원체가 쉽게 증식할 수 없는 환경을 만든다.
⑤ 감염성 질병 확산 – 창문을 고정하고 배수구가 막히지 않았는지 점검한다.

01 소화

01 다음은 동물 몸의 구성 단계이다.

세포 → 조직 → 기관 → 기관계 → 개체

(1) 식물 몸에는 없고, 동물 몸에만 있는 단계를 쓰시오.

(2) (1)의 단계에 해당하는 예를 네 가지만 서술하시오.

02 다음은 음식물에 들어 있는 여러 가지 영양소이다.

물	지방	단백질
바이타민	탄수화물	무기염류

에너지원으로 이용되는 영양소와 이용되지 않는 영양소로 구분하여 서술하시오.

03 다음은 어떤 영양소에 대한 설명이다.

- 몸의 기능을 조절한다.
- 성장기인 청소년에게 특히 많이 필요하다.
- 주로 몸을 구성하며, 에너지원으로도 쓰인다.
- 살코기, 생선, 달걀, 두부, 콩 등에 많이 들어 있다.

(1) 이 영양소의 이름을 쓰시오.

(2) 음식물에서 이 영양소를 검출하는 방법을 검출 용액과 검출 용액을 넣었을 때 나타나는 색깔 변화를 포함하여 서술하시오.

04 입에서 일어나는 소화 작용을 다음 단어를 모두 포함하여 서술하시오.

침, 녹말, 엿당, 아밀레이스

05 오른쪽 그림은 소화계 중 일부를 나타낸 것이다.

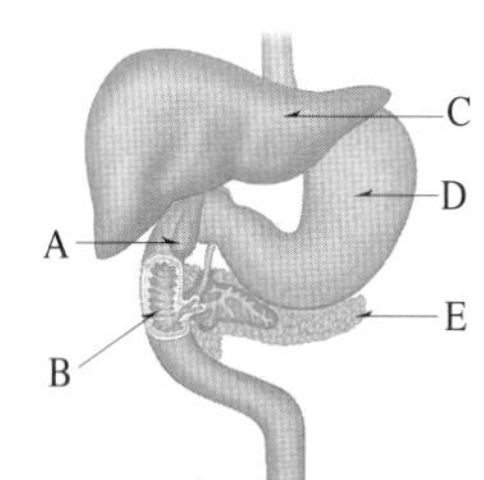

(1) 음식물이 지나가지 않는 곳을 모두 골라 기호와 이름을 쓰시오.

(2) E에서 분비되는 소화 효소 세 가지와 각 소화 효소가 분해하는 영양소의 종류를 서술하시오. (단, 소화 산물은 포함하지 않는다.)

06 오른쪽 그림은 소장 융털의 구조를 나타낸 것이다.

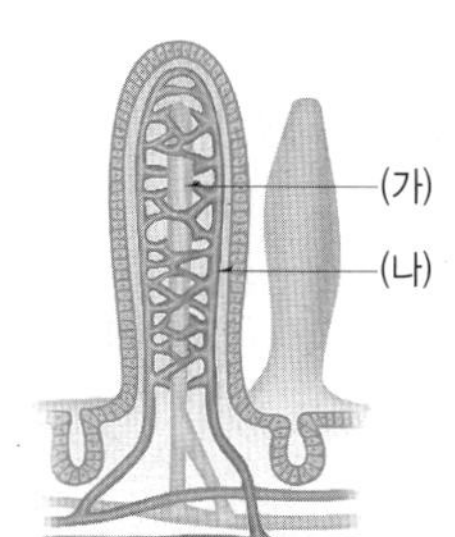

(1) (가)와 (나)의 이름을 쓰시오.

(2) (가)와 (나)로 흡수되는 영양소를 각각 두 가지씩 서술하시오.

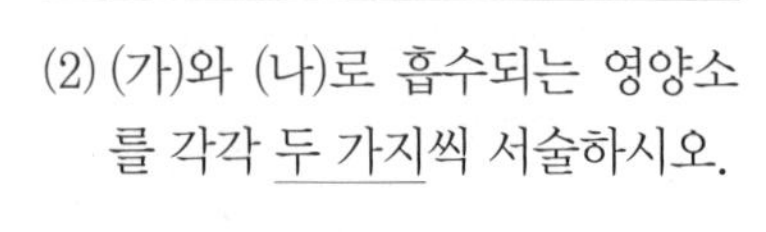

02 순환

01 오른쪽 그림은 사람의 심장 구조를 나타낸 것이다.

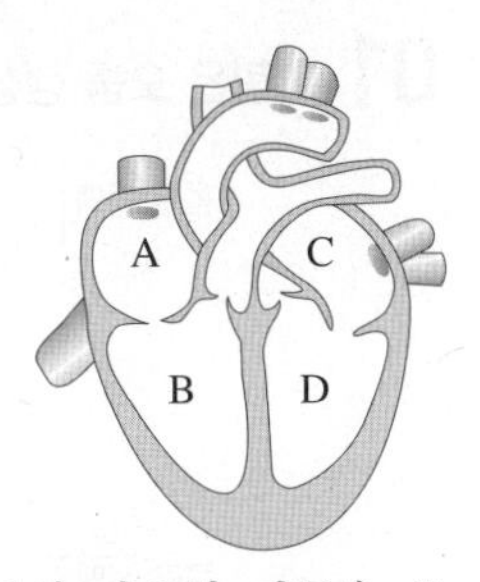

(1) 가장 두꺼운 근육으로 이루어진 부분의 기호와 이름을 쓰시오.

(2) 폐를 지나온 혈액이 들어오는 곳의 기호와 이름을 쓰시오.

(3) B에 연결된 혈관을 쓰고, 이를 통해 혈액이 어디로 이동하는지 서술하시오.

02 그림은 혈관이 연결된 모습을 나타낸 것이다.

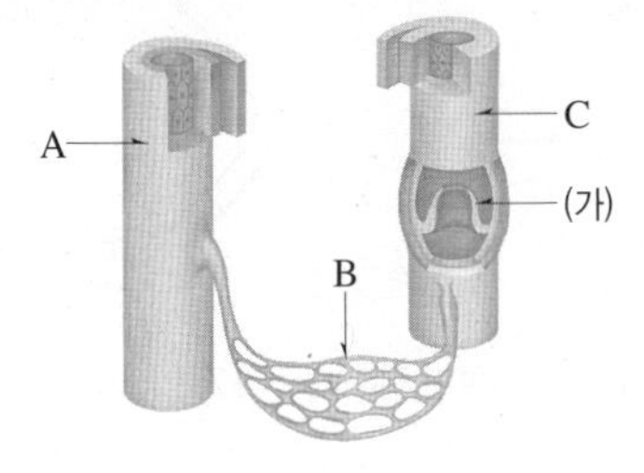

(1) A~C의 이름을 쓰시오.

(2) 혈압이 높은 것부터 순서대로 나열하시오.

(3) 혈관 벽이 두꺼운 것부터 순서대로 나열하시오.

(4) (가)의 이름을 쓰고, 그 기능을 서술하시오.

03 조직 세포와 모세 혈관 사이에서 다음 물질이 이동하는 방향을 서술하시오.

산소, 이산화 탄소, 영양소, 노폐물

04 그림은 혈액의 성분을 나타낸 것이다.

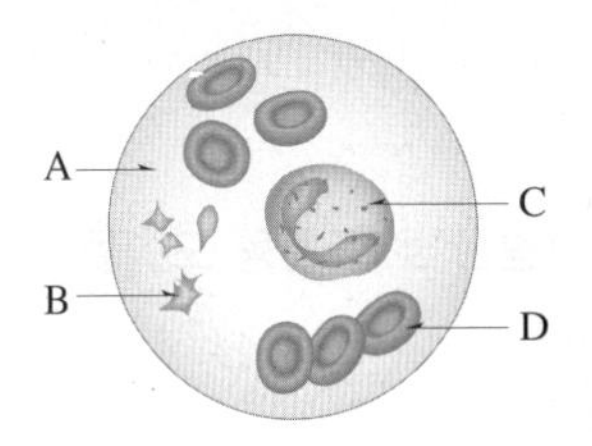

(1) A~D의 이름을 쓰시오.

(2) 몸에 세균이 침입했을 때 수가 늘어나고 기능이 활발해지는 혈구의 기호를 쓰고, 그 까닭을 서술하시오.

05 오른쪽 그림은 혈액 순환 경로를 나타낸 것이다.

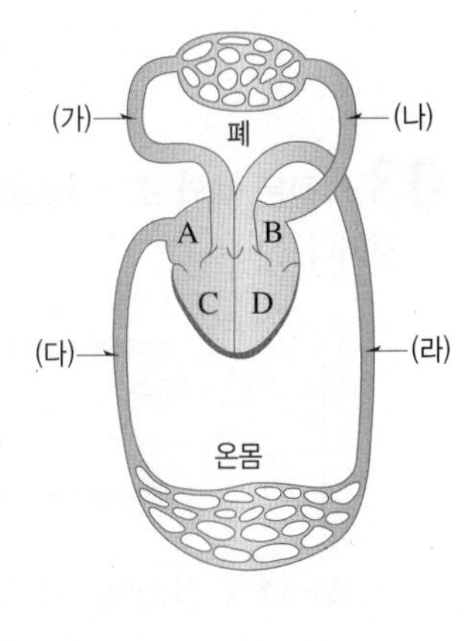

(1) (가)~(라)의 이름을 쓰시오.

(2) 온몸 순환 경로를 기호를 이용하여 순서대로 나열하시오.

(3) A~D, (가)~(라)를 동맥혈이 흐르는 곳과 정맥혈이 흐르는 곳으로 구분하여 서술하시오.

03 호흡

01 오른쪽 그림은 폐를 구성하는 작은 공기주머니인 폐포의 구조를 나타낸 것이다. 폐가 이와 같은 구조로 되어 있어 유리한 점을 기체 교환의 측면에서 서술하시오.

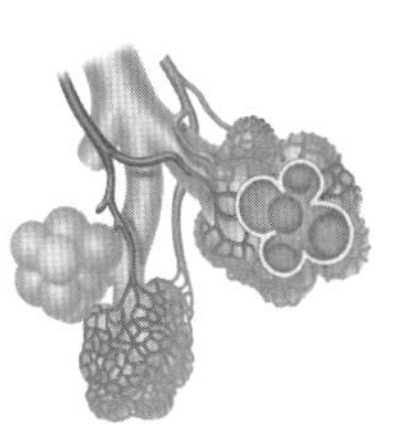

02 오른쪽 그림은 호흡 운동 모형을 나타낸 것이다.

(1) 고무풍선과 고무 막에 해당하는 우리 몸의 구조를 각각 쓰시오.

(2) 고무 막을 아래로 잡아당겼을 때 일어나는 페트병 속의 부피와 압력 변화 및 공기의 이동을 서술하시오.

03 그림은 폐와 조직 세포에서의 기체 교환 과정을 나타낸 것이다.

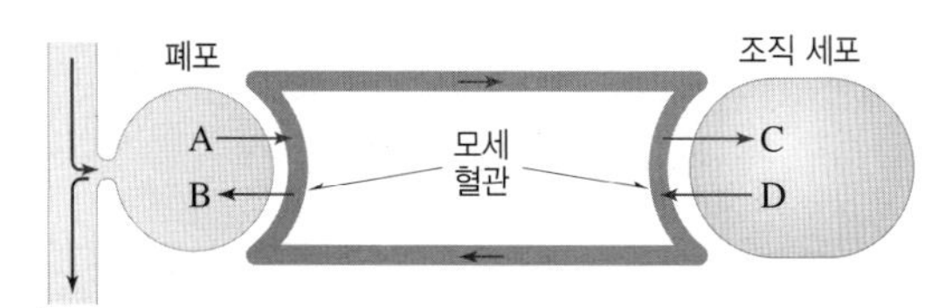

(1) A~D 중 산소의 이동 방향을 모두 쓰시오.

(2) 폐포와 모세 혈관 사이, 모세 혈관과 조직 세포 사이의 산소 농도를 비교하여 서술하시오.

04 배설

01 그림은 오줌 생성 과정을 나타낸 것이다.

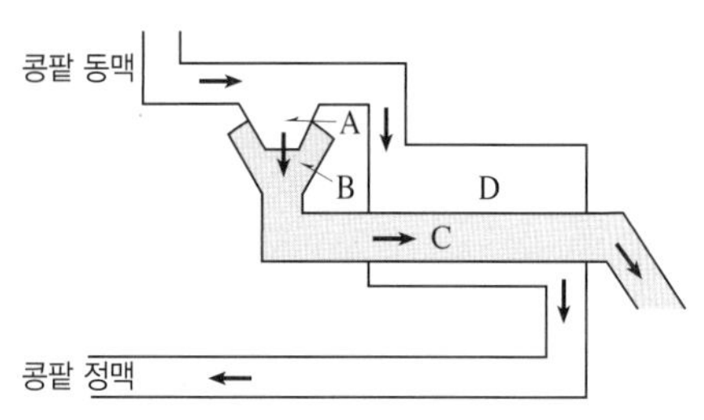

(1) A → B, C → D, D → C로 물질이 이동하는 현상을 각각 무엇이라고 하는지 쓰시오.

(2) A의 혈액에는 물, 요소, 혈구, 포도당, 단백질, 아미노산, 무기염류 등이 들어 있다. 이 중에서 A → B로 이동하지 않는 물질 두 가지를 쓰고, 그 까닭을 서술하시오.

02 그림은 소화계, 순환계, 호흡계, 배설계의 유기적 작용을 나타낸 것이다.

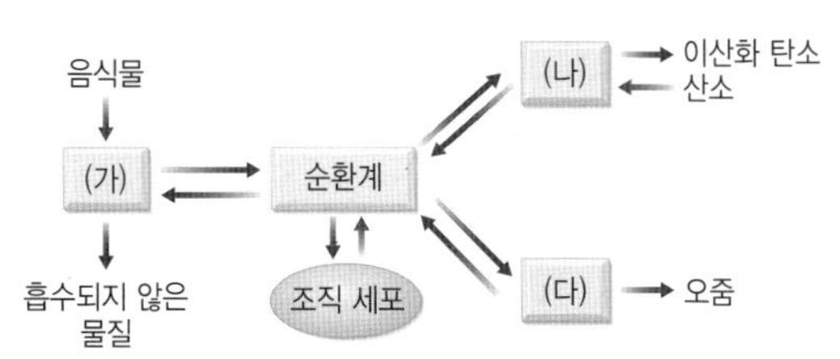

(1) (가)~(다)에 해당하는 기관계의 이름을 쓰시오.

(2) 영양소와 산소가 조직 세포로 공급되는 과정을 흡수하는 기관계와 운반하는 기관계를 포함하여 서술하시오.

(3) 조직 세포에서 발생한 이산화 탄소가 몸 밖으로 나가는 과정을 운반하는 기관계와 배출하는 기관계를 포함하여 서술하시오.

01 물질의 특성 (1)

01 표와 같이 물질을 구분한 기준을 쓰고, 그 까닭을 서술하시오.

구분	물질
A	금, 산소, 에탄올, 염화 나트륨
B	공기, 암석, 바닷물, 설탕물

02 다음에서 물질을 구별할 수 있는 성질을 모두 고르고, 그 성질이 물질을 구별할 수 있는 까닭을 서술하시오.

> 녹는점, 부피, 질량, 온도, 밀도, 끓는점, 용해도

03 다음 상황에서 공통적으로 이용되는 원리를 물질의 특성과 관련지어 서술하시오.

> • 눈이 쌓인 도로에 염화 칼슘을 뿌린다.
> • 추운 겨울철 자동차의 냉각수에 부동액을 넣는다.

04 그림은 어떤 고체 물질의 가열·냉각 곡선을 나타낸 것이다.

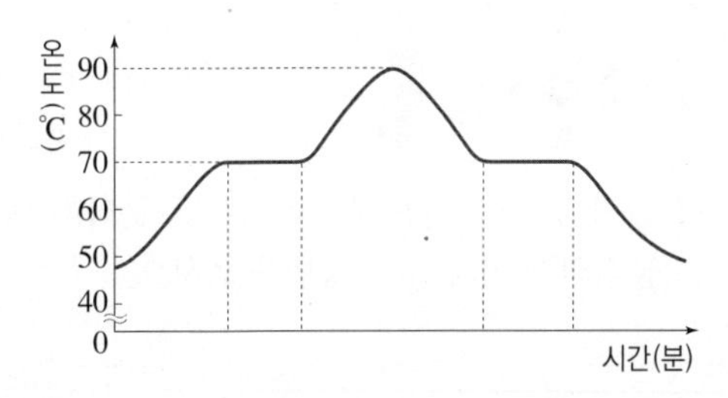

이 물질의 녹는점과 어는점은 각각 몇 °C인지 쓰고, 물질의 양이 많아지면 녹는점과 어는점은 어떻게 되는지 서술하시오.

05 표는 1기압에서 물질 A~E의 녹는점과 끓는점을 나타낸 것이다.

물질	A	B	C	D	E
녹는점(°C)	0	80	1085	−39	−210
끓는점(°C)	100	218	2562	357	−196

실온(약 20 °C)에서 고체 상태로 존재하는 물질을 모두 고르고, 그 까닭을 서술하시오.

02 물질의 특성 (2)

01 표는 물질 A~E의 질량과 부피를 측정한 결과를 나타낸 것이다.

물질	A	B	C	D	E
질량(g)	25	32	4	6	28
부피(cm^3)	50	16	20	3	7

A~E 중 같은 종류의 물질을 고르고, 그 까닭을 물질의 특성 중 한 가지를 이용하여 서술하시오.

02 아르키메데스는 왕관이 순금으로 만들어졌는지 조사하기 위해 질량이 같은 왕관과 순금을 각각 물이 가득 담긴 항아리 속에 넣어 다음과 같은 결과를 얻었다.

> • 왕관을 넣었을 때 넘친 물의 양 : 150.0 mL
> • 순금을 넣었을 때 넘친 물의 양 : 130.5 mL

(1) 이 결과를 이용하여 왕관과 순금의 밀도를 비교하시오.

(2) (1)의 답으로 알 수 있는 사실을 서술하시오.

03 서로 다른 액체 A~C를 비커에 넣었더니 오른쪽 그림과 같은 층이 생겼다. 이 비커에 질량 24.0 g, 부피 2.2 cm^3인 금속을 넣을 때 이 금속의 위치를 밀도 값을 이용하여 서술하시오.(단, 이 금속은 액체 A~C에 녹지 않으며, 액체의 밀도는 A=1.2 g/cm^3, B=5.8 g/cm^3, C=15.2 g/cm^3이다.)

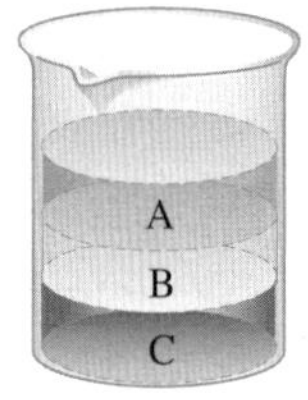

04 그림은 몇 가지 고체 물질의 물에 대한 용해도 곡선을 나타낸 것이다.

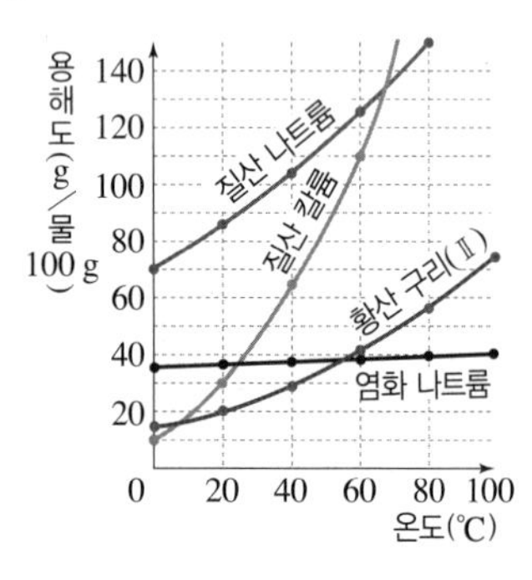

60 °C 물 100 g에 각 물질을 녹여 포화 용액을 만든 후 20 °C로 냉각할 때 석출되는 결정의 양이 가장 많은 물질을 쓰고, 그 까닭을 서술하시오.

05 오른쪽 그림은 질산 나트륨의 물에 대한 용해도 곡선을 나타낸 것이다. 80 °C 물 100 g에 질산 나트륨 104.1 g을 녹였을 때 이 용액을 포화 용액으로 만들 수 있는 방법 두 가지를 구체적으로 서술하시오.(단, 용매의 양은 일정하다.)

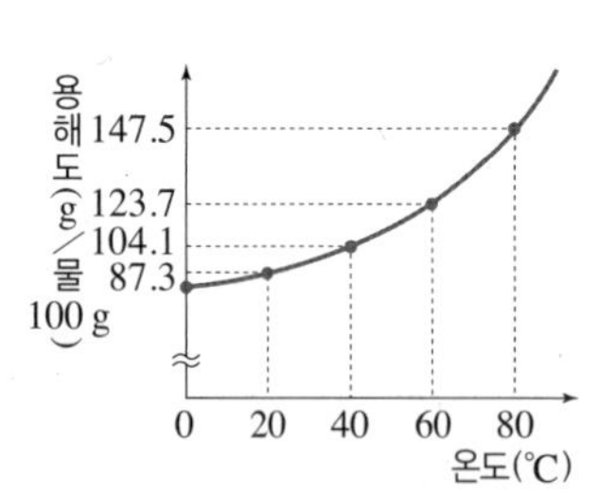

06 80 °C에서 물 50 g에 질산 칼륨 80 g이 녹아 있다. 이 용액을 20 °C로 냉각할 때 석출되는 질산 칼륨의 질량은 몇 g인지 풀이 과정을 포함하여 서술하시오.(단, 질산 칼륨의 물에 대한 용해도는 80 °C에서 170, 20 °C에서 32이다.)

07 그림과 같이 장치하여 사이다가 들어 있는 4개의 시험관에서 발생하는 기포를 관찰하였다.

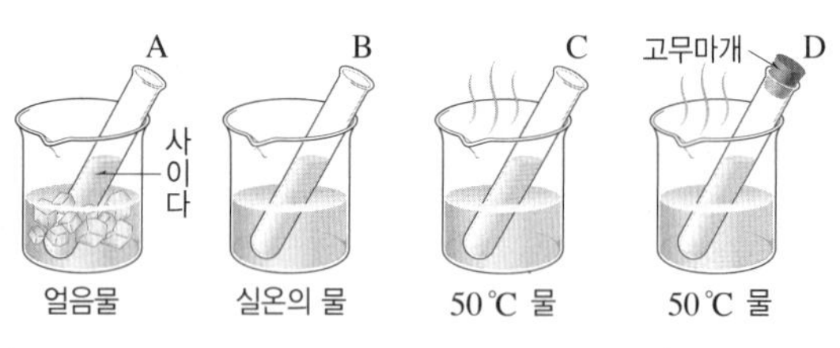

시험관 A~D 중 발생하는 기포의 양이 가장 많은 것을 고르고, 그 까닭을 서술하시오.

03 혼합물의 분리 (1)

01 그림은 물과 에탄올 혼합물을 분리하기 위한 실험 장치와 이 혼합물의 가열 곡선을 나타낸 것이다.

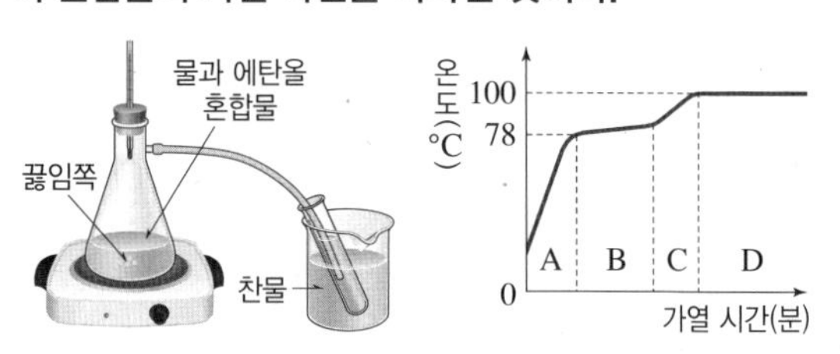

(1) 이 실험 장치를 이용하여 혼합물을 분리할 때 이용되는 물질의 특성과 분리 방법을 쓰시오.

(2) 가열 곡선의 A~D 중 물이 분리되는 구간을 고르고, 그 까닭을 서술하시오.

02 그림은 원유를 분리하는 증류탑의 모습을 나타낸 것이다.

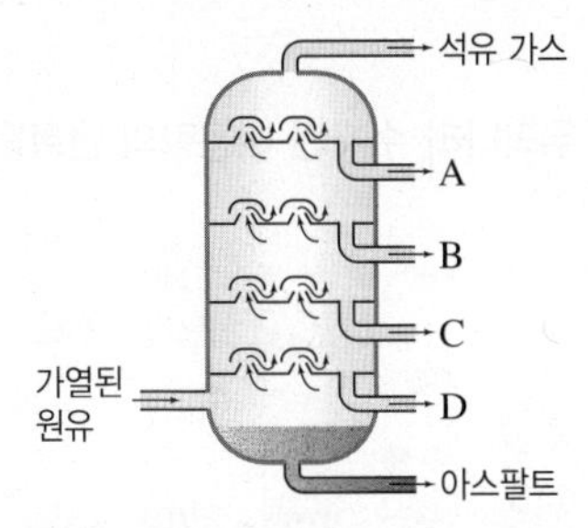

A~D 중 끓는점이 가장 높은 물질이 분리되어 나오는 곳을 고르고, 그 까닭을 서술하시오.

[03~04] 그림은 분별 깔때기를 이용하여 액체 혼합물을 분리하는 과정을 나타낸 것이다.

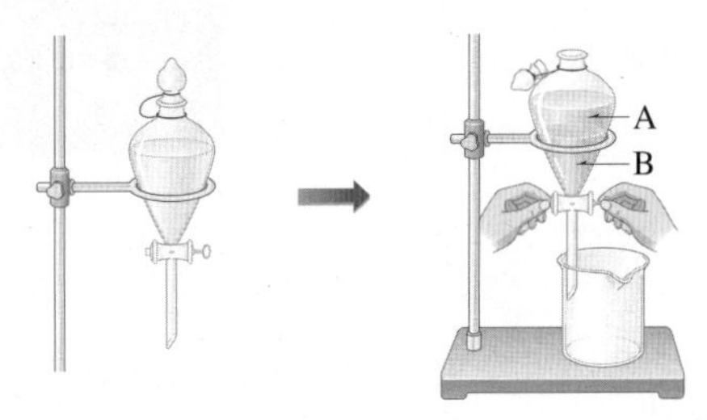

03 이 실험 기구로 분리할 수 있는 액체 혼합물의 조건을 두 가지 서술하시오.

04 A와 B 중 밀도가 더 작은 물질의 기호를 쓰고, 그 까닭을 서술하시오.

04 혼합물의 분리 (2)

01 그림은 소량의 황산 구리(Ⅱ)가 섞인 질산 칼륨에서 순수한 질산 칼륨을 분리하는 모습이다.

질산 칼륨의 분리 방법을 쓰고, 이때 이용되는 물질의 특성을 언급하여 순수한 질산 칼륨의 분리 과정을 서술하시오.

02 표는 질산 칼륨과 염화 나트륨의 물에 대한 용해도를 나타낸 것이다.

온도(°C)	20	60
질산 칼륨(g/물 100 g)	31.9	109.2
염화 나트륨(g/물 100 g)	35.9	37.0

60 °C의 물 100 g에 질산 칼륨 80 g과 염화 나트륨 10 g이 섞인 혼합물을 녹인 후 이 용액을 20 °C로 냉각할 때 석출되는 물질을 쓰고, 그 질량을 풀이 과정을 포함하여 서술하시오.

03 크로마토그래피는 성분 물질이 용매를 따라 이동하는 속도가 다른 것을 이용하여 혼합물을 분리하는 방법이다. 크로마토그래피의 장점을 두 가지만 서술하시오.

01 수권의 분포와 활용

[01~03] 다음은 수권을 이루는 물의 종류를 나타낸 것이다.

호수와 하천수 지하수 빙하 해수

01 수권에서 차지하는 양이 많은 것부터 순서대로 나열하시오.

02 수권에서 두 번째로 많은 양을 차지하는 것을 쓰고, 특징을 두 가지 서술하시오.

03 수권을 이루는 물 중 우리가 수자원으로 주로 이용하는 물을 모두 쓰고, 나머지가 수자원으로 이용하기 어려운 까닭을 서술하시오.

04 오른쪽 그림은 우리나라의 용도별 수자원 이용 현황을 나타낸 것이다. 가장 많은 양을 차지하는 용도 A를 쓰고, 이에 해당하는 물의 이용 사례를 한 가지 서술하시오.

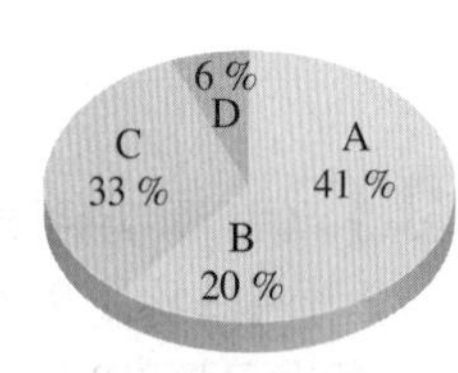

05 그림은 우리나라 수자원 이용량의 변화를 나타낸 것이다.

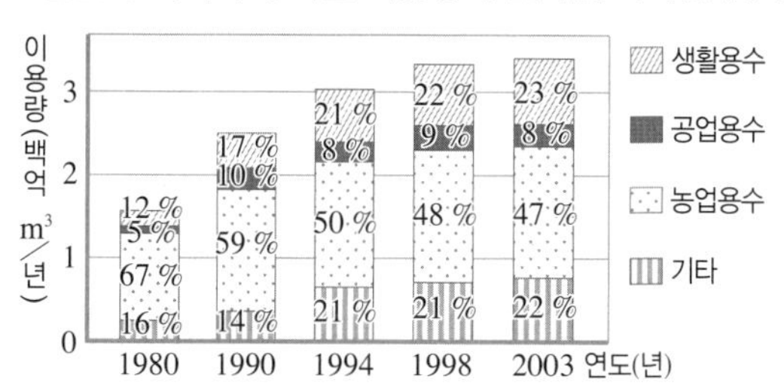

(1) 수자원 이용량 변화 양상을 서술하시오.

(2) (1)의 원인을 한 가지 서술하시오.

06 오른쪽 그림은 지하수를 이용하여 생수를 만드는 모습을 나타낸 것이다.

(1) 이 외에 지하수를 활용하는 예를 한 가지 서술하시오.

(2) 지하수를 개발할 때 주의해야 할 점을 한 가지 서술하시오.

07 기후 변화로 홍수나 가뭄이 잦아지면 수자원을 확보하고 관리하는 것이 어려워질 수 있다. 수자원을 안정적으로 확보할 수 있는 방법을 두 가지 서술하시오.

08 수자원을 절약하는 방법을 두 가지 서술하시오.

02 해수의 특성

01 그림은 전 세계 해양에서 나타나는 해수의 표층 수온 분포이다.

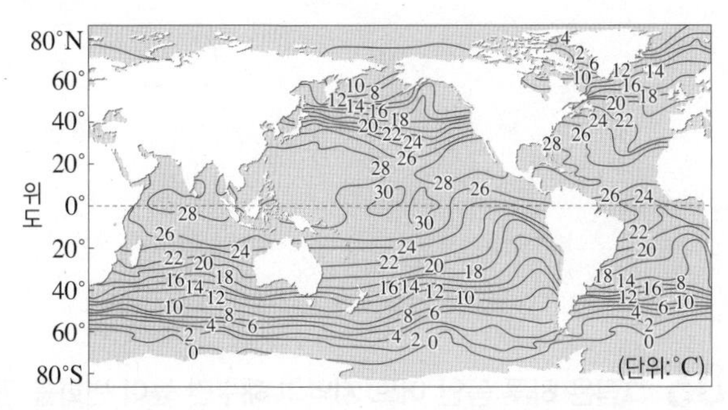

표층 수온 분포가 그림과 같이 나타나는 까닭을 서술하시오.

02 오른쪽 그림은 중위도 해역의 연직 수온 분포를 나타낸 것이다.

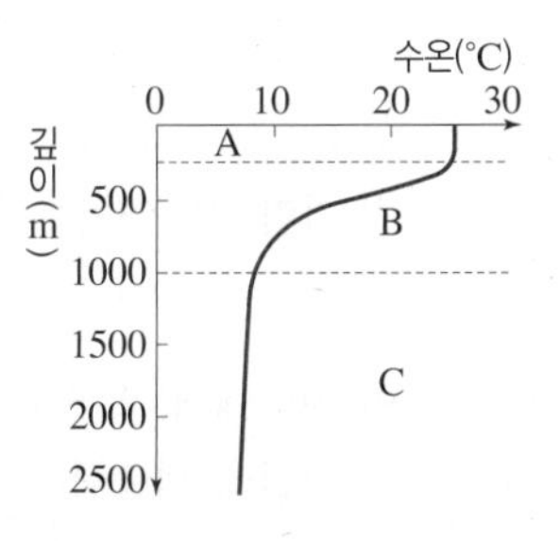

(1) A~C층의 이름을 각각 쓰시오.

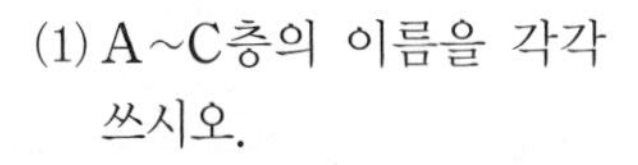

(2) 바람이 강해질 때 A층의 두께 변화를 서술하시오.

03 오른쪽 그래프는 위도가 다른 A~C 해역에서 수온의 연직 분포를 나타낸 것이다.

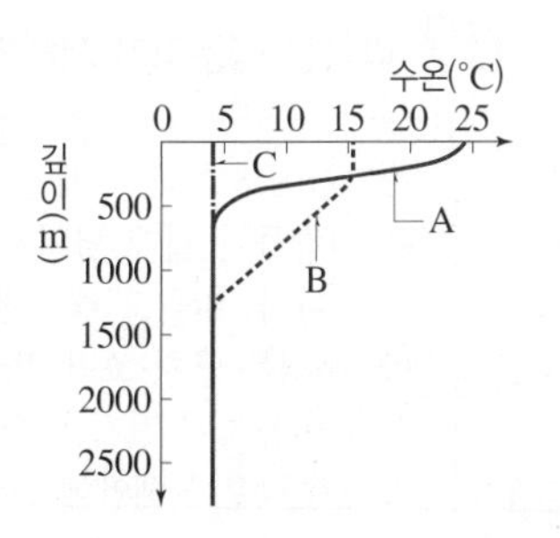

(1) A~C가 각각 저위도, 중위도, 고위도 중 무엇에 해당하는지 쓰시오.

(2) 위도별 연직 수온 분포의 특징을 서술하시오.

04 그림은 전 세계 해수의 표층 염분 분포를 나타낸 것이다.

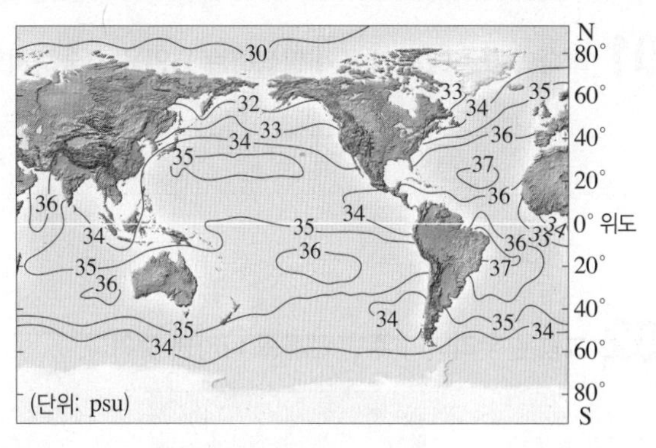

(1) 염분이 가장 높은 해역의 위도를 쓰고, 그 까닭을 서술하시오.

(2) 육지에서 가까운 해역에 비해 대양의 중앙에서 염분이 높게 나타나는 까닭을 서술하시오.

05 다음 단어를 모두 사용하여 염분비 일정 법칙의 뜻을 서술하시오.

염분, 염류, 비율

06 표는 어느 두 해역 (가), (나)의 해수 1 kg에 녹아 있는 염류의 양을 나타낸 것이다.

구분	염화 나트륨	염화 마그네슘	황산 마그네슘	기타
(가)	27.2 g	3.8 g	1.7 g	2.3 g
(나)	19.0 g	A	1.2 g	1.6 g

(1) A의 값을 식을 세워 구하시오.(단, 소수 첫째 자리까지 계산한다.)

(2) (가)와 (나)의 염분을 구하시오.

03 해수의 순환

01 바다의 표층에서 해류가 발생하는 원인을 서술하시오.

02 그림은 우리나라 주변 해류를 나타낸 것이다.

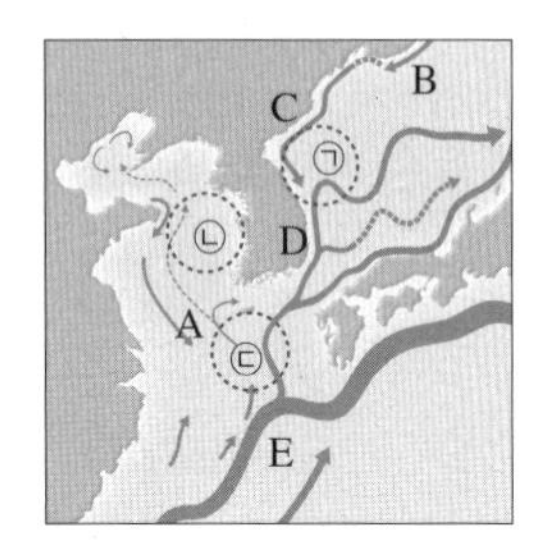

(1) 해류 A~E의 이름을 쓰시오.

(2) ㉠~㉢ 중 조경 수역의 위치를 쓰고, 계절에 따른 조경 수역의 위치 변화를 서술하시오.

[03~04] 그림은 겨울철 우리나라 주변 바다의 표층 수온 분포를 나타낸 것이다.

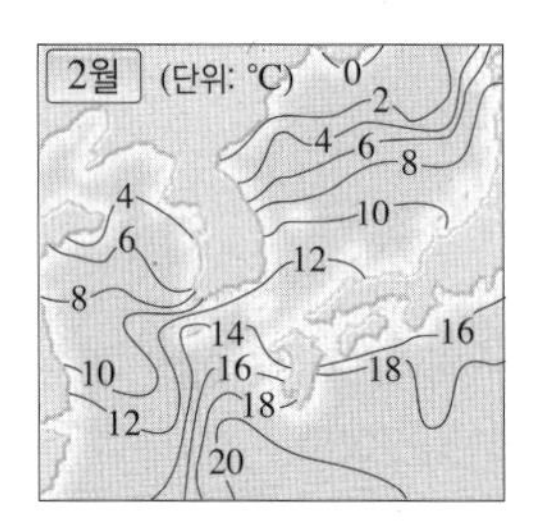

03 동해에서 북쪽 해역보다 남쪽 해역의 수온이 더 높게 나타나는 까닭을 두 가지 서술하시오.

04 위도가 비슷한 서울과 강릉의 겨울철 기온을 비교하고, 그 까닭을 해류와 관련지어 서술하시오.

05 다음 단어를 모두 사용하여 조석의 뜻을 서술하시오.

밀물, 썰물, 해수면, 주기

06 그림은 하루 동안 어느 지역의 해수면 높이 변화를 관측하여 나타낸 것이다.

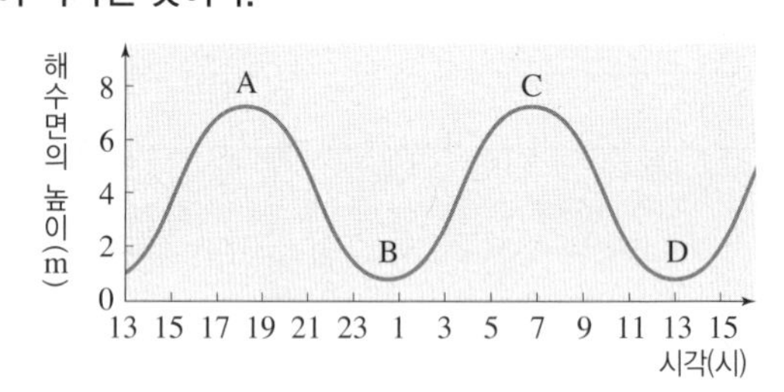

(1) A~D 중 만조와 간조일 때를 각각 쓰시오.

(2) 이 지역에서 조차는 약 몇 m인지 쓰시오.

(3) 이 지역에서 조개를 캐기에 가장 적절한 시각을 쓰고, 그 까닭을 서술하시오.(단, 활동 시간은 오전 9시에서 오후 5시 사이이다.)

07 다음은 성운이가 서해안을 다녀온 후 작성한 일지이다.

> 해안가에 도착했을 때는 바닷물이 빠져나간 만조였다. 많은 사람들과 넓게 펼쳐진 갯벌에서 조개를 캤다. 몇 시간이 지나자, 밀물로 해수면이 높아질 것이라는 안내가 나왔다. 우리는 근처 조력 발전소로 향했다. 조력 발전소는 조석을 이용하여 전기를 생산하는 곳이다. 우리나라는 주로 조차가 작은 서해안에 조력 발전소를 짓는다고 한다.

위에서 틀린 문장을 두 군데 찾아 옳게 고쳐 쓰시오.

01 열

01 그림은 금속 막대의 한쪽 끝을 가열할 때 금속 막대의 입자 운동을 나타낸 것이다.

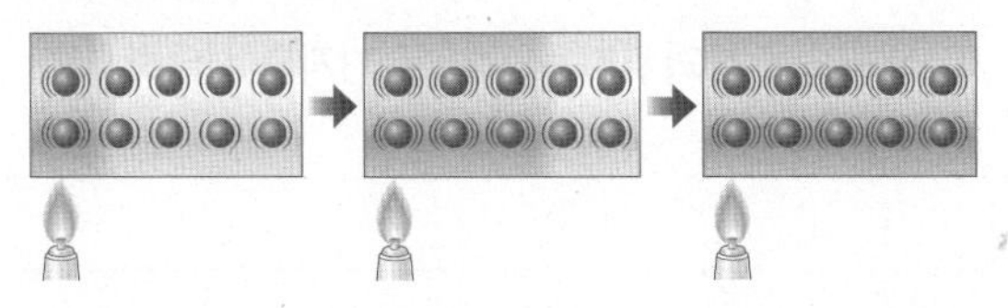

위와 같은 열의 이동 방법을 쓰고, 그 예를 한 가지 서술하시오.

02 그림과 같이 추운 겨울에는 나무 의자보다 금속 의자가 더 차갑게 느껴진다.

금속 의자가 더 차갑게 느껴지는 까닭을 서술하시오.

03 그림과 같이 집 안에서 에어컨은 높은 곳에 설치하고, 난로는 낮은 곳에 설치한다.

이렇게 설치하는 까닭을 열의 이동 방법과 관련하여 서술하시오.

04 오른쪽 그림과 같이 프라이팬의 바닥은 금속으로 만들지만, 손잡이는 플라스틱으로 만드는 까닭을 서술하시오.

05 그림과 같이 온도가 다른 두 물체 A, B를 접촉시켰다.

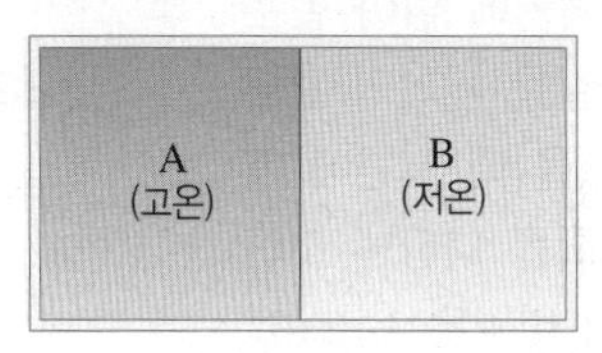

두 물체 A, B의 온도 변화를 열의 이동과 입자 운동으로 서술하시오.

06 오른쪽 그림과 같이 아이스박스 안에 차가운 얼음과 미지근한 음료수를 넣어 두었다. 시간이 흐른 후 얼음과 음료수의 온도를 비교하고, 이 과정을 열의 이동과 관련지어 서술하시오.

07 체온을 측정할 때는 입으로 체온계를 물고 있거나 겨드랑이에 체온계를 낀 상태로 몇 분 동안 기다린다. 이렇게 하는 까닭을 열의 이동과 관련지어 서술하시오.

02 비열과 열팽창

01 표의 여러 가지 물질 중 찜질팩 속에 넣어 사용하면 좋은 물질을 쓰고, 그 까닭을 서술하시오.

물질	물	식용유	모래	구리
비열(kcal/(kg·°C))	1	0.40	0.19	0.09

02 오른쪽 그래프는 물질 A, B와 물을 비커에 담아 같은 시간 동안 같은 세기의 불꽃으로 가열했을 때 시간에 따른 온도 변화를 나타낸 것이다.(단, 물의 비열은 1 kcal/(kg·°C)이고, 물질 A와 B, 물의 질량은 각각 200 g이다.)

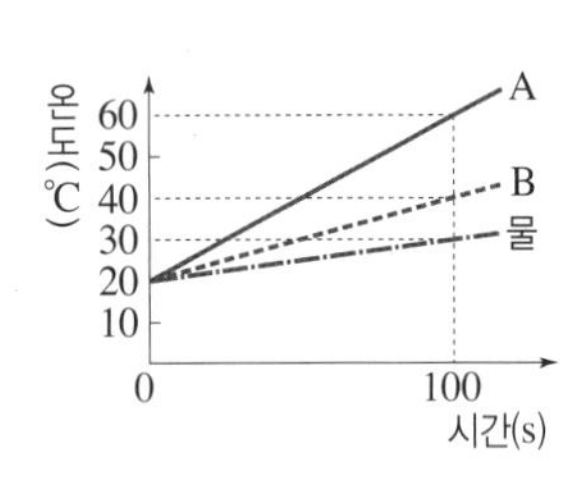

(1) 물질 A, B와 물의 비열의 크기를 비교하시오.

(2) 물질 A의 비열은 몇 kcal/(kg·°C)인지 풀이 과정과 함께 구하시오.

03 60 °C의 물 40 g이 든 플라스크 A를 10 °C의 물 60 g이 든 수조 B에 넣었을 때, 두 물의 온도 변화를 나타낸 그래프이다.

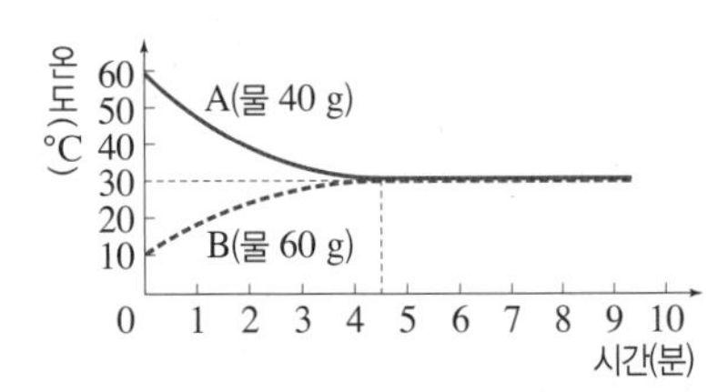

열평형 상태에 도달했을 때 물 60 g이 얻은 열량은 몇 kcal인지 풀이 과정과 함께 구하시오.(단, 물의 비열은 1 kcal/(kg·°C)이고, 외부와의 열 출입은 없다.)

04 그림과 같이 어떤 쇠고리에 쇠 구슬을 통과시켰더니, 쇠 구슬의 중간 부분이 쇠고리에 걸려 통과하지 못하였다.

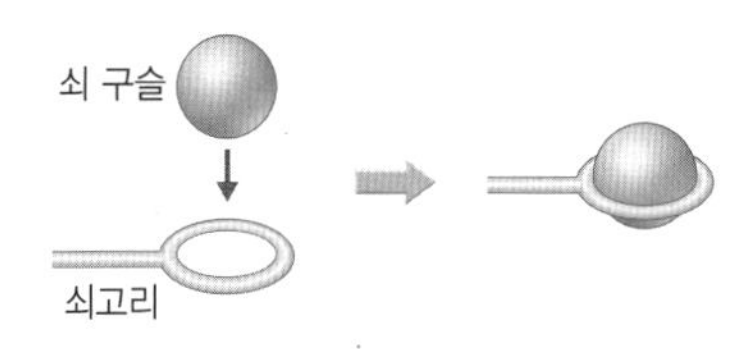

이 쇠 구슬을 통과시키는 방법 두 가지를 서술하시오.

05 그림과 같은 화재경보기에는 바이메탈이 있어 일정 온도 이상에서 전류를 흐르게 한다.

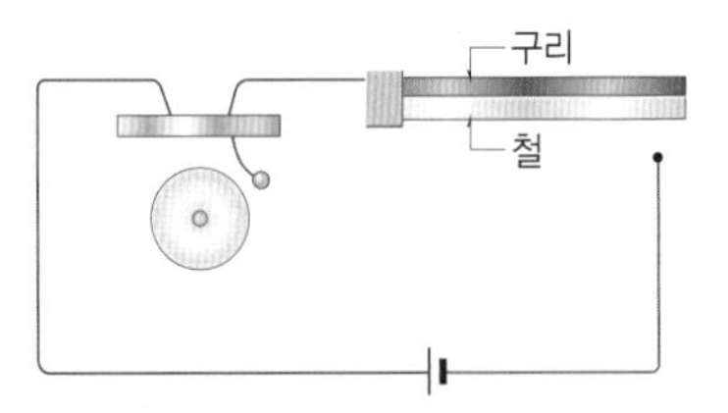

바이메탈이 전류를 흐르게 하는 원리를 서술하시오.

06 철로나 다리의 이음새 부분에 틈을 만드는 까닭을 서술하시오.

07 그림과 같은 알코올 온도계를 사용하여 온도를 측정할 수 있는 원리 두 가지를 서술하시오.

01 재해 · 재난과 안전

01 다음 재해 · 재난 사례를 두 종류로 구분하고, 그 기준을 간단히 서술하시오.

화재	폭염	환경 오염
지진	운송 수단 사고	황사

02 다음은 어떤 재해 · 재난의 피해 사례에 대한 설명이다.

(가) 해안에 접근하는 시기가 만조 시각과 겹치면 해일이 발생할 수 있다.
(나) 용암이 흐르면서 마을이나 농작물에 피해를 준다.
(다) 화학 물질이 반응하여 폭발하거나 화재가 발생한다.

(가)~(다)에 해당하는 재해 · 재난의 이름을 각각 쓰시오.

03 집에 있을 때 갑자기 지진이 발생했다면 다음 상황에서 취해야 할 행동 요령을 한 가지씩 서술하시오.(단, 건물이 무너질 가능성은 없다고 가정한다.)

- (가) 지진으로 흔들릴 때 :
- (나) 흔들림이 멈췄을 때 :
- (다) 건물 밖으로 나갈 때 :

04 다음은 태풍이 발생했을 때 어떤 선박의 대처 방안을 설명한 것이다.

우리나라로 태풍이 접근하고 있을 때 한 어선이 태풍의 예상 진행 경로상에서 조업 중이었다. 이 어선은 태풍 소식을 접한 후 즉시 태풍 진행 방향에서 오른쪽으로 대피하였다.

위 대처 방안이 옳은지 판단하고, 그 까닭을 서술하시오.

05 화학 물질이 유출되어 대피할 때는 유독가스의 밀도와 바람의 방향을 고려해야 한다. 다음 상황에서 어떻게 대피해야 하는지 각각 간단히 서술하시오.

- (가) 유출된 유독가스가 공기보다 밀도가 작을 때 :
- (나) 바람이 사고 발생 장소에서 불어올 때 :

06 다음은 재해 · 재난의 대처 방안에 대해 학생들이 토론한 내용이다.

- 지은 : 화학 물질이 유출된 경우 유독가스가 공기보다 밀도가 크면 높은 곳으로 대피해야 해.
- 수민 : 해외여행 후 귀국 시 이상 증상이 나타나면 증상이 완화될 때까지 집에서 충분히 휴식을 취해야 해.
- 민우 : 지진이 발생하면 머리를 보호하면서 대피하고, 운동장이나 공원 등 넓은 공간으로 이동해야 해.

잘못 설명한 학생을 고르고, 옳게 고쳐 쓰시오.

MEMO

15개정 교육과정

핵심만 빠르게~ 단기간에

내신 공부의 힘을 키운다

정답과 해설

중등 과학 2·2

책 속의 가접 별책 (특허 제 0557442호)

'정답과 해설'은 본책에서 쉽게 분리할 수 있도록 제작되었으므로
유통 과정에서 분리될 수 있으나 파본이 아닌 정상제품입니다.

정답과 해설

V 동물과 에너지

01 소화

개념 확인하기 p. 10

1 세포, 기관, 기관계 2 소화계 3 지방, 단백질, 탄수화물 4 수산화 나트륨, 황산 구리(Ⅱ) 5 청람색 6 입, 위, 대장, 식도, 소장 7 아밀레이스, 엿당 8 (1) × (2) ○ (3) × (4) ○ (5) ○ 9 A : 모세 혈관, B : 암죽관 10 포도당, 아미노산, 무기염류

6 음식물이 지나가는 소화관은 입 – 식도 – 위 – 소장 – 대장 – 항문으로 연결되어 있다. 간, 이자, 쓸개에는 음식물이 지나가지 않는다.

8 (1) 쓸개즙은 간에서 만들어져 쓸개에 저장되었다가 소장으로 분비된다.
(3) 위에서는 위액 속의 펩신이 염산의 도움을 받아 단백질을 분해한다.

10 포도당, 아미노산, 무기염류와 같은 수용성 영양소는 융털의 모세 혈관(A)으로 흡수되고, 지방산, 모노글리세리드와 같은 지용성 영양소는 융털의 암죽관(B)으로 흡수된다.

내공 쌓는 족집게 문제 p. 11~15

1 ⑤ 2 ① 3 ④ 4 ④ 5 ④ 6 ③ 7 ④ 8 ⑤ 9 ② 10 ④, ⑤ 11 ⑤ 12 D, 위 13 염산 14 ⑤ 15 ① 16 ⑤ 17 ③, ④ 18 ② 19 ② 20 ② 21 ⑤ 22 ④ 23 ② 24 ④ 25 ③ 26 ④
[서술형 문제 27~30] 해설 참조

1 동물의 몸은 세포(마) → 조직(가) → 기관(다) → 기관계(나) → 개체(라)의 단계를 거쳐 이루어진다.

2 ① (가)는 근육 조직으로, 조직에 해당한다.
③ 식물의 구성 단계는 세포 → 조직 → 조직계 → 기관 → 개체로, 기관계(나)가 없고, 조직계가 있다.

3 탄수화물은 주로 에너지원(약 4 kcal/g)으로 쓰이며, 남은 것은 지방으로 바뀌어 저장된다.

4 살코기, 생선, 달걀, 두부, 콩에는 단백질이 많이 들어 있다.
④ 몸의 구성 성분 중 가장 많은 것은 우리 몸의 60 %~70 %를 차지하는 물이다.
⑤ 주로 몸을 구성하는 단백질은 성장기인 청소년에게 특히 많이 필요하다.

5 ① 지방은 몸을 구성하거나 에너지원으로 이용된다.
② 탄수화물은 주로 에너지원으로 이용된다.
③ 단백질은 1 g당 약 4 kcal의 에너지를 낸다.
⑤ 무기염류는 뼈, 이, 혈액 등을 구성한다.

6 아이오딘 반응(B)과 뷰렛 반응(D) 결과 색깔 변화가 나타난 것으로 보아 이 음식물에는 녹말과 단백질이 들어 있다.

7 단백질은 뷰렛 반응(D) 결과 보라색이 나타나는 것으로 검출하고, 포도당은 베네딕트 반응(B) 결과 황적색이 나타나는 것으로 검출한다. 아이오딘 – 아이오딘화 칼륨 용액은 녹말 검출 용액이고, 수단 Ⅲ 용액은 지방 검출 용액이다.

8 소화는 음식물 속의 크기가 큰 영양소를 크기가 작은 영양소로 분해하는 과정이다.
① 순환, ② 배설, ③ 세포 호흡, ④ 대변 배출이다.

9 소화관은 입 – 식도 – 위 – 소장 – 대장 – 항문으로 연결되어 있다.

10 ① 시험관 A에서는 녹말이 그대로 남아 있어 아이오딘 반응 결과 청람색이 나타난다.
②, ③, ⑤ 시험관 B에서는 침 속의 아밀레이스가 녹말을 엿당으로 분해하여 베네딕트 반응 결과 황적색이 나타난다.
④ 시험관을 35 °C~40 °C의 물에 담가 두는 까닭은 소화 효소가 체온 범위에서 가장 활발하게 작용하기 때문이다.

11 A는 간, B는 쓸개, C는 소장(십이지장), D는 위, E는 이자이다.
⑤ 이자액에는 녹말(탄수화물) 소화 효소인 아밀레이스, 단백질 소화 효소인 트립신, 지방 소화 효소인 라이페이스가 들어 있다.

12 단백질은 위(D)에서 위액 속에 들어 있는 펩신에 의해 처음으로 분해된다.

13 강한 산성 물질인 염산은 펩신의 작용을 돕고, 음식물에 섞여 있는 세균을 제거하는(살균) 작용을 한다.

14 ① 최종 소화 산물이 포도당인 (가)는 녹말, 아미노산인 (나)는 단백질, 지방산과 모노글리세리드인 (다)는 지방이다.
② 아밀레이스(A)는 침과 이자액에 들어 있다.
③ 펩신(B)은 위에서 염산의 도움을 받아 작용한다.
④ 이자액에 들어 있는 트립신(C)과 라이페이스(D)는 소장에서 작용한다.
⑤ 쓸개즙에는 소화 효소가 없다. 라이페이스(D)는 이자액에 들어 있다.

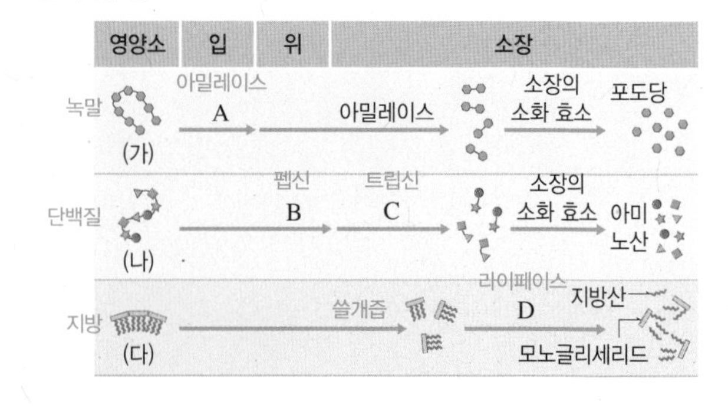

15 A는 모세 혈관, B는 암죽관이다. 포도당, 아미노산, 무기염류와 같은 수용성 영양소는 융털의 모세 혈관(A)으로 흡수되고, 지방산, 모노글리세리드와 같은 지용성 영양소는 융털의 암죽관(B)으로 흡수된다.

16 소화계는 위, 간, 대장 등으로 구성되고, 순환계는 심장과 혈관 등으로 구성된다. 호흡계는 폐와 기관, 배설계는 콩팥과 방광 등으로 구성된다.

17 ③, ④ 배설계는 노폐물을 걸러 몸 밖으로 내보낸다. 물질을 온몸으로 운반하는 기관계는 순환계이다.

18 ② 칼슘, 칼륨, 나트륨은 무기염류이다. 바이타민에는 바이타민 A, B_1,. C, D 등이 있다.
⑤ 바이타민이 부족할 경우 결핍증이 나타날 수 있다.
- 바이타민 A 결핍증 : 야맹증 – 어두운 곳에서 잘 보이지 않는다.
- 바이타민 B_1 결핍증 : 각기병 – 다리가 공기가 든 것처럼 붓는다.
- 바이타민 C 결핍증 : 괴혈병 – 잇몸이 붓고 피가 나며, 피부에 멍이 든다.
- 바이타민 D 결핍증 : 구루병 – 뼈가 약해져 뼈의 변형 등이 나타난다.

19 $(13\ g\times4\ kcal/g)+(24\ g\times4\ kcal/g)+(5\ g\times9\ kcal/g)=193\ kcal$

20 쌀 음료수에는 녹말과 당분이 들어 있고, 식용유에는 지방이 들어 있다. 우유에는 당분, 단백질, 지방이 들어 있다.
⑤ 우유에 들어 있는 당분은 탄수화물이다.

21 두 혼합 용액에서 공통으로 뷰렛 반응 결과 보라색이 나타났으므로, 두 혼합 용액에 공통으로 들어 있는 용액 B에 단백질이 들어 있다. A+B 용액에서 아이오딘 반응이 일어났으므로 용액 A에 녹말이 들어 있고, B+C 용액에서 베네딕트 반응이 일어났으므로 용액 C에 당분이 들어 있다.
⑤ A(녹말)와 C(당분)의 혼합 용액에서는 아이오딘 반응과 베네딕트 반응 결과 색깔 변화가 나타날 것이다.

구분	아이오딘 반응	베네딕트 반응	뷰렛 반응	수단 Ⅲ 반응
A+B	청람색	변화 없음	보라색	변화 없음
B+C	변화 없음	황적색	보라색	변화 없음

A : 녹말 C : 당분 B : 단백질

22 ①, ④ 녹말은 입(A)과 소장(F), 단백질은 위(D)와 소장(F), 지방은 소장(F)에서 분해된다.
② 간(B)에서 지방의 소화를 돕는 쓸개즙이 만들어진다.
③ 음식물은 소화관, 즉 입(A) → 식도 → 위(D) → 소장(F) → 대장(G) → 항문의 경로로 이동한다.
⑤ 대장(G)에서는 소화액이 분비되지 않아 소화 작용은 거의 일어나지 않고, 주로 물이 흡수된다.

23 ①, ③, ④ 간에서 만들어지는 쓸개즙은 쓸개에 저장되었다가 소장으로 분비된다.
② 쓸개즙에는 소화 효소가 없다.
⑤ 쓸개즙은 지방 덩어리를 작은 알갱이로 만들어 지방이 잘 소화되도록 돕는다.

24 A는 모세 혈관, B는 암죽관이다.
② 포도당과 아미노산은 모세 혈관(A)으로 흡수된다.
③, ⑤ 모세 혈관(A)으로 흡수된 수용성 영양소는 간을 거쳐 심장으로 이동하고, 암죽관(B)으로 흡수된 지용성 영양소는 간을 거치지 않고 심장으로 이동한다.
④ 무기염류는 물에 잘 녹는 수용성 영양소로, 융털의 모세 혈관(A)으로 흡수된다.

25 크기가 큰 녹말은 셀로판 튜브의 막을 통과하지 못하였기 때문에 비커 (가)의 물에 녹말이 없어 아이오딘 반응이 일어나지 않았다. 크기가 작은 포도당은 셀로판 튜브의 막을 통과하였기 때문에 비커 (나)의 물에 포도당이 있어 베네딕트 반응이 일어났다.

26 A는 아밀레이스에 의해 녹말이 엿당으로 분해되는 과정이고, B는 소장의 탄수화물 소화 효소에 의해 엿당이 포도당으로 분해되는 과정이다.

27 **| 모범 답안 |** 에너지원으로 이용되는 영양소인 (가)와 에너지원으로 이용되지 않는 영양소인 (나)로 분류하였다.

채점 기준	배점
에너지원으로 이용되는 영양소 무리와 에너지원으로 이용되지 않는 영양소 무리의 기호를 옳게 연결하여 서술한 경우	100 %
에너지원으로 이용되는지 여부에 따라 분류하였다고만 서술한 경우	60 %

28 **| 모범 답안 |** 침 속의 아밀레이스가 단맛이 나지 않는 녹말을 단맛이 나는 엿당으로 분해하기 때문이다.

채점 기준	배점
침 속의 아밀레이스가 녹말을 엿당으로 분해한다는 내용을 포함하여 옳게 서술한 경우	100 %
소화 산물(엿당)을 포함하지 않은 경우	50 %

29 **| 모범 답안 |** 펩신의 작용을 돕는다. 음식물에 섞여 있는 세균을 제거하는(살균) 작용을 한다.

채점 기준	배점
염산의 기능을 두 가지 모두 옳게 서술한 경우	100 %
염산의 기능을 한 가지만 옳게 서술한 경우	50 %

30 **| 모범 답안 |** 소장 안쪽 벽은 주름과 융털 때문에 영양소와 닿는 표면적이 매우 넓어 영양소를 효율적으로 흡수할 수 있다.

채점 기준	배점
표면적 증가와 영양소의 효율적 흡수를 모두 포함하여 옳게 서술한 경우	100 %
표면적 증가와 영양소의 효율적 흡수 중 한 가지만 포함하여 서술한 경우	50 %

02 순환

개념 확인하기 p. 17

1 A : 우심방, B : 좌심방, C : 우심실, D : 좌심실　2 (가) 대정맥, (나) 대동맥, (다) 폐동맥, (라) 폐정맥　3 심방, 심실　4 A : 동맥, B : 모세 혈관, C : 정맥　5 (1) C (2) A (3) B　6 A : 적혈구, B : 백혈구, C : 혈소판, D : 혈장　7 (1) ○ (2) × (3) × (4) ○　8 대동맥, 대정맥　9 우심실, 좌심방　10 많이

5 (1) 압력(혈압)이 매우 낮아 혈액이 거꾸로 흐를 수 있는 정맥(C)에는 판막이 있다.
(2) 동맥(A)은 혈관 벽이 두껍고 탄력성이 강하여 심실에서 나온 혈액의 높은 압력(혈압)을 견딜 수 있다.
(3) 혈관 벽이 한 층의 세포로 되어 있어 매우 얇은 모세 혈관(B)에서는 혈관 속을 지나는 혈액과 조직 세포 사이에서 물질 교환이 일어난다.

7 (2) 적혈구(A)와 혈소판(C)에는 핵이 없고, 백혈구(B)에는 핵이 있다.
(3) 혈소판(C)은 상처 부위의 혈액을 응고시켜 딱지를 만들고 출혈을 막는 혈액 응고 작용을 한다. 몸속에 침입한 세균을 잡아먹는 식균 작용은 백혈구(B)의 기능이다.

내공 쌓는 족집게 문제 p. 18~21

1 ④　2 ②　3 ④　4 ⑤　5 ②　6 ④　7 ②　8 ②　9 ④　10 ①　11 A, C, E, F　12 ③　13 ①　14 ③　15 ②　16 ②　17 ⑤　18 ④
[서술형 문제 19~21] 해설 참조

1 ④ 심방은 혈액을 심장으로 받아들이는 곳으로, 정맥과 연결되어 있다. 심실은 혈액을 심장에서 내보내는 곳으로, 동맥과 연결되어 있다.

2 A는 우심방, B는 우심실, C는 좌심방, D는 좌심실이다.

3 ① 우심방(A)에는 대정맥, 우심실(B)에는 폐동맥, 좌심방(C)에는 폐정맥, 좌심실(D)에는 대동맥이 연결되어 있다.
② 판막은 심방(A, C)과 심실(B, D)사이, 심실(B, D)과 동맥 사이에 있다. 즉, A와 B 사이, C와 D 사이에 판막이 있다.
③ 폐를 지나온 혈액이 폐정맥을 통해 좌심방(C)으로 들어온다.
④ 온몸으로 혈액을 내보내는 좌심실(D)의 근육이 가장 두껍다.
⑤ 좌심실(D)에서 대동맥을 통해 혈액이 온몸으로 나간다.

4 A는 동맥, B는 모세 혈관, C는 정맥이다.
② 혈관 벽의 두께는 동맥(A) > 정맥(C) > 모세 혈관(B) 순으로 두껍다.
③ 동맥(A)에는 심실에서 나오는 혈액이 흐르고, 정맥(C)에는 심방으로 들어가는 혈액이 흐른다.
⑤ 심장에서 나온 혈액은 동맥(A) → 모세 혈관(B) → 정맥(C) 방향으로 흐른다.

5 ② 혈압은 동맥에서 가장 높고, 정맥에서 가장 낮다. 혈압이 매우 낮은 정맥에는 혈액이 거꾸로 흐르는 것을 막는 판막이 있다.

6 ① A는 액체 성분인 혈장, B는 세포 성분인 혈구이다.
② 혈장(A)은 약 90 %가 물이다.
③ 혈장(A)에는 영양소, 이산화 탄소, 노폐물 등이 들어 있어 이러한 물질을 운반한다.
④ 혈구(B) 중 수가 가장 많은 것은 적혈구이다. 백혈구는 혈구 중 수가 가장 적다.
⑤ 혈액에서 혈장(A)은 약 55 %, 혈구(B)는 약 45 %를 차지한다.

7 ①, ④ 적혈구(A)는 산소 운반 작용, 백혈구(B)는 식균 작용, 혈소판(C)은 혈액 응고 작용을 한다.

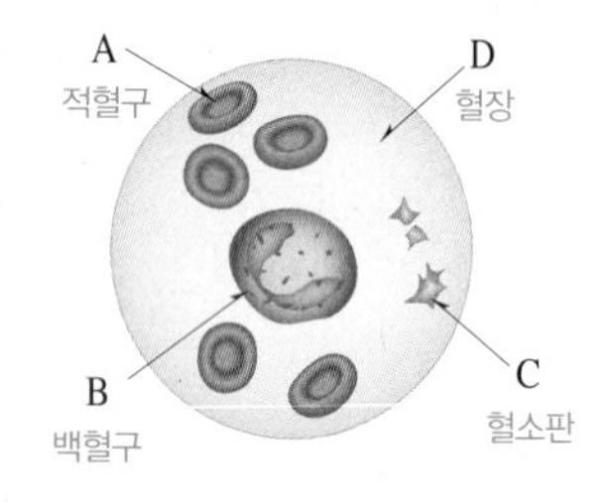

② 적혈구(A)와 혈소판(C)에는 핵이 없고, 백혈구(B)에는 핵이 있다.
③ 헤모글로빈이 있어 붉은색을 띠는 것은 적혈구(A)이다.

8 ㄱ. 받침유리를 혈액이 있는 반대 방향으로 밀어야 혈액이 얇게 펴지고, 혈구가 터지지 않는다.
ㄴ. 고정은 세포의 모양이 변형되지 않고 살아 있을 때와 같이 유지되게 하는 과정이다.
ㄷ. 김사액은 세포의 핵을 보라색으로 염색하는 용액이다. 백혈구에는 핵이 있고, 적혈구에는 핵이 없다.

9 혈액을 현미경으로 관찰하면 혈구 중 수가 가장 많은 적혈구가 가장 많이 보인다.
① 적혈구과 혈소판은 핵이 없고, 백혈구는 핵이 있다.
③ 혈구의 크기는 백혈구 > 적혈구 > 혈소판 순으로 크다.
⑤ 몸속에 침입한 세균을 잡아먹는 식균 작용은 백혈구가 한다.

10 ① 폐정맥(A)에서 좌심방(E)으로, 대정맥(D)에서 우심방(G)으로 혈액이 들어간다.

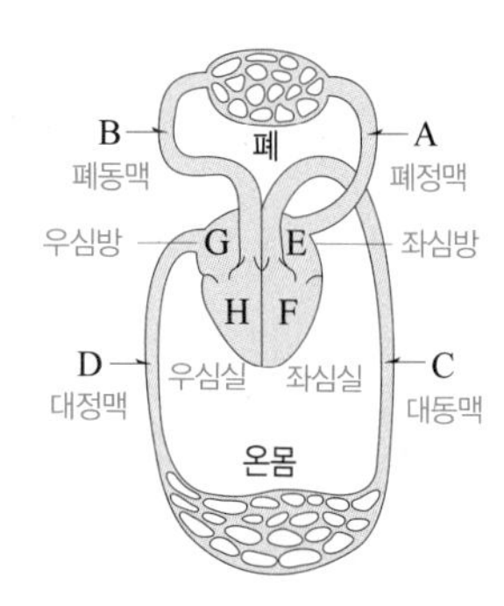

② 대동맥(C)은 좌심실에 연결되어 있다.
③ 대동맥(C)에는 산소가 많은 동맥혈이 흐르고, 대정맥(D)에는 산소가 적은 정맥혈이 흐른다.
④ 폐를 지나온 동맥혈이 좌심방(E)으로 들어온다.
⑤ 폐순환 경로는 우심실(H) → 폐동맥(B) → 폐의 모세 혈관 → 폐정맥(A) → 좌심방(E)이다.

11 폐의 모세 혈관을 지나면서 이산화 탄소를 내보내고, 산소를 받은 동맥혈은 폐정맥(A) → 좌심방(E) → 좌심실(F) → 대동맥(C)으로 흐른다.

12 ③ 온몸을 지나온 혈액은 우심방(A)으로 들어오고, 폐를 지나온 혈액은 좌심방(C)으로 들어온다.

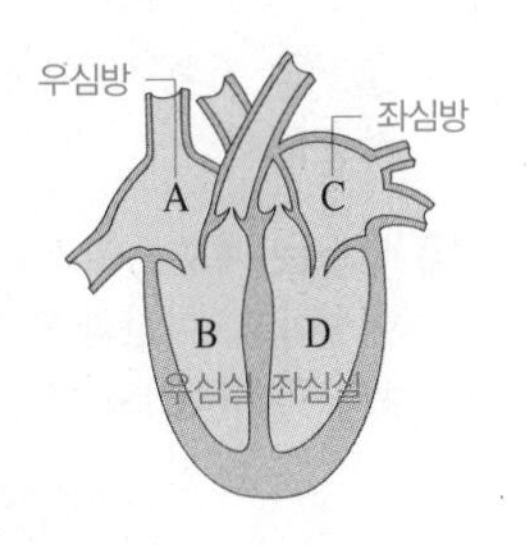

13 영양소와 산소는 모세 혈관에서 조직 세포로 공급되고, 조직 세포에서 발생한 이산화 탄소와 노폐물은 조직 세포에서 모세 혈관으로 이동한다.

14 헤모글로빈은 폐와 같이 산소가 많은 곳에서 산소와 결합하고(가), 조직과 같이 산소가 적은 곳에서 산소와 떨어진다(나).

15 ㄱ. 학생 A는 산소 운반 작용을 하는 적혈구의 수가 부족하므로 빈혈이 있을 것이다.
ㄴ. 학생 B는 식균 작용을 하는 백혈구의 수가 크게 증가한 것으로 보아 몸에 세균이 침입한 상태일 것이다.
ㄷ. 학생 A와 B는 모두 혈액 응고 작용을 하는 혈소판의 수가 정상이므로, 상처가 생겼을 때 정상적으로 출혈이 멈출 것이다.

16 온몸 순환은 좌심실에서 나간 혈액이 온몸의 모세 혈관을 지나는 동안 조직 세포에 산소와 영양소를 공급하고, 이산화 탄소와 노폐물을 받아 우심방으로 돌아오는 과정이다.

17 ①, ② 판막(A)은 정맥에만 있다.
③ 혈압은 동맥에서 가장 높고, 정맥에서 가장 낮다.
④ 정맥에는 심장으로 들어가는 혈액이 흐른다.
⑤ 혈관 벽은 동맥>정맥>모세 혈관 순으로 두껍다.

18 ㄱ. 폐순환 경로는 우심실 → 폐동맥(A) → 폐의 모세 혈관 → 폐정맥(B) → 좌심방이다.
ㄴ, ㄷ. 폐동맥(A)에는 조직 세포에 산소와 영양소를 공급하고, 조직 세포에서 이산화 탄소와 노폐물을 받은 정맥혈이 흐른다. 폐정맥(B)에는 폐로 이산화 탄소를 내보내고, 폐에서 산소를 받은 동맥혈이 흐른다.

서술형 문제

19 | **모범 답안** | (1) A와 C에는 산소가 적은 혈액이 흐르고, B와 D에는 산소가 많은 혈액이 흐른다.
(2) 판막, 혈액이 거꾸로 흐르는 것을 막는다.

	채점 기준	배점
(1)	산소가 많은 혈액이 흐르는 곳과 산소가 적은 혈액이 흐르는 곳을 모두 옳게 구분하여 서술한 경우	50 %
	산소가 많은 혈액이 흐르는 곳과 산소가 적은 혈액이 흐르는 곳 중 한 곳이라도 틀리게 서술한 경우	0 %
(2)	판막이라고 쓰고, 그 기능을 옳게 서술한 경우	50 %
	판막이라고만 쓴 경우	20 %

20 | **모범 답안** | **혈관 벽**이 한 층의 세포로 되어 있어 매우 얇고, 혈관 중 **혈액이 흐르는 속도**가 가장 느리다.

채점 기준	배점
두 가지 단어를 모두 포함하여 옳게 서술한 경우	100 %
한 가지 단어만 포함하여 서술한 경우	50 %

21 | **모범 답안** | (1) A, 적혈구
(2) B, 백혈구, 몸속에 침입한 세균 등을 잡아먹는 식균 작용을 한다.

	채점 기준	배점
(1)	기호와 이름을 모두 옳게 쓴 경우	30 %
	기호와 이름 중 하나라도 틀리게 쓴 경우	0 %
(2)	기호와 이름을 옳게 쓰고, 그 기능을 옳게 서술한 경우	70 %
	기호와 이름만 옳게 쓴 경우	30 %

03 호흡

개념 확인하기 p. 23

1 적, 많 2 A : 코, B : 기관, C : 기관지, D : 폐, E : 폐포, F : 갈비뼈, G : 가로막 3 기관, 폐 4 폐포, 넓 5 근육, 가로막 6 커, 낮 7 (1)-㉢ (2)-㉡ (3)-㉠ 8 확산 9 높, 높 10 산소

1 공기가 몸 안으로 들어왔다 나가는 동안 몸에서 산소를 받아들이고, 이산화 탄소를 내보내기 때문에 산소는 날숨보다 들숨에 많고, 이산화 탄소는 들숨보다 날숨에 많다.

6 공기는 압력이 높은 곳에서 낮은 곳으로 이동한다. 즉, 흉강의 부피가 커지고 압력이 낮아져 폐의 부피가 커지고 폐 내부 압력이 대기압보다 낮아질 때 몸 밖에서 폐 안으로 공기가 들어오는 들숨이 일어난다.

8 농도가 높은 곳에서 낮은 곳으로 기체가 확산된다.

9 이산화 탄소의 농도는 조직 세포>모세 혈관, 모세 혈관>폐포이므로, 이산화 탄소는 조직 세포 → 모세 혈관, 모세 혈관 → 폐포로 이동한다.

10 산소의 농도는 폐포>모세 혈관, 모세 혈관>조직 세포이므로, 산소는 폐포 → 모세 혈관, 모세 혈관 → 조직 세포로 이동한다.

내공 쌓는 족집게 문제 p. 24~27

1 ② 2 ③ 3 ②, ⑤ 4 ④ 5 ① 6 ④ 7 ③ 8 ⑤ 9 ③ 10 ② 11 ① 12 ① 13 ③ 14 ③ 15 ③ 16 ② 17 ④ 18 ③
[서술형 문제 19~21] 해설 참조

1 ①, ③ 들숨과 날숨에는 모두 산소와 이산화 탄소가 있다.
②, ④ 산소는 날숨보다 들숨에 많고, 이산화 탄소는 들숨보다 날숨에 많다.
⑤ 들숨과 날숨에서 모두 산소가 이산화 탄소보다 많다.

2 초록색 BTB 용액에 이산화 탄소가 많아지면 BTB 용액의 색깔이 노란색으로 변한다. 날숨에는 들숨보다 이산화 탄소가 많이 들어 있으므로, 들숨을 넣은 (가)보다 날숨을 넣은 (나)에서 BTB 용액의 색깔이 노란색으로 더 빨리 변한다.

3 ① 차고 건조한 공기가 콧속(A)을 지나면서 따뜻하고 축축해진다.
③, ⑤ 폐(D)는 근육이 없어 스스로 수축하거나 이완할 수 없고, 갈비뼈(E)와 가로막(F)의 움직임에 의해 그 크기가 변한다.
④ 숨을 들이쉴 때(들숨) 공기가 코(A) → 기관(B) → 기관지(C) → 폐(D) 속의 폐포로 이동한다.

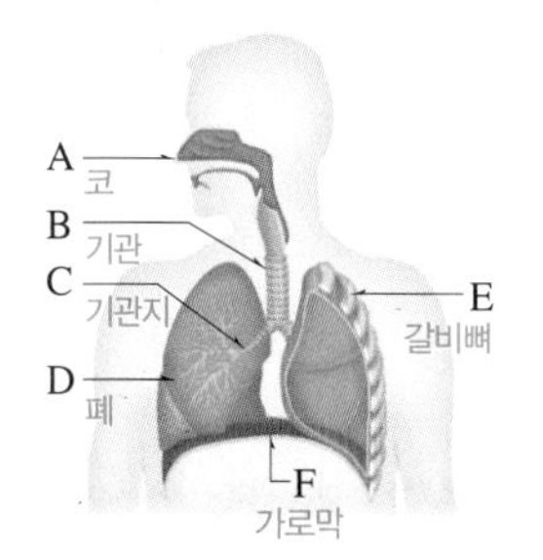

4 빨대는 기관 및 기관지, 고무풍선은 폐, 컵 속의 공간은 흉강, 고무 막은 가로막에 해당한다. 우리 몸에서는 가로막과 갈비뼈의 움직임에 의해 호흡 운동이 일어나지만, 호흡 운동 모형에서는 고무 막의 움직임에 의해 공기가 드나든다.

5 고무 막을 밀어 올리면 컵 속의 부피가 작아져 압력이 높아지고, 이에 따라 고무풍선에서 밖으로 공기가 나간다.
① 고무 막을 밀어 올리면 고무풍선이 줄어든다.

6 고무 막을 아래로 잡아당겼을 때는 우리 몸에서 들숨이 일어날 때에 해당한다. 들숨 시에는 가로막이 내려가고 갈비뼈가 올라가 흉강과 폐의 부피가 커지고, 압력이 낮아진다. 이에 따라 공기가 밖에서 폐 안으로 들어온다.

7 폐의 부피가 커져 폐 내부 압력이 대기압보다 낮아질 때 들숨이 일어나고, 폐의 부피가 작아져 폐 내부 압력이 대기압보다 높아질 때 날숨이 일어난다.

구분	들숨	날숨
가로막	내려감	올라감
갈비뼈	올라감	내려감
폐의 부피	커짐	작아짐
폐 내부 압력	낮아짐	높아짐
공기 이동	외부 → 폐	폐 → 외부

8 (가)는 갈비뼈, (나)는 가로막이다.
①, ④ 갈비뼈(가)가 내려가고, 가로막(나)이 올라가면 흉강과 폐의 부피가 작아지고, 압력이 높아진다.
②, ③ 갈비뼈(가)가 올라가고, 가로막(나)이 내려가면 흉강과 폐의 부피가 커지고, 압력이 낮아진다.

9 ① 모세 혈관에서 폐포로 이동하는 A는 이산화 탄소이고, 폐포에서 모세 혈관으로 이동하는 B는 산소이다.
②, ③ 폐포와 모세 혈관 사이의 기체 교환 결과 혈액에 이산화 탄소(A)가 적어지고, 산소(B)가 많아진다.
④, ⑤ 적혈구(C)는 헤모글로빈이 있어 산소(B)를 운반하는 작용을 한다.

10 산소는 폐포 → 모세 혈관(A), 모세 혈관 → 조직 세포(C)로 이동하고, 이산화 탄소는 조직 세포 → 모세 혈관(D), 모세 혈관 → 폐포(B)로 이동한다.

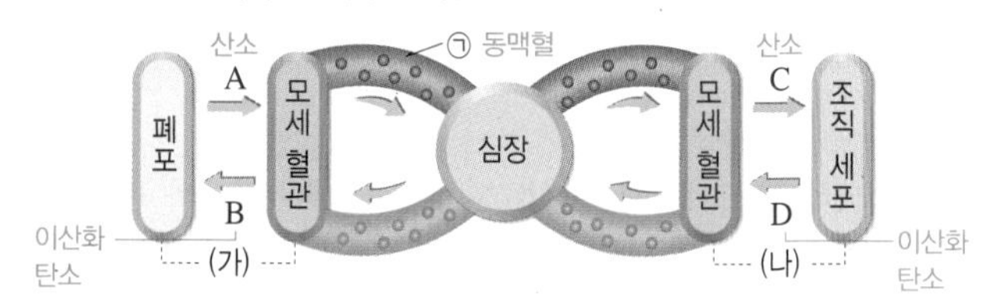

11 ① ㉠에는 폐포에서 산소를 받은 동맥혈이 흐른다.
②, ③ 폐와 조직 세포에서 기체는 농도가 높은 쪽에서 낮은 쪽으로 확산된다.
④ (가) 과정에서 혈액의 산소가 많아지고, 이산화 탄소가 적어진다.
⑤ (나) 과정에서 혈액의 산소가 적어지고, 이산화 탄소가 많아진다.

12 ① 호흡계는 숨을 쉬면서 산소를 흡수하고, 이산화 탄소를 배출하는 기능을 담당한다.

13 폐는 수많은 폐포(㉠)로 이루어져 있어 공기와 닿는 표면적이 매우 넓기(㉡) 때문에 기체 교환이 효율적으로 일어날 수 있다. 폐포(㉠)는 표면이 모세 혈관(㉢)으로 둘러싸여 있어 폐포(㉠)와 모세 혈관(㉢) 사이에서 산소와 이산화 탄소가 교환된다.

14 A는 갈비뼈, B는 가로막이다.
③ 갈비뼈(A)가 내려가고 가로막(B)이 올라가면, 흉강과 폐의 부피가 작아지고 압력이 높아져 공기가 폐 안에서 몸 밖으로 나가는 날숨이 일어난다.

15 ㄱ. 호흡 운동 모형의 Y자관은 우리 몸의 기관 및 기관지, 고무풍선은 폐(C), 유리병 속 공간은 흉강, 고무 막은 가로막(B)에 해당한다.
ㄴ. 고무 막을 밀어 올릴 때는 갈비뼈(A)가 내려가고, 가로막(B)이 올라가 날숨이 일어날 때에 해당한다.
ㄷ. 갈비뼈(A)가 올라가고, 가로막(B)이 내려갈 때 흉강과 폐(C)의 부피가 커진다.

16 ①, ② 모세 혈관보다 조직 세포에 많아서 조직 세포 → 모세 혈관으로 이동하는 A는 이산화 탄소이다. 조직 세포보다 모세 혈관에 많아서 모세 혈관 → 조직 세포로 이동하는 B는 산소이다.
③ 호흡계에서는 산소(B)를 흡수하고, 이산화 탄소(A)를 배출한다.
④ 헤모글로빈은 산소(B)가 많은 곳에서 산소(B)와 결합하고, 산소(B)가 적은 곳에서 산소(B)와 떨어진다.
⑤ 폐와 조직 세포에서 기체는 농도가 높은 곳에서 낮은 곳으로 확산된다.

17 ① 날숨보다 들숨에 많은 A는 산소이고, 들숨보다 날숨에 많은 B는 이산화 탄소이다.
② 산소(A)는 폐포 → 모세 혈관으로 확산되고, 이산화 탄소(B)는 모세 혈관 → 폐포로 확산된다.

③ 산소(A)는 모세 혈관 → 조직 세포로 확산되고, 이산화 탄소(B)는 조직 세포 → 모세 혈관으로 확산된다.
④ BTB 용액에 이산화 탄소가 많아지면 용액이 산성이 되어 색깔이 노란색으로 변한다.
⑤ 들숨과 날숨에서 가장 많은 기체는 질소이다.

18 모세 혈관보다 폐포에 많은 산소는 폐포 → 모세 혈관으로 이동하고, 폐포보다 모세 혈관에 많은 이산화 탄소는 모세 혈관 → 폐포로 이동한다.

서술형 문제

19 | 모범 답안 | 폐는 근육이 없어 스스로 커지거나 작아지지 못하기 때문이다.

채점 기준	배점
근육이 없어 스스로 커지거나 작아지지 못한다는 내용을 포함하여 옳게 서술한 경우	100 %
근육이 없어 스스로 수축하거나 이완하지 못하기 때문이라고 서술한 경우도 정답 인정	100 %

20 | 모범 답안 | (1) A
(2) **폐 내부 압력**이 **대기압**보다 낮을 때 **들숨**이 일어나기 때문이다.

	채점 기준	배점
(1)	A라고 옳게 쓴 경우	30 %
(2)	단어를 모두 포함하여 까닭을 옳게 서술한 경우	70 %
	단어를 두 가지만 포함하여 서술한 경우	50 %

21 | 모범 답안 | (나), 압력이 낮아진다.

채점 기준	배점
(나)라고 쓰고, 옳게 고쳐서 서술한 경우	100 %
(나)라고만 쓴 경우	40 %

04 배설

개념 확인하기 p. 29

1 물 2 물, 이산화 탄소 3 암모니아, 요소 4 오줌관 5 네프론, 세뇨관 6 A : 사구체, B : 보먼주머니, C : 세뇨관, D : 모세 혈관 7 (가) 여과, (나) 재흡수, (다) 분비 8 보먼주머니, 콩팥 깔때기 9 산소, 에너지 10 순환계

1 탄수화물과 지방이 분해될 때는 이산화 탄소와 물이 만들어지고, 단백질이 분해될 때는 이산화 탄소, 물, 암모니아가 만들어진다.

2 물은 폐에서 날숨으로 나가거나 콩팥에서 오줌으로 나가고, 이산화 탄소는 폐에서 날숨으로 나간다. 암모니아는 간에서 요소로 바뀐 다음, 콩팥에서 오줌으로 나간다.

7 사구체(A)에서 보먼주머니(B)로 크기가 작은 물질이 이동하는 현상인 (가)는 여과이다. 세뇨관(C)에서 모세 혈관(D)으로 몸에 필요한 물질이 이동하는 현상인 (나)는 재흡수이다. 모세 혈관(D)에서 세뇨관(C)으로 노폐물이 이동하는 현상인 (다)는 분비이다.

10 소화계에서 흡수한 영양소와 호흡계에서 흡수한 산소는 순환계에 의해 조직 세포로 전달된다. 조직 세포에서 발생한 이산화 탄소와 노폐물은 순환계에 의해 각각 호흡계와 배설계로 운반되어 몸 밖으로 나간다.

내공 쌓는 족집게 문제 p. 30~33

1 ④ 2 ② 3 ㉠ 단백질, ㉡ 간, ㉢ 요소, ㉣ 콩팥 4 ② 5 ⑤ 6 ② 7 ② 8 ① 9 ④ 10 ③ 11 ④ 12 ⑤ 13 ③ 14 ② 15 ② 16 ④ 17 ④ 18 ⑤
[서술형 문제 19~21] 해설 참조

1 ② 세포 호흡, ③ 대변 배출, ⑤ 조직 세포에서의 기체 교환에 대한 설명이다.

2 (가)와 (나)는 탄수화물, 지방, 단백질 분해 시 공통으로 생성되는 노폐물이고, (다)는 단백질이 분해될 때 생성되는 노폐물인 암모니아가 변한 것이다.

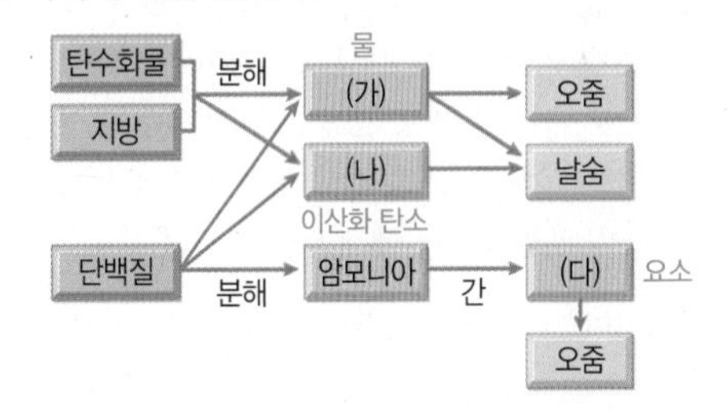

3 단백질(㉠)이 분해될 때만 만들어지는 암모니아는 독성이 강하므로, 간(㉡)에서 독성이 약한 요소(㉢)로 바뀐 다음, 콩팥(㉣)에서 걸러져 오줌을 통해 몸 밖으로 나간다.

4 A는 콩팥, B는 오줌관, C는 방광, D는 요도이다.
② B는 콩팥(A)과 방광(C)을 연결하는 긴 관인 오줌관이다.

5 ①, ②, ③ 콩팥 겉질(C)과 콩팥 속질(B)에 네프론이 있고, 네프론에서 만들어진 오줌이 콩팥 깔때기(A)에 모인다.

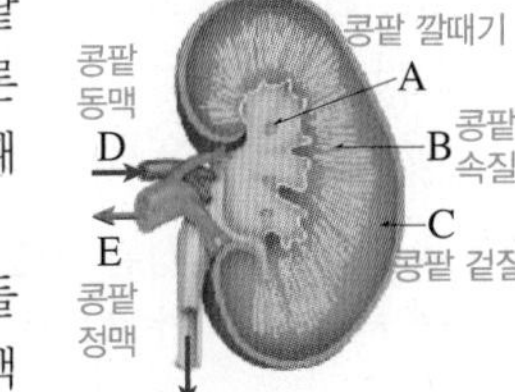

④ 콩팥 동맥(D)에는 콩팥으로 들어가는 혈액이 흐르고, 콩팥 정맥(E)에는 콩팥에서 나오는 혈액이 흐른다.
⑤ 콩팥 정맥(E)에는 콩팥에서 노폐물이 걸러진 혈액이 흐르므로, 콩팥 동맥(D)의 혈액보다 콩팥 정맥(E)의 혈액에 노폐물이 더 적다.

6 사구체(A)는 모세 혈관이 실뭉치처럼 뭉쳐 있는 부분이고, 보먼주머니(B)는 사구체를 둘러싼 주머니 모양의 구조이다. 세뇨관(C)은 보먼주머니와 연결된 가늘고 긴 관이며, 모세 혈관(D)으로 둘러싸여 있다.

7 ㄱ, ㄴ. 물, 포도당, 아미노산, 요소, 무기염류와 같이 크기가 작은 물질이 사구체(A)에서 보먼주머니(B)로 여과된다. 여과된 물질은 보먼주머니(B)에 들어 있다.
ㄷ. 노폐물의 분비는 모세 혈관(D)에서 세뇨관(C)으로 이루어진다. 세뇨관(C)에서 모세 혈관(D)으로는 몸에 필요한 물질이 재흡수된다.

8 네프론은 콩팥 겉질과 콩팥 속질에 있는 오줌을 만드는 단위로, 사구체(가), 보먼주머니(나), 세뇨관(다)으로 이루어진다.

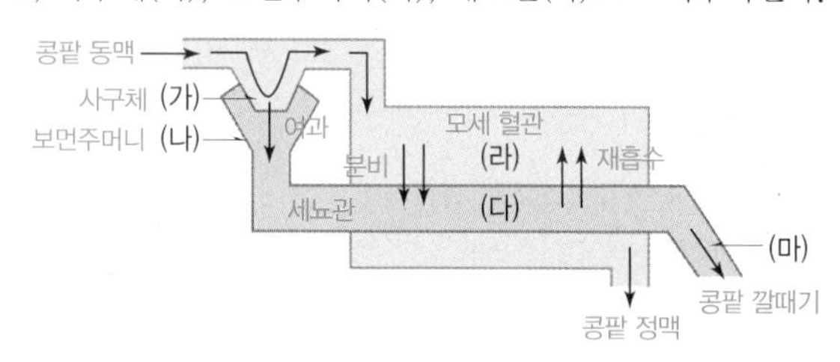

9 ④ 여과되었던 물의 대부분이 재흡수되면서 여과액(나)보다 오줌(마)에서 요소의 농도가 크게 높아진다.
⑤ 단백질은 여과되지 않으므로 (나), (다), (마)에 없다.

10 ① 영양소를 흡수하고, 흡수되지 않은 물질을 대변으로 내보내는 (가)는 소화계이고, 오줌을 만들어 노폐물을 몸 밖으로 내보내는 (다)는 배설계이다.
② 호흡계(나)에서는 산소(㉠)를 흡수하고, 이산화 탄소(㉡)를 배출한다.
③ 호흡계(나)는 폐, 기관 등으로 이루어져 있다. 위, 소장, 대장 등은 소화계(가)를 구성하는 기관이다.
④, ⑤ 순환계는 세포 호흡에 필요한 산소와 영양소를 조직 세포에 운반해 주고, 조직 세포에서 세포 호흡 결과 생긴 이산화 탄소와 노폐물을 운반해 온다.

11 ④ 암모니아는 간에서 요소로 바뀐 다음, 콩팥에서 오줌으로 나간다.

12 ① 사구체(A)에서 보먼주머니(B)로 크기가 작은 물질이 이동하는 현상인 (가)는 여과이다. 세뇨관(C)에서 모세 혈관(D)으로 몸에 필요한 물질이 이동하는 현상인 (나)는 재흡수이다. 모세 혈관(D)에서 세뇨관(C)으로 노폐물이 이동하는 현상인 (다)는 분비이다.
② 포도당은 여과(가)된 후 전부 재흡수(나)된다.
③, ④ 단백질과 적혈구는 여과(가)되지 않으므로 B, C, E에 없다.
⑤ 무기염류는 여과(가)된 후 일부만 재흡수(나)되므로 E에 있다.

13 네프론에서 생성된 오줌은 콩팥 깔때기, 오줌관을 거쳐 방광에 저장되었다가 요도를 통해 몸 밖으로 나간다.

14 A는 여과되지 않아 여과액에 없으므로 단백질이다. B는 여과액보다 오줌에서 농도가 크게 높아지므로 요소이다. C는 여과되어 여과액에는 있지만, 전부 재흡수되어 오줌에 없으므로 포도당이다.

15 ㄱ. 세포 호흡은 영양소(㉠)가 산소와 반응하여 물과 이산화 탄소(㉡)로 분해되면서 에너지를 얻는 과정이다.
ㄴ. 호흡계에서 산소를 흡수하고, 이산화 탄소(㉡)를 배출한다.
ㄷ. 세포 호흡으로 얻은 에너지는 체온 유지, 두뇌 활동, 소리 내기, 근육 운동, 생장 등 여러 가지 생명 활동에 이용되거나 열로 방출된다.

16 세포 호흡이 잘 일어나려면 소화, 순환, 호흡, 배설의 전 과정이 유기적으로 작용해야 한다.
④ 순환계에 의해 세포 호흡으로 생긴 노폐물이 배설계로 운반되어야 노폐물을 몸 밖으로 내보낼 수 있다.

17 몸속 물의 양이 많아져 체액의 농도가 낮아지면 오줌의 양이 늘어나고, 몸속 물의 양이 적어져 체액의 농도가 높아지면 오줌의 양이 줄어든다. 이것은 체액의 농도를 일정하게 유지하는 작용이다.

18 ①, ④ (가)는 여과된 후 일부만 재흡수되는 물, 무기염류와 같은 물질의 이동 방식이다.
②, ⑤ (다)는 여과되지 않는 단백질, 혈구와 같은 물질의 이동 방식이다.
③ (나)는 여과된 후 전부 재흡수되는 포도당, 아미노산과 같은 물질의 이동 방식이다.

서술형 문제

19 | 모범 답안 | 암모니아, **독성**이 강한 암모니아는 **간**에서 독성이 약한 **요소**로 바뀐 다음, **콩팥**에서 오줌으로 나간다.

채점 기준	배점
암모니아라고 쓰고, 단어를 모두 포함하여 암모니아의 배설 과정을 옳게 서술한 경우	100 %
암모니아라고 쓰고, 세 가지 단어만 포함하여 암모니아의 배설 과정을 서술한 경우	70 %
암모니아라고만 쓴 경우	30 %

20 | 모범 답안 | (1) A : 단백질, B : 포도당, C : 요소
(2) 단백질(A)은 크기가 커서 여과되지 않기 때문이다.
(3) B, 여과액에는 있는데 오줌에는 없기 때문이다.

	채점 기준	배점
(1)	A~C의 이름을 모두 옳게 쓴 경우	30 %
	A~C 중 하나라도 틀리게 쓴 경우	0 %
(2)	크기가 커서 여과되지 않기 때문이라고 옳게 서술한 경우	30 %
	여과되지 않기 때문이라고만 서술한 경우	15 %
(3)	B라고 쓰고, 그 까닭을 옳게 서술한 경우	40 %
	B라고만 쓴 경우	10 %

21 | 모범 답안 | **세포**에서 **영양소**가 **산소**와 반응하여 **물**과 **이산화 탄소**로 분해되면서 **에너지**를 얻는 과정이다.

채점 기준	배점
단어를 모두 포함하여 세포 호흡을 옳게 서술한 경우	100 %
에너지를 얻는다는 내용이 포함되지 않은 경우	0 %

VI 물질의 특성

01 물질의 특성 (1)

개념 확인하기 p. 35

1 순물질, 혼합물 2 순물질 : 에탄올, 산소, 철, 혼합물 : 식초, 공기, 암석 3 물질의 특성 4 온도, 질량 5 A : 소금물, B : 물 6 끓는점 7 ㄱ, ㄴ 8 높, 낮 9 (1) ○ (2) × 10 액체

4 밀도, 끓는점, 용해도는 물질의 특성이고, 온도, 질량은 물질의 특성이 아니다.

5 A는 끓는점이 일정하지 않으므로 혼합물인 소금물이고, B는 끓는점이 일정하므로 순물질인 물이다.

7 끓는점은 물질의 종류에 따라 다르고, 같은 종류의 물질은 양에 관계없이 끓는점이 일정하다. 끓는점은 물 100 °C, 에탄올 78 °C, 메탄올 65 °C이다.

9 (2) 같은 종류의 물질은 양에 관계없이 녹는점이 일정하다.

10 수은은 실온에서 녹는점과 끓는점 사이의 온도이므로 실온에서 수은은 액체 상태로 존재한다.

내공 쌓는 족집게 문제 p. 36~39

1 ⑤ 2 ⑤ 3 ④ 4 ② 5 ③ 6 ②, ③ 7 ⑤ 8 ④ 9 ② 10 ③ 11 ⑤ 12 ③ 13 ③ 14 ① 15 ⑤ 16 ④ 17 ③ 18 ②
[서술형 문제 19~22] 해설 참조

1 ①, ② 순물질은 한 가지 물질로 이루어진 물질로, 물질의 고유한 성질을 나타낸다.
③, ④ 혼합물은 두 가지 이상의 순물질이 섞여 있는 물질로, 성분 물질이 고르게 섞인 균일 혼합물과 성분 물질이 고르지 않게 섞인 불균일 혼합물이 있다.
⑤ 순물질은 끓는점, 녹는점(어는점) 등 물질의 특성이 일정하지만 혼합물은 성분 물질의 혼합 비율에 따라 물질의 특성이 달라진다.

2 (가)는 순물질, (나)는 균일 혼합물, (다)는 불균일 혼합물이다. 따라서 (가)~(다)에 해당하는 물질은 다음과 같다.
(가) 구리, 염화 나트륨, 산소, 알루미늄, 질소, 에탄올, 금, 다이아몬드
(나) 공기, 설탕물, 소금물, 바닷물
(다) 암석, 과일 주스, 흙탕물

3 (가)는 두 종류 이상의 원소로 이루어진 순물질, (나)는 균일 혼합물, (다)는 불균일 혼합물의 모형이다.
④ (다)는 성분 물질이 단순히 섞여 있는 상태이므로 성분 물질의 성질을 그대로 지닌다.

4 ② 물질을 구별할 수 있는 물질의 특성에는 맛, 냄새, 색깔, 끓는점, 녹는점(어는점), 밀도, 용해도 등이 있다.

5 ③ A는 혼합물인 소금물의 가열 곡선이고, B는 순물질인 물의 가열 곡선이다.

6 ①, ④ 고체+액체 혼합물의 끓는점이 높아지는 현상이다.
②, ③ 고체+액체 혼합물의 어는점이 낮아지는 현상이다.
⑤ 고체+고체 혼합물의 녹는점이 낮아지는 현상이다.

7 ① 끓는점은 액체가 기체로 변하는 동안 일정하게 유지되는 온도이다.
②, ④ 끓는점은 물질의 양, 불꽃의 세기에 관계없이 일정하다.
③ 외부 압력이 높아지면 끓는점이 높아지고, 외부 압력이 낮아지면 끓는점이 낮아진다.
⑤ 물질을 이루는 입자 사이에 잡아당기는 힘이 강할수록 입자 사이에 잡아당기는 힘을 이겨내고 기체로 되는 데 많은 에너지가 필요하므로 끓는점이 높다.

8 ㄱ, ㄴ. A~C는 끓는점이 같으므로 모두 같은 종류의 물질이다.
ㄷ. 끓는점에 도달하는 데 걸리는 시간은 A가 가장 짧고, C가 가장 길다.

9 ①, ② A와 B는 끓는점이 같으므로 같은 물질이며, B가 A보다 늦게 끓으므로 B의 질량이 A보다 크다.
③, ④ 입자 사이에 잡아당기는 힘이 약할수록 끓는점이 낮으므로, 입자 사이에 잡아당기는 힘이 가장 약한 물질은 D이다.
⑤ 끓는점은 D<A=B<C이다.

10 ①, ② 순물질은 녹는점과 어는점이 같으며, 같은 종류의 물질은 양에 관계없이 물질의 특성이 일정하다.
③, ④ 물질의 상태가 고체에서 액체로 변할 때 수평한 부분의 온도는 녹는점, 액체에서 고체로 변할 때 수평한 부분의 온도는 어는점이다.
⑤ 녹는점과 어는점은 물질의 특성이다.

11 ①, ② 이 고체 물질은 녹는점과 어는점이 44 °C로 일정하므로 순물질임을 알 수 있다.
③ (나) 구간은 고체에서 액체로 상태가 변하는 구간이다.
④ (가)는 고체, (나)는 고체+액체, (다)와 (라)는 액체, (마)는 액체+고체, (바)는 고체 상태의 물질이 존재하므로, 고체 상태의 물질이 존재하는 구간은 (가), (나), (마), (바)이다.
⑤ 같은 종류의 물질은 양에 관계없이 녹는점과 어는점이 일정하다.

12 철, 금, 소금, 에탄올, 물, 설탕, 다이아몬드, 이산화 탄소는 순물질이고, 공기, 흙탕물, 땜납, 탄산음료, 바닷물, 과일 주스는 혼합물이다.

13 ①, ② 물질의 특성은 물질이 가지는 고유한 성질로, 물질의 종류에 따라 다르므로 물질을 구별할 수 있다.
③ 색깔, 냄새, 맛은 물질의 양에 관계없이 성질이 일정하므로 물질의 특성이다.

⑤ 혼합물에서 각 순물질은 그 물질의 고유한 성질을 그대로 지닌 채 섞여 있으므로 물질의 특성을 이용하여 혼합물로부터 순물질을 분리할 수 있다.

14 ① 압력솥 내부의 수증기 양이 많아지면서 압력이 높아져 물의 끓는점이 높아지므로 밥이 빨리 된다.

15 ① 녹는점은 t_1 °C, 끓는점은 t_2 °C이다.
② 물질의 양을 늘려도 끓는점은 변하지 않는다.
③ (가), (다), (마) 구간에서는 물질의 온도가 높아지고, (나), (라) 구간에서는 상태 변화가 일어난다.
④ 물질이 (나) 구간에서는 고체+액체, (라) 구간에서는 액체+기체 상태로 존재한다.
⑤ 센 불로 가열해도 물질의 특성인 녹는점과 끓는점은 변하지 않는다.

16 물질은 녹는점보다 낮은 온도에서 고체 상태, 녹는점과 끓는점 사이의 온도에서 액체 상태, 끓는점보다 높은 온도에서 기체 상태로 존재한다. 20 °C에서 A는 기체 상태, B는 고체 상태, C는 액체 상태, D는 액체 상태, E는 고체 상태이다.

17 ① (가)의 시험관 A에서는 기화가 일어나고, 시험관 B에서는 액화가 일어난다.
② 78 °C에서 온도가 일정하게 유지되므로 에탄올의 끓는점은 78 °C이다.
③ 끓는점은 물질의 특성이므로 에탄올의 양을 늘려도 끓는점은 변하지 않는다.
④ (나)의 수평한 구간에서 에탄올이 기화하므로 에탄올은 액체 상태와 기체 상태가 함께 존재한다.
⑤ 에탄올의 양을 늘리면 끓는점에 도달하는 데 걸리는 시간이 길어진다.

18 ①은 확산, ③은 밀도 차, ④는 액화, ⑤는 고체+고체 혼합물의 녹는점이 낮아지는 현상이다.

서술형 문제

19 **| 모범 답안 |** (가), 순물질은 한 가지 물질로 이루어진 물질이기 때문이다.

채점 기준	배점
(가)를 고르고, 그 까닭을 옳게 서술한 경우	100 %
(가)만 고른 경우	50 %

20 **| 모범 답안 |** (1) C와 D
(2) 끓는점이 같기 때문이다.

	채점 기준	배점
(1)	같은 물질을 모두 고른 경우	50 %
(2)	같은 물질인 까닭을 옳게 서술한 경우	50 %

21 **| 모범 답안 |** 높은 산에서는 압력(기압)이 낮아 물의 끓는점이 100 °C보다 낮아지므로 쌀이 설익는다.

채점 기준	배점
쌀이 설익는 까닭을 압력과 끓는점의 관계로 옳게 서술한 경우	100 %
그 외의 경우	0 %

22 **| 모범 답안 |** 녹는점은 물질의 종류에 따라 다르고, 같은 물질인 경우 양에 관계없이 일정하기 때문이다.

채점 기준	배점
녹는점으로 물질을 구별할 수 있는 까닭을 물질의 종류, 양과 관련지어 옳게 서술한 경우	100 %
녹는점으로 물질을 구별할 수 있는 까닭을 물질의 종류, 양 중 한 가지만 관련지어 서술한 경우	50 %

02 물질의 특성 (2)

개념 확인하기 p. 41

1 부피, 질량 **2** 10 g/cm^3 **3** A<B<C<D **4** (1) × (2) × (3) ○ **5** 천장, 바닥 **6** 용해, 용질, 용매 **7** 18 **8** 포화 **9** (1) ○ (2) ○ (3) × **10** 감소, 증가

2 밀도$=\frac{질량}{부피}=\frac{50\ g}{5\ cm^3}=10\ g/cm^3$

3 밀도가 큰 물질은 아래로 가라앉고, 밀도가 작은 물질은 위로 뜬다.

4 (1) 물질의 상태가 변하면 부피가 달라지므로 밀도가 달라진다.
(2) 두 물질의 질량이 같을 때 부피가 클수록 밀도가 작다.

7 20 °C에서 물 100 g에 소금 36 g이 최대로 녹을 수 있으므로, 20 °C 물 50 g에는 소금 18 g이 최대로 녹을 수 있다.

9 (3) 일반적으로 온도가 높을수록 고체의 용해도가 증가한다.

내공 쌓는 족집게 문제 p. 42~45

1 ④ **2** ④ **3** ④ **4** ③ **5** ② **6** ⑤ **7** ③ **8** ⑤ **9** ④ **10** ③ **11** 질산 칼륨 **12** ④ **13** ③ **14** ④ **15** ⑤ **16** ③ **17** ③ **18** ② **19** ④ **20** ③
[서술형 문제 21~23] 해설 참조

1 ④ 밀도$=\frac{질량}{부피}$이고, 나무 도막을 반으로 자르면 부피와 질량이 모두 $\frac{1}{2}$로 되므로 밀도는 일정하다.

2 ④ 물체의 부피$=25.0\ mL-22.0\ mL=3.0\ mL(=3.0\ cm^3)$
물체의 밀도$=\frac{3.6\ g}{3.0\ cm^3}=1.2\ g/cm^3$

3 ④ 금속의 밀도$=\frac{226\ g}{20\ cm^3}=11.3\ g/cm^3$이고, 밀도가 같으면 같은 물질이므로 이 금속은 납이다.

4 ① 돌이 가장 아래쪽에 가라앉아 있으므로 돌의 밀도가 가장 크다.
② 부피가 같을 때 질량이 가장 큰 물질은 밀도가 가장 큰 돌이다.
③ 물보다 밀도가 큰 물질은 글리세린과 돌이다.
④ 식용유는 물보다 밀도가 작다.
⑤ 물질의 밀도를 비교하면 나무 < 식용유 < 플라스틱 < 물 < 글리세린 < 돌이다.

5 밀도 $=\frac{질량}{부피}$이므로 물질 A~D의 밀도는 다음과 같다.
A : $\frac{20}{10}=2(g/cm^3)$ B : $\frac{20}{30}\fallingdotseq 0.67(g/cm^3)$
C : $\frac{5}{10}=0.5(g/cm^3)$ D : $\frac{15}{30}=0.5(g/cm^3)$
② 밀도가 가장 큰 물질은 A이다.
③ 부피가 같을 때 밀도가 클수록 질량이 크므로 A의 질량이 B의 질량보다 크다.

6 ⑤ 밀도가 물($1\ g/cm^3$)보다 작은 B, C, D는 물에 넣었을 때 물 위에 뜬다.

7 ① 대부분의 물질은 고체의 밀도가 액체의 밀도보다 크지만, 물은 예외적으로 얼음의 밀도가 물의 밀도보다 작다. 따라서 빙산은 바다 위에 뜬다.
② 헬륨은 공기보다 밀도가 작기 때문에 헬륨을 채운 풍선은 위로 떠오른다.
③ 찌그러진 탁구공을 뜨거운 물에 넣으면 온도가 높아져 탁구공 속 기체의 부피가 증가하므로 탁구공이 펴진다. 이는 온도에 따른 기체의 부피 변화와 관련된 현상이다.
④ 구명조끼에는 공기가 들어 있어 구명조끼를 입으면 밀도가 작아지므로 물에 빠져도 쉽게 가라앉지 않는다.
⑤ 잠수부가 잠수할 때 밀도가 큰 납으로 된 벨트를 허리에 착용하면 물속에 잘 가라앉을 수 있다.

8 ① 용해도는 어떤 온도에서 용매 100 g에 최대로 녹을 수 있는 용질의 g수이다.
② 고체의 용해도는 온도의 영향을 받지만, 압력의 영향은 크게 받지 않는다.
③ 온도가 높아지면 대부분의 고체 물질의 용해도가 증가하며, 기체 물질의 용해도는 감소한다.
④, ⑤ 용해도는 물질의 종류에 따라 고유한 값을 가지므로 물질을 구별하는 특성이 된다.

9 ④ 80 °C 질산 칼륨 포화 용액 270 g은 물 100 g에 질산 칼륨 170 g이 녹아 있다. 이 포화 용액을 40 °C로 냉각하면 질산 칼륨이 최대 63 g까지 녹을 수 있으므로 170 g−63 g =107 g이 석출된다.

10 ① 80 °C에서 물 100 g에 최대로 녹을 수 있는 A의 질량은 90 g이므로, 80 °C에서 A의 용해도는 90이다.
② (가)와 (나)는 용해도 곡선 상에 있으므로 포화 용액이다.
③ (가)를 30 °C까지 냉각하면 A가 50 g(=90 g−40 g) 석출된다.
④, ⑤ (다)는 불포화 용액으로 온도를 60 °C까지 냉각하거나 A를 35 g 넣어 주면 포화 용액이 된다.

11 용해도 곡선의 기울기가 큰 물질일수록 온도에 따른 용해도 변화가 크므로 용액을 냉각할 때 석출되는 용질의 양이 많다.

12 ① 용해도 곡선에 표시된 점은 포화 용액이다.
② 온도가 높을수록 고체 물질의 용해도가 증가한다.
③ 온도에 따른 용해도 변화가 가장 큰 물질은 용해도 곡선의 기울기가 가장 큰 질산 칼륨이다.
④ 40 °C 물 100 g에 질산 칼륨은 최대 63 g 녹을 수 있으므로, 40 °C 물 50 g에는 최대 31.5 g이 녹을 수 있다. 따라서 이 용액은 포화 용액이다.
⑤ 80 °C 물 100 g에 황산 구리(Ⅱ) 30 g을 녹인 후 20 °C로 냉각하면 황산 구리(Ⅱ) 10 g(=30 g−20 g)이 결정으로 석출된다.

13

(A와 B), (C와 D), (E와 F) : 온도는 같고 압력이 다른 조건
A B C D E F
사이다
얼음물 실온의 물 50 °C 물
(A, C, E), (B, D, F) : 압력은 같고 온도가 다른 조건

①, ② 온도가 높을수록, 압력이 낮을수록 기체의 용해도가 작아 사이다 속에 이산화 탄소 기체가 녹아 있지 못하고 기포가 되어 빠져나가므로 발생하는 기포의 양이 많다. 따라서 발생하는 기포의 양이 가장 많은 것은 E이다.
③ C와 D는 온도가 같고 압력은 C가 D보다 작으므로 D보다 C에서 기포가 더 많이 발생한다.
④ 시험관 (A, C, E) 또는 (B, D, F)를 통해 온도와 기체의 용해도 관계를 알 수 있다. 시험관 (A와 B) 또는 (C와 D) 또는 (E와 F)를 통해 압력과 기체의 용해도 관계를 알 수 있다.
⑤ 온도가 높을수록 기체의 용해도가 감소한다.

14 밀도 $=\frac{질량}{부피}$이므로 물질 A~E의 밀도는 다음과 같다.

물질	A	B	C	D	E
질량(g)	40	30	40	60	30
부피(cm^3)	60	40	20	30	20
밀도(g/cm^3)	약 0.67	0.75	2	2	1.5

① 밀도가 가장 큰 것은 C와 D이다.
② 부피가 같을 때 밀도가 클수록 질량이 크다. A와 C의 부피가 같을 때 A의 밀도가 C보다 작으므로 A의 질량은 C보다 작다. 즉, A가 C보다 가볍다.
③, ④, ⑤ 밀도가 같으면 같은 물질이다. C와 D는 같은 물질이고, A, B, C(또는 D), E는 다른 물질이므로 물질의 종류는 4가지이다.

15 ⑤ 기체의 부피는 온도와 압력에 의해 크게 변하므로 기체의 밀도는 온도와 압력에 따라 달라진다.

16 ③ 녹는 물질은 용질, 녹이는 물질은 용매라 하고, 용질과 용매가 서로 고르게 섞이는 현상은 용해, 용질과 용매가 고르게 섞여 있는 물질은 용액이라고 한다.

17 ③ 80 °C에서 황산 구리(Ⅱ)의 물에 대한 용해도는 57이므로 물 50 g에는 황산 구리(Ⅱ)가 최대 28.5 g 녹을 수 있다. 즉, 황산 구리(Ⅱ) 25 g이 모두 녹아 있다. 이 용액을 20 °C로 냉각하면 20 °C 물 50 g에는 황산 구리(Ⅱ)가 최대 10 g 녹으므로 황산 구리(Ⅱ) 15 g(=25 g−10 g)이 석출된다.

18 ② 온도가 낮을수록, 압력이 높을수록 기체의 용해도가 증가하므로 기체를 물에 더 많이 녹일 수 있다.

19 ㄷ. 넘친 물의 양은 물질의 부피를 나타낸다. 왕관의 부피가 순금보다 크므로 왕관의 밀도는 순금의 밀도보다 작다. 따라서 왕관에는 순금보다 밀도가 작은 물질이 섞여 있다.

20 ③ 63.9 °C에서 물 100 g에 질산 칼륨 12 g이 녹아 있는 용액은 불포화 용액이며, 포화 용액이 되려면 질산 칼륨 120 g을 녹여야 한다.

서술형 문제

21 **| 모범 답안 |** B와 D, B와 D는 밀도가 $2\,g/cm^3$로 같기 때문이다.

| 해설 | A의 밀도 : $\frac{40}{5}=8(g/cm^3)$

B의 밀도 : $\frac{20}{10}=2(g/cm^3)$, C의 밀도 : $\frac{10}{10}=1(g/cm^3)$

D의 밀도 : $\frac{40}{20}=2(g/cm^3)$, E의 밀도 : $\frac{10}{20}=0.5(g/cm^3)$

채점 기준	배점
같은 종류의 물질을 고르고, 그 까닭을 밀도 값을 포함하여 옳게 서술한 경우	100 %
같은 종류의 물질만 고른 경우	50 %

22 **| 모범 답안 |** (1) 40 g

(2) 용해도 곡선과 만날 때까지 고체 물질을 더 넣어 A로 만들거나, 온도를 낮추어 B로 만든다.

| 해설 | (1) A 상태에서 포화 용액 250 g에는 물 100 g에 용질 150 g이 녹아 있으므로 30 °C로 냉각하면 150 g−110 g =40 g이 석출된다.

(2) C를 포화 용액으로 만드는 방법은 다음과 같다.

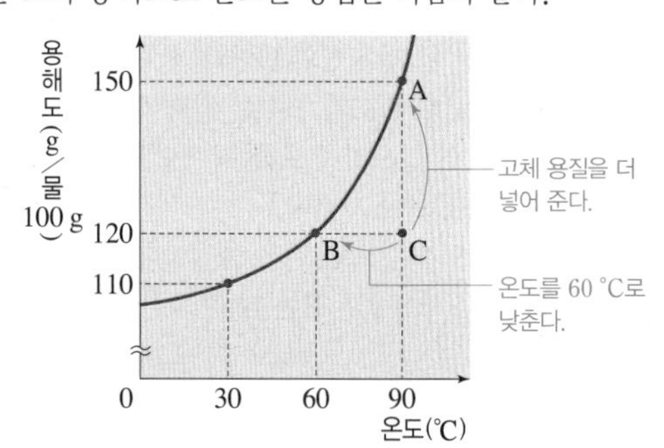

	채점 기준	배점
(1)	석출되는 물질의 질량을 옳게 쓴 경우	50 %
(2)	포화 용액을 만드는 두 가지 방법을 모두 옳게 서술한 경우	50 %
	포화 용액을 만드는 방법을 한 가지만 옳게 서술한 경우	25 %

23 **| 모범 답안 |** (1) (가)<(나)<(다)

(2) 온도가 높을수록 기체의 용해도가 감소하여 기포가 많이 발생하기 때문이다.

	채점 기준	배점
(1)	기포의 양을 옳게 비교한 경우	50 %
(2)	(1)과 같이 답한 까닭을 옳게 서술한 경우	50 %

03 혼합물의 분리 (1)

개념 확인하기 p. 47

1 증류 2 낮 3 끓는점 4 (가) 5 위 6 녹이지 않으, 두 물질의 중간 7 분별 깔때기 8 밀도 9 작은, 큰 10 밀도

2 액체 상태의 혼합물을 증류 장치에 넣고 가열하면 끓는점이 낮은 물질이 먼저 끓어 나오며, 끓어 나온 기체 물질은 냉각되어 찬물 속에 들어 있는 시험관에 모인다.

4 (가)에서는 주로 에탄올이 끓는점보다 조금 높은 온도에서 끓어 나오고, (나)에서는 물이 끓어 나온다.

5 증류탑의 위쪽으로 갈수록 온도가 낮아진다.

내공 쌓는 족집게 문제 p. 48~51

1 ④ 2 ③ 3 ③ 4 ⑤ 5 ④ 6 ④ 7 ④ 8 ③ 9 ④ 10 ① 11 ②, ③ 12 ③ 13 ③ 14 ④ 15 ② 16 ④ 17 ④ 18 ③

[서술형 문제 19~22] 해설 참조

1 ① 끓는점 차를 이용하여 혼합물을 분리하는 장치이다.
② 이 장치를 이용한 혼합물의 분리 방법은 증류이다.
③ 서로 잘 섞이는 액체 상태의 혼합물을 분리할 때 이용한다.
⑤ 액체 물질이 갑자기 끓어오르는 것을 막기 위해 끓임쪽을 넣는다.

2 ③ 소줏고리로 곡물을 발효하여 만든 탁한 술에서 맑은 소주를 얻는 것은 끓는점 차를 이용한 증류로 혼합물을 분리하는 방법이다.

3 ① A 구간에서는 물과 에탄올 혼합물의 온도가 높아진다.
②, ④ B 구간에서는 에탄올의 끓는점보다 약간 높은 온도에서 주로 에탄올이 끓어 나오고, D 구간에서는 물의 끓는점과 같은 온도에서 물이 끓어 나온다.
③ C 구간에서는 B 구간에서 미처 끓어 나오지 못한 소량의 에탄올과 물이 기화되어 나온다.
⑤ B 구간에서는 주로 에탄올의 기화가 일어나고, D 구간에서는 물의 기화가 일어난다.

4 ⑤ 증류탑의 위쪽으로 갈수록 온도가 낮아지므로 끓는점이 낮은 물질일수록 증류탑의 위쪽에서 분리되고, 끓는점이 높은 물질일수록 증류탑의 아래쪽에서 분리된다.

5 ④ 끓는점이 낮은 물질일수록 증류탑의 위쪽에서 분리된다.
⑤ 물과 에탄올의 혼합물도 끓는점 차를 이용한 증류로 분리한다.

6 ①, ②, ③, ⑤ 끓는점 차를 이용하여 혼합물을 분리하는 예이다.
④ 밀도 차를 이용하여 혼합물을 분리하는 예이다.

7 ①, ②, ③ 쭉정이는 소금물보다 밀도가 작으므로 소금물 위에 뜨고, 좋은 볍씨는 소금물보다 밀도가 크므로 가라앉는다. 따라서 밀도의 크기는 쭉정이 < 소금물 < 좋은 볍씨 순이다.
④ 소금물에 볍씨를 넣었을 때 쭉정이와 좋은 볍씨 모두 소금물에 뜨지 않는다면 소금물의 밀도가 쭉정이와 좋은 볍씨의 밀도보다 작은 것이다. 소금물은 농도가 진할수록 밀도가 커지므로 소금물에 소금을 더 녹여 쭉정이의 밀도보다 크고, 좋은 볍씨의 밀도보다 작은 밀도로 만들면 쭉정이와 좋은 볍씨를 분리할 수 있다.
⑤ 달걀을 소금물에 넣으면 오래된 달걀은 소금물 위에 뜨고, 신선한 달걀은 가라앉아 두 물질을 분리할 수 있다.

[8~9]

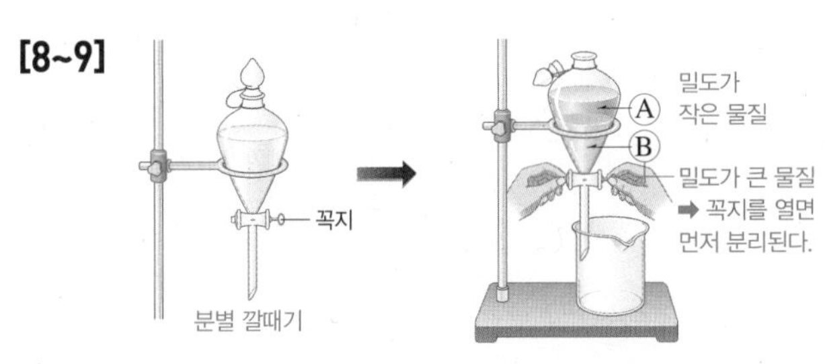

8 물과 에테르의 혼합물(①), 물과 식용유의 혼합물(②), 간장과 참기름의 혼합물(④), 물과 사염화 탄소의 혼합물(⑤)은 모두 각각의 혼합물에서 서로 섞이지 않으며, 밀도가 다르므로 분별 깔때기로 분리할 수 있다. 물과 에탄올은 밀도가 다르지만 서로 잘 섞이는 물질이므로 물과 에탄올의 혼합물(③)은 분별 깔때기로 분리할 수 없다.

9 ①, ② 서로 섞이지 않는 액체 혼합물을 분별 깔때기로 분리하는 것은 밀도 차를 이용한 혼합물의 분리 방법이다.
③ 분별 깔때기에서 밀도가 작은 액체 물질이 위층, 밀도가 큰 액체 물질이 아래층에 위치한다. 따라서 밀도의 크기는 A < B 이다.
④ 밀도가 큰 액체 물질(B)이 분별 깔때기의 아래층에 위치하므로 꼭지를 열어 먼저 분리한다.
⑤ A와 B의 경계면 부근에 있는 액체 물질에는 두 물질이 조금씩 섞여 있으므로 따로 받아 낸다.

10 ① 바닷물을 가열하여 물을 증발시키고, 증발시킨 물을 액화하여 식수를 얻는 것은 끓는점 차를 이용한 혼합물의 분리 방법이다.

11 ①, ⑤ 물과 석유, 물과 사염화 탄소는 서로 섞이지 않는 액체 혼합물이므로 밀도 차를 이용한 분별 깔때기로 분리할 수 있다.
②, ③ 물과 소금, 물과 메탄올은 서로 잘 섞이며 끓는점이 다르므로 증류 장치를 이용하여 분리할 수 있다.
④ 톱밥과 모래는 서로 섞이지 않는 고체 혼합물이므로, 두 물질을 모두 녹이지 않고 밀도가 두 물질의 중간 정도인 액체에 넣어 분리한다.

12 끓는점이 낮은 물질일수록 증류탑의 위쪽에서 분리된다. 따라서 A는 석유 가스, B는 휘발유, C는 등유, D는 경유, E는 중유이다.

13 물보다 밀도가 작은 물질은 물 위에 뜨고, 물보다 밀도가 큰 물질은 가라앉는다. A와 B가 섞인 혼합물에 물을 넣었을 때 A는 물 위에 뜨고, B는 가라앉는 것으로 보아 밀도의 크기는 A < 물 < B 순이다.

14 ④ 밀도가 두 고체 물질의 중간 정도여야 하므로 사염화 탄소가 가장 적당하다.

15 • 물보다 밀도가 작은 기름은 물 위에 떠서 넓게 퍼지므로 오일펜스를 설치한 후 흡착포를 이용하여 제거한다.
• 모래와 스타이로폼의 혼합물을 물에 넣으면 물보다 밀도가 작은 스타이로폼은 물 위에 뜨고, 물보다 밀도가 큰 모래는 가라앉아 두 물질이 분리된다.
➡ 모두 밀도 차를 이용하여 혼합물을 분리하는 예이다.

16

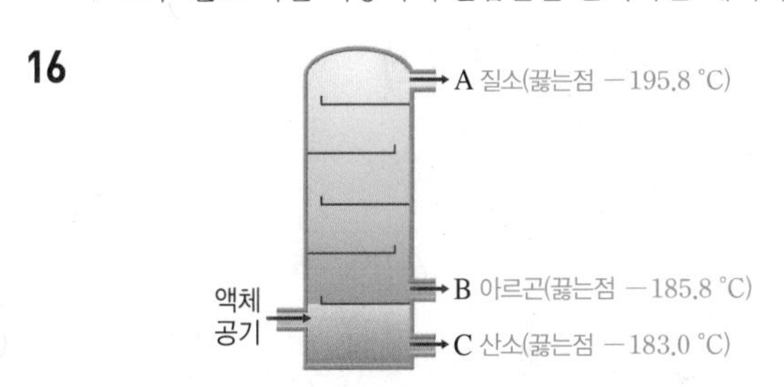

ㄱ. 질소, 산소, 아르곤의 기체 혼합물을 액화한 후 증류탑으로 보내 각 성분 기체로 분리하는 방법은 증류이다.
ㄴ, ㄷ. 증류탑의 위쪽으로 갈수록 온도가 낮아지므로, A에서는 끓는점이 가장 낮은 질소, B에서는 끓는점이 두 번째로 낮은 아르곤, C에서는 끓는점이 가장 높은 산소가 분리되어 나온다.

17 ④ 뷰테인과 프로페인의 혼합 기체를 냉각하면 끓는점이 −0.5 °C인 뷰테인이 먼저 액체 상태가 되고, 끓는점이 −42.1 °C인 프로페인은 기체 상태로 남아 두 물질이 분리된다.

18 ③ 물과 에테르의 밀도는 에테르 < 물이고, 물과 사염화 탄소의 밀도는 물 < 사염화 탄소이다.

19 **| 모범 답안 |** B, 에탄올이 끓는 동안에는 온도가 일정하며, 끓는점이 낮은 에탄올이 물보다 먼저 끓어 나오기 때문이다.

채점 기준	배점
기호를 옳게 쓰고, 그 까닭을 옳게 서술한 경우	100 %
기호만 옳게 쓴 경우	50 %

20 **| 모범 답안 |** 물과 액체 A의 혼합물, 물과 액체 A는 서로 잘 섞이고 끓는점이 다르기 때문이다.

| 해설 | 물과 액체 B는 섞이지 않고 밀도가 다르므로 물과 액체 B의 혼합물은 밀도 차를 이용하여 분리하는 것이 적당하다.

채점 기준	배점
혼합물을 고르고, 그 까닭을 옳게 서술한 경우	100 %
혼합물만 옳게 고른 경우	50 %

21 **| 모범 답안 |** 두 물질을 모두 녹이지 않아야 한다. 밀도가 두 물질의 중간 정도여야 한다.

채점 기준	배점
액체의 조건 두 가지를 모두 옳게 서술한 경우	100 %
액체의 조건을 한 가지만 옳게 서술한 경우	50 %

22 **| 모범 답안 |** (1) 분별 깔때기
(2) A<B, 밀도가 작은 물질은 위로 뜨고, 밀도가 큰 물질은 아래로 가라앉기 때문이다.

	채점 기준	배점
(1)	실험 기구의 이름을 옳게 쓴 경우	30 %
(2)	밀도를 옳게 비교하고, 그 까닭을 옳게 서술한 경우	70 %
	밀도만 옳게 비교한 경우	35 %

04 혼합물의 분리 (2)

개념 확인하기 p. 53

1 재결정 2 크 3 붕산 4 15 5 용해도 6 속도
7 (1) × (2) ○ (3) ○ 8 3가지 9 A 10 거름, 증류

4 20 °C에서 염화 나트륨의 용해도는 35.9이므로 모두 녹아 있고, 붕산의 용해도는 5.0이므로 15 g(=20 g−5 g)이 결정으로 석출된다.

7 (1) 크로마토그래피는 매우 적은 양의 혼합물도 분리할 수 있다.

9 높이 올라갈수록 이동 속도가 빠르므로 이동 속도가 가장 빠른 성분은 A이다.

내공 쌓는 족집게 문제 p. 54~55

1 ③ 2 질산 칼륨, 68.1 g 3 ③ 4 ④ 5 ④ 6 ⑤
7 ① 8 ④ 9 ④ 10 ④
[서술형 문제 11~12] 해설 참조

1 ③ 천일염에서 정제 소금을 얻기 위해서는 용해도 차를 이용한 재결정으로 분리한다.

2 20 °C 물 100 g에 질산 칼륨은 31.9 g 녹을 수 있고, 황산 구리(Ⅱ)는 20.0 g 녹을 수 있다. 따라서 20 °C로 냉각하면 질산 칼륨은 31.9 g만 녹아 있고 나머지 68.1 g(=100 g−31.9 g)이 결정으로 석출되며, 황산 구리(Ⅱ)는 모두 녹아 있다.

3 ① 60 °C에서 질산 칼륨의 용해도는 100 이상이므로 물 50 g에는 질산 칼륨 50 g이 모두 녹을 수 있고, 60 °C에서 황산 구리(Ⅱ)의 용해도는 10 이상이므로 물 50 g에는 황산 구리(Ⅱ) 5 g이 모두 녹을 수 있다. 질산 칼륨과 황산 구리(Ⅱ)는 더 녹을 수 있으므로 60 °C에서 이 혼합 용액은 불포화 상태이다.
② 질산 칼륨은 황산 구리(Ⅱ)보다 용해도 곡선의 기울기가 크므로 온도에 따른 용해도 차가 더 크다.
③ 20 °C에서 질산 칼륨의 용해도는 31.9이므로 물 50 g에는 최대 15.95 g이 녹을 수 있다. 따라서 20 °C로 냉각하면 질산 칼륨 34.05 g(=50 g−15.95 g)이 결정으로 석출된다.
④ 20 °C에서 황산 구리(Ⅱ)의 용해도는 20.0이므로 물 50 g에는 최대 10 g이 녹을 수 있다. 따라서 20 °C로 냉각해도 황산 구리(Ⅱ)는 결정으로 석출되지 않는다.

4 ① 같은 물질이라도 사용하는 용매가 달라지면 그 결과가 달라진다.
②, ④ 매우 적은 양의 혼합물이나 성분 물질의 성질이 비슷한 혼합물도 분리할 수 있다.
③ 크로마토그래피를 통해 운동선수의 약물 복용 여부를 확인할 수 있다.
⑤ 크로마토그래피는 혼합물의 각 성분 물질이 용매를 따라 이동하는 속도가 다른 것을 이용하여 혼합물을 분리하는 방법이다.

5

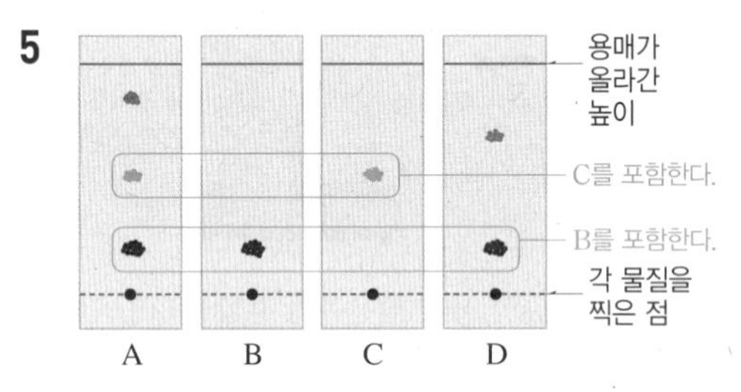

① D는 분리된 성분 물질이 2가지이다. 따라서 D는 성분 물질이 적어도 2가지인 혼합물이다.
② B와 C는 분리된 성분 물질이 각각 1가지이므로 순물질일 수 있다.
③ A는 분리된 성분 물질이 3가지이다. 따라서 A는 성분 물질이 적어도 3가지인 혼합물이다.
④ A는 B와 C의 성분 물질을 모두 가지고 있으므로 B와 C를 포함하지만, D의 성분 물질을 모두 가지고 있지는 않으므로 D는 포함하지 않는다.
⑤ 같은 시간 동안 높이 올라간 성분 물질일수록 용매를 따라 이동하는 속도가 빠르다.

6 ⑤ 원심 분리기에서 혈액을 분리하는 것은 밀도 차를 이용하여 혼합물을 분리하는 예이다.

7 ① 40 °C에서 물에 대한 용해도는 질산 칼륨이 62.9이고 염화 나트륨이 36.4이므로 40 °C의 물 100 g에 최대로 녹을 수 있는 물질의 양은 질산 칼륨이 62.9 g이고 염화 나트륨이 36.4 g이다. 따라서 혼합 용액을 40 °C로 냉각하면 질산 칼륨은 37.1 g(=100 g−62.9 g)이 석출되고, 염화 나트륨은 30 g 모두 물에 녹아 있다.

8 ①, ② 사인펜 잉크의 색소 분리 실험에서 사용되는 용매는 사인펜 잉크의 색소를 녹이는 물질이어야 하며, 이때 거름종이에 찍은 점은 용매에 잠기지 않게 장치한다.
③ 용매의 증발을 막기 위해 눈금실린더의 입구를 고무마개로 막고 실험한다.
④ 용매의 종류에 따라 분리되는 성분 물질의 수 또는 이동한 거리가 달라진다. 따라서 물 대신 에탄올을 사용하면 실험 결과가 다르게 나타난다.
⑤ 크로마토그래피는 혼합물의 각 성분 물질이 용매를 따라 이동하는 속도가 다른 것을 이용하여 혼합물을 분리하는 방법으로, 색소마다 용매를 따라 이동하는 속도가 달라 여러 개의 성분 물질로 분리되는 것이다.

9 ④ 올라간 높이가 같으면 같은 물질이므로 이를 비교하여 혼합물에 포함된 성분 물질을 찾을 수 있다. 따라서 혼합물에 포함된 성분 물질은 B와 D이다.

10 ④ 혼합물을 거르면 물과 에탄올에 모두 녹지 않는 모래가 거름종이 위에 남는다. 거른 혼합물을 가열하면 끓는점이 낮은 에탄올이 먼저 끓어 나오며, 남은 혼합물을 가열하면 끓는점이 낮은 물이 증발하므로 소금이 남는다.

서술형 문제

11 **| 모범 답안 |** 붕산, 20 °C에서 붕산의 물에 대한 용해도는 5.0이므로 혼합 용액을 20 °C로 냉각하면 붕산은 10 g(=15 g −5 g)이 석출된다.
| 해설 | 20 °C에서 물에 대한 용해도는 염화 나트륨이 35.9이고, 붕산이 5.0이므로 20 °C의 물 100 g에 최대로 녹을 수 있는 물질의 양은 염화 나트륨이 35.9 g이고, 붕산이 5.0 g이다. 따라서 혼합 용액을 20 °C까지 냉각해도 염화 나트륨 15 g은 모두 물에 녹아 있다.

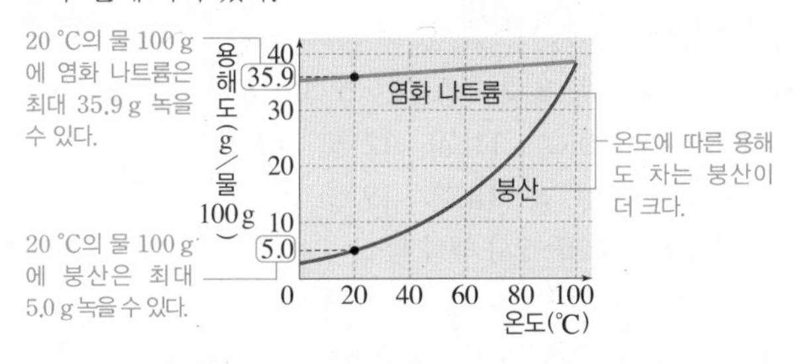

채점 기준	배점
석출되는 물질을 쓰고, 석출되는 질량을 풀이 과정과 함께 옳게 서술한 경우	100 %
석출되는 물질을 쓰고, 석출되는 질량을 풀이 과정 없이 옳게 구한 경우	50 %
석출되는 물질만 옳게 쓴 경우	20 %

12 **| 모범 답안 |** 크로마토그래피, 성분 물질마다 용매를 따라 이동하는 속도가 다르기 때문이다.

채점 기준	배점
혼합물의 분리 방법을 쓰고, 이와 같이 분리되는 까닭을 옳게 서술한 경우	100 %
혼합물의 분리 방법만 옳게 쓴 경우	50 %

VII 수권과 해수의 순환

01 수권의 분포와 활용

개념 확인하기 p. 57

1 해수 2 고체 3 A : 해수, B : 빙하 4 수자원 5 호수와 하천수, 지하수 6 (1)-㉢ (2)-㉠ (3)-㉡ 7 농업용수 8 증가 9 (1) × (2) ○ (3) × 10 해수 담수화

9 (1) 수자원으로 이용할 수 있는 물의 양은 매우 적고 한정되어 있다.
(3) 가뭄 등으로 호수나 하천수가 부족한 경우 지하수를 개발하여 활용한다.

내공 쌓는 족집게 문제 p. 58~59

1 ② 2 ③ 3 ⑤ 4 ㄷ, ㄹ 5 ⑤ 6 ② 7 ① 8 ③ 9 ② 10 ④ 11 ⑤ 12 ③ 13 ③
[서술형 문제 14~15] 해설 참조

1 ② 육지에 있는 물은 대부분 짠맛이 나지 않는 담수이다.
③ 담수 중 가장 많은 양을 차지하는 것은 빙하이다.

2 지구에 존재하는 물 중 가장 많은 것은 해수이고, 그 다음으로는 빙하 > 지하수 > 호수와 하천수 순이다.

3

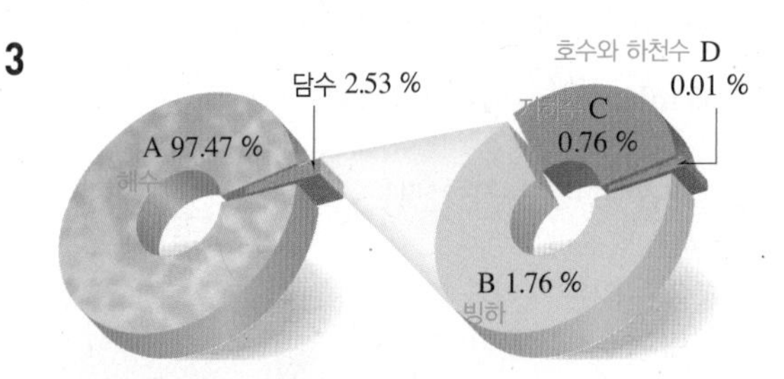

① 해수(A)는 짠맛이 나는 물이다.
② 빙하(B)는 눈이 쌓여 굳어진 고체 상태의 물로, 주로 고산 지대나 극 지역에 분포한다.
③ 지하수(C)는 땅속을 흐르거나 지층의 틈 사이에 고여 있는 물이다.
⑤ 수권을 이루는 물 중 빙하는 고체 상태로 존재한다.

4 ㄱ, ㄴ. 해수는 짠맛이 나고, 빙하는 얼어 있기 때문에 수자원으로 이용하기 어렵다.

5 생활용수는 일상생활에서 마시고 씻는 데 사용하는 물이고, 농업용수는 농업 활동에 사용하는 물이다.

6 ② 수자원으로 주로 활용하는 물은 호수와 하천수이고, 부족한 경우 지하수를 개발하여 활용한다.
③ 수자원으로 주로 이용하는 호수와 하천수는 강수량의 영향을 많이 받는다. 기후가 변하여 강수량이 줄어들면 수자원을 확보하기 어려워진다.
⑤ 수자원으로 이용할 수 있는 물은 수권 전체의 약 0.77 %로 매우 적고 한정되어 있다.

7 ② 물의 오염 방지를 위해 오염된 물은 정수 시설을 거쳐 내보내야 한다.
③ 지하수를 무분별하게 개발할 경우 지하수 고갈, 지반 침하 등의 문제가 발생할 수 있다.
④ 댐 건설, 해수 담수화 등을 통해 수자원을 안정적으로 확보할 수 있다.
⑤ 빨래나 설거지는 한번에 모아서 한다.

8 공기 중의 수증기는 수권에 포함되지 않는다.

9 ㄱ. 지하수는 담수이며 액체 상태로, 생활이나 농업에 쉽게 이용할 수 있다.
ㄴ, ㄹ. 지하수는 빗물이 스며들어 채워지므로 지속적으로 활용할 수 있다. 그러나 지하수를 무분별하게 개발하는 경우 지하수 고갈, 지반 침하 등의 문제가 생길 수 있고, 지하수 시설을 제대로 관리하지 않으면 지하수가 오염될 수 있다.

10 인구 증가, 산업과 문명 발달 및 이로 인한 생활 수준의 향상에 따라 수자원 이용량이 증가하고 있다.
④ 강수량이 감소하면 우리가 이용할 수 있는 수자원 양이 줄어든다.

11 ① 수자원 이용량은 계속해서 증가하고 있다.
②, ③ 농업용수가 가장 큰 비율을 차지하고 있으며, 이용 비율이 가장 크게 늘어난 것은 생활용수이다.
④ 수자원 이용량은 늘어나고 있으나, 우리가 이용할 수 있는 수자원의 양은 매우 적고 한정되어 있다.

12 수권의 물 중 우리가 쉽게 활용하는 것은 호수와 하천수 및 지하수이다. 이는 수권 전체의 약 0.77 %에 해당하므로 물의 양은 $1000\ \text{mL} \times \frac{0.77}{100} = 7.7\ \text{mL}$이다.

13 ① 농업용수(A)는 농사를 짓는 데 사용하는 물이다.
② 생활용수(B)는 우리가 마시거나 씻는 데 사용하는 물이다.
③ 유지용수(C)는 하천이 정상적인 기능을 하는 데 필요한 물이다.
④ 공업용수(D)는 공장에서 제품을 만들거나 냉각, 세척하는 데 사용하는 물이다.
⑤ 용도별 수자원 이용 비율은 시기에 따라 달라질 수 있다.

공업용수 6 % D
유지용수 C 33 %
A 농업용수 41 %
B 생활용수 20 %

서술형 문제

14 | 모범 답안 | (1) A : 해수, B : 지하수, C : 빙하, D : 호수와 하천수
(2) B, D, 0.77 %
| 해설 | 수자원으로 쉽게 활용하는 물은 호수와 하천수 및 지하수이다.

	채점 기준	배점
(1)	A~D의 이름을 모두 옳게 쓴 경우	40 %
	A~D 중 하나의 이름을 옳게 쓴 경우 부분 배점	10 %
(2)	B, D를 옳게 고르고, 비율을 옳게 쓴 경우	60 %
	B, D만 옳게 고른 경우	30 %

15 | 모범 답안 | 지하수는 담수이고 액체 상태로 쉽게 활용할 수 있으며, 호수나 하천수에 비해 양이 많고, 빗물이 스며들어 채워지므로 지속적으로 활용할 수 있기 때문이다.

채점 기준	배점
까닭 두 가지를 모두 옳게 서술한 경우	100 %
까닭을 한 가지만 옳게 서술한 경우	50 %

02 해수의 특성

개념 확인하기 p. 61

1 낮아 2 태양 에너지, 바람 3 A : 혼합층, B : 수온 약층, C : 심해층 4 (1)-㉠ (2)-㉢ (3)-㉡ 5 (1) ○ (2) × (3) ○ 6 염류 7 염화 나트륨, 염화 마그네슘 8 30 psu 9 ㄴ, ㄷ, ㄹ, ㅁ 10 염분비 일정 법칙

1 저위도에서 고위도로 갈수록 들어오는 태양 에너지양이 적어지므로 해수의 표층 수온은 고위도로 갈수록 낮아진다.

5 (1) 혼합층은 바람의 세기가 강할수록 두꺼워지므로, 바람이 강하게 부는 중위도 해역에서 가장 두껍게 나타난다.
(2) 고위도 해역에서는 층상 구조가 나타나지 않는다.

10 지역이나 계절에 따라 해수의 염분은 달라도, 해수에 녹아 있는 염류 사이의 비율은 항상 일정하다는 것을 염분비 일정 법칙이라고 한다.

내공 쌓는 족집게 문제 p. 62~65

1 ③ 2 ① 3 ③ 4 ③ 5 ③ 6 ② 7 ③ 8 ④ 9 ②, ⑤ 10 ③ 11 ④ 12 ⑤ 13 ① 14 ② 15 ⑤ 16 ③ 17 ㄱ, ㄹ 18 ② 19 ⑤
[서술형 문제 20~24] 해설 참조

1 ① 해수의 표층은 태양 에너지를 가장 많이 받아 수온이 가장 높다.
② 심해층에서는 깊이가 깊어져도 수온이 거의 일정하게 나타난다.
③ 해수는 깊이에 따른 수온 분포를 기준으로 혼합층, 수온 약층, 심해층의 3개 층으로 구분한다.
④ 혼합층의 수온은 위도에 따라 달라진다. 위도나 계절에 관계없이 수온이 일정한 층은 심해층이다.
⑤ 수온 약층은 아래쪽에 차가운 해수가 있고 위쪽에 따뜻한 해수가 있어 매우 안정하다.

2 A는 혼합층, B는 수온 약층, C는 심해층이다. 이 중 바람의 혼합 작용으로 수온이 일정하고, 바람이 강할수록 두께가 두꺼워지는 층은 혼합층(A)이다.

3 ① 혼합층(A)은 태양 에너지의 영향을 받아 수온이 높다.
②, ③ 수온 약층(B)은 깊이가 깊어질수록 수온이 급격하게 낮아져 매우 안정하다. 따라서 해수의 연직 운동이 일어나기 어렵다.
④, ⑤ 심해층(C)은 태양 에너지나 바람의 영향을 받지 않아 수온이 낮고 일정하며, 위도와 계절에 따른 수온 변화가 거의 없는 층이다.

4 ①, ② 적외선등을 켜면 표층의 수온이 높아지고, 선풍기를 켜면 물이 섞여 수온이 일정한 구간이 생긴다.
④ 바람이 강할수록 물이 더 잘 섞이므로 선풍기로 바람을 더 세게 불면 수온이 일정한 층의 두께가 두꺼워진다.
⑤ 태양 에너지는 주로 해수의 표층에서 흡수되므로 수심이 깊어질수록 태양 에너지의 영향을 적게 받을 것이다.

5 해수에 녹아 있는 염류 중 가장 많은 양을 차지하는 것은 짠맛을 내는 염화 나트륨이고, 두 번째로 많은 것은 쓴맛을 내는 염화 마그네슘이다.

6 ① 염류는 해수에 녹아 있는 여러 가지 물질을 말한다.
③ 염분은 해수 1000 g에 녹아 있는 염류의 양을 g 수로 나타낸 것이다.
④, ⑤ 전 세계 해수의 평균 염분은 35 psu이지만 지역에 따라 염분은 다르게 나타난다.

7 해수 1000 g을 가열하여 남은 염류의 총량이 염분이다. 이 해수 500 g을 가열했을 때 16 g의 염류가 남았으므로, 해수 1000 g을 가열하면 염류 32 g이 남는다. 따라서 염분은 32 psu이다.

8 염분이 32 psu인 해수 1 kg에 녹아 있는 염류의 양이 32 g이므로, 해수 3 kg에는 염류 96 g이 녹아 있다. 해수의 질량은 물의 질량과 염류의 질량을 합한 것이므로, 물의 질량은 3000 g−96 g=2904 g이다.

9 ①, ③, ④ 담수의 유입과 강수량이 많고, 빙하가 녹는(해빙이 일어나는) 곳은 염분이 낮다.
②, ⑤ 해수의 결빙이 일어나고, 증발량이 강수량보다 많은 곳은 염분이 높다.

10 염분비 일정 법칙에 따라 비례식을 세우면 26.5 : 3.4=(가) : 3.3이므로, (가)≒25.7이다.

11 ①, ② 표층 수온은 적도 부근에서 가장 높고, 고위도로 갈수록 낮아진다.
③ 표층 수온의 등온선은 대체로 위도와 나란하게 나타난다.
④, ⑤ 해수의 표층 수온은 주로 태양 에너지의 영향을 받으므로 위도나 계절에 따라 다르게 나타난다.

12 ① A는 표층 수온이 가장 높은 저위도, B는 혼합층이 가장 두꺼운 중위도, C는 층상 구조가 나타나지 않는 고위도이다.
② A 해역은 표층 수온이 높아 표층과 심해층의 수온 차가 가장 크다.
③ B 해역은 바람이 가장 강하게 불기 때문에 혼합층의 두께가 가장 두껍다.
⑤ 심해층의 수온은 위도와 관계없이 거의 같다. 혼합층의 수온은 태양 에너지의 영향을 받아 저위도에서 가장 높고, 고위도로 갈수록 낮아진다.

13 해수에 녹아 있는 여러 가지 물질을 염류라고 한다. A는 소금의 주성분인 염화 나트륨으로, 짠맛이 난다. B는 염화 마그네슘으로, 쓴맛이 난다.

14 (담수의 유입량+강수량)이 적을수록, 증발량이 많을수록 염분이 높아진다. 따라서 A의 염분이 가장 높고, E의 염분이 가장 낮다.

15 ㄱ, ㄴ. 여름철은 겨울철에 비해 강수량이 많아 염분이 낮다.
ㄷ. 우리나라는 담수의 대부분이 황해로 유입되기 때문에 계절에 관계없이 황해의 염분이 동해보다 낮다.

16 염분비 일정 법칙에 의해 해역의 염분이 달라도 염류 사이의 비율은 항상 일정하다.

17 B 해역은 A 해역에 비해 표층 수온이 높고 혼합층이 두껍다. 따라서 들어오는 태양 에너지양이 많고, 바람의 세기가 강할 것이다.

18 ② 위도 30° 부근은 (증발량−강수량)이 0보다 크므로 증발량이 강수량보다 많다. 강수량은 적도 부근에서 많다.
③, ④ (증발량−강수량) 값은 염분에 큰 영향을 주므로, (증발량−강수량)과 염분을 나타내는 곡선은 거의 비슷한 모양으로 나타난다. 그러나 극 지역은 해빙의 영향을 많이 받아 염분이 매우 낮다.

19 염분은 해수 1000 g에 녹아 있는 염류의 총량이고, ㉠과 ㉡ 값은 염분비 일정 법칙을 이용하여 구할 수 있다.
③ ㉠ : 1.2 g=1.9 g : 0.6 g, ㉠=3.8 g
④ 27.2 g : 1.2 g=㉡ : 0.6 g, ㉡=13.6 g
⑤ 두 해역의 염분이 다른 것은 녹아 있는 염류의 양이 다르기 때문이고, 각 염류의 비율은 일정하다.

서술형 문제

20 | 모범 답안 | 혼합층, 바람에 의해 해수가 혼합되기 때문이다.

채점 기준	배점
이름을 옳게 쓰고, 까닭을 옳게 서술한 경우	100 %
이름만 옳게 쓴 경우	30 %

21 | 모범 답안 | B, 깊이에 따라 수온이 급격히 낮아진다. 매우 안정하다. 대류가 거의 일어나지 않는다. 혼합층과 심해층의 물질과 열 교환을 차단한다.

채점 기준	배점
B를 쓰고, 특징을 옳게 서술한 경우	100 %
B만 쓴 경우	30 %

22 | 모범 답안 | A : 염화 나트륨, 짠맛이 난다.
B : 염화 마그네슘, 쓴맛이 난다.
| 해설 | 염류 중 가장 많은 것은 염화 나트륨이고, 두 번째로 많은 것은 염화 마그네슘이다.

채점 기준	배점
A, B의 이름을 옳게 쓰고, 특징을 모두 옳게 서술한 경우	100 %
A와 B 중 하나의 이름을 옳게 쓰고, 특징을 옳게 서술한 경우	50 %
A와 B의 이름만 옳게 쓴 경우	50 %

23 | 모범 답안 | 40 psu : 31.1 g=30 psu : A, A≒23.3 g

| 해설 | 표에 나타난 염류의 양을 모두 더하면 해수의 염분을 구할 수 있다. 해수의 염분=31.1+4.4+1.9+1.5+1.1=40 psu이고, 염분비 일정 법칙을 이용하여 비례식을 세운다.

채점 기준	배점
식을 옳게 세우고, 값을 옳게 구한 경우	100 %
식만 옳게 세운 경우	50 %

24 | 모범 답안 | 해수가 오랜 시간 순환하며 골고루 섞였기 때문이다.

채점 기준	배점
까닭을 옳게 서술한 경우	100 %

03 해수의 순환

개념 확인하기 p. 67

1 지속적, 바람　2 (1) × (2) ○ (3) ○　3 쿠로시오 해류
4 A : 황해 난류, B : 북한 한류, C : 동한 난류, D : 쿠로시오 해류　5 A, C, D　6 동해　7 만조, 간조　8 조차　9 2
10 (1) × (2) ○

10 우리나라에서 조차는 서해안에서 가장 크고, 동해안에서 가장 작다. 따라서 주로 서해안에 조력 발전소를 건설한다.

내공 쌓는 족집게 문제 p. 68~69

1 ①　2 ③　3 ③　4 ⑤　5 ②　6 ④　7 ④　8 ②
9 ④　10 ③　11 (가)　12 ④
[서술형 문제 13~14] 해설 참조

1 해수면 근처에서 지속적으로 부는 바람에 의해 바다의 표층에서 해류가 발생한다.

2 ①, ④ 난류는 저위도에서 고위도로 흐르는 비교적 수온이 높은 해류이고, 한류는 고위도에서 저위도로 흐르는 비교적 수온이 낮은 해류이다.
② 해류는 일정한 방향으로 나타나는 해수의 지속적인 흐름이다.
⑤ 해류의 종류는 계절 변화와는 상관없다.

3 A는 황해 난류, B는 북한 한류, C는 동한 난류, D는 쿠로시오 해류, E는 연해주 한류이다.

4 ① A는 황해 난류이고, B는 북한 한류이다.
② 동한 난류(C)는 여름철에 세력이 강해진다.
③, ④ 쿠로시오 해류(D)는 우리나라 주변 난류의 근원이 되는 해류로, 비교적 수온이 높은 난류이다.
⑤ 우리나라 동해안에는 육지 가까이로 비교적 수온이 높은 동한 난류(C)가 흘러서 겨울철 기온이 상대적으로 높다.

5 우리나라는 동한 난류와 북한 한류가 동해에서 만나 조경 수역을 이룬다.

6 ④ 우리나라에서 간조와 만조는 하루에 약 두 번씩 나타나며, 조석의 주기는 약 12시간 25분이다.

7 ③ 우리나라에서 조차는 서해안에서 가장 크게 나타나므로, 조력 발전소는 주로 서해안에 건설한다.
④ 바다 갈라짐 체험은 해수면 높이가 가장 낮은 간조 때 할 수 있다.

8 ② 종이 조각은 바람을 따라 수평 방향으로 이동한다.
⑤ 실험을 통해 해류는 지속적인 바람에 의해 발생한다는 것을 알 수 있다.

9 A는 난류, B는 한류이다. 난류와 한류는 상대적인 수온에 따라 구분할 수 있다.

10 ①, ③ 7시 무렵은 만조, 13시 무렵은 간조이므로 갯벌 체험은 13시 무렵에 하는 것이 적절하다.
② 조차는 간조와 만조 때 해수면 높이의 차이이므로 약 6 m이다.
④ 조석의 주기는 만조에서 다음 만조 또는 간조에서 다음 간조까지 걸리는 시간이므로 B에 해당한다.
⑤ 만조와 간조는 각각 하루에 약 두 번씩 나타난다.

11 부산 근처에서는 쿠로시오 해류에서 갈라져 동해안을 따라 북상하는 해류가 흐른다. 따라서 오염이 확산되는 것을 방지하기 위해서는 장치를 (가)에 설치하는 것이 가장 좋다.

12 C는 한류이므로 수온이 가장 낮은 ㉠에 해당하고, 동해의 염분보다 황해의 염분이 낮으므로 A는 ㉡, B는 ㉢에 해당한다.

서술형 문제

13 | 모범 답안 | (1) D, 쿠로시오 해류
(2) B, C, 조경 수역은 한류와 난류가 만나 영양 염류가 풍부하고, 난류성 어종과 한류성 어종이 함께 분포하여 좋은 어장이 형성된다.

	채점 기준	배점
(1)	기호와 이름을 모두 옳게 쓴 경우	40 %
	기호 또는 이름 중 한 가지만 옳게 쓴 경우	20 %
(2)	B, C를 쓰고, 특징을 옳게 서술한 경우	60 %
	B, C만 옳게 쓴 경우	30 %

14 | 모범 답안 | • 간조 때 넓게 드러난 갯벌에서 조개를 캔다.
• 돌담이나 그물을 세우고 조류를 이용하여 물고기를 잡는다.
• 조차나 조류를 이용하여 전기를 생산한다.
• 조차가 큰 시기에 간조가 되면 특정 지역에서 바닷길이 열린다. 등

채점 기준	배점
예 두 가지를 모두 옳게 서술한 경우	100 %
예를 한 가지만 옳게 서술한 경우	50 %

Ⅷ 열과 우리 생활

01 열

개념 확인하기 p. 71

1 온도 2 (가)<(나) 3 활발 4 전도, 대류 5 (1) 대류 (2) 복사 (3) 전도 6 (1) ○ (2) × (3) × 7 단열 8 많을 9 (1) × (2) ○ 10 D

6 (2) 물이 뜨거워지면 부피가 커지고 밀도가 작아져서 위로 올라간다.
(3) 그늘보다 햇볕 아래가 따뜻한 까닭은 태양 에너지 때문이다. 태양에서 지구로 열이 이동하는 방법은 복사이다.

9 (1) 열은 항상 온도가 높은 물체에서 온도가 낮은 물체로 이동한다.

내공 쌓는 족집게 문제 p. 72~75

1 ④ 2 ④ 3 ② 4 ③ 5 ③ 6 ① 7 ③ 8 ② 9 ③ 10 ② 11 ③ 12 ② 13 ⑤ 14 ④ 15 ③ 16 ⑤ 17 ① 18 ⑤
[서술형 문제 19~21] 해설 참조

1 물체를 구성하는 입자의 운동이 활발할수록 온도가 높다. 따라서 (다)>(가)>(나) 순으로 온도가 높다.

2 뜨거운 국에 숟가락을 넣어 두면 열이 전도되어 손잡이가 뜨거워진다. 햇빛을 쬐면 몸이 따뜻해지는 것은 복사에 의한 열의 이동이고, 냉난방과 주전자 속의 물을 가열하는 것은 대류에 의한 열의 이동이다.

3 대류에 의해 차가운 공기는 아래로 내려오고, 따뜻한 공기는 위로 올라간다. 따라서 차가운 공기와 따뜻한 공기의 순환이 잘 일어나도록 에어컨은 위쪽에, 난로는 아래쪽에 설치한다.

4 열이 물질의 도움 없이 직접 전달되는 것은 복사에 의한 열의 이동 방법이다. 난로 앞에 있으면 복사에 의해 열이 이동하여 몸이 따뜻해진다.

5 (가) 모닥불에 의해 데워진 냄비 아래쪽의 물은 위로 올라가고, 위쪽에 있던 차가운 물이 아래로 내려오면서 대류에 의해 물 전체가 끓는다.
(나) 막대의 한쪽 끝이 불에 닿아 있으면 전도에 의해 열이 이동하여 막대 전체가 뜨거워진다.
(다) 모닥불 가까이 있으면 복사에 의해 열이 이동하여 따뜻함을 느낀다.

6 보온병은 전도, 대류, 복사에 의한 열의 이동을 대부분 막을 수 있는 효율적인 단열 기구이다.

7 열은 두 물체 사이에서 이동하는 에너지로, 항상 온도가 높은 물체에서 온도가 낮은 물체로 이동한다. 열의 이동은 물체의 부피와 무관하다.

8 ① 물체 A는 열을 잃어 입자 운동이 둔해지므로 온도가 점점 낮아진다.
② 물체 B는 열을 얻어 온도가 높아지므로 입자 운동이 점점 활발해진다.
③ 열은 고온의 물체 A에서 저온의 물체 B로 이동한다.
④ 외부와 열 출입이 없을 때 물체 A가 잃은 열량과 물체 B가 얻은 열량은 같다.
⑤ 두 물체를 접촉시키고 시간이 지나면 A와 B의 온도가 같아지는 열평형 상태에 도달한다.

9 온도가 다른 두 물을 접촉시킨 후 어느 정도 시간이 지나면 두 물은 열평형 상태에 도달한다.

10 온도는 물체의 차갑고 뜨거운 정도를 숫자로 나타낸 것으로 물체가 열을 얻으면 온도가 높아진다. 질량의 변화는 온도의 변화와는 관계가 없으며 온도가 높을수록 물체의 입자 운동이 활발하다.

11 주로 고체에서 이웃한 입자로 열이 전달되는 것은 전도이다. 냄비 바닥은 전도가 잘 되는 금속으로 만들어 열의 이동을 빠르게 하고, 손잡이는 전도가 잘 되지 않는 플라스틱으로 만들어 열의 이동을 막는다.

12 고체 상태에서는 주로 전도에 의해 열이 이동하고, 액체나 기체 상태에서는 주로 대류에 의해 열이 이동한다.

13 열은 온도가 높은 물체에서 온도가 낮은 물체로 이동한다. 따라서 물체 A~D의 온도를 비교하면 A<B, A<C, B<C, C<D, D>A이다.

14 ① 처음에는 온도가 높은 80 °C 물의 입자 운동이 더 활발하다.
②, ③ 두 물을 섞으면 80 °C 물의 입자 운동은 점점 둔해지고, 20 °C 물의 입자 운동은 점점 활발해진다.
④ 열은 온도가 높은 물체에서 온도가 낮은 물체로 이동하므로 80 °C 물에서 20 °C 물로 이동한다.
⑤ 두 물을 섞고 충분한 시간이 지나면 두 물의 온도가 같아져 변하지 않는 열평형 상태가 된다.

15 ㄷ. 보온병은 열의 이동을 막는 단열을 이용한 것이다. 외부와 열평형이 잘 이루어지지 않도록 해야 효과적이다.

16 고체에서 열의 전도에 대해 알아보는 실험이다. 나무 막대는 구리 – 알루미늄 – 철 순으로 떨어지므로 금속 막대의 종류에 따라 열이 전도되는 정도가 다름을 알 수 있다.

17 시험관 A는 (60−46) °C, 시험관 B는 (60−35) °C, 시험관 C는 (60−52) °C 만큼 온도가 변하였으므로 열을 잃은 정도는 B>A>C이다. 그러므로 온도 변화가 가장 큰 B에서 열이 가장 많이 이동하였고, 단열이 가장 잘 되는 물질은 온도 변화가 가장 작은 톱밥이다.

18 이틀 동안 냉동실에 물체를 넣어 두었으므로 물체와 냉동실은 열평형을 이루게 된다. 그러므로 물체의 질량과 관계없이 모두 냉동실과 열평형을 이루어 −10 °C가 된다.

서술형 문제

19 | 모범 답안 | 뜨거운 물은 위로 올라가고, 차가운 물은 아래로 내려오면서 섞인다. 이는 물 입자들이 직접 이동하면서 대류에 의해 열이 이동하기 때문이다.

| 해설 | 온도가 높은 기체나 액체는 위로 이동하고, 온도가 낮은 기체나 액체는 아래로 이동한다.

채점 기준	배점
두 물의 변화와 열의 이동 방법을 입자 운동으로 모두 옳게 서술한 경우	100 %
열의 이동 방법만 옳게 서술한 경우	70 %
두 물의 변화만 옳게 서술한 경우	30 %

20 | 모범 답안 | 공기는 열의 전도가 느리게 일어나기 때문이다.

| 해설 | 내부에 공기를 많이 가지고 있는 스타이로폼, 솜, 털 등은 효율적인 단열재이다.

채점 기준	배점
열의 전도와 관련지어 옳게 서술한 경우	100 %
공기가 열의 이동을 막는다고만 서술한 경우	20 %

21 | 모범 답안 | (1) (가) → (나), 열은 항상 고온의 물체에서 저온의 물체로 이동하기 때문이다.

(2) C 구간, **고온**의 **물체**에서 **저온**의 물체로 **열**이 이동하여 두 물체의 **온도**가 같아진 상태를 열평형이라고 한다.

	채점 기준	배점
(1)	열의 이동 방향과 까닭을 모두 옳게 서술한 경우	50 %
	열의 이동 방향만 옳게 서술한 경우	20 %
(2)	C 구간을 쓰고 열평형의 정의를 옳게 서술한 경우	50 %
	C 구간만 쓴 경우	20 %

02 비열과 열팽창

개념 확인하기 p. 77

1 비열　2 60 kcal　3 0.25 kcal/(kg · °C)　4 A
5 C>B>A　6 열팽창　7 활발, 멀어　8 늘어, 팽팽해
9 바이메탈　10 (1) ○ (2) × (3) ○

2 열량=비열×질량×온도 변화
=1 kcal/(kg · °C)×3 kg×20 °C=60 kcal

3 $비열=\frac{열량}{질량 \times 온도\ 변화}=\frac{500\ kcal}{100\ kg \times 20°C}$
=0.25 kcal/(kg · °C)

4 비열이 클수록 온도를 변화시키는 데 많은 열량이 필요하다.

5 온도 변화는 물질의 비열에 반비례한다. 따라서 그래프의 기울기가 작은 C>B>A 순으로 비열이 크다.

10 (2) 액체의 열팽창 때문에 음료수 병에는 음료수를 가득 채우지 않고 약간의 빈 공간을 둔다.

내공 쌓는 족집게 문제 p. 78~81

1 ⑤　2 ④　3 ⑤　4 ③　5 ②　6 ①　7 ①　8 ③
9 ⑤　10 ②　11 ⑤　12 ④　13 ④　14 ④　15 ④
16 ⑤　17 ⑤　18 ⑤　19 ④　20 ④
[서술형 문제 21~24] 해설 참조

1 같은 시간 동안 같은 세기의 불꽃으로 가열하면 물질의 종류나 질량에 관계없이 가한 열량이 같다.

2 물체를 가열할 때 비열이 크면 온도가 천천히 올라가고, 비열이 작으면 온도가 빨리 올라간다. 따라서 비열이 크면 물체의 온도를 변화시키기 어렵다.

3 비열이 작은 물질일수록 같은 열량을 가할 때 온도가 쉽게 변한다.

4 열량=비열×질량×온도 변화=0.11 kcal/(kg · °C)×0.5 kg×10 °C=0.55 kcal=550 cal

5 $비열=\frac{열량}{질량 \times 온도\ 변화}=\frac{10\ kcal}{5\ kg \times 10°C}=0.2\ kcal/(kg \cdot °C)$

6 질량이 같고 가한 열량이 같을 때 온도 변화는 비열에 반비례한다. 그래프에서 온도 변화의 비 A : B=(40−10) °C : (30−10) °C=3 : 2이므로, 비열의 비 $A : B=\frac{1}{3} : \frac{1}{2}=2 : 3$이다.

7 물질의 비열이 같고 가한 열량이 같을 때 온도 변화는 질량에 반비례한다. 그래프에서 온도 변화의 비 A : B=(40−10) °C : (30−10) °C=3 : 2이므로, 질량의 비 $A : B=\frac{1}{3} : \frac{1}{2}$ =2 : 3이다.

8 바다의 물이 육지의 땅보다 비열이 크기 때문에 해안 지역에서는 낮과 밤에 해륙풍이 분다.

9 물질에 열을 가하면 물질을 이루는 입자 운동이 활발해지면서 입자 사이의 거리가 멀어지기 때문에 물질의 길이나 부피가 증가하는 열팽창을 한다.

10 냄비 손잡이를 플라스틱으로 만들어 냄비 바닥보다 뜨겁지 않게 하는 것은 물질에 따라 열이 전도되는 빠르기가 다름을 이용한 예이다.

11 바이메탈은 열팽창하는 정도가 다른 두 금속을 붙여 놓은 장치로, 온도 변화에 따라 휘어지는 방향이 달라지므로 자동 온도 조절 장치에 사용한다.

12 열에 의해 온도가 높아질 때 고체보다 액체의 부피가 더 많이 변한다. 따라서 음료수를 완전히 채우면 열팽창으로 음료수가 부풀어 올라 뚜껑이 열리거나 터질 수 있다.

13 같은 가열 장치로 같은 시간 동안 가열하였으므로 (가)와 (나)가 받은 열량은 같다. (나)의 질량이 (가)의 2배이므로 온도 변화는 $\frac{1}{2}$배가 되어 5 °C 올라간다. 질량이 클수록 같은 온도만큼 올라가는 데 더 많은 열량이 필요하다.

14 열평형 상태의 온도를 t라고 하면
• 80 °C의 물이 잃은 열량 = 1 kcal/(kg · °C) × 0.5 kg × (80 − t) °C
• 20 °C의 물이 얻은 열량 = 1 kcal/(kg · °C) × 0.3 kg × (t − 20) °C
열평형 상태가 될 때까지 두 물이 주고받은 열량이 같으므로 $0.5(80-t)=0.3(t-20)$에서 $t=57.5$ (°C)이다.

15 금속 막대의 온도가 내려가면 입자 운동이 둔해지면서 팽창했던 부분이 수축하여 원래 상태로 되돌아간다.

16 고체나 액체는 가한 열량이 같아도 물질의 종류에 따라 열팽창하는 정도가 다르다.

17 액체를 넣은 플라스크를 뜨거운 물이 담긴 수조에 넣으면 액체가 열팽창하여 액체의 높이가 올라가게 된다. 따라서 가장 높이 올라간 D가 열팽창이 가장 잘 되는 물질이고, 가장 낮게 올라간 A가 열팽창이 잘 되지 않는 물질이다.

18 ① 같은 열량을 가했을 때 비열이 작을수록 온도 변화가 크므로 D의 온도 변화가 가장 크다.
② 찜질팩의 충전재로는 비열이 큰 B를 사용하는 것이 좋다.
③ 열량 = 비열 × 질량 × 온도 변화 = 0.4 kcal/(kg · °C) × 0.1 kg × 50 °C = 2 kcal이다.
④ C와 D의 비열의 비가 3 : 1이므로 온도 변화의 비는 $\frac{1}{3}$: 1 = 1 : 3이다.
⑤ 온도 변화 $=\frac{\text{열량}}{\text{질량}\times\text{비열}}=\frac{0.9\text{ kcal}}{0.1\text{ kg}\times0.09\text{ kcal/(kg}\cdot{}^\circ\text{C)}}$ = 100 °C이다.

19 ① A와 B의 비열을 알 수 없으므로 온도 변화만으로 질량을 비교할 수 없다.
② A의 온도 변화는 (70 − 30) °C = 40 °C이고, B의 온도 변화는 (30 − 10) °C = 20 °C이다.
③ 열은 고온의 물체에서 저온의 물체로 이동하므로 5분 동안 A가 잃은 열량과 B가 얻은 열량이 같다.
④ A와 B의 질량이 같으면 비열은 온도 변화에 반비례하므로 B의 비열이 A의 2배이다.
⑤ A와 B가 같은 물질이면 비열이 같다. 비열이 같을 때 질량비는 온도 변화의 비에 반비례하므로 질량 비는 1 : 2이다.

20 열이 가해졌을 때 바이메탈이 철 쪽으로 휘어 회로가 연결되면 경보가 울리게 된다. 따라서 구리가 철보다 열팽창이 잘 되는 물질이다. 구리와 철의 위치가 바뀌거나 바이메탈을 냉각시키면 휘어지는 방향이 반대가 되므로 경보가 울리지 않는다.

21 | 모범 답안 | 같은 시간 동안 온도 변화가 B가 A의 $\frac{1}{2}$배이므로 B의 비열은 A의 2배이다.
| 해설 | 질량과 가해 준 열량이 같을 때 온도 변화는 비열에 반비례한다.

채점 기준	배점
까닭과 함께 비열의 크기를 옳게 비교한 경우	100 %
비열의 크기만 옳게 비교한 경우	40 %

22 | 모범 답안 | 모래가 바닷물보다 비열이 작아 온도가 빨리 높아지기 때문이다.
| 해설 | 같은 양의 열을 받아도 비열이 작을수록 온도 변화가 크다.

채점 기준	배점
비열과 관련하여 모래가 더 뜨거운 까닭을 옳게 서술한 경우	100 %
비열을 언급하지 않고 모래의 온도 변화가 크다고만 서술한 경우	60 %

23 | 모범 답안 | 여름철에 **열**이 가해지면 에펠탑을 구성하는 **입자**의 **운동**이 활발해져 입자 사이의 **거리**가 멀어지므로 탑의 높이가 높아진다.

채점 기준	배점
주어진 단어를 모두 사용하여 옳게 서술한 경우	100 %
주어진 단어 중 사용한 단어 하나당	25 %

24 | 모범 답안 | A > B > C, 열팽창이 잘 될수록 가열했을 때 길이가 더 많이 길어지기 때문이다.
| 해설 | 두 금속의 길이가 달라지면 길이가 짧은 쪽으로 휘어지게 되므로 가열했을 때 열팽창이 잘 되지 않는 쪽으로 휘어진다.

채점 기준	배점
열팽창 정도를 비교하고 까닭을 옳게 서술한 경우	100 %
열팽창 정도만 옳게 비교한 경우	40 %

IX 재해 · 재난과 안전

01 재해 · 재난과 안전

개념 확인하기 p. 83

1 재해 · 재난 2 원인, 자연, 사회 3 ㄴ, ㅁ, ㅂ 4 지진 해일 5 감염성 질병 6 내진 7 계단 8 태풍 9 반대, 직각 10 감염성 질병 확산

내공 쌓는 족집게 문제 p. 84~86

1 ② 2 ④ 3 ④ 4 ③ 5 ⑤ 6 ② 7 ⑤ 8 ④ 9 ③ 10 ② 11 ④ 12 ④ 13 ③
[서술형 문제 14~15] 해설 참조

2 ㄱ. 규모는 지진의 세기를 나타내는 방법 중 하나이다. 대체로 규모가 큰 지진일수록 피해가 크다.

3 ④ 교통수단이 발달함에 따라 인구 이동이 증가하고 무역이 활발해지면서 특정 지역에서 발생한 감염성 질병이 넓은 지역으로 확산할 가능성이 높아졌다.

4 ③ 지진으로 흔들릴 때는 먼저 튼튼한 탁자 아래로 들어가 몸을 보호한다. 잠시 후 흔들림이 멈추면 가스와 전기를 차단한다.

5 ⑤ 태풍이 진행하는 방향의 오른쪽 지역은 왼쪽 지역보다 바람이 강하고 강수량도 많아 피해가 크다. 따라서 선박이 태풍의 이동 경로에서 운행 중인 경우 태풍 진행 방향의 왼쪽 지역으로 대피해야 한다.

6 ㄴ. 바람이 사고 발생 장소에서 불어오면 바람 방향의 직각 방향으로 대피한다.
ㄷ. 유출된 유독가스가 공기보다 밀도가 크면 아래쪽으로 퍼지므로 높은 곳으로 대피한다.
ㄹ. 실내로 대피한 경우 창문을 닫고 외부 공기와 통하는 환풍기의 작동을 멈춘다.

7 ⑤ 해외 여행객은 귀국 시 이상 증상이 나타나면 검역관에게 신고한다.

8 ④ 자연 재해 · 재난의 발생에는 여러 가지 요인이 관련되어 있으므로 언제 발생할지 정확하게 예측할 수는 없다.

10 감염성 질병의 확산 원인으로는 병원체의 진화, 모기나 진드기와 같은 매개체 증가, 교통수단 발달, 인구 이동 증가, 무역 증가 등이 있다.

11 ㄷ. 지진으로 전기가 끊어지거나 승강기가 고장날 수 있으므로 건물 밖으로 나갈 때는 계단을 이용한다.

12 ④ 화학 물질이 유출되면 유독가스를 흡입하지 않도록 옷이나 손수건 등으로 코와 입을 감싸고 멀리 대피한다.

13 바람이 사고 발생 장소에서 불어오므로 바람 방향의 직각 방향인 남동쪽이나 북서쪽으로 대피한다.

서술형 문제

14 | 모범 답안 | • 지은 : 지진으로 흔들릴 때는 탁자 아래로 들어가 몸을 보호해야 해.
• 수민 : 건물 밖에서는 운동장이나 공원 등 넓은 공간으로 대피해야 해.
| 해설 | 지진으로 흔들릴 때는 먼저 튼튼한 탁자 아래로 들어가 몸을 보호한다. 잠시 후 흔들림이 멈추면 가스와 전기를 차단하고 문을 열어 출구를 확보한다.
건물 밖에서는 유리창, 간판 등이 떨어질 수 있으므로 가방 등으로 머리를 보호하고 건물과 거리를 두고 이동하며, 운동장이나 공원 등 넓은 공간으로 대피한다.

채점 기준	배점
지은과 수민을 고르고, 모두 옳게 고쳐 쓴 경우	100 %
지은과 수민 중 한 명만 고르고 옳게 고쳐 쓴 경우	50 %
지은과 수민을 고르고, 옳게 고쳐 쓰지 못한 경우	30 %

15 | 모범 답안 | (1) 감염성 질병 확산
(2) 비누를 사용하여 손을 자주 씻는다. 식수는 끓인 물이나 생수를 사용한다. 음식물을 충분히 익혀 먹는다. 기침을 할 경우 코와 입을 가린다. 평소에 예방 접종을 받는다. 건강한 식습관으로 면역력을 키운다. 설사, 발열 및 호흡기 이상 증상이 나타나면 즉시 의료 기관을 방문한다. 해외여행 후 귀국 시 이상 증상이 나타나면 검역관에게 신고한다. 등

	채점 기준	배점
(1)	감염성 질병 확산이라고 쓴 경우	40 %
(2)	행동 요령을 두 가지 모두 옳게 서술한 경우	60 %
	한 가지만 옳게 서술한 경우	30 %

중단원별 핵심 문제

V 동물과 에너지

01 소화 p. 88~89

1 ④ 2 ② 3 ② 4 168 kcal 5 ② 6 ③ 7 ②
8 ① 9 ⑤ 10 ④ 11 ⑤ 12 ②, ⑤

1 ①, ② 배설계는 기관계, 혈구는 세포에 해당한다.
③ 여러 조직이 모여 기관을 이룬다.
⑤ 동물 몸의 구성 단계는 세포 → 조직 → 기관 → 기관계 → 개체이다. 세포 → 조직 → 조직계 → 기관 → 개체는 식물 몸의 구성 단계이다.

2 (가) 1 g당 약 9 kcal의 에너지를 내는 영양소는 지방이다.
(나) 단백질은 주로 몸을 구성하므로, 성장기인 청소년에게 특히 많이 필요하다.
(다) 나트륨, 칼륨 등은 무기염류이다. 무기염류는 몸을 구성하거나, 몸의 기능을 조절한다.

3 ② 단백질은 주로 몸을 구성하며, 에너지원으로도 사용된다. 또, 몸의 기능을 조절하기도 한다.

4 에너지를 내는 3대 영양소는 탄수화물, 단백질, 지방이다. 탄수화물과 단백질은 1 g당 약 4 kcal의 에너지를 내므로 이 음식을 먹으면 $(12\ g \times 4\ kcal/g) + (30\ g \times 4\ kcal/g) = 168\ kcal$의 에너지를 얻을 수 있다.

5 베네딕트 용액은 포도당, 엿당과 같은 당분과 반응하여 황적색을 나타내고, 수단 Ⅲ 용액은 지방과 반응하여 선홍색을 나타낸다.

6 ③ 단백질은 위에서 펩신에 의해 처음으로 분해되며, 소장에서 단백질 소화 효소에 의해 최종 소화 산물인 아미노산으로 분해된다.

7 ①, ⑤ 물에는 녹말을 분해하는 물질이 없다. 따라서 시험관 B에서는 녹말이 분해되지 않으므로, 베네딕트 반응 결과 색깔 변화가 나타나지 않는다.
② 시험관을 35 °C~40 °C의 물에 넣는 까닭은 소화 효소가 체온 범위에서 가장 활발하게 작용하기 때문이다.
③ 시험관 A에서는 침 속의 아밀레이스가 녹말을 엿당으로 분해하므로, 베네딕트 반응 결과 황적색이 나타난다.
④ 녹말이 분해되지 않은 시험관 B에 아이오딘-아이오딘화 칼륨 용액을 넣으면 청람색이 나타난다.

8 ① 간(A)에서 만들어지는 쓸개즙에는 소화 효소가 없다. 지방 소화 효소인 라이페이스는 이자액에 들어 있다.
② 쓸개즙은 간(A)에서 만들어져 쓸개(B)에 저장되었다가 소장의 앞부분인 십이지장(C)으로 분비된다.
③ 이자액과 쓸개즙은 소장의 앞부분인 십이지장(C)으로 분비된다.
④ 단백질은 위(D)에서 펩신에 의해 처음으로 분해된다.
⑤ 이자(E)에서 생성되어 분비되는 이자액에는 녹말 소화 효소인 아밀레이스, 단백질 소화 효소인 트립신, 지방 소화 효소인 라이페이스가 들어 있다.

9 크기가 큰 녹말, 단백질, 지방은 최종 소화 산물로 분해되어야 세포로 흡수될 수 있지만, 크기가 작은 무기염류나 바이타민은 소화 과정을 거치지 않고 바로 흡수될 수 있다.

10 녹말은 침과 이자액 속의 아밀레이스에 의해 엿당으로 분해되고(A), 엿당은 소장의 탄수화물 소화 효소에 의해 포도당으로 분해된다(B).

11 ①, ②, ③ 염산은 펩신의 작용을 돕는 강한 산성 물질로 소화 효소가 아니다. 펩신과 트립신에 의해 분해된 단백질의 중간 산물이 소장의 단백질 소화 효소에 의해 최종 소화 산물인 아미노산으로 분해된다.
④ 아밀레이스는 녹말을 엿당으로 분해한다. 엿당은 소장의 탄수화물 소화 효소에 의해 포도당으로 분해된다.

12 암죽관(A)으로 지용성 영양소인 지방산과 모노글리세리드가 흡수되고, 모세 혈관(B)으로 수용성 영양소인 포도당, 아미노산, 무기염류가 흡수된다.

02 순환 p. 90~91

1 ⑤ 2 ②, ⑤ 3 B : 우심실, D : 좌심실 4 ⑤ 5 ①, ②
6 ④ 7 ① 8 ② 9 ⑤ 10 ⑤ 11 ③ 12 ②

1 우심방에는 대정맥, 좌심방에는 폐정맥, 우심실에는 폐동맥, 좌심실에는 대동맥이 연결되어 있다.

2 ② 폐를 지나온 혈액이 폐정맥(나)을 통해 좌심방(C)으로 들어온다.
⑤ 우심실(B)에는 폐동맥, 좌심실(D)에는 대동맥이 연결되어 있다.

3 심실은 혈액을 심장에서 내보내는 곳이고, 심방은 혈액을 심장으로 받아들이는 곳이다. 우심실(B)에서는 폐로 혈액을 내보내고, 좌심실(D)에서는 온몸으로 혈액을 내보낸다.

4 ① (가)는 동맥, (나)는 모세 혈관, (다)는 정맥이다.
② 혈관 벽이 한 층의 세포로 되어 있어 매우 얇은 모세 혈관(나)에서 조직 세포와 물질 교환이 일어난다.
③ 혈압은 동맥(가)에서 가장 높고, 정맥(다)에서 가장 낮다.
④ 혈액은 동맥(가) → 모세 혈관(나) → 정맥(다) 방향으로 흐른다.
⑤ 압력(혈압)이 매우 낮아 혈액이 거꾸로 흐를 수 있는 정맥(다)에는 이를 막기 위해 판막(A)이 있다.

5 ①, ② 압력(혈압)이 매우 낮은 정맥은 혈액이 거꾸로 흐를 수 있기 때문에 이를 막기 위해 판막이 있다.
③ 정맥에는 심장으로 들어가는 혈액이 흐른다.
④ 혈액이 흐르는 속도는 모세 혈관에서 가장 느리다.
⑤ 혈관 벽은 동맥이 가장 두껍고 탄력성이 강하다.

6 모세 혈관을 지나는 혈액 속의 산소와 영양소가 조직 세포로 전달되고(B), 조직 세포에서 발생한 이산화 탄소와 노폐물이 혈액으로 이동한다(A).

7 ① 혈액은 액체 성분인 혈장과 세포 성분인 혈구로 이루어져 있다. 혈장은 혈액의 약 55 %, 혈구는 약 45 %를 차지한다.

8 ① A는 혈액의 액체 성분인 혈장이다.
②, ③ B는 혈액 응고 작용을 하는 혈소판으로, 핵이 없다.
④, ⑤ 붉은색 색소인 헤모글로빈은 적혈구(D)에 들어 있다.

9 (가) 산소 운반 작용을 하는 적혈구(D)가 부족하면 빈혈이 일어날 수 있다.
(나) 세균에 감염되면 식균 작용을 하는 백혈구(C)의 수가 크게 늘어나고 기능이 활발해진다.
(다) 혈액 응고 작용을 하는 혈소판(B)이 부족하면 출혈이 잘 멈추지 않는다.

10 온몸의 조직 세포에 산소와 영양소를 공급하는 혈액 순환은 온몸 순환이다. 온몸 순환 경로는 좌심실(D) → 대동맥(H) → 온몸의 모세 혈관(나) → 대정맥(F) → 우심방(A)이다.

11 ③ 혈액이 폐의 모세 혈관을 지날 때 이산화 탄소를 내보내고, 산소를 받는다.

12 (가)에는 조직 세포에 산소를 공급하여 산소가 적은 정맥혈이 흐르고, (나)에는 폐의 모세 혈관을 지나면서 산소를 받아 산소가 많은 동맥혈이 흐른다.

03 호흡 p. 92~93

1 ① 2 ⑤ 3 ⑤ 4 ② 5 ④ 6 ④ 7 ③ 8 ② 9 ② 10 ③, ④ 11 ④ 12 ④

1 폐는 근육이 없어 스스로 수축하거나 이완할 수 없다.

2 폐는 수많은 폐포로 이루어져 있어 공기와 닿는 표면적이 매우 넓기 때문에 기체 교환이 효율적으로 일어날 수 있다.

3 산소는 날숨보다 들숨에 더 많고, 이산화 탄소는 들숨보다 날숨에 더 많다. 들숨(A)보다 날숨(B)에 이산화 탄소가 더 많기 때문에 비커 A보다 B에서 석회수가 더 빨리 뿌옇게 변한다.

4 ① 날숨보다 들숨에 많은 A는 산소이고, 들숨보다 날숨에 많은 B는 이산화 탄소이다.
②, ⑤ 호흡계에서 흡수한 산소(A)는 적혈구에 의해 조직 세포로 공급된다.
③ 산소(A)는 폐포에서 모세 혈관으로 이동한다.
④ 이산화 탄소(B)는 모세 혈관에서 폐포로 이동한다.

5 가로막이 올라가고 갈비뼈가 내려가면, 흉강의 부피가 작아지고 압력이 높아진다. 이에 따라 폐의 부피가 작아지고 폐 내부 압력이 대기압보다 높아질 때 날숨이 일어난다.

6 갈비뼈(가)가 올라가고 가로막(나)이 내려갈 때 흉강과 폐의 부피가 커지고 압력이 낮아져 들숨이 일어난다.

7 고무 막을 밀어 올리면 페트병 속의 부피가 작아지고 압력이 높아져 고무풍선에서 밖으로 공기가 나간다. 이것은 우리 몸에서 날숨이 일어날 때에 해당한다.

8 • 들숨 : 갈비뼈가 올라가고, 가로막이 내려감 → 흉강의 부피가 커지고, 압력이 낮아짐 → 폐의 부피가 커지고 폐 내부 압력이 대기압보다 낮아짐 → 몸 밖에서 폐로 공기가 들어옴
• 날숨 : 갈비뼈가 내려가고, 가로막이 올라감 → 흉강의 부피가 작아지고, 압력이 높아짐 → 폐의 부피가 작아지고 폐 내부 압력이 대기압보다 높아짐 → 폐에서 몸 밖으로 공기가 나감

9 산소는 폐포에서 조직 세포 쪽으로 이동하고, 이산화 탄소는 조직 세포에서 폐포 쪽으로 이동한다.

10 폐와 조직 세포에서 기체는 농도 차이에 따른 확산에 의해 이동한다.
• 산소 농도 : 폐포 > 모세 혈관, 모세 혈관 > 조직 세포
➡ 이동 : 폐포 → 모세 혈관, 모세 혈관 → 조직 세포
• 이산화 탄소 농도 : 조직 세포 > 모세 혈관, 모세 혈관 > 폐포
➡ 이동 : 조직 세포 → 모세 혈관, 모세 혈관 → 폐포

11 ④ 이산화 탄소는 모세 혈관에서 폐포로 이동하므로, 폐포로 들어오는 혈액(가)보다 폐포에서 나가는 혈액(나)에 이산화 탄소가 더 적다.

12 ④ 모세 혈관에서 조직 세포 쪽으로 산소가 이동하므로 (나)에서의 기체 교환 결과 동맥혈이 정맥혈로 바뀐다.

04 배설 p. 94~95

1 ② 2 ③ 3 ③ 4 ⑤ 5 ③ 6 ⑤ 7 ② 8 A : 요소, B : 단백질, C : 포도당 9 ③ 10 ② 11 ④ 12 ⑤

1 ② 암모니아는 단백질이 분해될 때만 만들어진다. 지방이 분해되면 물과 이산화 탄소가 만들어진다.

2 생명 활동에 필요한 에너지를 얻기 위해 단백질을 분해하면 이산화 탄소와 물(㉠), 암모니아(㉡)가 생긴다. 암모니아(㉡)는 독성이 강하므로 간(㉢)에서 독성이 약한 요소(㉣)로 바뀐 다음, 콩팥에서 오줌으로 나간다.

3 ③ 콩팥의 네프론에서 만들어진 오줌은 콩팥 깔때기에 모인 다음 오줌관을 통해 방광으로 이동한다. 즉, 오줌관에는 노폐물이 걸러진 혈액이 아니라 오줌이 흐른다.

4 A는 콩팥 겉질, B는 콩팥 속질, C는 콩팥 깔때기, D는 오줌관, E는 콩팥 동맥이다.

5 네프론은 사구체(A), 보먼주머니(B), 세뇨관(C)으로 이루어진다.

6 ㄱ. 크기가 큰 혈구는 여과(A → B)되지 않는다.
ㄴ. 포도당은 여과(A → B)된 후 전부 재흡수(C → D)된다.
ㄷ. 콩팥 정맥(E)에는 노폐물(요소)이 걸러진 혈액이 흐른다.

7 (가)는 여과, (나)는 재흡수, (다)는 분비 과정이다.
② 여과(가)된 물질 중 100 % 재흡수(나)되는 포도당이나 아미노산 등은 오줌으로 나가지 않는다.
③ 물과 무기염류는 여과(가)된 후 대부분 재흡수(나)된다.

8 여과액보다 오줌에서 농도가 크게 높아지는 A는 요소이고, 여과액에 없는 B는 단백질이다. 여과액에는 있지만 오줌에는 없는 C는 포도당이다.

9 ① 여과된 후 전부 재흡수되는 물질은 오줌에 들어 있지 않다. 요소(A)는 오줌에 포함되어 있다.
②, ⑤ 포도당(C)은 여과된 후 전부 재흡수되어 오줌에 들어 있지 않다.
④ 요소(A)와 포도당(C)은 여과되고, 단백질(B)은 크기가 커서 여과되지 않는다. 즉, 단백질(B)이 요소(A)와 포도당(C)보다 크기가 크다.

10 네프론에서 생성된 오줌은 콩팥 깔때기에 모인 다음, 오줌관을 통해 방광으로 이동하여 요도를 통해 몸 밖으로 나간다.

11 ④ 세포 호흡으로 발생한 물은 호흡계나 배설계를 통해 몸 밖으로 나가고, 이산화 탄소는 호흡계를 통해 몸 밖으로 나간다.

12 음식물 속의 영양소를 흡수하고, 흡수되지 않은 물질을 대변으로 내보내는 (가)는 소화계이고, 산소를 흡수하고 이산화 탄소를 배출하는 (나)는 호흡계이다. 오줌을 만들어 노폐물을 몸 밖으로 내보내는 (다)는 배설계이다.
⑤ 소화계(가)에서 흡수되지 않은 물질은 대변으로 나간다.

VI 물질의 특성

01 물질의 특성 (1) p. 96~97

1 ② 2 ⑤ 3 ④ 4 ③ 5 ④ 6 ③ 7 ④ 8 ⑤
9 ③ 10 ③ 11 ① 12 ③

1 (가)는 한 가지 물질로 이루어진 순물질이고, (나)는 두 가지 이상의 순물질이 섞여 있는 혼합물이다.
② 공기와 소금물은 성분 물질이 고르게 섞여 있는 균일 혼합물이고, 흙탕물은 성분 물질이 고르지 않게 섞여 있는 불균일 혼합물이다.

2 맛, 색깔, 냄새와 밀도, 녹는점(어는점), 끓는점, 용해도는 물질의 종류를 구별할 수 있는 물질의 특성이다.

3 ① 밀도 차, ② 압력과 끓는점 관계, ③ 혼합물의 녹는점이 순물질보다 낮아지는 현상, ④ 혼합물의 끓는점이 순물질보다 높아지는 현상, ⑤ 혼합물의 어는점이 순물질보다 낮아지는 현상이다.

4 ③ 나프탈렌과 파라-다이클로로벤젠의 혼합물은 각 성분 물질보다 낮은 온도에서 녹기 시작하고, 녹는 동안 온도가 계속 높아진다.

5 ④ 물질의 양이 적어져도 끓는점은 일정하며, 끓는점까지 도달하는 데 걸리는 시간이 짧아진다.

6 ① A 시험관에서는 액체 에탄올이 기화한다.
② B 시험관에서는 에탄올 기체가 찬물에 의해 냉각되어 액화한다.
③ 에탄올 10 mL, 20 mL, 30 mL의 끓는점은 모두 동일하다.
④ 에탄올의 양이 많을수록 끓는점에 도달하는 데 걸리는 시간이 길어진다.
⑤ 온도가 일정한 구간에서는 액체 상태와 기체 상태가 함께 존재한다.

7 ① 순물질은 끓는점이 일정하고, 혼합물은 끓는점이 일정하지 않다. 따라서 A는 혼합물이고, B, C, D는 순물질이다.
③, ④ C와 D는 끓는점이 같으므로 같은 물질이며, C보다 D가 더 늦게 끓기 시작하므로 C보다 D의 양이 많다.
⑤ 50 ℃는 B의 끓는점(68 ℃)보다 낮은 온도이므로 B는 아직 끓기 전 액체 상태이고, D의 끓는점(40 ℃)보다 높은 온도이므로 D는 기체 상태이다.

8 ⑤ 주사기의 피스톤을 잡아당기면 주사기 속 압력이 낮아져 물의 끓는점이 낮아지므로 물이 끓게 된다.

9 ③ 같은 종류의 물질은 양에 관계없이 녹는점과 어는점이 일정하다.

10 ㄱ. 한 물질의 녹는점과 어는점은 같다.
ㄴ. 물질의 양이 달라져도 녹는점(어는점)은 같다.
ㄷ. 녹는점에서는 고체가 액체로 융해하고, 어는점에서는 액체가 고체로 응고한다.

11 ① 물질의 종류가 같으면 양이 달라도 녹는점이 같으며, 물질의 양이 많을수록 녹는점에 도달하는 데 걸리는 시간이 길어진다.

12 ①, ② (가)는 녹는점, (나)는 끓는점이다. 끓는점은 외부 압력이 높을수록 높아진다.
③, ④ 녹는점이 실온보다 높으면 물질은 실온에서 고체 상태로 존재하고, 끓는점이 실온보다 낮으면 물질은 실온에서 기체 상태로 존재한다.
⑤ 물질을 이루는 입자 사이에 잡아당기는 힘이 강할수록 끓는점이 높다.

02 물질의 특성 (2) p. 98~99

1 ② 2 ③ 3 ⑤ 4 ② 5 ④ 6 ② 7 45 8 ④
9 ①, ③ 10 6.5 g 11 ⑤ 12 C 13 ③

1 ①, ⑤ 밀도는 물질마다 고유한 값을 가지며, 물질의 양과 관계없이 일정하므로 물질의 특성이다.
② 같은 물질인 경우 상태가 변하면 부피가 변하므로 밀도가 달라진다.

③ 밀도$=\frac{질량}{부피}$이므로, 부피가 같을 때 질량이 클수록 밀도가 크다.
④ 혼합물의 밀도는 성분 물질의 비율에 따라 달라진다. 소금물에 소금을 더 녹이면 밀도가 커진다.

2 1 mL=1 cm^3이고, 물에 돌을 넣었을 때 늘어난 물의 부피는 돌의 부피와 같다. 따라서 돌의 부피=37.0 mL−31.0 mL =6.0 mL=6.0 cm^3이다.
③ 돌의 질량을 x라고 하면
밀도$=\frac{질량}{부피}=\frac{x}{6.0\ cm^3}=5.6\ g/cm^3$이므로 $x=33.6$ g이다.

3 ⑤ 그래프의 기울기$=\frac{질량}{부피}$=밀도이다. 따라서 기울기가 클수록 밀도가 크다.

4 밀도가 같으면 같은 종류의 물질이며, A~E의 밀도는 다음과 같다.
$A=\frac{12}{3}=4(g/cm^3)$, $B=\frac{14}{2}=7(g/cm^3)$,
$C=\frac{20}{4}=5(g/cm^3)$, $D=\frac{30}{5}=6(g/cm^3)$,
$E=\frac{36}{9}=4(g/cm^3)$

5 ④ 비커에 넣은 물체의 밀도가 $2.5\ g/cm^3\left(=\frac{5.0\ g}{2.0\ cm^3}\right)$이므로, 액체 B의 밀도보다 크고 액체 C의 밀도보다 작다. 따라서 물체는 액체 B와 액체 C 사이에 위치한다.

6 ② 대부분의 물질은 고체의 밀도가 액체의 밀도보다 크지만, 물의 경우는 고체인 얼음의 밀도가 액체인 물의 밀도보다 작다. 따라서 빙산의 밀도가 바닷물의 밀도보다 작아 빙산이 바다 위에 뜬다.

7 물 20 g에 고체 물질 12 g을 넣어 녹였을 때 3 g이 녹지 않고 남았으므로 9 g만 녹았다. 용해도는 용매 100 g에 최대로 녹을 수 있는 용질의 g수이므로 이 물질의 물에 대한 용해도는 45이다.

8 ④ 60 °C에서 물 100 g에 최대로 녹을 수 있는 용질의 양은 질산 나트륨이 가장 많으므로 질산 나트륨의 용해도가 가장 크다.

9 A점의 용액을 포화 용액으로 만들려면 온도를 60 °C까지 냉각시키거나 용질을 50 g 더 넣어 주면 된다. 또는 용매를 증발시켜도 된다.

10 20 °C에서 용해도가 87이므로 물 50 g에는 43.5 g이 최대로 녹을 수 있다. 따라서 50 g−43.5 g=6.5 g이 결정으로 석출된다.

11 ⑤ 기체의 용해도와 압력의 관계를 알아보려면 온도는 같고 압력만 다르게 한 시험관을 비교해야 한다.

12 온도가 높을수록 기체의 용해도가 작아지므로 발생하는 기포의 양이 많아진다.

13 ③ 높은 산 위에서는 압력(기압)이 낮아 물의 끓는점이 낮아지므로 쌀이 설익는다.

03 혼합물의 분리 (1) p. 100~101

1 ② 2 ① 3 ⑤ 4 석유 가스 5 ②, ③ 6 ② 7 ⑤
8 ⑤ 9 ③ 10 ④ 11 ④ 12 ⑤

1 ㄷ. 액체 상태의 혼합물을 가열하면 끓는점이 낮은 물질이 먼저 끓어 나온다.

2 ① 곡물을 발효하여 만든 탁한 술에서 소줏고리를 이용하여 맑은 소주를 얻는 방법은 증류이다. 바닷물에서 식수를 얻을 때 사용하는 방법도 증류이다.
②는 재결정, ③, ④, ⑤는 밀도 차를 이용하여 혼합물을 분리하는 예이다.

3 ① 끓는점 차를 이용한 혼합물의 분리 방법이다.
② B 구간에서는 에탄올의 끓는점보다 약간 높은 온도에서 에탄올이 주로 끓어 나온다.
③ 물이 주로 끓어 나오는 구간은 D 구간이다.
④ 끓는점 차가 큰 물질이 섞인 혼합물일수록 분리가 잘 되므로, B 구간과 D 구간의 온도 차가 클수록 혼합물의 분리가 잘 된다.

4 끓는점이 낮은 물질일수록 증류탑의 위쪽에서 끓어 나온다.

5 ① 원유를 분리할 때 이용하는 방법은 증류이다.
④ 분리되어 나오는 등유, 경유, 중유는 혼합물이다.
⑤ 사인펜 잉크의 색소는 크로마토그래피로 분리한다.

6 ② 끓는점이 낮은 물질일수록 증류탑의 위쪽에서 분리되므로 A에서는 질소, B에서는 아르곤, C에서는 산소가 분리된다.

7 ㄱ. 좋은 볍씨를 고르는 것은 밀도 차를 이용한 혼합물의 분리 방법이다.

8 ⑤ 고체 A와 고체 B의 혼합물을 밀도가 0.79 g/cm^3인 에탄올에 넣으면 밀도가 0.50 g/cm^3인 고체 A는 에탄올 위에 뜨고, 밀도가 0.82 g/cm^3인 고체 B는 가라앉아 두 물질을 분리할 수 있다. 나머지 액체에 고체 A와 고체 B의 혼합물을 넣으면 모두 액체 위에 뜬다.

9 ③ 분별 깔때기는 밀도 차를 이용하여 서로 섞이지 않는 액체 혼합물을 분리할 때 사용하는 실험 기구로, 물과 식용유를 분별 깔때기에 넣고 가만히 놓아두면 위층에 식용유, 아래층에 물이 위치한다.

10 ④ 서로 섞이지 않는 액체 혼합물을 분별 깔때기에 넣고 흔든 후, 가만히 놓아두면 밀도가 작은 물질이 위층, 밀도가 큰 물질이 아래층에 위치한다. 이는 밀도 차를 이용하여 혼합물을 분리하는 방법이다.

11 ④ 물과 에테르의 혼합물을 분별 깔때기에 넣고 가만히 놓아두면 위층에 에테르, 아래층에 물이 위치하므로 밀도는 에테르<물이고, 물과 수은의 혼합물을 분별 깔때기에 넣고 가만히 놓아두면 위층에 물, 아래층에 수은이 위치하므로 밀도는 물<수은이다. 따라서 세 물질의 밀도는 에테르<물<수은이다.

12 바다에 유출된 기름을 제거하는 것은 밀도 차를 이용하여 혼합물을 분리하는 예이다.
⑤ 물에 모래와 스타이로폼의 혼합물을 넣으면 밀도가 작은 스타이로폼은 물 위에 뜨고, 밀도가 큰 모래는 가라앉아 모래와 스타이로폼을 분리할 수 있다. 이는 밀도 차를 이용하여 혼합물을 분리하는 예이다.

04 혼합물의 분리 (2) p. 102~103

1 ② 2 ④, ⑤ 3 ② 4 ④, ⑤ 5 ③ 6 ⑤ 7 ③ 8 ③ 9 ④ 10 ② 11 ④ 12 ④

1 ② 용해도 차를 이용한 재결정으로 분리한다.

2 ①은 끓는점, ②와 ③은 밀도 차를 이용하여 분리할 수 있다.

3 ② 20 °C에서 물에 대한 용해도는 염화 나트륨이 35.9이고, 붕산이 5.0이므로 20 °C의 물 100 g에 최대로 녹을 수 있는 물질의 양은 염화 나트륨이 35.9 g이고, 붕산이 5.0 g이다. 따라서 20 °C의 물 200 g에 최대로 녹을 수 있는 물질의 양은 염화 나트륨이 71.8 g(100 g : 35.9 g = 200 g : x, x=71.8 g), 붕산이 10.0 g(100 g : 5.0 g = 200 g : y, y=10.0 g)이다. 혼합 용액을 20 °C로 냉각하면 염화 나트륨은 모두 물에 녹아 있고, 붕산은 10.0 g(=20 g−10.0 g)이 석출된다.

4 ① 용해도 차를 이용하여 혼합물을 분리한다.
② 질산 칼륨은 황산 구리(Ⅱ)보다 온도에 따른 용해도 차가 크다.
③ 이와 같은 혼합물의 분리 방법을 재결정이라고 한다.
④ 20 °C로 냉각하면 질산 칼륨 68.1 g(=100 g−31.9 g)이 결정으로 석출된다.
⑤ 20 °C에서 황산 구리(Ⅱ)의 용해도는 20.0이므로 20 °C로 냉각해도 황산 구리(Ⅱ) 5 g은 모두 물에 녹아 있다.

5 ③ 20 °C 물 50 g에 질산 칼륨은 최대 15.95 g 녹을 수 있고, 염화 나트륨은 최대 17.95 g 녹을 수 있다. 따라서 20 °C로 냉각하면 질산 칼륨은 15.95 g만 녹아 있고 나머지 34.05 g (=50 g−15.95 g)이 결정으로 석출되며, 염화 나트륨은 모두 녹아 있다.

6 ①, ②, ③, ④ 밀도 차를 이용하여 혼합물을 분리하는 방법이다.
⑤ 불순물이 섞인 합성 약품은 용해도 차를 이용하여 순수한 합성 약품으로 분리할 수 있다.

7 ㄱ, ㄴ, ㄷ. 크로마토그래피는 성분 물질이 용매를 따라 이동하는 속도가 다른 것을 이용하여 혼합물을 분리하는 방법으로, 매우 적은 양의 혼합물이나 성분 물질이 비슷한 혼합물도 분리할 수 있다.
ㄹ. 크로마토그래피는 운동선수들의 혈액이나 소변을 채취하여 금지 약물을 복용했는지 알아내는 데 이용되기도 한다.

8 ③ 용매의 증발을 막기 위해 용기의 입구를 고무마개로 막아야 한다.

9 ① A~C는 분리된 성분 물질이 1가지이므로 순물질일 수 있다.
②, ③ D는 분리된 성분 물질이 3가지이므로, 성분 물질이 적어도 3가지인 혼합물이다.
④ D는 A와 C를 포함하고 있지만 B는 포함하지 않는다.
⑤ A~C 중 같은 시간 동안 가장 멀리 이동한 C가 용매를 따라 이동하는 속도가 가장 빠르다.

10 분필을 이용하여 잉크의 색소를 분리하는 실험이다.
② 원유의 분리는 끓는점 차를 이용한 혼합물의 분리 방법이다.

11 ① 형광펜의 색소는 성분 물질이 용매를 따라 이동하는 속도가 다른 것을 이용하여 분리할 수 있다.
② 간장과 식용유는 밀도 차를 이용하여 분리할 수 있다.
③ 모래 속의 사금은 밀도 차를 이용하여 분리할 수 있다.
⑤ 소줏고리로 탁한 술에서 맑은 소주를 얻는 것은 끓는점 차를 이용하는 것이다.

12 ④ (가) A와 B는 서로 잘 섞이고 끓는점이 다르므로 A와 B의 혼합물은 증류로 분리할 수 있다.
(나) A와 C는 서로 섞이지 않고 밀도가 다르므로 A와 C의 혼합물은 분별 깔때기를 이용하여 분리할 수 있다.

Ⅶ 수권과 해수의 순환

01 수권의 분포와 활용 p. 104~105

1 ② 2 ⑤ 3 ④ 4 ⑤ 5 ④, ⑤ 6 ① 7 ③ 8 ④ 9 ⑤ 10 ⑤ 11 ①, ③ 12 ⑤

1 ① 지구 상의 물 중 약 97.47 %가 해수이다.
② 물은 강, 호수, 지하, 바다를 순환하며 지형을 변화시키기도 한다.
③ 담수의 대부분은 빙하가 차지한다.
④ 담수는 짠맛이 나지 않는 물로, 육지에 분포한다.
⑤ 수권 전체에서 하천수는 가장 적은 양을 차지한다.

2 ① 육지의 물은 대부분 담수이지만 일부 염호 등은 짠맛이 나는 물이다.
② 담수 중 가장 많은 양을 차지하는 빙하는 고체 상태이지만 지하수, 호수, 하천수 등은 액체 상태이다.
③ 지하수나 호수, 하천수는 강수량의 영향을 받아 양이 변할 수 있다.
⑤ 담수의 대부분은 빙하가 차지한다. 빙하는 주로 고산 지대나 극 지역에 분포하므로, 담수는 적도보다 극 지역에 더 많이 분포한다.

3 ①, ② (가)는 지하수, (나)는 빙하이다.
③ 지하수는 땅속을 천천히 흐르거나 고여 있는 물이다.
④, ⑤ 빙하는 고체 상태이므로 바로 이용하기 어렵다.

4 호수와 하천수는 빗물이 고여 있거나 지표를 따라 흐르는 것으로, 우리가 주로 활용하는 물이다.

5 A는 해수, B는 담수, C는 빙하, D는 지하수, E는 호수와 하천수이다.
④, ⑤ 우리가 수자원으로 주로 이용하는 물은 지하수(D), 호수와 하천수(E)이다.

6 ② 짠맛이 나지 않는 담수 중 빙하는 얼어 있어 이용하기 어렵다.
③, ④ 우리가 주로 이용하는 물은 호수와 하천수 및 지하수로, 수권 전체의 약 0.77 %를 차지하며 강수량의 영향을 많이 받는다.
⑤ 산업화가 진행됨에 따라 수자원의 이용량이 증가하고 있다.

7 • 농업용수는 원예(ㄴ)나 축산(ㄷ) 등에 이용되는 물이다.
• 생활용수는 음료(ㄱ)나 양치질(ㄹ) 등에 이용되는 물이다.
• 공업용수는 기계의 냉각수(ㅁ)나 제품의 세척(ㅂ) 등에 이용되는 물이다.

8 ③ 강이 정상적인 기능을 하도록 수량을 유지하고, 수질을 개선하는 데 필요한 물은 유지용수이다. 농업용수는 농사를 짓거나 가축을 기르는 데 사용하는 물이다.

9 ㄱ. A는 농업용수, B는 생활용수이다.
ㄴ. 유지용수가 부족할 때 하천이 제 기능을 하기 어렵다.
ㄷ. 생활용수(B)는 청소나 빨래 등 일상생활에 사용하는 물이다.
ㄹ. 우리나라에서 수자원은 농업용수(전체의 41 %)로 가장 많이 이용된다.

10 ⑤ 해수를 농작물 재배 등에 활용하기 위해서는 염분을 제거하는 해수 담수화 과정을 거쳐야 한다.

11 수자원 이용량이 급격이 늘어난 까닭은 인구가 증가하고, 산업과 문명이 발달하여 삶의 질이 향상되었기 때문이다.

12 ㄱ. 수자원의 양은 매우 적고 한정되어 있다.
ㄴ. 생활용수가 차지하는 비율이 많이 증가했지만, 수자원 이용량에서 가장 많은 양을 차지하는 것은 농업용수이다.

02 해수의 특성 p. 106~107

1 ③ 2 ④ 3 ② 4 ③ 5 ① 6 ④ 7 ④ 8 ③
9 ④ 10 ③ 11 염분비 일정 법칙 12 ⑤ 13 31.1
14 ③

1 표층 수온에 가장 큰 영향을 미치는 요인은 태양 에너지이다. 저위도에서 고위도로 갈수록 들어오는 태양 에너지양이 적어지므로 해수의 표층 수온은 고위도로 갈수록 낮아진다.

2 A는 혼합층, B는 수온 약층, C는 심해층이다. 깊이가 깊어질수록 수온이 급격히 감소하고, 대류가 거의 일어나지 않아 안정한 층은 수온 약층이다.

3 ①, ⑤ A는 혼합층으로, 바람이 강하게 불수록 두꺼워진다.
③ B는 수온 약층으로, 깊이가 깊어질수록 수온이 낮아지므로 해수의 연직 운동이 거의 일어나지 않아 매우 안정하다.
④ C는 심해층으로, 수온이 낮고 일정하다.

4 혼합층은 바람의 혼합 작용에 의해 수온이 일정하게 나타나는 층이다. 따라서 바람이 강하게 불수록 두께가 두꺼워진다.

5 A는 저위도, B는 중위도, C는 고위도 해역이다.
①, ② 태양 에너지를 많이 받을수록 표층 수온이 높으므로 위도가 낮을수록 표층 수온이 높다. A는 표층 수온이 가장 높으므로 저위도 해역이다.
③ 혼합층은 바람이 강한 중위도 해역(B)에서 가장 두껍다.
④ 심해층의 수온은 일정하므로, 표층 수온에 따라 수온 약층의 수온 변화 정도가 달라진다. 표층 수온이 가장 높은 저위도 해역(A)에서 수온 약층의 수온 변화가 가장 크다.
⑤ 고위도 해역(C)에서는 층상 구조가 나타나지 않는다.

6 ① 해수에 녹아 있는 여러 가지 물질을 염류라고 한다.
② 해수에 가장 많이 녹아 있는 염류는 염화 나트륨이다.
③ 해수 1000 g(=1 kg)에 녹아 있는 염류의 총량을 g 수로 나타낸 것이 염분이다.
⑤ 염분비 일정 법칙은 각 염류의 비율이 어느 해역에서나 항상 일정하다는 것이다.

7 염분이 200 psu인 해수 1000 g에는 염류 200 g이 녹아 있으므로 이 해수 500 g에는 염류 100 g이 녹아 있다. 해수를 증발시켜 남은 물질이 염류이므로, 증발 접시에 남아 있는 물질의 질량은 100 g이다.

8 염분이 30 psu인 해수 1000 g에는 30 g의 염류가 녹아 있으므로, 90 g의 염류를 얻으려면 해수 3000 g이 필요하다.

9 ㄱ, ㄴ. 염류 중 가장 많은 양을 차지하는 (가)는 짠맛을 내는 염화 나트륨이고, 두 번째로 많은 양을 차지하는 (나)는 쓴맛을 내는 염화 마그네슘이다.
ㄷ, ㄹ. 이 해수의 염분은 해수 1 kg에 녹아 있는 염류의 질량을 모두 더한 34(=26.5+3.4+1.6+2.5) psu이다. 따라서 이 해수 500 g을 가열하면 염류 17 g을 얻을 수 있다.

10 염분은 강수량이 적고(ㄱ), 증발량이 많고(ㄹ), 해수가 얼 때(ㅅ) 높아진다.

11 염분비 일정 법칙에 대한 설명이다.

12 염분비 일정 법칙에 의해 염분이 다른 해역이라도 전체 염류에서 염화 나트륨이 차지하는 비율은 일정하다.

13 염분비 일정 법칙에 의해 36 psu : 28 g=40 psu : A이므로 A≒31.1 g이다.

14 이 해역의 염분은 27.2+3.8+1.7+1.3+1.0=35 psu이다. 염분비 일정 법칙에 의해 35 psu : 3.8 g=20 psu : x이므로 x≒2.2 g이다.

03 해수의 순환 p. 108~109

1 ⑤ 2 ② 3 ⑤ 4 ② 5 ③ 6 ① 7 ④ 8 ③ 9 ㄷ
10 ④ 11 2월 20일, 12 : 57 12 ④

1 해류는 지속적인 바람에 의해 발생하여 일정한 방향으로 흐르는 해수의 지속적인 흐름이다.

2 ㄴ. 난류와 한류는 상대적인 수온에 따라 구분한다.
ㄷ. 난류는 저위도에서 고위도로 흐르는 비교적 따뜻한 해류이고, 한류는 고위도에서 저위도로 흐르는 비교적 차가운 해류이다.

3 A는 황해 난류, B는 연해주 한류, C는 북한 한류, D는 동한 난류, E는 쿠로시오 해류이다.
⑤ 난류와 한류가 만나는 곳을 조경 수역이라고 한다. 우리나라는 동한 난류와 북한 한류가 만나는 동해에 조경 수역이 형성된다.

4 조경 수역이 형성되는 곳은 동해(㉠)이고, 동한 난류와 북한 한류가 만나 이루어진다.

5 ③ 계절에 따라 난류와 한류의 세력이 달라져 조경 수역의 위치도 조금씩 달라진다.

6 우리나라 동해안은 비교적 수온이 높은 동한 난류가 육지 가까이 흘러 비슷한 위도대의 지역에 비해 겨울철 기온이 높다.

7 ㄱ. 조석은 하루 동안 해수면의 높이가 주기적으로 변하는 현상이다.
ㄴ, ㄷ. 밀물과 썰물에 의해 만조와 간조가 하루에 약 2번씩 나타난다.

8 ①, ② (가)는 간조, (나)는 만조 때의 모습이다.
④ 썰물로 해수면의 높이가 낮아지는 간조 때 바다 갈라짐 현상이 일어날 수 있다.
⑤ 간조와 만조 때의 해수면 높이 차를 조차라고 한다. 조차는 주기적으로 달라지며, 한 달 중 조차가 가장 큰 시기를 사리, 조차가 가장 작은 시기를 조금이라고 한다.

9 ㄱ. 조차는 점점 커지고 있다.
ㄴ. 하루 동안 간조와 만조는 약 두 번씩 나타난다.
ㄷ. 해수면 높이가 가장 낮은 21일 12시 무렵이 갯벌 체험을 하기에 좋다.

10 ①, ③ A, C는 한 달 중 조차가 가장 작은 조금이다.
②, ④ B, D는 한 달 중 조차가 가장 큰 사리로, 간조가 되면 바다 갈라짐 현상이 일어날 수 있다.
⑤ 사리와 조금은 각각 한 달에 약 두 번씩 나타난다.

11 바다 갈라짐 현상은 조차가 큰 시기에 해수면 높이가 가장 낮은 간조가 되면 바다 바닥이 드러나는 현상이다. 따라서 조차가 가장 큰 2월 20일 중 해수면 높이가 가장 낮은 12시 57분 경에 체험하기 좋다.

12 ㄱ. 해수면 높이가 낮은 간조 때 갯벌이 드러나 조개를 잡을 수 있다.
ㄷ. 조력 발전소는 주로 조차가 큰 서해안에 건설한다.

Ⅷ 열과 우리 생활

01 열 p. 110~111

1 ④ 2 ⑤ 3 ③, ④ 4 ⑤ 5 ④ 6 ③ 7 ④ 8 ⑤
9 ③ 10 ④ 11 ④ 12 ④ 13 ③, ⑤ 14 ② 15 ②

1 물체를 구성하는 입자의 운동은 질량과 관계없고, 온도가 높을수록 활발하다.

2 온도가 높을수록 입자 운동이 활발하다. 따라서 40 °C 물의 입자 운동이 가장 활발하다.

3 고체에서는 열을 받은 부분의 입자 운동이 이웃한 입자로 전달되어 열이 이동한다. 이처럼 열이 이동하는 방법을 전도라고 한다.

4 복사는 물질의 도움 없이 열이 이동하는 방법이므로 진공 상태에서도 열이 전달된다.

5 ①은 복사, ②, ③, ⑤는 전도의 방법으로 열이 이동한다.
④ 냉방기는 위쪽에 설치해야 대류에 의해 차가워진 공기가 아래로 내려가 방 전체가 시원해진다. 또 난방기는 아래쪽에 설치해야 대류에 의해 따뜻해진 공기가 위로 올라가 방 전체가 따뜻해진다.

6 ①은 복사, ②와 ⑤는 전도, ④는 대류의 방법으로 열이 이동한다.
③ 모닥불 옆에 있으면 복사에 의해 열이 이동하여 얼굴이 뜨거워진다.

7 보온병, 이중창, 소방복, 아이스박스는 단열의 원리를 이용하여 열의 이동을 최소화하기 위한 것이다. 반면 냄비 바닥은 열의 전도를 빠르게 하기 위한 예이다.

8 보온병의 벽면(A)은 은도금 되어 있어 복사에 의한 열의 이동을 막는다. 또 보온병은 벽과 벽 사이의 공기를 최대한 빼낸 진공 공간(B)을 두어 전도와 대류에 의한 열의 이동을 막는다.

9 열은 온도가 높은 물체에서 온도가 낮은 물체로 이동하므로, 물체 A~D의 처음 온도는 C>A>B>D 순으로 높다.

10 열은 온도가 높은 물체에서 온도가 낮은 물체로 이동하므로 처음 온도는 A>B>C 순으로 높다. 따라서 B와 C를 접촉시키면 C는 열을 얻어 온도가 높아지고 입자 운동이 활발해진다.

11 ① 열평형 상태가 될 때까지 60 °C 물의 온도 변화(60 °C−26 °C=34 °C)가 20 °C 물의 온도 변화(26 °C−20 °C=6 °C)보다 크므로 60 °C 물의 양이 더 적다.
② 수조의 20 °C 물은 열을 얻는다.
③ 60 °C 물의 입자 운동은 점점 둔해지고, 20 °C 물의 입자 운동은 점점 활발해진다.
④ 두 물을 접촉시키고 6분이 지난 후 온도가 같아지므로 열평형 상태에 도달하는 데는 6분이 걸린다.
⑤ 두 물의 열평형 온도는 두 물의 온도가 같아질 때의 온도인 26 °C이다.

12 두 물이 열평형 상태가 될 때까지 주고받은 열량은 같으므로, 60 °C 물이 잃은 열량은 600 kcal이다.

13 ③ 열평형 상태가 될 때까지 고온의 물체인 A가 잃은 열량과 저온의 물체인 B가 얻은 열량은 같다.
⑤ 18분 후에 B가 열을 얻지 않으므로 온도는 다시 높아지지 않는다.

14 온도가 높은 뜨거운 물에서 온도가 낮은 공기 중으로 열이 이동하기 때문에 물이 열을 잃고 온도가 내려간다.

15 ①, ③, ④, ⑤ 열의 이동을 막는 단열을 이용한 예이다.

02 비열과 열팽창 p. 112~113

1 ① 2 ① 3 ③ 4 ② 5 ② 6 ③ 7 ③ 8 ⑤
9 ③ 10 ②, ③ 11 ④ 12 ② 13 ④

1 같은 물질에 같은 열량을 가했을 때 질량이 작을수록 온도 변화가 크다. 따라서 질량이 가장 작은 A의 온도가 가장 빠르게 올라간다.

2 '열량=비열×질량×온도 변화'이다. 따라서 0.6 kcal=비열×2 kg×10 °C에서 비열=0.03 kcal/(kg · °C)이므로, 물질은 금이다.

3 ③ 철 2 kg의 온도를 1 °C 높이는 데 필요한 열량은 0.11 kcal/(kg · °C)×2 kg×1 °C=0.22 kcal=220 cal이다.

4 질량이 같을 때 물체의 온도 변화는 비열에 반비례한다. 식용유의 비열보다 물의 비열이 크므로, 물의 온도 변화가 더 작다.

5 온도 변화의 비 A : B=(70 °C−30 °C=40 °C) : (30 °C−10 °C=20 °C)=2 : 1이므로 비열의 비 A : B=1 : 2이다.

6 같은 종류의 물체이면 A와 B의 비열이 같다. 비열이 같을 때 온도 변화는 질량에 반비례한다. A의 온도 변화는 40 °C, B의 온도 변화는 20 °C이므로 B의 질량이 A의 2배이다. 따라서 A의 질량은 3 kg이다.

7 ㄷ. 계곡물에 수박을 넣어 두면 계곡물과 수박이 열평형을 이루어 수박이 시원해진다.

8 물체에 열을 가하면 물체의 입자 운동이 활발해지면서 입자 사이의 거리가 멀어지기 때문에 부피가 증가한다.

9 해안 지역에서 낮과 밤에 해륙풍이 부는 것은 비열에 의한 현상이다.

10 열팽창하는 정도가 B>A, B>C, A>C이므로 B>A>C 순으로 크다.

11 둥근바닥 플라스크를 수조에 넣었을 때 올라가는 높이가 모두 다르므로 액체의 종류에 따라 열팽창하는 정도가 다름을 알 수 있다.

12 물이 담긴 플라스크에 열을 가하면 물과 함께 고체인 플라스크도 같이 팽창하므로 처음에 유리관 속 물의 높이는 약간 낮아졌다가 다시 올라간다.

13 열팽창에 의해 유리관이 많이 커지지 않도록 유리관은 최대한 가늘게 만들어야 한다.

IX 재해 · 재난과 안전

01 재해 · 재난과 안전 p. 114~115

1 ③ 2 ④ 3 ④ 4 ⑤ 5 ③ 6 ④ 7 ④ 8 ③
9 ④ 10 ③ 11 ④ 12 ③

1 지진, 폭설, 홍수는 자연 현상으로 발생하는 자연 재해 · 재난이고, 화재, 환경 오염, 화학 물질 유출은 인간 활동으로 발생하는 사회 재해 · 재난이다.

2 ㄷ. 태풍이 진행하는 방향의 오른쪽 지역은 왼쪽 지역보다 바람이 강하고 강수량도 많아 피해가 크다.

4 ⑤ 화학 물질이 반응하여 폭발하거나 화재가 발생하는 것은 화학 물질 유출의 피해에 해당한다.

5 ㄴ. 감염성 질병은 특정 지역에 그치지 않고 지구적인 규모로 확산하여 큰 피해를 줄 수 있다.

6 ㄹ. 해안가에 있을 때 지진해일 경보가 발령되면 재빨리 높은 곳으로 대피한다.

7 ① 지진으로 흔들릴 때는 탁자 아래로 들어가 몸을 보호한다.
② 흔들림이 멈추면 가스와 전기를 차단한다.
③ 건물 밖으로 이동할 때는 계단을 이용한다.
⑤ 운동장이나 공원 등 넓은 공간으로 대피한다.

8 ③ 강한 바람에 의해 창문이 깨질 수 있으므로 실내에 있을 때는 창문에서 멀리 떨어져 있어야 한다.

9 ㄱ. 화산이 폭발하면 화산재에 의해 피해를 입을 수 있으므로 창문을 모두 닫고 화산재에 노출되지 않도록 주의해야 한다.

10 (가) 유출된 유독가스가 공기보다 밀도가 크면 아래쪽으로 퍼지므로 높은 곳으로 대피한다.
(나) 바람이 사고 발생 장소에서 불어오면 바람 방향의 직각 방향으로 대피한다.
(다) 실내로 대피한 경우 창문을 닫고, 외부 공기와 통하는 환풍기의 작동을 멈춘다.

11 ㄹ. 식수는 끓인 물이나 생수를 사용하고, 음식물은 충분히 익혀 먹는다.

12 ①은 지진, ②는 화학 물질 유출, ④는 감염성 질병 확산, ⑤는 태풍에 대한 대처 방안이다.

대단원별 서술형 문제

V 동물과 에너지

01 소화 p. 116

01 | 모범 답안 | (1) 기관계
(2) 기관계에는 소화계, 순환계, 호흡계, 배설계 등이 있다.

	채점 기준	배점
(1)	기관계라고 옳게 쓴 경우	40 %
(2)	기관계의 예를 네 가지 모두 옳게 서술한 경우	60 %
	기관계의 예를 세 가지만 서술한 경우	45 %
	기관계의 예를 두 가지만 서술한 경우	30 %
	기관계의 예를 한 가지만 서술한 경우	15 %

02 | 모범 답안 | 지방, 단백질, 탄수화물은 에너지원으로 이용되고, 물, 바이타민, 무기염류는 에너지원으로 이용되지 않는다.

채점 기준	배점
에너지원으로 이용되는 영양소와 이용되지 않는 영양소를 옳게 구분하여 서술한 경우	100 %
영양소 중 하나라도 틀리게 구분하여 서술한 경우	0 %

03 | 모범 답안 | (1) 단백질
(2) 단백질이 들어 있는 음식물에 5 % 수산화 나트륨 수용액과 1 % 황산 구리(Ⅱ) 수용액을 넣으면 보라색이 나타난다.

	채점 기준	배점
(1)	단백질이라고 옳게 쓴 경우	30 %
(2)	검출 용액과 검출 용액을 넣었을 때 나타나는 색깔 변화를 모두 포함하여 옳게 서술한 경우	70 %
	검출 용액만 옳게 서술한 경우	40 %

04 | 모범 답안 | 입에서는 **침** 속의 **아밀레이스**에 의해 **녹말**이 **엿당**으로 분해된다.

채점 기준	배점
단어를 모두 포함하여 옳게 서술한 경우	100 %
단어를 세 가지만 포함하여 서술한 경우	70 %
단어를 두 가지만 포함하여 서술한 경우	40 %

05 | 모범 답안 | (1) A : 쓸개, C : 간, E :이자
(2) 아밀레이스는 녹말을 분해하고, 트립신은 단백질을 분해하며, 라이페이스는 지방을 분해한다.

	채점 기준	배점
(1)	음식물이 지나가지 않는 곳의 기호와 이름을 모두 옳게 쓴 경우	30 %
	세 가지 중 하나라도 틀리게 쓴 경우	0 %
(2)	소화 효소의 이름과 각 소화 효소가 분해하는 영양소의 종류를 모두 옳게 서술한 경우	70 %
	소화 효소의 이름만 옳게 서술한 경우	40 %

06 | 모범 답안 | (1) (가) 암죽관, (나) 모세 혈관
(2) 지방산과 모노글리세리드는 (가)로 흡수되고, 포도당과 아미노산은 (나)로 흡수된다.

	채점 기준	배점
(1)	(가)와 (나)를 모두 옳게 쓴 경우	30 %
	둘 중 하나라도 틀리게 쓴 경우	0 %
(2)	(가)와 (나)로 흡수되는 영양소를 두 가지씩 모두 옳게 서술한 경우	70 %
	(가)와 (나)로 흡수되는 영양소를 한 가지씩만 서술한 경우	40 %

02 순환 p. 117

01 | 모범 답안 | (1) D, 좌심실
(2) C, 좌심방
(3) 폐동맥, 우심실(B)에서 폐동맥을 통해 혈액이 폐로 이동한다.

	채점 기준	배점
(1)	기호와 이름을 모두 옳게 쓴 경우	20 %
	기호와 이름 중 하나만 옳게 쓴 경우	10 %
(2)	기호와 이름을 모두 옳게 쓴 경우	20 %
	기호와 이름 중 하나만 옳게 쓴 경우	10 %
(3)	폐동맥이라고 쓰고, 혈액의 이동을 옳게 서술한 경우	60 %
	폐동맥이라고만 쓴 경우	20 %

02 | 모범 답안 | (1) A : 동맥, B : 모세 혈관, C : 정맥
(2) A>B>C
(3) A>C>B
(4) 판막, 혈액이 거꾸로 흐르는 것을 막는다.

	채점 기준	배점
(1)	A~C의 이름을 모두 옳게 쓴 경우	20 %
	A~C 중 하나라도 틀리게 쓴 경우	0 %
(2)	A>B>C라고 옳게 쓴 경우	20 %
(3)	A>C>B라고 옳게 쓴 경우	20 %
(4)	판막이라고 쓰고, 그 기능을 옳게 서술한 경우	40 %
	판막이라고만 쓴 경우	10 %

03 | 모범 답안 | 산소와 영양소는 모세 혈관에서 조직 세포로 이동하고, 이산화 탄소와 노폐물은 조직 세포에서 모세 혈관으로 이동한다.

채점 기준	배점
산소, 영양소, 이산화 탄소, 노폐물의 이동 방향을 모두 옳게 서술한 경우	100 %
네 가지 중 하나라도 이동 방향을 틀리게 서술한 경우	0 %

04 | 모범 답안 | (1) A : 혈장, B : 혈소판, C : 백혈구, D : 적혈구
(2) C, 백혈구(C)는 몸속에 침입한 세균 등을 잡아먹는 식균 작용을 하기 때문이다.

	채점 기준	배점
(1)	A~D의 이름을 모두 옳게 쓴 경우	40 %
	A~D 중 하나라도 틀리게 쓴 경우	0 %
(2)	C라고 쓰고, 그 까닭을 옳게 서술한 경우	60 %
	C라고만 쓴 경우	20 %

05 | 모범 답안 | (1) (가) 폐동맥, (나) 폐정맥, (다) 대정맥, (라) 대동맥

(2) D → (라) → 온몸의 모세 혈관 → (다) → A

(3) A, C, (가), (다)에는 정맥혈이 흐르고, B, D, (나), (라)에는 동맥혈이 흐른다.

	채점 기준	배점
(1)	(가)~(라)의 이름을 모두 옳게 쓴 경우	20 %
	(가)~(라) 중 하나라도 틀리게 쓴 경우	0 %
(2)	온몸 순환 경로를 옳게 나열한 경우	20 %
(3)	정맥혈이 흐르는 곳과 동맥혈이 흐르는 곳을 옳게 구분하여 서술한 경우	60 %
	정맥혈이 흐르는 곳과 동맥혈이 흐르는 곳 중 하나라도 틀리게 구분하여 서술한 경우	0 %

03 호흡 p. 118

01 | 모범 답안 | 폐는 수많은 폐포로 이루어져 있어 공기와 닿는 표면적이 매우 넓기 때문에 기체 교환이 효율적으로 일어날 수 있다.

채점 기준	배점
표면적 증가와 기체 교환의 효율성에 대한 내용을 모두 포함하여 옳게 서술한 경우	100 %
기체 교환이 효율적으로 일어난다고만 서술한 경우	40 %

02 | 모범 답안 | (1) 고무풍선 : 폐, 고무 막 : 가로막

(2) 고무 막을 아래로 잡아당기면 페트병 속의 부피가 커지고 압력이 낮아져 밖에서 고무풍선으로 공기가 들어온다.

	채점 기준	배점
(1)	고무풍선과 고무 막에 해당하는 우리 몸의 구조를 모두 옳게 쓴 경우	40 %
	고무풍선과 고무 막에 해당하는 우리 몸의 구조 중 하나만 옳게 쓴 경우	20 %
(2)	페트병 속의 부피 변화, 압력 변화, 공기의 이동을 모두 옳게 서술한 경우	60 %
	세 가지 중 두 가지만 옳게 서술한 경우	40 %
	세 가지 중 한 가지만 옳게 서술한 경우	20 %

03 | 모범 답안 | (1) A, C

(2) 산소 농도는 모세 혈관보다 폐포에서 높고, 조직 세포보다 모세 혈관에서 높다.

	채점 기준	배점
(1)	A, C라고 옳게 쓴 경우	30 %
	A와 C 중 하나만 쓴 경우	0 %
(2)	폐포와 모세 혈관 사이, 모세 혈관과 조직 세포 사이의 산소 농도를 모두 옳게 비교하여 서술한 경우	70 %
	폐포와 모세 혈관 사이, 모세 혈관과 조직 세포 사이의 산소 농도 중 하나라도 틀리게 비교하여 서술한 경우	0 %

04 배설 p. 118

01 | 모범 답안 | (1) A → B : 여과, C → D : 재흡수, D → C : 분비

(2) 혈구, 단백질, 크기가 크기 때문이다.

	채점 기준	배점
(1)	A → B, C → D, D → C 과정의 이름을 모두 옳게 쓴 경우	40 %
	세 가지 중 하나라도 틀리게 쓴 경우	0 %
(2)	혈구와 단백질이라고 쓰고, 그 까닭을 옳게 서술한 경우	60 %
	혈구와 단백질이라고만 쓴 경우	30 %

02 | 모범 답안 | (1) (가) 소화계, (나) 호흡계, (다) 배설계

(2) 소화계(가)에서 흡수한 영양소와 호흡계(나)에서 흡수한 산소는 순환계에 의해 조직 세포로 공급된다.

(3) 조직 세포에서 발생한 이산화 탄소는 순환계에 의해 호흡계(나)로 운반되어 날숨을 통해 몸 밖으로 나간다.

	채점 기준	배점
(1)	(가)~(다)의 이름을 모두 옳게 쓴 경우	30 %
	세 가지 중 하나라도 틀리게 쓴 경우	0 %
(2)	소화계, 호흡계, 순환계의 작용을 모두 옳게 서술한 경우	40 %
	소화계, 호흡계, 순환계의 작용 중 두 가지만 옳게 서술한 경우	20 %
(3)	순환계와 호흡계의 작용을 모두 옳게 서술한 경우	30 %
	순환계와 호흡계의 작용 중 한 가지만 옳게 서술한 경우	15 %

VI 물질의 특성

01 물질의 특성 (1) p. 119

01 | 모범 답안 | 순물질인가, 혼합물인가? A는 한 가지 물질로 이루어진 물질이며, B는 두 가지 이상의 순물질이 섞여 있는 물질이기 때문이다.

채점 기준	배점
A와 B의 구분 기준을 옳게 쓰고, 그 까닭을 옳게 서술한 경우	100 %
A와 B의 구분 기준만 옳게 쓴 경우	50 %

02 | 모범 답안 | 녹는점, 밀도, 끓는점, 용해도, 다른 물질과 구별되는 그 물질만이 나타내는 고유한 성질이기 때문이다.

채점 기준	배점
물질의 특성인 것을 모두 고르고, 그 까닭을 옳게 서술한 경우	100 %
물질의 특성인 것만 모두 고른 경우	50 %

03 | 모범 답안 | 혼합물은 순물질보다 어는점이 낮은 원리를 이용한 것이다.

| 해설 | 눈이 왔을 때 염화 칼슘을 뿌리면 물보다 어는점이 낮아져 녹은 눈이 잘 얼지 않는다. 또한 자동차의 냉각수에 부동액을 넣으면 물보다 어는점이 낮아져 영하의 기온에서도 냉각수가 잘 얼지 않는다.

채점 기준	배점
혼합물의 어는점을 순물질과 비교하여 올게 서술한 경우	100 %
어는점이 낮아진다고만 서술한 경우	50 %

04 | 모범 답안 | 녹는점=어는점=70 ℃, 물질의 양이 많아져도 녹는점과 어는점은 변하지 않는다.

채점 기준	배점
녹는점과 어는점을 옳게 쓰고, 양이 많아지는 경우를 옳게 서술한 경우	100 %
녹는점과 어는점만 옳게 쓰거나, 양이 많아지는 경우만 옳게 서술한 경우	50 %

05 | 모범 답안 | B, C, 녹는점이 실온보다 높으면 실온에서 물질이 고체 상태로 존재하기 때문이다.

채점 기준	배점
고체 상태의 물질을 모두 고르고, 그 까닭을 옳게 서술한 경우	100 %
고체 상태의 물질만 모두 고른 경우	50 %

02 물질의 특성 (2) p. 119

01 | 모범 답안 | B와 D, B와 D는 밀도가 2 g/cm³로 같기 때문이다.

| 해설 | A~E의 밀도는 다음과 같다.

물질	A	B	C	D	E
질량(g)	25	32	4	6	28
부피(cm³)	50	16	20	3	7
밀도(g/cm³)	0.5	2	0.2	2	4

채점 기준	배점
B와 D를 고르고, 그 까닭을 밀도로 옳게 서술한 경우	100 %
B와 D만 고른 경우	50 %

02 | 모범 답안 | (1) 왕관의 부피가 순금보다 크므로 왕관의 밀도가 순금보다 작다.

(2) 왕관은 순금으로 만들어지지 않고 다른 물질이 섞여 있다.

| 해설 | 왕관을 넣었을 때 넘친 물의 양이 순금의 경우보다 많으므로 왕관의 부피가 순금보다 크다는 것을 알 수 있다.

	채점 기준	배점
(1)	결과를 이용하여 왕관과 순금의 밀도를 옳게 비교한 경우	50 %
	왕관과 순금의 밀도만 옳게 비교한 경우	25 %
(2)	(1)의 답으로 알 수 있는 사실을 옳게 서술한 경우	50 %

03 | 모범 답안 | 금속의 밀도$=\frac{질량}{부피}=\frac{24.0\ g}{2.2\ cm^3}\fallingdotseq 10.9\ g/cm^3$이므로 B와 C의 경계에 위치한다.

채점 기준	배점
금속의 위치를 밀도로 옳게 서술한 경우	100 %
금속의 위치는 옳게 서술했으나, 밀도로 서술하지 못한 경우	50 %

04 | 모범 답안 | 질산 칼륨, 용해도 곡선의 기울기가 클수록 온도에 따른 용해도 변화가 커서 냉각할 때 결정이 많이 석출되기 때문이다.

채점 기준	배점
석출량이 가장 많은 물질을 고르고, 그 까닭을 옳게 서술한 경우	100 %
석출량이 가장 많은 물질만 옳게 고른 경우	50 %

05 | 모범 답안 | 질산 나트륨 43.4 g(=147.5 g−104.1 g)을 더 녹인다. 온도를 40 ℃로 낮춘다.

채점 기준	배점
용질의 양과 온도를 구체적으로 언급하여 두 가지 중 한 가지 방법을 옳게 서술한 경우 부분 배점	각 50 %
용질의 양과 온도를 구체적으로 언급하지 않고, 두 가지 중 한 가지 방법을 옳게 서술한 경우 부분 배점	각 20 %

06 | 모범 답안 | 20 ℃에서 질산 칼륨의 용해도가 32이므로 물 50 g에는 최대 16 g이 녹을 수 있다. 따라서 20 ℃로 냉각하면 질산 칼륨 64 g(=80 g−16 g)이 석출된다.

채점 기준	배점
석출되는 질산 칼륨의 질량을 풀이 과정을 포함하여 옳게 서술한 경우	100 %
석출되는 질산 칼륨의 질량만 옳게 구한 경우	50 %

07 | 모범 답안 | C, 온도가 높을수록, 압력이 낮을수록 기체의 용해도가 작아져 기포가 많이 발생하기 때문이다.

채점 기준	배점
기포의 양이 가장 많은 시험관을 고르고, 그 까닭을 옳게 서술한 경우	100 %
기포의 양이 가장 많은 시험관만 옳게 고른 경우	50 %

03 혼합물의 분리 (1) p. 120

01 | 모범 답안 | (1) 끓는점, 증류

(2) D, 물이 끓는 동안에는 온도가 일정하며, 끓는점이 높은 물이 나중에 끓어 나오기 때문이다.

	채점 기준	배점
(1)	물질의 특성과 분리 방법을 모두 옳게 쓴 경우	50 %
	물질의 특성과 분리 방법 중 한 가지만 옳게 쓴 경우	25 %
(2)	물이 분리되는 구간을 옳게 고르고, 그 까닭을 옳게 서술한 경우	50 %
	물이 분리되는 구간만 옳게 쓴 경우	25 %

02 | 모범 답안 | D, 끓는점이 높은 물질일수록 증류탑의 아래쪽에서 분리되어 나오기 때문이다.

| 해설 | 아스팔트를 제외하고 증류탑에서 분리되어 나오는 물질의 끓는점은 석유 가스<휘발유(나프타)<등유<경유<중유 순이다.

채점 기준	배점
D를 고르고, 그 까닭을 옳게 서술한 경우	100 %
D만 고른 경우	50 %

03 | 모범 답안 | 서로 섞이지 않아야 한다. 밀도가 서로 달라야 한다.

채점 기준	배점
액체 혼합물의 조건을 두 가지 모두 옳게 서술한 경우	100 %
액체 혼합물의 조건을 한 가지만 옳게 서술한 경우	50 %

04 | 모범 답안 | A, 밀도가 작은 물질은 위로 뜨기 때문이다.
| 해설 | 서로 섞이지 않는 액체 혼합물을 분별 깔때기에 넣고 가만히 놓아두면 밀도가 작은 물질은 위층, 밀도가 큰 물질은 아래층에 위치한다.

채점 기준	배점
A를 쓰고, 그 까닭을 옳게 서술한 경우	100 %
A만 쓴 경우	50 %

04 혼합물의 분리 (2) p. 121

01 | 모범 답안 | 재결정, 높은 온도의 물에 황산 구리(Ⅱ)가 섞인 질산 칼륨을 넣어 녹인 다음 그 용액을 냉각하면 온도에 따른 용해도 차가 큰 질산 칼륨이 결정으로 석출된다.

채점 기준	배점
혼합물의 분리 방법을 쓰고, 그 과정을 용해도를 언급하여 옳게 서술한 경우	100 %
혼합물의 분리 방법만 옳게 쓴 경우	50 %

02 | 모범 답안 | 질산 칼륨, 20 °C에서 물에 대한 용해도는 질산 칼륨이 31.9이고, 염화 나트륨이 35.9이므로 혼합 용액을 20 °C로 냉각하면 질산 칼륨만 48.1 g(=80 g −31.9 g) 석출된다.

채점 기준	배점
석출되는 물질을 쓰고, 그 질량을 풀이 과정을 포함하여 옳게 서술한 경우	100 %
석출되는 물질을 쓰고, 그 질량을 풀이 과정 없이 옳게 구한 경우	70 %
석출되는 물질만 옳게 쓴 경우	30 %

03 | 모범 답안 | 분리 방법이 간단하다. 분리하는 데 걸리는 시간이 짧다. 매우 적은 양의 혼합물도 분리할 수 있다. 성질이 비슷하거나 복잡한 혼합물도 한 번에 분리할 수 있다. 중 두 가지

채점 기준	배점
크로마토그래피의 장점을 두 가지 모두 옳게 서술한 경우	100 %
크로마토그래피의 장점을 한 가지만 옳게 서술한 경우	50 %

Ⅶ 수권과 해수의 순환

01 수권의 분포와 활용 p. 122

01 | 모범 답안 | 해수>빙하>지하수>호수와 하천수

채점 기준	배점
수권을 이루는 물을 양이 많은 순서대로 옳게 나열한 경우	100 %

02 | 모범 답안 | 빙하, 담수이다. 고체 상태이다. 극 지역이나 고산 지대에 분포한다.

채점 기준	배점
빙하를 쓰고, 특징을 옳게 서술한 경우	100 %
빙하만 쓴 경우	50 %

03 | 모범 답안 | 호수와 하천수, 지하수, 빙하는 얼어 있는 상태이고, 해수는 짠맛이 나기 때문이다.

채점 기준	배점
수자원으로 이용하는 물을 옳게 고르고, 까닭을 옳게 서술한 경우	100 %
수자원으로 이용하는 물만 옳게 고른 경우	50 %

04 | 모범 답안 | 농업용수, 농사를 짓는다. 가축을 기른다.

채점 기준	배점
농업용수를 쓰고, 사례를 옳게 서술한 경우	100 %
농업용수만 쓴 경우	50 %

05 | 모범 답안 | (1) 수자원 이용량은 계속 증가하고 있다.
(2) 인구가 증가했기 때문이다. 산업이 발달했기 때문이다. 삶의 질이 향상되었기 때문이다.

채점 기준		배점
(1)	수자원 이용량이 증가한다고 서술한 경우	50 %
(2)	원인을 옳게 서술한 경우	50 %

06 | 모범 답안 | (1) 도로 청소에 이용한다. 농작물을 재배한다. 온천을 개발한다.
(2) 지하수를 무분별하게 개발할 경우 지반이 무너지거나 지하수가 고갈될 수 있으므로 주의한다. 지하수가 오염되지 않도록 시설을 잘 관리한다.

채점 기준		배점
(1)	지하수의 활용 사례를 옳게 서술한 경우	50 %
(2)	주의할 점을 옳게 서술한 경우	50 %

07 | 모범 답안 | 댐을 건설한다. 지하수를 개발한다. 해수를 담수화한다.

채점 기준	배점
방법 두 가지를 모두 옳게 서술한 경우	100 %
방법을 한 가지만 옳게 서술한 경우	50 %

08 | 모범 답안 | 빗물을 모아서 사용한다. 절수형 수도꼭지를 사용한다. 양치질이나 세수할 때 물을 받아서 쓴다. 빨랫감은 한 번에 모아서 세탁한다. 한 번 쓴 허드렛물을 재사용한다.

채점 기준	배점
방법 두 가지를 모두 옳게 서술한 경우	100 %
방법을 한 가지만 옳게 서술한 경우	50 %

02 해수의 특성 p. 123

01 | 모범 답안 | 위도에 따라 들어오는 태양 에너지양이 달라지기 때문이다.

채점 기준	배점
태양 에너지양 차이를 포함하여 까닭을 옳게 서술한 경우	100 %

02 | 모범 답안 | (1) A : 혼합층, B : 수온 약층, C : 심해층
(2) A층의 두께가 두꺼워진다.

	채점 기준	배점
(1)	A~C층의 이름을 모두 옳게 쓴 경우	50 %
	A~C층 중 하나의 이름을 옳게 쓴 경우 부분 배점	15 %
(2)	A층의 두께 변화를 옳게 서술한 경우	50 %

03 | 모범 답안 | (1) A : 저위도, B : 중위도, C : 고위도
(2) 저위도는 태양 에너지가 많이 들어와 표층 수온이 가장 높고, 중위도는 바람이 강하여 혼합층이 가장 두꺼우며, 고위도는 층상 구조가 나타나지 않는다.

	채점 기준	배점
(1)	A~C의 위도를 모두 옳게 쓴 경우	50 %
	A~C 중 하나의 위도를 옳게 쓴 경우 부분 배점	15 %
(2)	위도별 특징을 모두 옳게 서술한 경우	50 %
	한 위도대의 특징을 옳게 서술한 경우 부분 배점	15 %

04 | 모범 답안 | (1) 위도 30 ° 부근, 증발량이 강수량보다 많기 때문이다.
(2) 담수의 유입이 적기 때문이다.

	채점 기준	배점
(1)	위도를 옳게 쓰고, 까닭을 옳게 서술한 경우	60 %
	위도만 옳게 쓴 경우	30 %
(2)	까닭을 옳게 서술한 경우	40 %

05 | 모범 답안 | 해역이나 계절에 따라 **염분**이 달라도 전체 **염류**에서 각 **염류**가 차지하는 **비율**은 항상 일정하다.

채점 기준	배점
단어 세 개를 모두 사용하여 뜻을 옳게 서술한 경우	100 %
단어 두 개를 사용하여 뜻을 서술한 경우	50 %

06 | 모범 답안 | (1) 27.2 g : 3.8 g = 19.0 g : A, A ≒ 2.7 g
(2) (가) 35.0 psu, (나) 24.5 psu

	채점 기준	배점
(1)	식을 옳게 세우고, 값을 옳게 구한 경우	50 %
	식만 옳게 세운 경우	25 %
(2)	(가)와 (나)의 염분을 모두 옳게 구한 경우	50 %
	(가)와 (나) 중 하나의 염분만 옳게 구한 경우	25 %

03 해수의 순환 p. 124

01 | 모범 답안 | 해수면 가까이에서 지속적으로 부는 바람에 의해 해류가 발생한다.

채점 기준	배점
지속적인 바람을 포함하여 원인을 옳게 서술한 경우	100 %

02 | 모범 답안 | (1) A : 황해 난류, B : 연해주 해류, C : 북한 한류, D : 동한 난류, E : 쿠로시오 해류
(2) ㉠, 조경 수역은 난류의 세력이 강한 여름에는 북상하고, 한류의 세력이 강한 겨울에는 남하한다.

	채점 기준	배점
(1)	A~E의 이름을 모두 옳게 쓴 경우	50 %
	A~E 중 하나의 이름을 옳게 쓴 경우 부분 배점	10 %
(2)	㉠을 쓰고, 위치 변화를 옳게 서술한 경우	50 %
	㉠만 쓴 경우	25 %

03 | 모범 답안 | 위도가 낮을수록 들어오는 태양 에너지양이 많기 때문이다. 동해의 북쪽에는 한류가 흐르고, 남쪽에는 난류가 흐르기 때문이다.

채점 기준	배점
까닭 두 가지를 모두 옳게 서술한 경우	100 %
까닭을 한 가지만 옳게 서술한 경우	50 %

04 | 모범 답안 | 서울보다 강릉의 기온이 더 높다. 우리나라 동해안에는 육지 가까이로 비교적 수온이 높은 동한 난류가 흐르기 때문이다.

채점 기준	배점
기온을 옳게 비교하고, 까닭을 옳게 서술한 경우	100 %
기온만 옳게 비교한 경우	50 %

05 | 모범 답안 | 조석은 **밀물**과 **썰물**로 **해수면**의 높이가 **주기**적으로 높아지고 낮아지는 현상이다.

채점 기준	배점
단어 네 개를 모두 사용하여 뜻을 옳게 서술한 경우	100 %
단어 세 개를 사용하여 뜻을 서술한 경우	50 %

06 | 모범 답안 | (1) 만조 : A, C, 간조 : B, D
(2) 약 6 m
(3) 13시, 해수면의 높이가 가장 낮은 시기(간조)에 갯벌이 드러나 조개를 캘 수 있기 때문이다.
| 해설 | (1) 만조는 밀물로 해수면 높이가 가장 높을 때이고, 간조는 썰물로 해수면 높이가 가장 낮을 때이다.
(2) 조차는 만조와 간조 때 해수면 높이의 차이다.

	채점 기준	배점
(1)	A~D를 만조와 간조로 옳게 구분한 경우	30 %
(2)	조차를 옳게 쓴 경우	30 %
(3)	시각을 옳게 쓰고, 까닭을 옳게 서술한 경우	40 %
	시각만 옳게 쓴 경우	20 %

07 | 모범 답안 | 해안가에 도착했을 때는 바닷물이 빠져나간 **간조**였다. 우리나라는 주로 조차가 **큰** 서해안에 조력 발전소를 짓는다고 한다.
| 해설 | 썰물로 바닷물이 빠져나가 해수면이 낮아졌을 때는 간조이다. 조력 발전은 조차를 이용하여 전기를 생산하므로 조차가 가장 큰 서해안이 발전소를 짓기에 가장 적합한 곳이다.

채점 기준	배점
틀린 문장을 두 군데 모두 찾아 옳게 고친 경우	100 %
틀린 문장을 한 군데만 찾아 옳게 고친 경우	50 %

VIII 열과 우리 생활

01 열 p. 125

01 | 모범 답안 | 전도, 뜨거운 국에 숟가락을 넣어 두면 손잡이가 뜨거워진다. 프라이팬 바닥은 금속으로 만들고, 손잡이는 플라스틱으로 만든다. 등

| 해설 | 열을 가한 쪽의 입자 운동이 활발해져 이웃한 입자와의 충돌로 열을 전달하는 전도이다.

채점 기준	배점
전도라고 쓰고, 예를 옳게 서술한 경우	100 %
전도라고만 쓴 경우	40 %

02 | 모범 답안 | 금속이 나무보다 열을 잘 전도하기 때문에 금속 의자에 앉았을 때 열을 더 빠르게 빼앗겨 더 차갑게 느껴진다.

| 해설 | 나무 의자와 금속 의자는 모두 외부 온도와 열평형을 이루므로 온도는 같다. 그러나 열이 전도되는 빠르기가 다르기 때문에 차갑게 느껴지는 정도가 달라진다.

채점 기준	배점
전도되는 정도를 포함하여 옳게 서술한 경우	100 %
금속이 나무보다 온도가 낮기 때문이라고 서술한 경우	0 %

03 | 모범 답안 | 열의 대류에 의해 차가운 공기는 아래로 내려가므로 에어컨은 위쪽에 설치해야 집 전체가 시원해진다. 또 대류에 의해 따뜻한 공기는 위로 올라가므로 난로는 아래쪽에 설치해야 집 전체가 따뜻해진다.

채점 기준	배점
대류를 포함하여 까닭을 옳게 서술한 경우	100 %
대류의 언급 없이 차가운 공기는 내려가고 따뜻한 공기는 올라가기 때문이라고 서술한 경우	70 %

04 | 모범 답안 | 플라스틱은 금속보다 열이 전도되는 빠르기가 느리기 때문이다.

| 해설 | 냄비 바닥은 열이 빠르게 전도되는 금속을 사용하고, 손잡이는 열이 느리게 전도되는 플라스틱을 사용한다.

채점 기준	배점
전도되는 빠르기를 포함하여 옳게 서술한 경우	100 %
뜨거워지는 것을 막기 위해서라고 서술한 경우	40 %

05 | 모범 답안 | A는 열을 잃어 입자 운동이 둔해져서 온도가 낮아지고, B는 열을 얻어 입자 운동이 활발해져서 온도가 높아진다.

| 해설 | 열은 온도가 높은 물체에서 낮은 물체로 이동한다. 열을 얻으면 입자의 운동은 활발해지고, 열을 잃으면 입자의 운동은 둔해진다.

채점 기준	배점
열의 이동과 입자 운동으로 온도 변화를 옳게 서술한 경우	100 %
열의 이동만 서술하고 입자 운동을 서술하지 못한 경우	40 %

06 | 모범 답안 | 얼음과 음료수의 온도가 같아지는 열평형 상태가 되는데, 이는 열이 미지근한 음료수에서 차가운 얼음으로 이동하기 때문이다.

채점 기준	배점
음료수에서 얼음으로 열이 이동하여 열평형 상태가 된다고 옳게 서술한 경우	100 %
열의 이동은 언급하지 않고 얼음과 음료수의 온도가 같아진다고만 서술한 경우	50 %

07 | 모범 답안 | 입 안이나 겨드랑이에 체온계를 넣고 몇 분 기다려야 몸과 체온계가 열평형을 이루게 된다. 그러면 몸과 체온계의 온도가 같아져 체온을 측정할 수 있다.

| 해설 | 열이 몸에서 체온계로 이동하는 데 시간이 걸리기 때문에 열평형을 이룰 때까지 기다려야 한다.

채점 기준	배점
몸과 체온계가 열평형이 되게 한다고 옳게 서술한 경우	100 %
열평형을 언급하지 않고 온도가 같아진다고만 서술한 경우	70 %

02 비열과 열팽창 p. 126

01 | 모범 답안 | 물, 비열이 커서 온도가 쉽게 변하지 않기 때문이다.

| 해설 | 찜질팩 속에는 온도가 잘 변하지 않는 물질을 넣는 것이 효과적이다.

채점 기준	배점
물을 쓰고 까닭을 옳게 서술한 경우	100 %
물만 쓴 경우	40 %

02 | 모범 답안 | (1) 물>B>A

(2) $1\ \text{kcal/(kg}\cdot{}^\circ\text{C)}\times0.2\ \text{kg}\times(30-20)\ {}^\circ\text{C}=c\times0.2\ \text{kg}\times(60-20)\ {}^\circ\text{C}$에서 A의 비열 $c=0.25\ \text{kcal/(kg}\cdot{}^\circ\text{C)}$이다.

| 해설 | (1) 세 물질의 질량이 같으므로 비열이 클수록 온도 변화가 작다. 따라서 기울기가 작을수록 비열이 큰 물질이다.

(2) 같은 시간 동안 같은 세기의 불꽃으로 가열했으므로 물과 물질 A가 받은 열량이 같다. A의 온도 변화가 물의 4배이므로 비열은 물의 $\frac{1}{4}$이다.

	채점 기준	배점
(1)	비열의 크기를 옳게 비교한 경우	40 %
(2)	A의 비열을 풀이 과정과 함께 옳게 구한 경우	60 %
	풀이 과정 없이 A의 비열만 구한 경우	30 %

03 | 모범 답안 | 물 60 g이 얻은 열량=비열×질량×온도 변화 $=1\ \text{kcal/(kg}\cdot{}^\circ\text{C)}\times0.06\ \text{kg}\times(30-10)\ {}^\circ\text{C}=1.2\ \text{kcal}$

| 해설 | 물의 질량은 60 g=0.06 kg이고, 온도 변화는 (30−10) °C이다.

채점 기준	배점
열량을 풀이 과정과 함께 옳게 구한 경우	100 %
풀이 과정 없이 열량만 구한 경우	40 %

04 | 모범 답안 | 쇠 구슬을 차가운 물에 넣어 온도를 낮춘다. 쇠고리를 가열하여 온도를 높인다.

| 해설 | 쇠 구슬을 냉각시켜 부피를 수축시키는 방법과 쇠고리를 가열하여 부피를 팽창시키는 방법이 있다.

채점 기준	배점
두 가지 방법을 모두 옳게 서술한 경우	100 %
한 가지 방법만 옳게 서술한 경우	50 %

05 | 모범 답안 | 바이메탈은 열팽창하는 정도가 다른 두 금속을 붙여 놓은 것으로, 온도가 높아졌을 때 회로와 접촉하는 방향으로 휘어지면서 전류를 흐르게 한다.

| 해설 | 구리가 철보다 열팽창이 잘 되는 물질이므로 온도가 높아지면 바이메탈이 철 쪽으로 휘어져서 회로가 연결되어 경보기가 작동한다.

채점 기준	배점
바이메탈이 열팽창하여 휘어지는 방향에 따라 전류를 흐르게 한다고 옳게 서술한 경우	100 %
바이메탈이 열팽창한다고만 서술한 경우	30 %

06 | 모범 답안 | 온도가 올라가는 여름철에 철로나 다리가 열팽창하여 휘어지는 것을 막기 위해서이다.

채점 기준	배점
열팽창하여 생기는 피해를 포함하여 옳게 서술한 경우	100 %
열팽창하기 때문이라고만 서술한 경우	60 %

07 | 모범 답안 | • 온도를 측정하려는 물체와 온도계가 열평형 상태가 된다.

• 열에 의한 알코올의 부피 변화가 온도 변화에 비례한다.

| 해설 | 물체와 온도계 사이에 열이 이동하여 열평형을 이루면 알코올의 부피가 변하여 온도를 측정할 수 있다.

채점 기준	배점
두 가지를 모두 옳게 서술한 경우	100 %
한 가지만 옳게 서술한 경우	50 %

IX 재해 · 재난과 안전

01 재해 · 재난과 안전 p. 127

01 | 모범 답안 | 화재, 환경 오염, 운송 수단 사고는 사회 재해 · 재난이고, 폭염, 지진, 황사는 자연 재해 · 재난이다.

채점 기준	배점
사회 재해 · 재난과 자연 재해 · 재난으로 옳게 분류한 경우(용어를 사용하지 않고 의미를 풀어서 서술해도 인정)	100 %
그 외의 경우	0 %

02 | 모범 답안 | (가) 태풍, (나) 화산, (다) 화학 물질 유출

채점 기준	배점
(가)~(다)를 모두 옳게 쓴 경우	100 %
(가)~(다) 중 두 가지만 옳게 쓴 경우	50 %

03 | 모범 답안 | (가) 탁자 아래로 들어가 몸을 보호한다.

(나) 가스와 전기를 차단한다. 문을 열어 출구를 확보한다.

(다) 계단을 이용하여 침착하게 이동한다.

채점 기준	배점
(가)~(다)를 모두 옳게 서술한 경우	100 %
(가)~(다) 중 두 가지를 옳게 서술한 경우	60 %
(가)~(다) 중 한 가지만 옳게 서술한 경우	30 %

04 | 모범 답안 | 옳지 않다. 태풍이 진행하는 방향의 오른쪽 지역은 왼쪽 지역보다 피해가 크기 때문이다.

채점 기준	배점
옳지 않다고 판단하고, 그 까닭을 옳게 서술한 경우	100 %
옳지 않다고만 쓴 경우	50 %

05 | 모범 답안 | (가) 낮은 곳으로 대피한다.

(나) 바람 방향의 직각 방향으로 대피한다.

| 해설 | (가) 유출된 유독가스가 공기보다 밀도가 작으면 위쪽으로 퍼지므로 낮은 곳으로 대피한다.

채점 기준	배점
(가)와 (나)를 모두 옳게 서술한 경우	100 %
(가)와 (나) 중 한 가지만 옳게 서술한 경우	50 %

06 | 모범 답안 | 수민 : 해외여행 후 귀국 시 이상 증상이 나타나면 검역관에게 신고해야 해.

채점 기준	배점
수민을 고르고, 잘못된 곳을 옳게 고친 경우	100 %
수민만 고르고, 잘못된 곳을 고치지 못한 경우	50 %

MEMO

MEMO

MEMO

내·공·의·힘·시·리·즈 단기간에 핵심만 빠르게, 내신 만점을 위한 공부법을 제시합니다.

대표전화 1544-0554
주소 경기도 과천시 과천대로2길 54